R. H. Reich (Hrsg.), A. Neff

Atlas der Kiefergelenkerkrankungen und -verletzungen

Leitfaden für Diagnostik und Therapie

Prof. Dr. Dr. Rudolf H. Reich (Hrsg.), Prof. Dr. Dr. Andreas Neff

Atlas der Kiefergelenkerkrankungen und -verletzungen

Leitfaden für Diagnostik und Therapie

ELSEVIER

Elsevier GmbH, Bernhard-Wicki-Str. 5, 80636 München, Deutschland
Wir freuen uns über Ihr Feedback und Ihre Anregungen an kundendienst@elsevier.com

ISBN 978-3-437-23725-6
eISBN 978-3-437-06266-7

1. Auflage 2022

Wichtiger Hinweis für den Benutzer

Die medizinischen Wissenschaften unterliegen einem sehr schnellen Wissenszuwachs. Der stetige Wandel von Methoden, Wirkstoffen und Erkenntnissen ist allen an diesem Werk Beteiligten bewusst. Sowohl der Verlag als auch die Autorinnen und Autoren und alle, die an der Entstehung dieses Werkes beteiligt waren, haben große Sorgfalt darauf verwandt, dass die Angaben zu Methoden, Anweisungen, Produkten, Anwendungen oder Konzepten dem aktuellen Wissensstand zum Zeitpunkt der Fertigstellung des Werkes entsprechen.
Der Verlag kann jedoch keine Gewähr für Angaben zu Dosierung und Applikationsformen übernehmen. Es sollte stets eine unabhängige und sorgfältige Überprüfung von Diagnosen und Arzneimitteldosierungen sowie möglicher Kontraindikationen erfolgen. Jede Dosierung oder Applikation liegt in der Verantwortung der Anwenderin oder des Anwenders. Die Elsevier GmbH, die Autorinnen und Autoren und alle, die an der Entstehung des Werkes mitgewirkt haben, können keinerlei Haftung in Bezug auf jegliche Verletzung und/oder Schäden an Personen oder Eigentum, im Rahmen von Produkthaftung, Fahrlässigkeit oder anderweitig übernehmen.

Für die Vollständigkeit und Auswahl der aufgeführten Medikamente übernimmt der Verlag keine Gewähr.
Geschützte Warennamen (Warenzeichen) werden in der Regel besonders kenntlich gemacht (®). Aus dem Fehlen eines solchen Hinweises kann jedoch nicht automatisch geschlossen werden, dass es sich um einen freien Warennamen handelt.

Bibliografische Information der Deutschen Nationalbibliothek
Die Deutsche Nationalbibliothek verzeichnet diese Publikation in der Deutschen Nationalbibliografie; detaillierte bibliografische Daten sind im Internet über https://www.dnb.de abrufbar.

22 23 24 25 26 5 4 3 2 1

In ihren Veröffentlichungen verfolgt die Elsevier GmbH das Ziel, genderneutrale Formulierungen für Personengruppen zu verwenden. Um jedoch den Textfluss nicht zu stören sowie die gestalterische Freiheit nicht einzuschränken, wurden bisweilen Kompromisse eingegangen. Selbstverständlich sind **immer alle Geschlechter** gemeint.

Planung: Dr. Barbara Schweighofer, München
Projektmanagement: Ulrike Schmidt, München
Redaktion: Elisabeth Dominik, Allendorf/Lumda; Dr. Nikola Schmidt, Berlin
Herstellung: Der Buchmacher, Arthur Lenner, Windach
Satz: Thomson Digital, Noida/Indien
Druck und Bindung: Drukarnia Dimograf Sp. z o. o., Bielsko-Biała/Polen
Umschlaggestaltung: SpieszDesign, Neu-Ulm
Titelfotografien: Prof. Dr. Dr. R. H. Reich, Bonn; Prof. Dr. Dr. A. Neff, Marburg

Aktuelle Informationen finden Sie im Internet unter **www.elsevier.de.**

Vorwort

Schmerzen im Kiefer- und Gesichtsbereich, Kiefergelenkgeräusche, Veränderungen der Unterkieferbewegung und spontane Okklusionsstörungen sind häufige Symptome, mit denen sich Patienten in der Praxis oder Klinik vorstellen. Die wechselnde Zusammensetzung, aber teilweise auch Ähnlichkeit der Symptome hat zur Folge, dass Untersucher häufig die sozusagen alles umfassende Diagnose Craniomandibuläre Dysfunktion (CMD) stellen. Anatomische und pathophysiologische Zusammenhänge bleiben dabei oft unklar.

Bei genauerem Blick verbirgt sich hinter den Beschwerden eine Vielzahl unterschiedlicher Diagnosen, die das Kiefergelenk selbst, aber auch die umgebenden Strukturen betreffen – ein Phänomen, das aus der Orthopädie der Wirbelsäule und Extremitätengelenke wohl bekannt ist. Unsicherheiten bestehen in der Praxis auch bei der Unterscheidung neurogener, myogener und arthrogener Symptome. Gleichwohl verlangen unterschiedliche Diagnosen eine differenzierte Therapie.

Ähnliche Symptome bei unterschiedlichen Erkrankungen machen es naturgemäß schwer, einen diagnostischen, und danach einen zielgerichteten therapeutischen Pfad zu finden. Dabei reichen Differenzierungsversuche bis in die 1930er Jahre. Einen wesentlichen Fortschritt hat die immer genauere Bildgebung der Kiefergelenkstrukturen, in chronologischer Reihenfolge in den vergangenen 40 Jahren durch die Tomografie, Arthrografie, Computertomografie, Arthroskopie, Szintigrafie, Magnetresonanztomografie und Digitale Volumentomografie gebracht. Fehlfunktionen der Kaumuskulatur konnten mit der Elektromyografie objektiviert und verhaltenspsychologisch interpretiert werden.

Damit wurde es u.a. möglich, unterschiedliche Erkrankungen als Ursache der Beschwerden zu differenzieren. Andererseits zeigt sich aufgrund des Unterschieds von Krankheitsverläufen auch eine Sonderstellung des Kiefergelenks im Vergleich zu den Extremitätengelenken.

Einige der hier dargestellten Kiefergelenkerkrankungen mögen in der nicht spezialisierten Praxis relativ selten angetroffen werden; gerade dadurch ergeben sich Unsicherheiten in Diagnostik und Therapie. Dies gilt auch für angrenzende Fachgebiete der Zahnmedizin, Kieferorthopädie und Mund-, Kiefer- und Gesichtschirurgie wie der Hals-, Nasen-, Ohrenheilkunde, Orthopädie und der Radiologie. Hinzu kommt: Je seltener die Erkrankung, desto weniger Evidenz ist möglich. Auch verändert die langfristige Beobachtung oft die Einschätzung einer Erkrankung. Gleiches gilt auch für die Wirkung von Therapieverfahren. Das vorliegende Buch wurde deshalb erst nach fast vier Jahrzehnten intensiver klinischer und wissenschaftlicher Beschäftigung mit dem Kiefergelenk in Angriff genommen. Vor diesem Hintergrund soll es einen Überblick über das Spektrum der Erkrankungen rund um das Kiefergelenk geben, ihre Differenzialdiagnostik erleichtern und praktische Hilfestellung zu einer sachgerechten Therapie geben.

Ohne die aktuelle Traumatologie des Kiefergelenks wäre dieser Überblick unvollständig. Im Bemühen um die besten Ergebnisse der Behandlung ist in den letzten 15 Jahren die Differenzierung auch bei den Kiefergelenkverletzungen, gerade in Bezug auf die operative Option, weit vorangeschritten. Als renommierter Vertreter dieses Bereichs konnte Prof. Andreas Neff als Autor für diesen wichtigen Teil dieses Buchs gewonnen werden, der einen traumatologischen Algorithmus ermöglichen soll.

Viele Informationen und Erfahrungen, die mit uns im Laufe der Jahre von der größer gewordenen Gruppe internationaler Spezialistinnen und Spezialisten geteilt wurden, sind in dieses Buch mit eingeflossen. Unter diesen besonders hervorzuheben sind Prof. John Rugh, St. Antonio, Prof. Franklin Dolwick, Gainesville, Dr. Larry Wolford, Dallas, USA, A. Sidebottom, Nottingham, und N. Saeed, Oxford, UK.

Dr. Markus Teschke, Bad Homburg, hat mich zuletzt über 12 Jahre mit kritischer Neugier und vielen neuen Ideen in der Kiefergelenk-Sprechstunde und im Operationssaal begleitet. Einige der hier dargestellten Operationen wurden unter seiner Mitwirkung geplant und durchgeführt.

Bei der Zielrichtung dieses Buchs haben die vielen Fragen, die von Teilnehmern unserer zahlreichen Operationskurse gestellt wurden, geholfen.

Frau Dr. Lilienbeck, Solingen, Frau Dr. Schweighofer vom Elsevier-Verlag und Frau Dominik, Medizinisches Lektorat, danke ich für die Durchsicht des Manuskripts im Hinblick auf Lesbarkeit und Hinweise zur Verbesserung.

Besonderen Dank schulden wir aber unseren Familien für den Langmut während der Entstehungszeit des Buchs.

Prof. Dr. Dr. R.H. Reich

Abkürzungen

A., Aa.	Arteria, Arteriae
AO	Arbeitsgemeinschaft Osteosynthese
AOCOIAC	AO Comprehensive Injury Automatic Classifier (Dokumentationssystem für Knochenfrakturen)
CMD	Craniomandibuläre Dysfunktion
CrCoMb	Chrom-Kobalt-Molybdän
CT	Computertomografie
DD	Differenzialdiagnose
DVT	digitale Volumentomografie
EA-RIF	Endoscopically Assisted Reduction and Internal Fixation
IBRA	International Bone Research Association
IMF	intermaxilläre Fixation
M., Mm.	Musculus, Musculi
V., Vv.	Vena, Vv.
MMF	mandibulomaxilläre Fixation
MRT	Magnetresonanztomografie
N. Nn.	Nervus, Nervi
NOE	naso-orbito-ethmoidaler Komplex
OP	Operation
OPT	Orthopantomogramm
ORIF	Open Reduction and Internal Fixation
PGA	Polyglycolic Acid
PLLA	Poly-L-Lactic Acid
Proc.	Processus
S.O.R.G.	Strasbourg Osteosynthesis Research Group
SKD	Schneidkantendistanz
SPECT	Single Photon Emission Computed Tomography
Syn.	Synonym

Abbildungsnachweis

Der Verweis auf die jeweilige Abbildungsquelle befindet sich bei allen Abbildungen im Werk am Ende des Legendentextes in eckigen Klammern. Alle nicht besonders gekennzeichneten Grafiken und Abbildungen © Elsevier GmbH, München.

L231	Stefan Dangl, München
P660	Prof. Dr. Dr. Rudolf H. Reich, Bonn
P661	Prof. Dr. Dr. Alexander Neff, Marburg
V575	Firma Zimmer GmbH

Fehler gefunden?

https://else4.de/978-3-437-23725-6

An unsere Inhalte haben wir sehr hohe Ansprüche. Trotz aller Sorgfalt kann es jedoch passieren, dass sich ein Fehler einschleicht oder fachlich-inhaltliche Aktualisierungen notwendig geworden sind.

Sobald ein relevanter Fehler entdeckt wird, stellen wir eine Korrektur zur Verfügung. Mit diesem QR-Code gelingt der schnelle Zugriff.

Wir sind dankbar für jeden Hinweis, der uns hilft, dieses Werk zu verbessern. Bitte richten Sie Ihre Anregungen, Lob und Kritik an folgende E-Mailadresse: kundendienst@elsevier.com

Inhaltsverzeichnis

KAPITEL

1 Einführung

Rudolf Reich

1.1 Aufbau des Kiefergelenks

Das Kiefergelenk des Erwachsenen besteht aus der Fossa (Gelenkpfanne), dem Kondylus mandibularis (Gelenkschaft und -kopf) und dem Discus articularis, der mit seinen Aufhängungsbändern den oberen vom unteren Gelenkraum vollständig trennt (➤ Abb. 1.1).

Die **Fossa articularis** (Gelenkgrube) wird in ihrem Zenit von dem nur 0,5–1 mm dicken Knochen des Os temporale zur lateralen Schädelgrube begrenzt, besteht aber wie die gesamte laterale Schädelbasis aus sehr hartem Knochen. Die vordere Grenze bildet das leistenartige Tuberculum articulare als dorsale Fortsetzung des hinteren Jochbogenansatzes; dorsal besteht eine enge räumliche Verbindung zum Gehörgang und Mittelohr, die teils knöchern, teils knorpelig-bindegewebig zum Gelenkraum abgegrenzt sind. Medial trennt diesen nur eine dünne Synovialschicht von der gefäß- und nervreichen Region der lateralen Schädelbasis, einschließlich der A. maxillaris.

Der **Discus articularis** besteht im Normalfall aus Faserknorpel, d. h. definitionsgemäß faserreichem Bindegewebe ohne Knorpelzellen. An den Gelenkwänden ist er zirkulär mit einem Bandapparat angehängt, ähnlich einem Trampolin. Dabei hat die Form eines lateral und medial in die Breite gezogenen Erythrozyten, und folgt im Normalfall der Bewegung des Kondylus, sodass er diesen gegenüber der Fossa stets dämpft und seine Bewegung im Gelenkraum stabilisiert. In der englischsprachigen Literatur werden die beiden Verdickungen des Diskus als *anterior* und *posterior band* bezeichnet, was im Deutschen zu Verwechslung mit der Aufhängung des Diskus Anlass geben kann.

Die **hintere Bandaufhängung** (Ligamentum posterior, engl. posterior attachment) hat eine kraniale Schicht mit elastischen Fasern; in einer mittleren Schicht befindet sich nerval versorgtes lockeres Bindegewebe mit sinusoidalen (venösen) Gefäßen, die sich bei der Bewegung des Kondylus nach anterior füllen und bei der Rückbewegung durch den Druck des Kondyluskopfes entleeren. Die untere Schicht besteht aus straffem Bindegewebe. Die laterale Aufhängung des Diskus, die an der durch Ausläufer der oberflächlichen Halsfaszie gebildeten Pseudokapsel ansetzt, ist kürzer und ebenso reich durchblutet.

Die Oberfläche des **Kondylus** besitzt, wie die gesamte Gelenkinnenwand einschließlich der Diskusoberflächen nur eine dünne, höchstens mehrlagige Synoviaschicht.

Unterhalb der anterioren Gelenkfläche des Kondyluskopfes setzt der **M. pterygoideus lateralis** an, mit Zugrichtung nach anteromedial. Er bewirkt mit seinem unteren Bauch die Gleitbewegungs-Komponente des Kondylus bei der Mundöffnung. Der obere, sehr viel dünnere Bauch des Muskels strahlt in das vordere Aufhängungsband des Diskus ein; er hat aber eher eine kontrollierende als eine aktive Zugfunktion.

Das Kiefergelenk besitzt eine **Pseudokapsel**: Bindegewebige Strukturen der kranial am Jochbogen ansetzenden oberflächlichen Halsfaszie grenzen das Gelenk nach lateral ab. Je nach ihrer kranialen Ausdehnung kann ein Anteil der Glandula parotis lateral der Pseudokapsel liegen.

Vom Stamm des **N. facialis**, der topografisch vor dem Ohransatz etwa in Höhe der Incisura semilunaris des Unterkiefers lokalisiert ist, zieht sein Stirn- und Augenast nach kranial in anteriorer Richtung quer über die Pseudokapsel, meist über dem Tuberculum articulare.

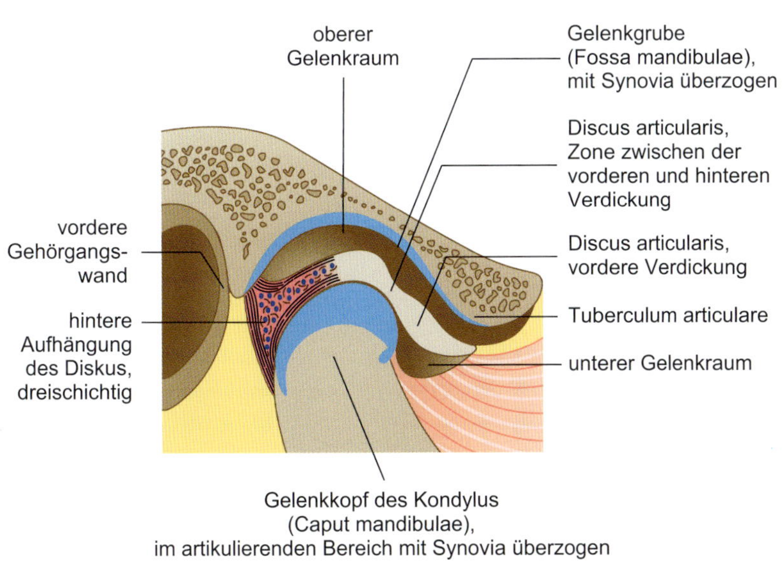

Abb. 1.1 Sagittaler Schnitt durch das Kiefergelenk. [L231]

1

Lebenslange Anpassungsfähigkeit des Kiefergelenks

In einem gesunden Kiefergelenk findet sich – im Gegensatz zu den Extremitätengelenken – nur Faserknorpel, der aus dicht gepacktem Bindegewebe besteht, und kein echter Knorpel. Dies ist mit der enchondralen Entwicklung des Kiefergelenks zu erklären. Aus diesem Grunde erhält sich bei diesem Gelenk lebenslang eine große Anpassungsfähigkeit.

1.2 Biomechanik

Bei der Mundöffnung bewirkt die am Unterkiefer ansetzende Kaumuskulatur eine **Dreh-Gleitbewegung** des Kondylus gegenüber der Fossa, normalerweise bis zu einer Schneidekantendistanz (SKD) von 35–55 mm (➤ Abb. 1.2). Die Drehkomponente (< 26 mm SKD) wird dabei im Wesentlichen durch die am Kinn ansetzende **suprahyale Muskulatur**, die Gleitbewegung nach vorne, Protrusion, durch den unterhalb des Kondyluskopfs ansetzenden **M. pterygoideus lateralis, venter caudalis** und den vorderen Teil des M. masseter bewerkstelligt (> 26 mm maximale Schneidekantendifferenz SKD). Laterotrusionsbewegungen werden durch vornehmlich einseitige Aktivierung des M. pterygoideus veranlasst.

Ein quergestreifter Muskel kann sich bei seiner Aktivierung bis zu einem Drittel seiner Länge verkürzen. So wird verständlich, dass bei einer kurzen Suprahyalmuskulatur, z. B. bei der Angle-Klasse II oder minderer Sagittalentwicklung des Unterkiefers mit starker Verkürzung der Strecke Kinn-Hyoid die Rotationskomponente der Gelenkfunktion stark vermindert wird oder ganz ausfällt (➤ 11.1, ➤ Abb. 1.3) Um dennoch eine ausreichende Kieferöffnung zu erreichen, wird kompensatorisch versucht, dies durch eine längere Gleitbewegung des Kondylus nach anterior (Translation) auszugleichen, oft über das Tuberculum articulare hinaus. Daraus kann eine Hypermobilität resultieren. Gelingt die Kompensation nicht, ist die maximale Schneidekantendistanz vermindert.

Andererseits kann die Gleitbewegung des Kondylus mechanisch, z. B. durch einen in den anterioren Gelenkraum verlagerten Diskus oder Gelenkkörper behindert werden. Die dann noch mögliche Rotationsbewegung ohne Gleitkomponente führt dann – zunächst ohne Anpassung – zu einer maximalen Schneidekantendistanz von ca. 25–27 mm (➤ 5.2).

Der Kieferschluss kommt hauptsächlich durch Zusammenwirken der Schlinge der Mm. masseter und pterygoideus medialis mit dem M. temporalis zustande. Da die hintere Begrenzung des **M. masseter**-Ansatzes am Jochbogen vor dem Tuberculum articulare liegt, ist hier kein unmittelbarer topografischer Zusammenhang mit dem Kiefergelenk gegeben. Da es sich bei ihm jedoch, zusammen mit dem **M. temporalis**, um den stärksten Schließmuskel des Kiefer- und Gesichtsbereich handelt, kann sich eine langfristige Überfunktion dieser Muskeln, wie bei bestimmten Formen des Bruxismus, auf die komplexe Mechanik des Kiefergelenks auswirken (➤ 2.1.2). Die Hypertrophie des Proc. muscularis des Unterkiefers oder der Tuberositas masseterica werden als knöcherne Reaktionen auf solche Überfunktionen der Kaumuskeln interpretiert (➤ 2.1.4).

Die Topografie des Kiefergelenks macht möglich, dass auch Veränderungen außerhalb des Gelenks seine Funktion beeinflussen und damit ähnliche Symptome wie bei eigentlichen Kiefergelenkerkrankungen hervorrufen können.

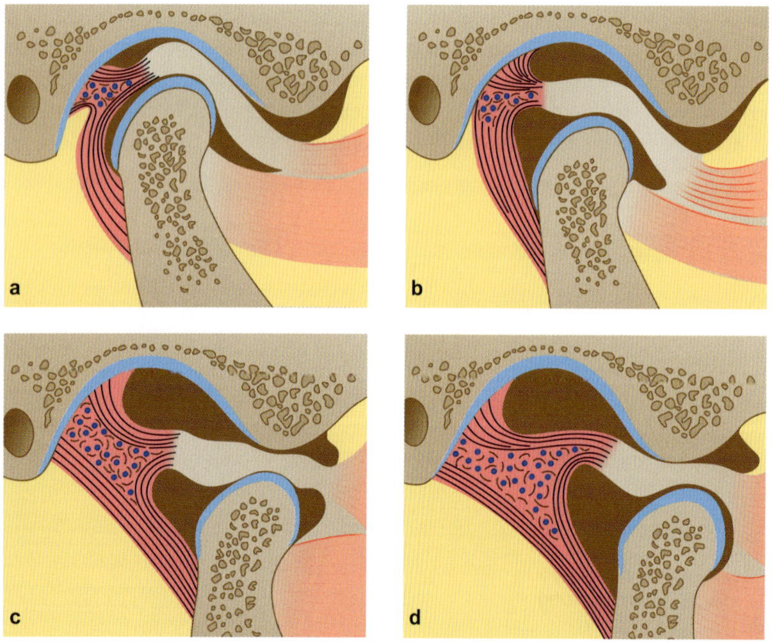

Abb. 1.2 Normale Dreh-Gleitbewegung des Kondylus bei der Kieferöffnung.
a: Bei geschlossener Okklusion befindet sich der Kondylus unterhalb der Fossa. Der Diskus steht mit seiner hinteren Verdickung und dem mittleren, dünneren Teil oberhalb des Gelenkkopfs.
b, c: Bei der Dreh-Gleitbewegung des Kondylus nach anterior (Translation) liegt der mittlere, dünne Teil des Diskus direkt über dem Gelenkkopf.
d: Bei maximaler Kieferöffnung steht der Gelenkkopf unterhalb des Tuberculum articulare; der mittlere Teil des Diskus liegt weiterhin dazwischen. [L231]

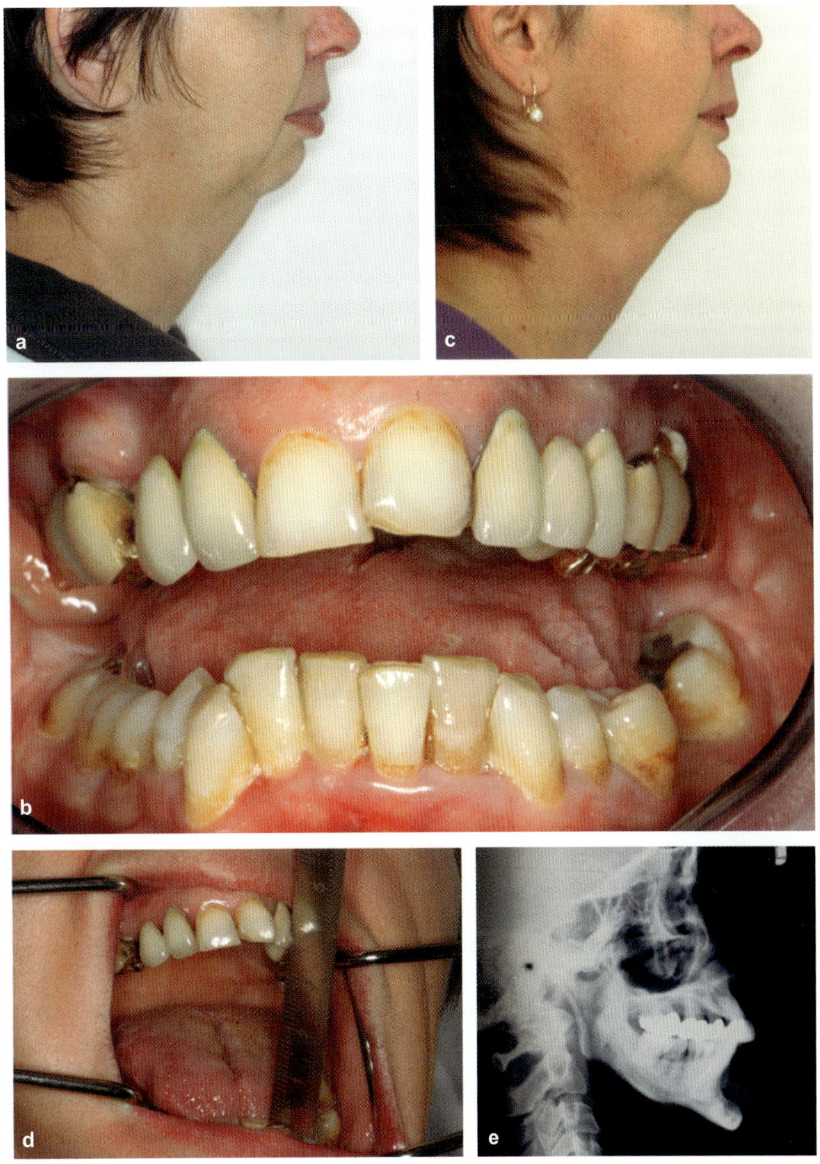

Abb. 1.3 Patientin mit eingeschränkter Kieferöffnung, Verdachtsdiagnose bindegewebige Ankylose der Kiefergelenke bei Rheuma-Anamnese.
a: Befund: Deutliche Retrognathie, Angle Kl. II. Die Patientin wünschte ursprünglich aus ästhetischen Gründen eine Profilverbesserung; eine Dysgnathie-Operation wurde abgelehnt.
b: Eingeschränkte Kieferöffnung der Patientin präoperativ, SKD 12 mm.
c: Profil der Patientin nach Osteodistraktion des Kinnbereichs um 20 mm.
d: Nach Kinndistraktion ohne weitere Maßnahmen Verbesserung der SKD auf 39 mm. Die verlängerte Suprahyalmuskulatur kann sich wesentlich besser an der Rotation des Unterkiefers bei der Öffnungsbewegung beteiligen als vor der Distraktion. Dieses Beispiel macht die Bedeutung der Länge der Suprahyalmuskulatur für die Kieferöffnung deutlich.
e: FRS-Aufnahme der Patientin 9 Monate nach Osteodistraktion des Kinns (Methode nach C. Krenkel). [P660]

1.3 Von den Symptomen zur Diagnose

Viele Symptome von Kiefergelenkerkrankungen lassen sich aus Störungen der Biomechanik erklären; letztlich orientiert sich auch die invasive Therapie an diesen Gegebenheiten.

Aufschlussreich für die Diagnostik und die Therapieentscheidung ist auch der zeitliche Verlauf und die Dynamik der Symptome. Bei manchen Kiefergelenkerkrankungen können auf längere Dauer Anpassungen zustande kommen, die zu einem abwartenden Verhalten gegenüber einer operativen Therapie berechtigen (➤ 5, ➤ 7).

1.3.1 Schwellung

Eine **Schwellung** oder Auftreibung über dem Kiefergelenk kommt bei einer akuten Arthritis und bei Gewebsvermehrungen des Gelenkkomplexes vor (➤ 8.1, ➤ 9, ➤ 13, ➤ 14).

1.3.2 Schmerzen

Schmerzbeschwerden (➤ Abb. 1.4) können bei genauer Anamneseerhebung und Untersuchung in der Regel gut im Bereich der Kaumuskulatur oder des Kiefergelenks lokalisiert werden, ebenso im Zusammenhang mit der Funktion, bei der sie auftreten (➤ 2, ➤ 4.1, ➤ 5, ➤ 7, ➤ 8, ➤ 9, ➤ 13.2.1, ➤ 13.2.2, ➤ 14.3, ➤ 14.4, ➤ 15, ➤ Abb. 1.5). Sowohl dentogene, eine Vielzahl idiopathischer Schmerzphänomene im Kiefer- und Gesichtsbereich und ausstrahlende Schmerzen, die von der Halswirbelsäule ausgehen, sind differenzialdiagnostisch zu beachten (Ziegeler et al. 2021).

Diagnostische Lokalanästhesie

Wegen der mannigfaltigen Möglichkeiten einer Verursachung von Gesichtsschmerzen kann es in Zweifelsfällen sinnvoll sein, durch eine **diagnostische Lokalanästhesie** des Kiefergelenks zu differenzieren, ob die Schmerzphänomene mit dem Gelenk in Zusammenhang stehen oder extraartikulär verursacht sind. Diese wird durch präaurikuläre Injektion von 1–1,5 ml Lokalanästhetikum an der Pseudokapsel und möglichst in den Gelenkspalt erreicht.

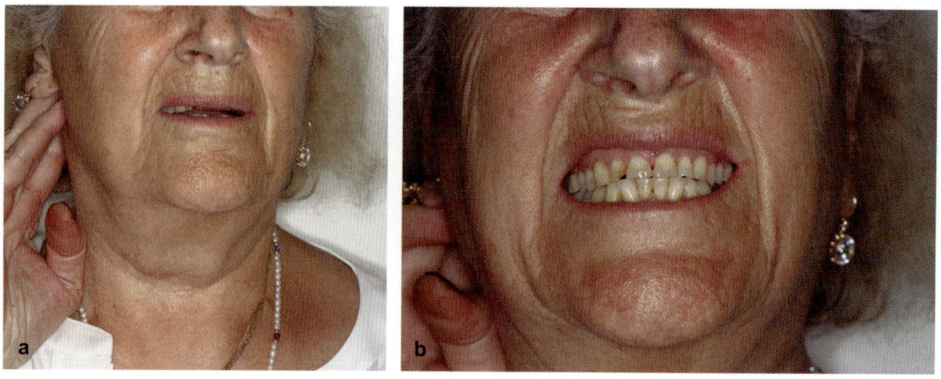

Abb. 1.4 Schmerzhafte Hyperaktivität der Kaumuskulatur.
a: Die Patientin zeigt das Punctum maximum des Schmerzes, deutlich entfernt von der Kiefergelenkregion, am oberen Ansatz des M. sternocleidomastoideus rechts. Ein nächtlicher Bruxismus ist seit Jahren bekannt.
b: Intraoraler Befund der Patientin. Erhebliche Attritionsfacetten der Ober- und Unterkieferfrontzähne als Ausdruck der Hyperaktivität der Kaumuskulatur in Form des Bruxismus. [P660]

1.3.3 Mundöffnungseinschränkung

Eine **Mundöffnungseinschränkung** (richtiger **Kieferöffnungseinschränkung, Kieferklemme** ➤ Abb. 1.5) deutet zunächst auf eine Behinderung der Kondylusmobilität hin. Diese kann arthrogen oder extraartikulär verursacht sein.

Arthrogene Kieferklemme

Als Verursachung kommen z.B. eine Diskus-Vorverlagerung ohne Reposition, Gelenkkörper oder eine Ankylose des Gelenks (➤ 5, ➤ 9, ➤ 12) in Frage.

Extraartikulär verursachte Kieferklemme

Hier kommen ursächlich in Frage:

- **Mechanische Blockierung:**
  - Durch Anschlagen des hypertrophierten Proc. coronoideus am Jochbogen (➤ 2.1.2, ➤ 2.1.4, ➤ 5.2, ➤ 8, ➤ 9, ➤ 12, ➤ 13) oder eine Ankylose des Muskelfortsatzes mit dem Jochbogen nach kombinierter dislozierter Fraktur des Muskelfortsatzes und des Jochbeins, oder periartikuläre Zysten oder Neubildung
  - Durch Vernarbung der Weichgewebe im Kiefergelenk nach intrakapsulären und Trümmerfrakturen und im Umfeld des Gelenks nach ausgedehntem Weichteiltrauma, chronischen Entzündungen, ausgedehnter ablativer Chirurgie (➤ Abb. 1.6). Lokale Strahlentherapie kann zur ausgedehnten fibrösen Ummauerung des Gelenks führen, die ein besonders schwieriges, in Einzelfällen nicht lösbares therapeutisches Problem darstellt.
  - Durch Vernarbung der Ansatzsehne des M. temporalis, wenn bei einer neurochirurgischen Trepanation der Muskel abgelöst wurde (➤ Abb. 1.7). Prophylaktisch empfehlen sich daher postoperativ konsequente aktive und passive Kieferöffnungsübungen.
  - Bei der **Myositis ossificans.** Durch eine Fehlregulation kommt es nach Trauma oder Entzündungen zur allmählichen Verknöcherung von angrenzenden Sehnen, Muskeln und Narben, die letztlich die Bewegung des Kondylus extrem einschränkt. Dies kann z.B. nach einem operativen Eingriff am Kiefergelenk oder in seiner Umgebung bzw. Trauma eintreten. Wenn in der präoperativen Anamnese Anzeichen dieser Fehlregulation angegeben werden, besteht ein hohes Risiko des Misserfolgs durch heterotope Knochenbildung (Mercuri und Saltzman 2017). Bislang ist nur die freie autologe Fetttransplantation als prophylaktischer Therapieansatz bekannt (Dimitroulis 2004).
- **Schmerzbedingt** bei akuten intra- oder periartikulären, häufig dentogenen Entzündungen (➤ Abb. 1.8).
- **Muskulär bedingt – Trismus** (➤ 2.2):
  - Ein **stark erhöhter Tonus des M. temporalis und/oder M. masseter** tritt als Variante einer Hyperaktivität der Kaumuskulatur, mit oder ohne Bruxismus, auf.
  - Selten wird eine Kieferklemme durch genetisch bedingte Verkürzung der Kaumuskulatur bei der Arthrogryposis multiplex congenita oder beim Trismus-Pseudokamptodaktylie-Syndrom angetroffen (➤ Abb. 1.9). Typisch ist neben der Symptomatiken anderer Gelenke eine schon in der Kindheit auffällige Kieferklemme, die sich unterschiedlich ausgeprägen kann. Später kann sie durch eine Hypertrophie des Proc. coronoideus verstärkt werden (➤ 2.4).
    Frühe operative Interventionen an der Muskulatur oder dem Proc. coronoideus führen nicht immer zu einer dauerhaften Verbesserung der Kieferöffnung. Grundsätzlich sind strukturell-muskuläre gegenüber arthrogenen Veränderungen als Ursache einer Kieferklemme schwieriger zu behandeln und in ihrer postoperativen Prognose deutlich unsicherer.
  - Gelegentlich wird er auch als Nebenwirkung von trizyklischen Neuroleptika gesehen.
  - Auch kann er Erstsymptom einer Tetanusinfektion sein.
- **Neurologisch bedingt:**
  - Intermittierende Kieferklemme, z. B. bei der fokalen Dystonie oder dem Parkinsonismus durch kurzzeitige Kaumuskelkrämpfe (Spastiken), die auch zu Verschiebungen

des Unterkiefers außerhalb der normalen Bewegungen und Positionen führen können.
  - Andauernde Kieferklemme, z. B. bei Meningitis, Enzephalitis oder schwerem Hirntrauma
- **Psychosomatisch bedingt:** Vielfältige Ursachen der Demonstration einer nicht morphologisch erklärbaren Kieferklemme sind möglich, z. B. im Rahmen eines **posttraumatischen Belastungssyndroms**, bei extremen seelischen Belastungen oder Konfliktsituationen und zur Erlangung von Aufmerksamkeit (sekundärer Krankheitsgewinn). Gemeinsam ist diesen Patienten, dass sie im Schlaf oder unter Sedierung keine Einschränkung der Kieferöffnung oder Kieferfehlstellung zeigen. Gelegentlich ist auch eine normale Kieferöffnung im vermeintlich unbeobachteten Zustand erkennbar. Immer empfiehlt sich in diesen Fällen, psychosomatischen Sachverstand hinzuzuziehen.

MERKE

Bei allen Formen mangelnder Beweglichkeit des Kondylus kann sich aufgrund der reaktiven Überfunktion des M. temporalis mit der Zeit eine Hypertrophie seiner Ansatzsehne am Proc. coronoideus oder des Muskelfortsatzes selbst herausbilden. Die Kieferöffnung kann dann durch Anschlagen der verdickten Sehne oder des Muskelfortsatzes an den hinteren Ansatz des Jochbogens in der Fossa infratemporalis mechanisch behindert werden (➤ Abb. 1.5). ➤ Kap. 2.4.

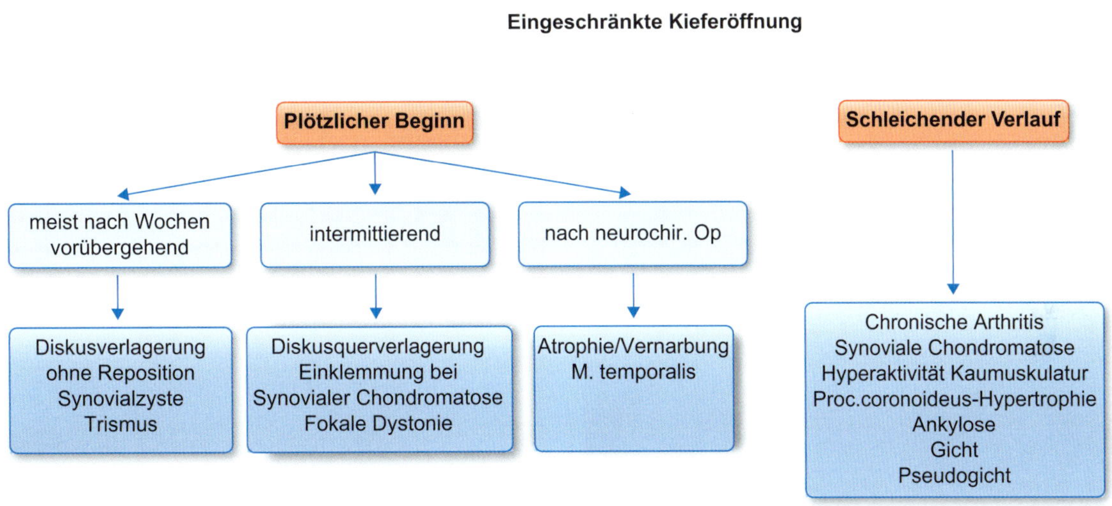

Abb. 1.5 Kardinalsymptom eingeschränkte Kieferöffnung (Kieferklemme) mit ihren hauptsächlich verursachenden Erkrankungen. [P660/L231]

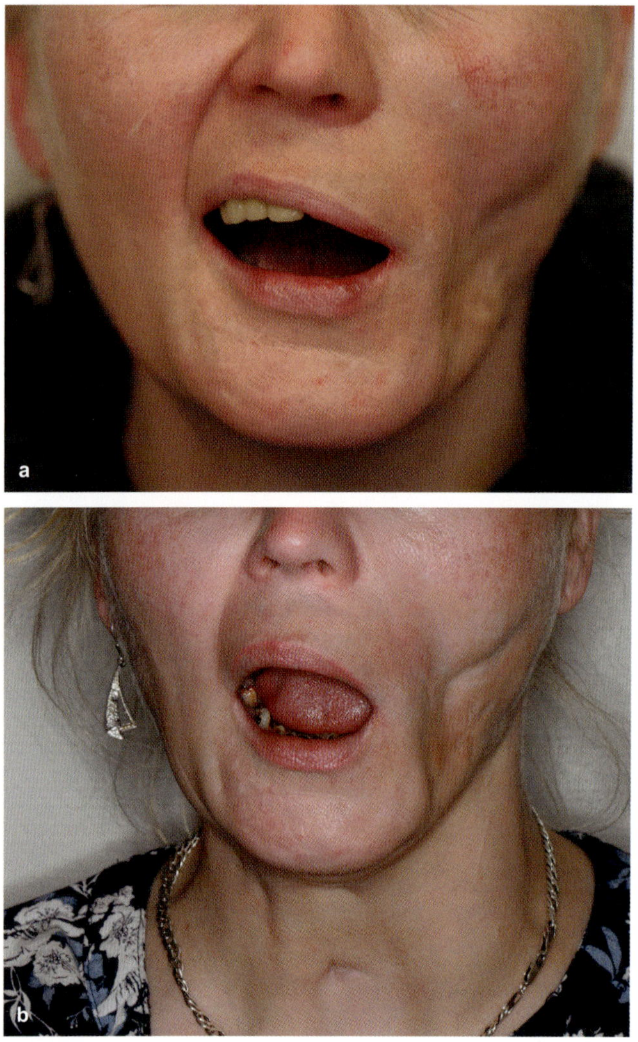

Abb. 1.6 a: Z.n. ausgedehntem Schädelhirn- und intra-/extraoralem Weichteiltrauma vor 10 Jahren. Seitdem relative Kieferklemme (SKD 20 mm) bei unauffälligen Kiefergelenkstrukturen in der darstellenden Diagnostik. Operative Diagnose: Restriktion der Unterkieferbewegung durch starke Narbenstränge in der Wange und im Mundboden links.
b: 9 Monate nach Narbenlösung in der linken Wange und Transplanation von autologem Fett von periumbilikal in den Bereich der Narbenlösung, postoperativ konsequente passive Dehnungstherapie. SKD 30 mm, die Zahnsanierung kann jetzt geplant werden. [P660]

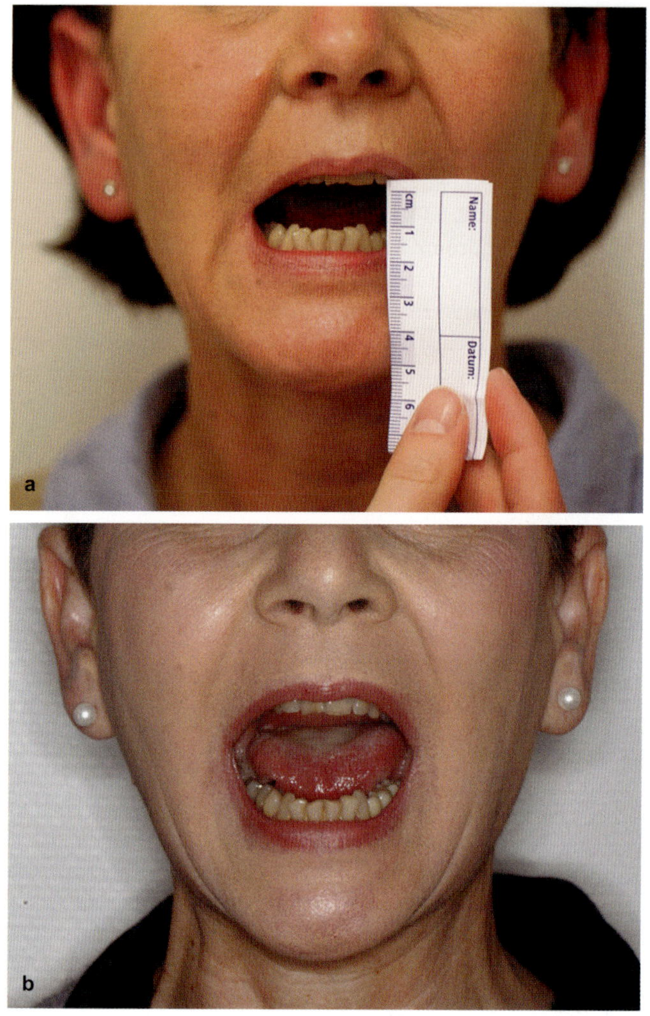

Abb. 1.7 Postoperative Atrophie bzw. Vernarbung des M. temporalis rechts.
a: Relative Kieferklemme 2 Monate nach neurochirurgischem Eingriff mit flächenhafter Ablösung des M. temporalis rechts: bei der Kieferöffnung zusätzlich Deviation des Unterkiefers zur betroffenen Seite.
b: 4 Wochen nach Resektion des Proc. coronoideus des rechten Unterkiefers und anschließender intensiver Übungstherapie für die Kieferöffnung. Die Übungstherapie muss für Monate weitergeführt werden, da sich die gesamte Kaumuskulatur verkürzt hat. [P660]

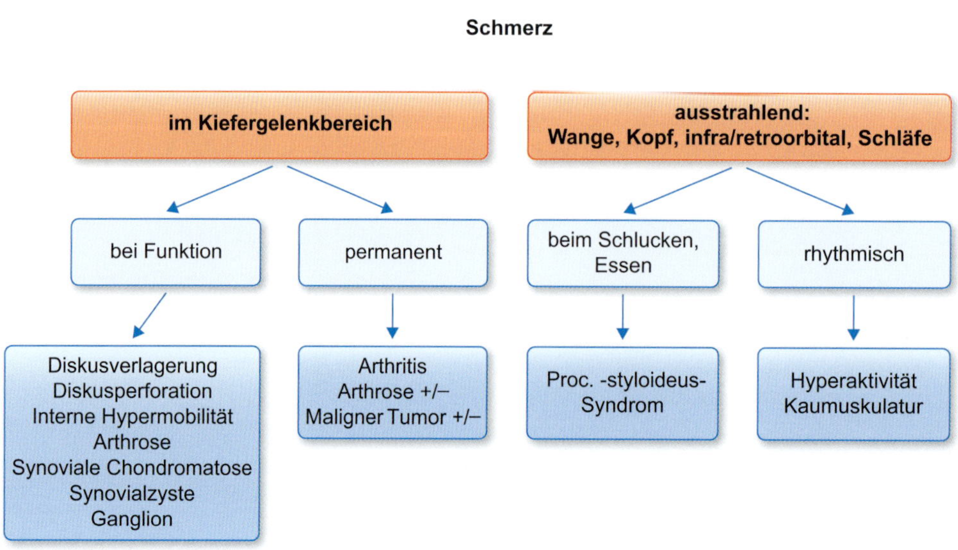

Abb. 1.8 Kardinalsymptom Schmerz und seine häufigsten Ursachen. [P660/L231]

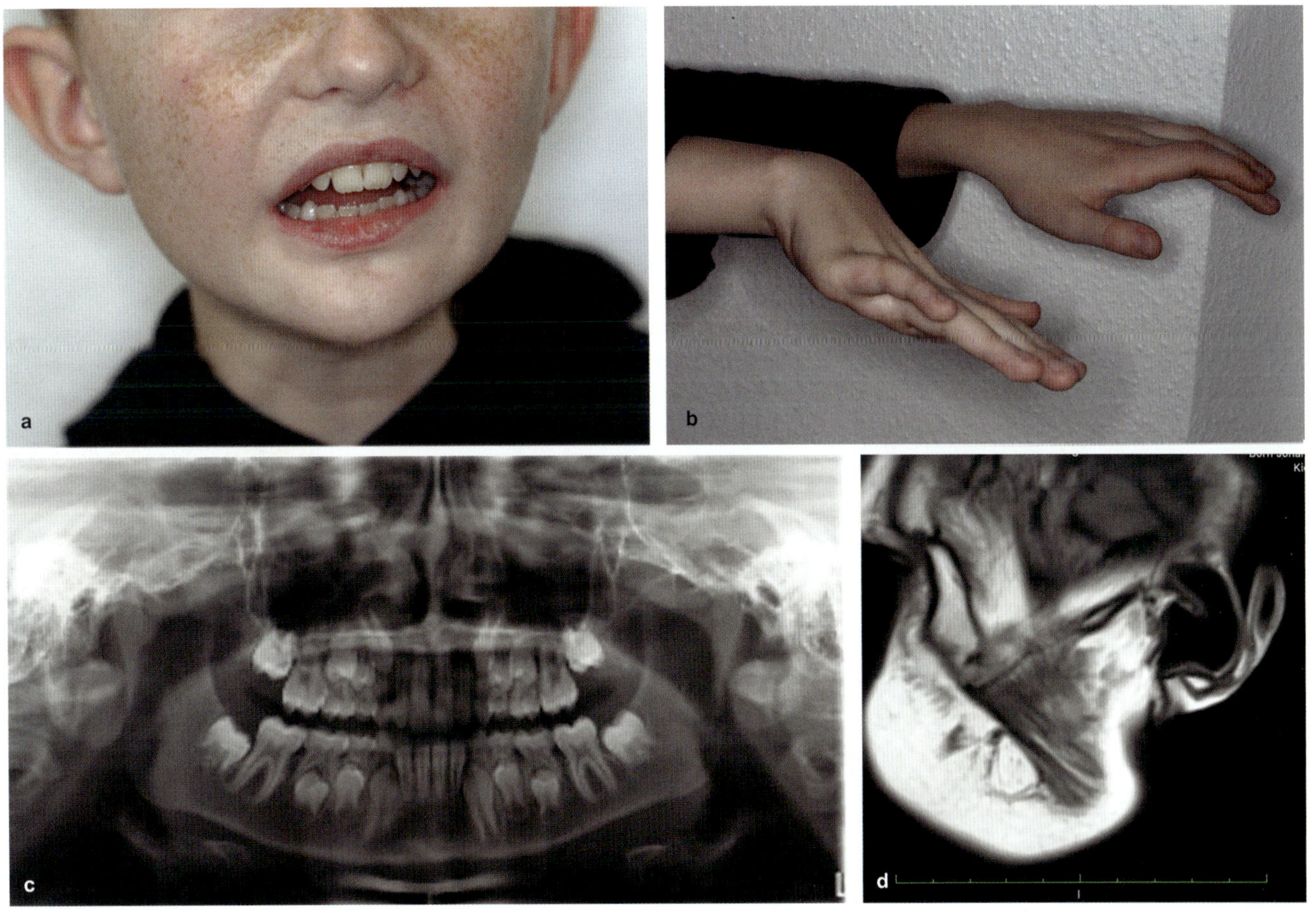

Abb. 1.9 12-jähriger Junge, bei dem seit Geburt eine schleichend zunehmende Kieferklemme ohne Schmerzphasen bemerkt wurde. a: Derzeit maximale SKD von 10 mm. Bei der intraoralen Palpation fällt ein sehr harter und prominenter Vorderrand des M. masseter auf. In der Familie (Schwester, Mutter) sind eine geringer ausgeprägte relative Kieferklemme und zusätzlich Beugekontrakturen beim Strecken der Hände ebenfalls bekannt; aufgrund einer genetischen Untersuchung wurde ein Trismus-Pseudokamptaktylie-Syndrom (Syn. Distale Arthrogryposis Typ 7) diagnostiziert. b: Streckung der Hände des Patienten. Arachnodaktylie, angedeutete Beugekontraktur einzelner Phalangen. c: OPT-Aufnahme des Patienten. Beidseits deutlich verlängerte Proc. coronoidei bei altersgemäßer Konfiguration der Kiefergelenke. d: Sagittalschnitt des MRT in der Ebene des M. masseter links. Sehr stark ausgebildeter Muskel mit Betonung des anterioren Randes. Kranial des Jochbogens extrem stark ausgeprägte Aponeurose, die am Proc. coronoideus ansetzt. [P660]

1.3.4 Unterkieferdeviation

Eine **Deviation des Unterkiefers** von der Mittellinie bei der Mundöffnung zur betroffenen Seite spricht für eine Bewegungsbehinderung des Kondylus auf dieser Seite. Bewegungsstörungen des Gelenkkopfs können in der instrumentellen zahnärztlichen Funktionsanalyse quantifiziert werden (➤ 5, ➤ 8, ➤ 9, ➤ 12, ➤ 13).

1.3.5 Erworbene Biss-Störung

Eine **erworbene Biss-Störung** (➤ Abb. 1.10) kann durch eine Kiefergelenkveränderung verursacht sein. Diagnostisch wichtig ist dabei die Geschwindigkeit, mit der sich die Okklusionsveränderung entwickelt hat (➤ 9, ➤ 10, ➤ 11, ➤ 13). Differenzialdiagnostisch kommen Verdrängungsphänomene durch Neoplasien in Frage.

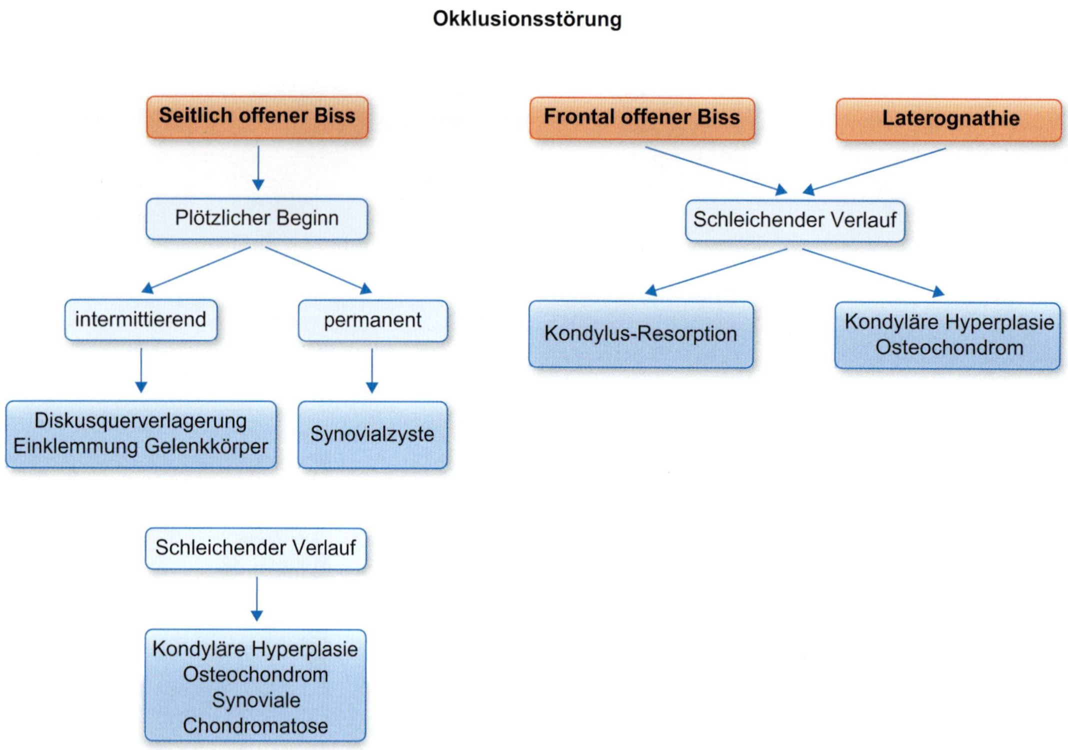

Abb. 1.10 Kardinalsymptom Okklusionsstörung mit ihren hauptsächlich verursachenden Erkrankungen des Kiefergelenk- und Kaumuskel-Komplexes. [P660/L231]

1.3.6 Kiefergelenkgeräusche

Bei der Auskultation ergeben sich durch **Kiefergelenkgeräusche** (➤ Abb. 1.11). Aufschlüsse über den Status der intraartikulären Gewebe. Ein (reziprokes) **Knacken** oder ein **Knirschen** über dem Kiefergelenk bei der Bewegung des Unterkiefers deutet auf mechanische Hindernisse oder einen Kontakt zwischen den knöchernen Komponenten des Gelenks hin (➤ 5.1, ➤ 7, ➤ 9).

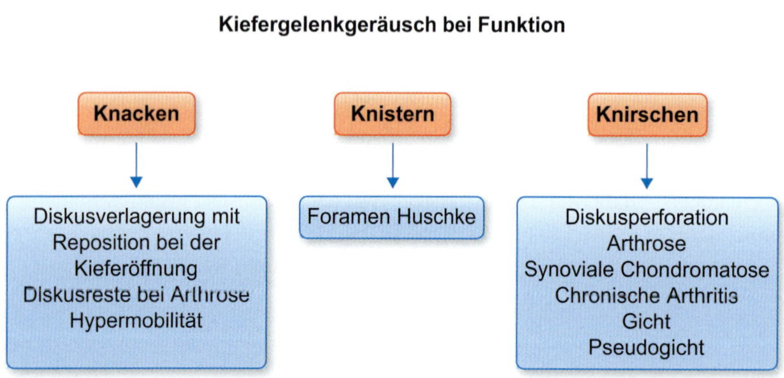

Abb. 1.11 Kardinalsymptom Kiefergelenkgeräusch bei Funktion mit seinen hauptsächlich verursachenden Erkrankungen. [P660/L231]

1.3.7 Komplexe Symptomkonstellationen

Hinsichtlich der vielfältigen Beschwerden und Symptomen im Kiefer- und Gesichtsbereich hat sich in den letzten Jahrzehnten ein Wandel der Betrachtungsweise und Interpretation ergeben.

Mit dem Begriff **Costen-Syndrom** wurde früher als eigenständiges Krankheitsbild das gleichzeitige Auftreten von Ohren- und Kopfschmerzen, Schwindel und Tinnitus bezeichnet; auch Zungenbrennen und eine Xerostomie wurden dabei beschrieben. Als Ursache wurde eine Fehlstellung oder Funktionsstörung des Kiefergelenks angeschuldigt. Wissenschaftlich ist ein ursächlicher Zusammenhang zwischen Kiefergelenk und den unterschiedlichen Beschwerden allerdings bislang unbewiesen (Reich 1992).

Danach hat sich als Sammelbezeichnung für mannigfaltige Beschwerden **Craniomandibuläre Dysfunktion (CMD)** eingebürgert, die auch myofasziale Dysfunktionen einschließt. Ebenso wie bei dem Begriff Costen-Syndrom ist wegen der Vielgestaltigkeit der Ursachen von Beschwerden im Kiefer- und Gesichtsbereich ein direkter Rückschluss auf eine Verursachung durch das Kiefergelenk nicht statthaft. Auch die Frage der Beeinflussung der Kiefergelenkfunktion durch Okklusionsstörungen wird heute zurückhaltender beantwortet als früher (AWMF c 2020).

Mit heutigem Wissen und durch moderne Diagnostik ist es in den meisten Fällen möglich, Beschwerden, Schmerzen oder Funktionsstörungen morphologischen oder funktionellen Störungen des Kiefergelenk-Muskulatur-Komplexes zuzuordnen (➤ Abb. 1.12), z. B. einer Hypermobilität, Diskusverlagerung, Arthrose oder den verschiedenen Formen der schmerzhaften Hyperaktivität der Kaumuskulatur (Reißmann 2017). Dies erscheint gerade im Hinblick auf eine zielgenaue Therapie günstiger.

Differenzialdiagnostisch sind gelegentlich die verschiedenen Neuralgien, neuralgiformen Symptome, Somatisierungen im Kiefer- und Gesichtsbereich, die okklusale Dysästhesie, Halswirbelsäulenprobleme und letztlich psychiatrische Erkrankungen zu erwägen (S1-Leitlinie „Okklusale Dysästhesie – Diagnostik und Management", AWMF).

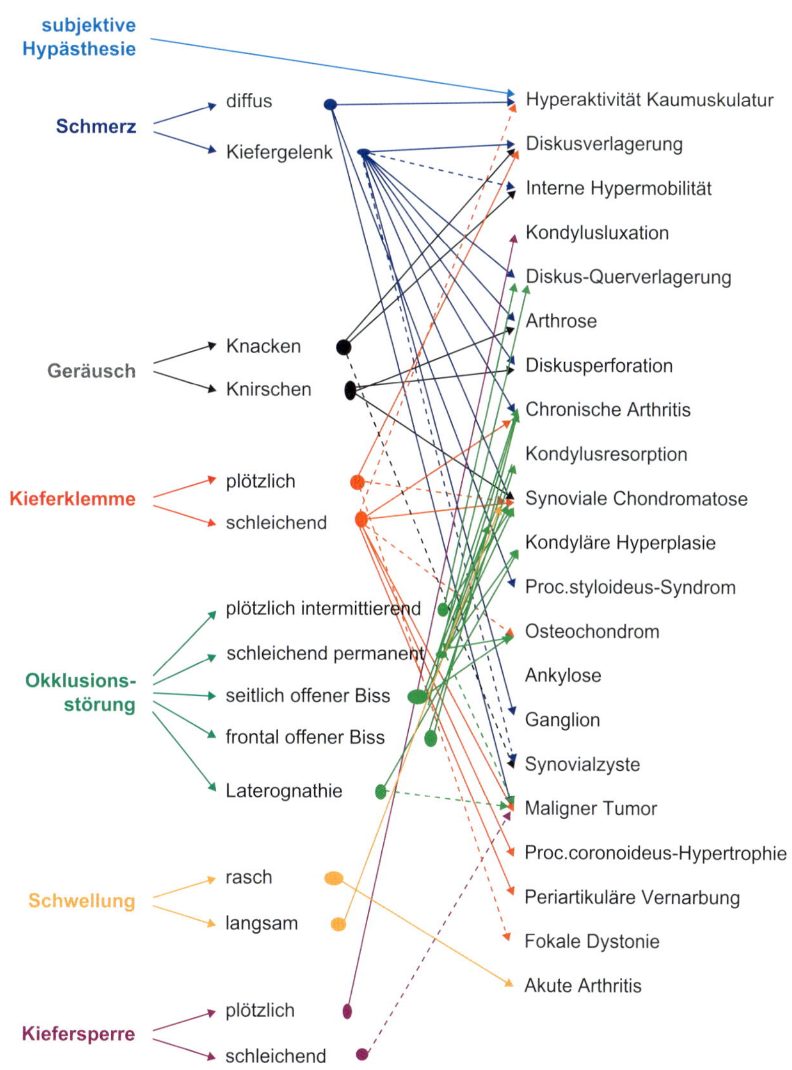

Abb. 1.12 Typische klinische Symptome und mögliche Erkrankungen. [P660/L231]

1

1.4 Stellenwert der darstellenden Diagnostik

Nicht arthrogene Symptome verlangen im Zweifel einen Ausschluss von kiefergelenkbedingten Beschwerden. Da sich die Symptomatik vieler Kiefergelenkerkrankungen ähnelt, ist die darstellende Diagnostik insbesondere zur Differenzialdiagnostik im Vorfeld der Indikationsstellung für invasive Therapie sinnvoll. Auf der anderen Seite ist eine Überdiagnostik, insbesondere durch radiologische Verfahren, aus strahlenprophylaktischen Gründen zu vermeiden. Letztlich ist auch ein wirtschaftlicher Einsatz solcher Verfahren zu beachten.

1.4.1 Röntgenverfahren

Orthopantomogramm, Funktions-Orthopantomogramm

Mit dem **Orthopantomogramm** (OPT) gelingt die grobe zweidimensionale Darstellung des Kondylus, des Gelenkkopfs und des Ramus mandibulae, einschließlich des Proc. coronoideus. Wegen Überlagerungsphänomenen der Schädelbasis ist die Darstellung der Fossa mandibularis und ebenso des Gelenkspalts eingeschränkt.

Die Modifikation des **Funktions-Orthopantomogramms** (segmentale Aufnahmen des Ramus und der Kiefergelenke in Okklusion und bei maximaler Kieferöffnung) erlaubt einen verbesserten Einblick in den Gelenkspalt, auf die Kondylusoberfläche und vor allem die Abschätzung der maximal möglichen Translation des Kondylus (➤ Abb. 3.3).

Digitale Volumentomografie (DVT)

Die digitale Volumentomografie (DVT) erlaubt einen dreidimensionalen, genaueren Überblick über den knöchernen Kiefergelenkkomplex, ähnlich einer Computertomografie (CT), mit dem Vorteil geringerer Strahlenbelastung (➤ Abb. 7.9).

Computertomografie (CT)

Eine Kopf-Hals-Computertomografie (CT) wird insbesondere bei Fragen der Beziehung von Kiefergelenkstrukturen zur Umgebung, z. B. der Schädelbasis oder der umgebenden Weichgewebe, eingesetzt. Auch in der Tumordiagnostik ist das CT, evtl. mit Kontrastdarstellung, unabdingbar.

Ein besonderer Vorteil besteht in der dreidimensionalen Darstellung. CT-Daten dienen auch für die Herstellung des individuellen Kiefergelenkersatzes (➤ Abb. 3.11).

Fernröntgenseitenaufnahme

Im Zusammenhang mit Kiefergelenkerkrankungen ist die Aufnahme sinnvoll, wenn gleichzeitig Wachstumsveränderungen vorliegen. Die Distanz zwischen dem Os hyoideum und dem Unterkiefer zeigt die Länge der Suprahyalmuskulatur und damit die Rotationsmöglichkeit des Kondylus an (➤ 1.2, ➤ 11, ➤ 12, ➤ Abb. 1.3e).

Bei der Planung einer Kiefergelenkrekonstruktion sind die Ramus-Höhe und der Winkel zwischen dem Ramus-Hinterrand und dem Unterrand des Corpus mandibulae bedeutsam.

Nasennebenhöhlen-Aufnahme

Diese Technik zeigt insbesondere die Procc. coronoidei in ihrer Beziehung zum Jochbogen. Sie hat spezielle Bedeutung, wenn bei einer relativen Kieferklemme die Frage besteht, ob der Proc. coronoideus durch Kontakt mit dem Jochbogen die Bewegung des Kondylus mechanisch blockiert (➤ Abb. 2.6, ➤ 2.1.4).

1.4.2 Magnetresonanztomografie (MRT)

Die Magnetresonanztomografie (MRT) erlaubt insbesondere eine Beurteilung des Gelenkspalts mit der Darstellung der Weichgewebe des Kiefergelenks, des Discus articularis, seines Aufhängungsapparats, der Pseudokapsel, der für die Funktion notwendigen Kaumuskeln und der weichgewebigen Umgebung, einschließlich des Gehörgangs, sowie der größeren Gefäße und der Ohrspeicheldrüse.

1.4.3 Szintigrafie, SPECT

Die Knochenszintigrafie bzw. in anderer Ausprägung die SPECT-Technik (Single Photon Emission Computed Tomography) objektiviert die Stoffwechselaktivität der Kiefergelenkstrukturen. Dies ist insbesondere bei der Frage einer besonderen Wachstumsaktivität des Unterkiefers erforderlich (➤ 2.1.4).

Eine Entzündungsszintigrafie ist eine Hilfsdiagnostik, die versteckte bakterielle Prozesse im oder um den Kiefergelenkbereich objektivieren kann.

1.4.4 Diagnostische Arthroskopie

Mit der Arthroskopie gelingt ein direkter Einblick in das Kiefergelenk. Im Regelfall wird der obere Gelenkspalt punktiert. Die Beurteilung des Zustands und der Beschaffenheit der Gelenkflächen, des Diskus und seines Aufhängungsapparats sowie der Bewegung des Weichgewebes bei Kieferbewegungen erlaubt Aufschlüsse bei Funktionsstörungen und Schmerzbeschwerden.

Vereinzelt wird auch über die endokopische Biopsie berichtet, wobei zu beachten ist, dass durch das kaum mehr als 2 mm weite Lumen des Arthroskopschafts nur sehr kleine Gewebeanteile geborgen werden können, was die histologische Untersuchung beschränkt.

Die arthroskopische Inspektion mit Spülung des Gelenkraums (arthroskopische Lavage) hat einen gleichzeitigen therapeutischen Effekt u. a. durch Eliminierung von Entzündungsmediatoren (Nitzan et al. 1991, Nitzan und Dolwick 1991). Bei völlig unauffälliger endoskopischer Inspektion steht eine arthrogene Schmerzverursachung in Frage; andererseits finden Schmerzbeschwerden durch manche Befunde, die der bisherigen darstellenden Diagnostik entgingen, ihre Erklärung.

KAPITEL

2

Rudolf Reich

Myopathie oder Arthropathie?

Schmerzen im seitlichen Gesichtsbereich werden wesentlich häufiger durch Hyperaktivität der Kaumuskulatur als durch Funktionsstörungen des Kiefergelenks verursacht. Oberflächlich betrachtet sind die Symptome bei beiden Störungen durchaus ähnlich. Bei der Überlegung, ob oder wie Beschwerden sich behandeln lassen, ist es für den Behandler jedoch essenziell, die Ursache zu erfassen, da mit interventionellen Maßnahmen prinzipiell nur arthrogene und morphologisch bedingte Symptome behandelbar sind.

Morphologische Veränderungen im Kiefergelenkbereich lassen sich durch darstellende Diagnostik (➤ 1.4) objektivieren; die verschiedenen Formen der muskulären Hyperaktivität der Kaumuskulatur sind im Regelfall – abgesehen von seltenen neurologischen Fragestellungen – durch die klinische Symptomatik zu differenzieren.

Eine grobe Einschätzung, welche Verursachung vorliegt, ist durch die Symptomkonstellation möglich (➤ Tab. 2.1):

Die muskuläre Hyperaktivität kann in Form eines **Bruxismus** (Knirschen, Pressen), **einer schmerzhaften Hyperaktivität der Kaumuskulatur** (auch häufig als Myalgie bezeichnet)**, Trismus** (Kaumuskelkrampf) mit verminderter Kieferöffnung, oder in Fällen einer neurologischen Erkrankung als **Spastik** (Tonuserhöhung der Muskulatur, die den Unterkiefer in untypische Haltung zwingt) in Erscheinung treten.

Nur in Sonderfällen hat die eine langfristige Hyperaktivität der Kaumuskulatur morphologische Folgen, die einer chirurgischen Therapie zugänglich sind (➤ 2.1.4, ➤ 4).

2.1 Bruxismus

Symptome

Die Patienten klagen über tageszeitlich unterschiedlich auftretende und unterschiedlich stark wahrgenommene diffuse, teils **ausstrahlende Schmerzen** im Bereich der Kaumuskulatur und Kopfschmerzen (schmerzhafte Hyperaktivität der Kaumuskulatur); Verläufe ohne Schmerzbeschwerden sind aber ebenfalls möglich (AWMF b). Sie berichten auch über **Ermüdungserscheinungen der Kaumuskulatur,** nach dem Reden oder Essen, Schmerzen im Jochbeinbereich oder auch retroorbital, intermittierend verminderte Kieferöffnung oder Hypästhesie über der Kaumuskulatur, die sich kaum objektivieren lässt.

Bei der Untersuchung weisen **Attritionsfacetten** der Zähne auf ein nächtliches Zähneknirschen im Schlaf durch Hyperaktivität der Kaumuskulatur hin (➤ Tab. 2.1, ➤ Abb. 2.1). Dieses Zeichen ist jedoch nicht immer festzustellen, da die Hyperaktivität der Kaumuskulatur sich auch durch Pressen manifestieren kann.

Diagnostik

Bei der Untersuchung ist oft ein **Druckschmerz** im Bereich der der Mm. masseter, temporalis, pterygoideus lateralis und medialis, der suprahyalen Muskulatur und des M. sternocleidomastoideus auslösbar.

Primär empfiehlt sich eine zahnärztliche Funktionsanalyse zur Aufdeckung von Attritionsspuren an den Zähnen und **okklusaler Fehlkontakte,** die als Triggerfaktoren diskutiert werden. Neuere Erkenntnisse stellen diese Verursachungen allerdings zunehmend in Frage (AWMF c 2020).

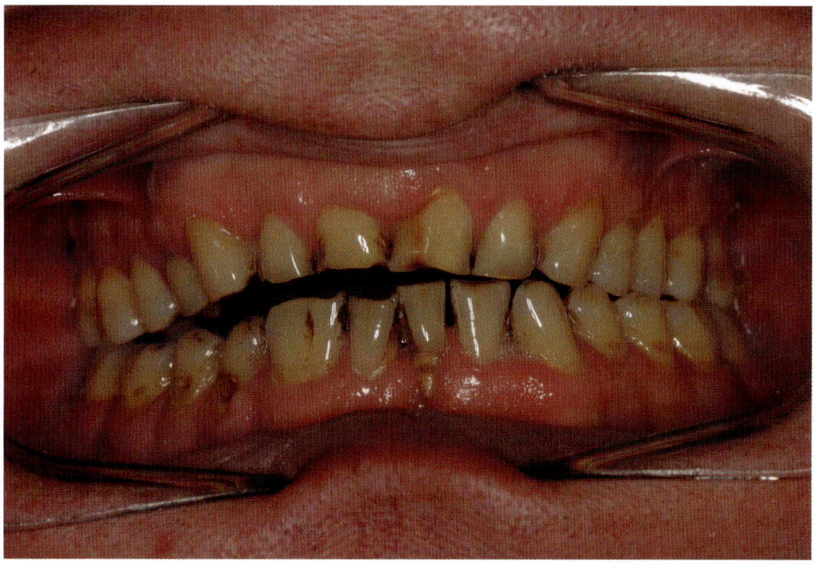

Abb. 2.1 Attritionsfacetten der Zähne durch langjährigen nächtlichen Bruxismus. [P660]

2

Tab. 2.1 Klinische Hinweise auf Myopathie vs. Arthropathie (fakultativ)

Myopathie	Arthropathie
diffuser Schmerz im Ausstrahlungsgebiet der Kaumuskulatur einschließlich Kopfschmerz, Schmerz infra- und retroorbital	Kiefergelenkschmerz
Schmerz in Ruhe	Schmerz bei Funktion des Gelenks
ein-/**beidseitig**	meist **einseitig**
Beschwerden rhythmisch, weniger bei Funktion (Tageszeit/Wochentag/situativ)	Beschwerden bei Funktion
Attritionsfacetten **Morsicatio buccarum** **Zungenimpressionen**	./.
Kieferöffnungsbehinderung nach dem morgendlichen Aufstehen	keine tageszeitliche Betonung
keine Bewegungsstörung des Kondylus	+/- Bewegungsstörungen des Kiefergelenks
Hypertrophie Mm. masseter/temporalis	./.
Hypermobilität Kiefergelenk	./.
subjektiv geringe Hypästhesie der Gesichtshaut im Ausbreitungsgebiet der betroffenen Kaumuskulatur	./.
subjektiv geringe Gesichtsschwellung morgens	./.
mangelnde Rechts-Links-Koordination bei Aufforderung der Unterkieferbewegung	Koordination nicht eingeschränkt
Röntgen: • +/- Akzentuierung Kieferwinkel (Tuberositas masseterica) • Verlängerter Proc. muscularis des Unterkiefers	./.
kaum Wirkung auf Analgetika **kurzfristiges Ansprechen auf Sedativa**	**gutes Ansprechen auf Analgetika**

Ätiologie

- Als häufigste nicht neurologische Ursache wird heute die Somatisierung einer **mangelnden Stressverarbeitung** angenommen. Tritt der Bruxismus während des Schlafs auf, stehen die Phasen vermehrter Aktivität der Kaumuskulatur mit den REM-Phasen des Schlafs oder auch mit Reflux-Erscheinungen im Zusammenhang. Insofern ergeben sich Zusammenhänge auch mit anderen Schlafstörungen.
- Auch bei **neurokognitiven Erkrankungen** wie Morbus Parkinson oder Morbus Alzheimer, nach Hirnschädigung und im Delir ist Bruxismus ein häufiges Symptom.
- Auch tritt eine Hyperaktivität der Kaumuskulatur als **Nebenwirkung medikamentöser Therapie** (z. B. L-Dopa, Glutamat, Antihistaminika, trizyklische Neuroleptika) auf (Gnädinger et al. 2017, AWMF c 2020).

Therapie

- Die primäre, symptomatische Behandlung zur Verminderung des Muskeltonus bei nicht neurologisch bedingtem Bruxismus besteht meist in der symptomatischen zahnärztlichen Therapie mit einer **Aufbiss-Schiene** (Relaxierungsschiene).
- Neben spezieller Physiotherapie sind das Erlernen von **gezielter Muskelentspannung** z. B. mit der Progressiven Muskelrelaxation n. Jacobson, Biofeedback, Yoga und Verfahren zur **Verbesserung der Stresstoleranz** mehr ursächlich ausgerichtete Therapieansätze.
- Die Verminderung des Muskeltonus durch Injektion von **Botulinumtoxin** ist in den Muskel möglich, wenn der M. masseter, pterygoideus lateralis oder temporalis beteiligt ist. Sie ist nicht immer und meist nur für einige Monate wirksam, also selten nachhaltig. Für die Suprahyalmuskulatur eignet sich diese Behandlung nicht, da hier die Gefahr der Diffusion des Botulinumtoxins besteht, wodurch erhebliche Schluckstörungen ausgelöst werden können. Auch ist die rechtliche Grundlage einer solchen Behandlung zu beachten (Off Label Use, AWMF S3 Leitlinie Diagnostik und Behandlung des Bruxismus 2020).

2.2 Trismus (Kaumuskelkrampf)

Eine muskulär bedingte relative Kieferklemme tritt gelegentlich bei Patienten mit einem vorbestehenden Bruxismus z. B. nach längerer Mundöffnung beim Zahnarzt ein. Die vorbestehende Hyperaktivität der Kaumuskulatur scheint dabei einen Kaumuskelkrampf des M. masseter bzw. M. temporalis zu triggern. Es ist wahrscheinlich, dass manche Deutung von Beschwerden durch ein „Spritzenhämatom" auf diese Ursache zurückgeht. Normalerweise löst sich der erhöhte Tonus im Laufe von bis zu sechs Wochen ohne spezifische Therapie. In den meisten Fällen kommt es durch Anwendung von **Wärme** unter milden aktiven Mundöffnungsübungen allmählich zur normalen Kieferöffnung. Auch eine Infiltration von Lokalanästhesie in die betreffende Kaumuskulatur kann eventuell helfen.

Je länger der Trismus besteht, desto schwieriger wird seine Lösung. Als Grund wird die progrediente Ansammlung von Abraumprodukten und eine Elektrolytverschiebung im angespannten Muskel durch lokal gestörte Durchblutungsverhältnisse gesehen (➤ Abb. 2.2).

In langfristig resistenten Fällen kann eine **Botulinumtoxin-Injektion** über mehrere Punkte in den M. masseter bzw. temporalis helfen. Diese führt zur gezielten Tonusverminderung und macht damit Mundöffnungsübungen möglich. Die Verbesserung der Durchblutung durch Funktion stellt die Grundlage zur Herstellung physiologischer Funktion des Muskels dar.

Zuvor sollte ausgeschlossen sein, dass die Mundöffnungsbehinderung nicht durch arthrogene Veränderungen, z. B. Diskusverlagerung ohne Reposition oder synoviale Chondromatose (➤ 5, ➤ 9), verursacht ist und keine Kontraindikation für Botulinumtoxin vorliegt. Dieser Ausschluss bedingt nicht selten eine Computer- und/oder Magnetresonanztomografie des Kopf-Halsbereichs vor der Entscheidung über eine Botulinumtoxin-Therapie.

Tonisch-klonische, z. T. schmerzhafte Krampfattacken der Kaumuskulatur, insbesondere ausgelöst durch psychische Anspannung, weisen auf eine Form der **fokalen Dystonie** hin (➤ Abb. 2.3). Das vielgestaltige Krankheitsbild verlangt die Vorstellung des Patienten bei einem Neurologen. Je nach Muskelbeteiligung sind evtl. Verbesserungen durch Botulinumtoxininjektion in die betreffende Muskulatur zu erreichen.

Eine chirurgische Therapie ist bei diesen Formen des Trismus nicht indiziert.

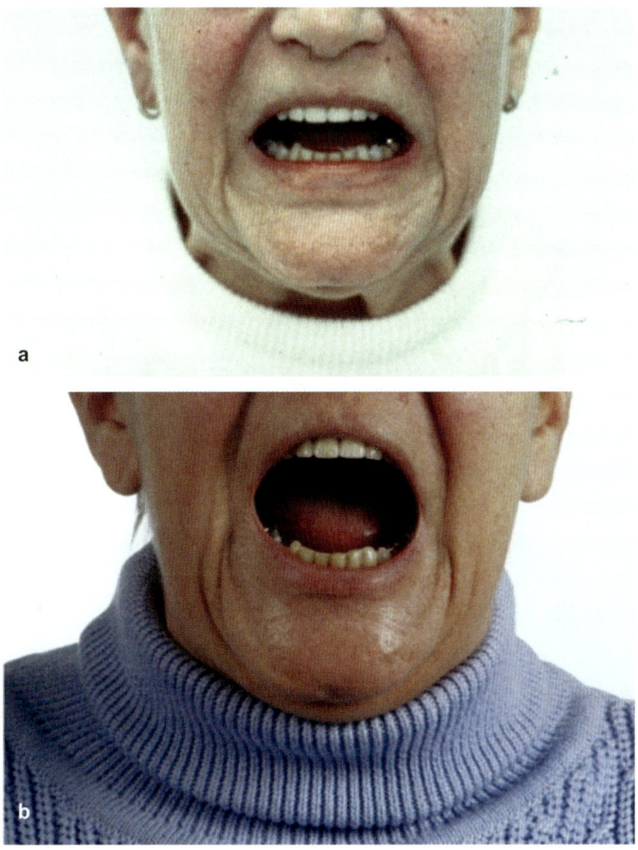

Abb. 2.2 Trismus nach längerer zahnärztlicher Behandlung. [P660]
a: Eingeschränkte maximale Schneidekantendistanz bei Trismus nach längerer Mundöffnung im Rahmen einer zahnärztlichen Behandlungssitzung. Bekannter Bruxismus in der Anamnese.
b: Kieferöffnung der Patientin nach zweiwöchiger konsequenter lokaler Wärmetherapie.

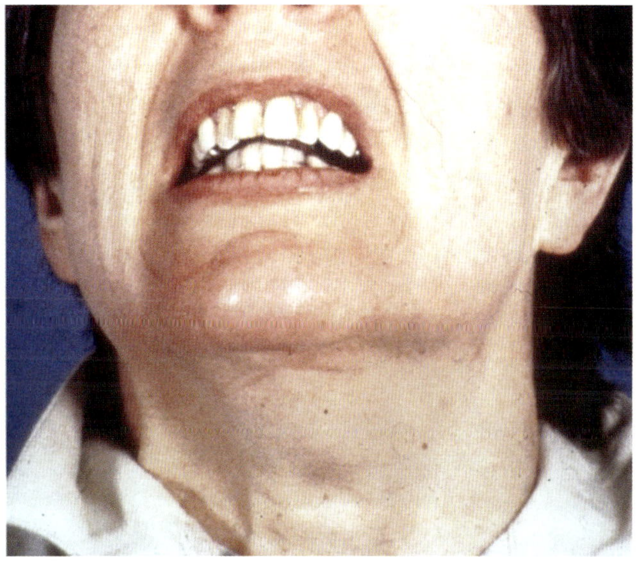

Abb. 2.3 Patientin mit tonisch-klonischen, schmerzhaften Krämpfen der Kaumuskulatur bei psychischer Anspannung. Diagnose: Fokale Dystonie vom Kieferöffnungs-Typ. [P660]

2.3 Masseter-Hypertrophie

Ätiologie und Symptome

In den meisten Fällen kommt es mit dem Hintergrund eines Bruxismus im Laufe von Monaten bis Jahre ohne wesentliche Schmerzbeschwerden ein- oder beidseitig zur Verdickung des M. masseter. Bei einseitigem Auftreten ist die Asymmetrie der unteren Gesichtshälfte auffällig. Viel seltener ist der M. temporalis betroffen.

Diagnostik

Im Zweifelsfall kann die Ursache durch ein MRT oder CT bestätigt und eine andere Differenzialdiagnose ausgeschlossen werden (➤ Abb. 2.4a).

Therapie

Eine Ausdünnung des Muskels durch Chemodenervation lässt sich in aller Regel sehr gut mit intramuskulärer Injektion von **Botulinumtoxin** (➤ Abb. 2.4b, c) erreichen (Mischkowski et al. 2005). Frühere Verfahren der Schwächung des Muskels durch Exzision seiner medialen Hälfte (Beckers 1977) sind in den Hintergrund getreten.

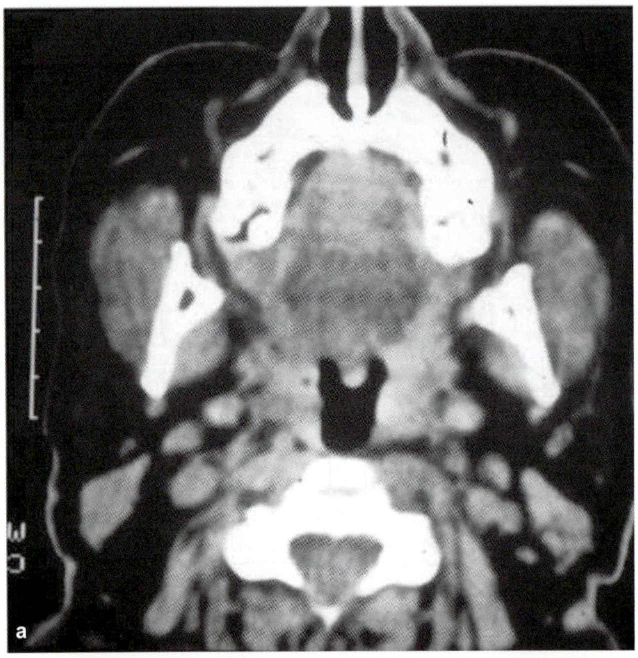

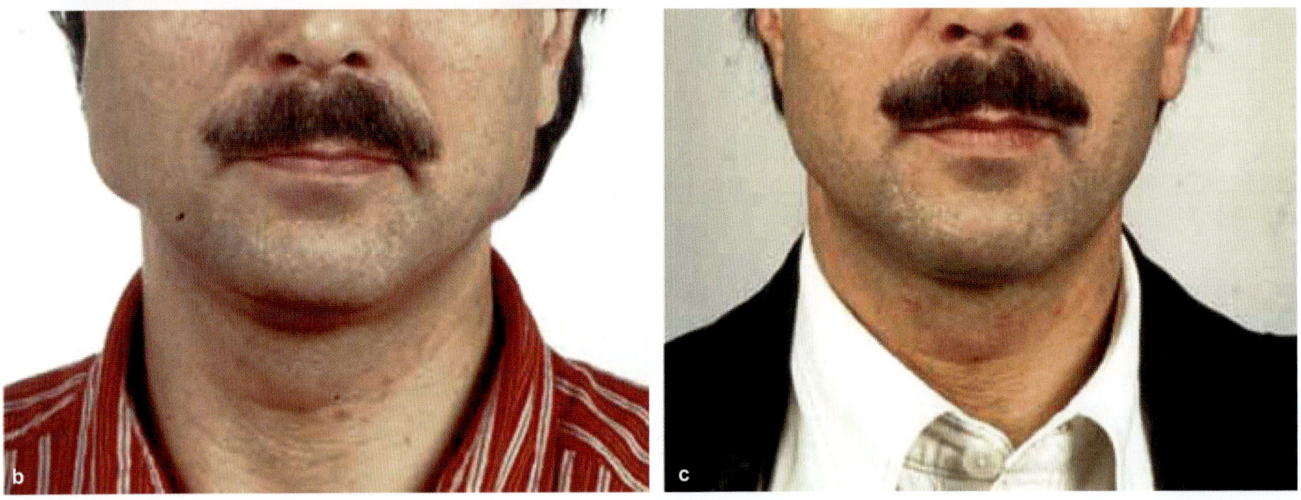

Abb. 2.4 Therapie der Masseter-Hypertrophie mit Botulinumtoxin.
a: Massive Hypertrophie des M. masseter bds. in der transversalen Projektion eines CT.
b: Mehrjährige Masseter-Hypertrophie beidseits, vor Botulinum-Injektionstherapie.
c: Patient 4 Monate nach Botulinum-Injektionstherapie. [P660]

2.4 Hypertrophie des Processus coronoideus des Unterkiefers

Ätiologie

Die meist beidseitig in der Pubertät erkennbare Verlängerung der Muskelfortsätze des Unterkiefers tritt überwiegend beim männlichen Geschlecht ein, was an einen Zusammenhang mit den **Sexual- und Wachstumshormonen** denken lässt. Nicht in jedem Fall ist ein ausgeprägter **Bruxismus** nachweisbar (➤ Abb. 2.5). Sie wird auch nach Behinderung der Mechanik des Kiefergelenks aufgrund einer frühkindlichen Schädigung, z.B. durch Trauma oder Druckläsion bei einer Zangengeburt beobachtet. Eine neuromuskuläre Ursache ist bislang nicht bewiesen.

Denkbar ist eine isolierte Hyperaktivität des M. temporalis mit Dauerzug an seinem kaudalen Ansatz des Unterkiefer-Muskelfortsatzes. Letztlich verdickt und verlängert sich der Proc. coronoideus (Syn.: Proc. muscularis). Wenn die Spitze des Muskelfortsatzes die Höhe des Kondyluskopfs deutlich überragt, schlägt der Proc. muscularis beim Versuch der Drehgleitbewegung des Kondylus an den vorderen Ansatz des Jochbogens an. Dadurch wird die Kieferöffnung blockiert (➤ Abb. 2.6, ➤ Abb. 2.7, ➤ Abb. 2.8).

Typische Symptome

Die Kieferöffnung kann bis auf wenige Millimeter Schneidekantendistanz eingeschränkt sein – bei den Patienten ist eine **Kieferklemme** oft das erste Symptom.

Diagnostik

- Überschlägig lässt sich die Verlängerung des Proc. coronoideus im **OPT** erkennen. Im Schädelbasisbereich lässt sich das obere Ende des Muskelfortsatzes durch Überlagerung knöcherner Strukturen oft nicht sicher feststellen.
- Die Abschätzung des Grads der Behinderung der Kondylusbewegung durch die Höhe des Proc. coronoideus ist am besten durch eine **Nasennebenhöhlen-Aufnahme** oder **CT**-Untersuchung des Schädels möglich (➤ Abb. 2.6, ➤ Abb. 2.7, ➤ Abb. 2.8). Bei entsprechender Wichtung ist die Länge des Proc. coronoideus auch in einer Magnetresonanztomografie erkennbar.

Therapie

- Da eine mechanische Behinderung durch Verlängerung oder Verbreiterung des Muskelfortsatzes vorliegt, kann nur seine Entfernung die Kieferöffnung wieder verbessern.
- Bei relativer Kieferklemme kann der Eingriff von intraoral, bei extremer Kieferklemme muss er von extraoral über einen präaurikulären Zugang durchgeführt werden.
- Bei der Koronoidektomie muss der M. temporalis vollständig vom Unterkiefer abgelöst werden.
- Nach der Resektion sollen keine Knochenanteile des Muskelfortsatzes verbleiben, da diese erneut mit dem Unterkiefer verwachsen und damit ein Rezidiv oder eine Ankylose auslösen können.
- Durch die Entfernung der Muskelfortsätze bei beidseitiger Operation geht die rückhaltende Funktion des M. temporalis auf den Unterkiefer verloren – es resultiert eventuell ein frontoffener Biss in leicht progener Stellung des Unterkiefers.
- Ohne intensive Übungstherapie ist danach in den wenigsten Fällen mit einer normalen Kieferöffnung zu rechnen, was einen Hinweis auf die Beteiligung auch anderer Kiefermuskeln (z.B. Mm. masseter, pterygoideus medialis) gibt.
- Aus diesem Grund wird empfohlen, diesen Eingriff mit der Schwächung des M. masseter zu kombinieren (Murakami et al. 2000) (➤ 2.1.3), wodurch sich die Folgen für die Biss-Situation vermindern können. Dies kann auch durch Chemodenervation nach Injektion von Botulinumtoxin in den M. masseter erreicht werden.

MERKE

Die Hyperaktivität der Kaumuskulatur wird in der Regel konservativ therapiert. Nur die Folgezustände einer Masseter-Hypertrophie oder Proc.-coronoideus-Hypertrophie können eine Indikation für operative Maßnahmen darstellen.

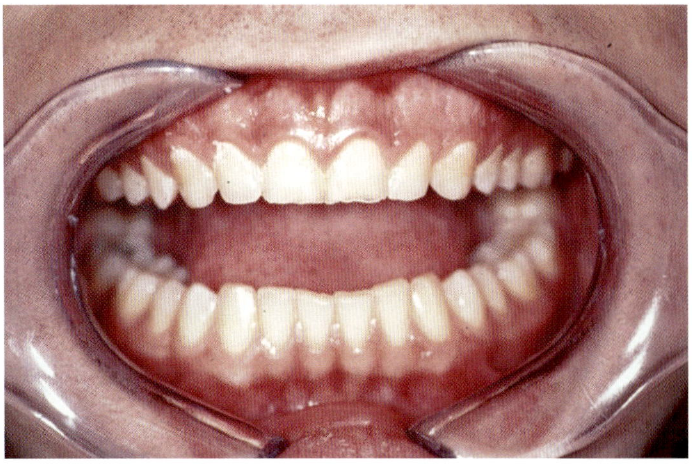

Abb. 2.5 Maximale Schneidekantendistanz bei Hypertrophie des Proc. coronoideus bds. Attritionsfacetten der Oberkiefer-Frontzähne deuten auf einen Bruxismus hin. [P660]

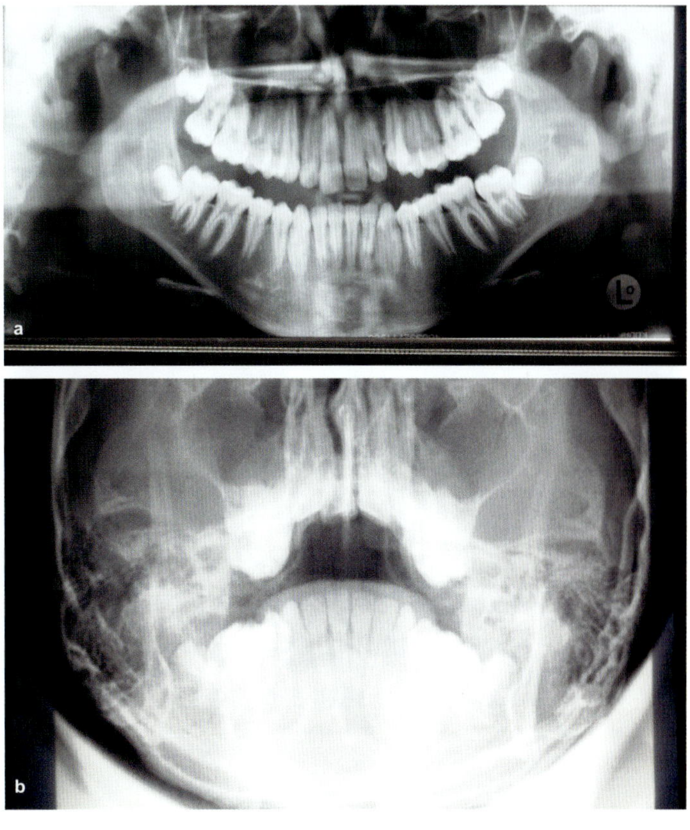

Abb. 2.6 Proc.-coronoideus-Hypertrophie bds.
a: Im Orthopantomogramm überragen die Muskelfortsätze die Kondylen deutlich. Durch Überlagerung ist die Länge des Proc. coronoideus im OPT gelegentlich schwierig zu erkennen.
b: Gleicher Patient. Auf der Nasennebenhöhlen-Aufnahme ragen die verlängerten Proc. coronoidei deutlich über den unteren Jochbogenrand. [P660]

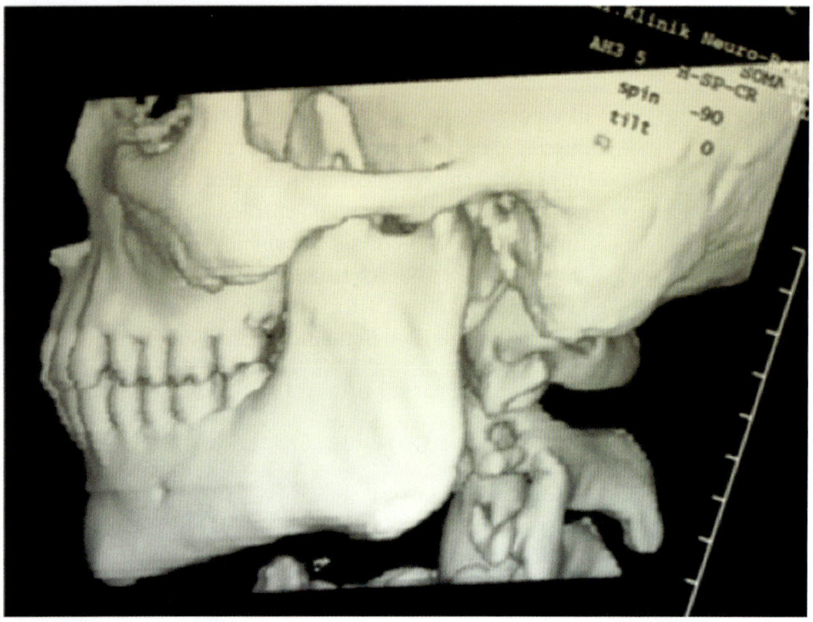

Abb. 2.7 3D-CT einer massiven Hypertrophie des Proc. coronoideus. Bei der zur Kieferöffnung notwendigen Rotation des Kondylus stößt der verlängerte Muskelfortsatz an den vorderen Jochbogenansatz; damit ist die Kieferöffnung blockiert. Zu beachten ist auch die durch Hyperaktivität des M. masseter ausgelöste Auftreibung der Tuberositas masseterica im Kieferwinkel. [P660]

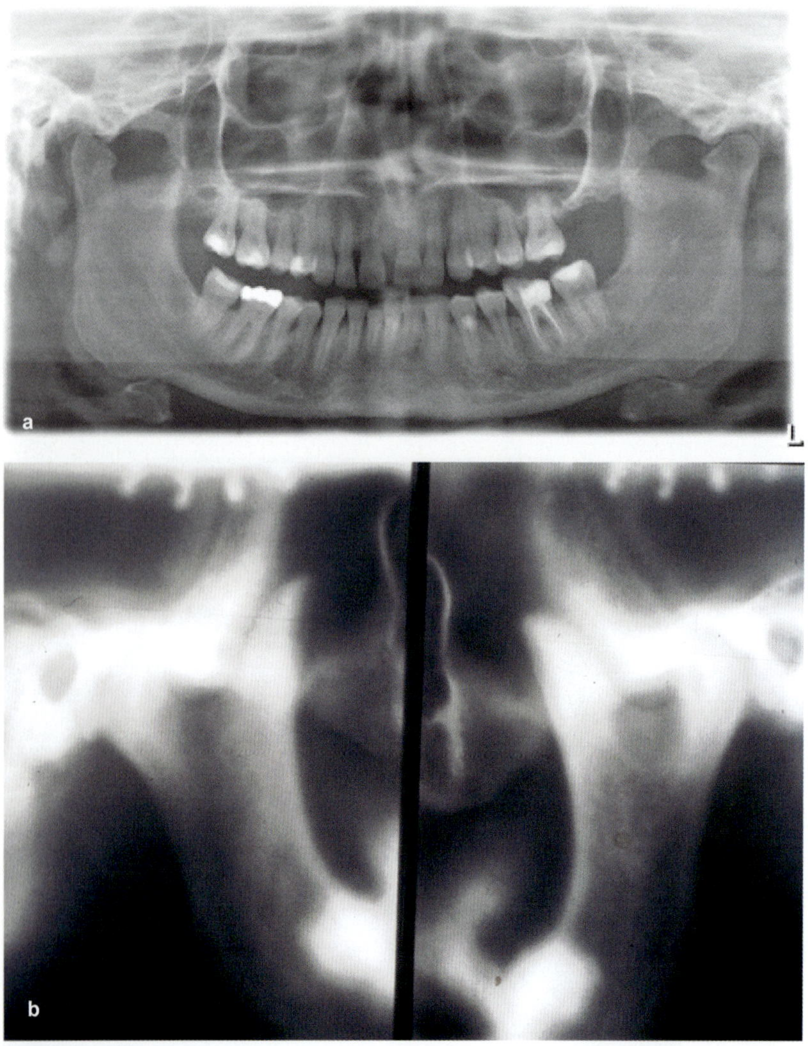

Abb. 2.8 Hypertrophie des Proc. coronoideus beidseits.
a: Typische OPT-Aufnahme eines 20-jährigen Patienten bei Hypertrophie des Proc. coronoideus beidseits. Maximale SKD 11 mm. Röntgenbefund: gedrungener Proc. condylaris, über die Ebene der Gelenkköpfe ragender, elongierter Proc. coronoideus, gerade vertikal abfallender Hinterrand des aufsteigenden Astes und betonte Tuberositas masseterica des Unterkiefers bds. (quadratische Konfiguration des Unterkiefers).
b: Tomografie beider Kiefergelenke bei Hypertrophie des Proc. coronoideus beidseits. Bei der Rotationsbewegung des Kondylus stößt der Proc. coronoideus an den vorderen Ansatz des Jochbogens an und blockiert die Kieferöffnung. [P660]

KAPITEL

3 Chirurgisches Spektrum bei Kiefergelenkserkrankungen

Rudolf Reich

3.1 Arthrozentese

Der obere Gelenkspalt wird mit zwei ausreichend weiten Injektionskanülen punktiert und mit steriler Kochsalz- oder Ringerlaktatlösung gespült (➤ Abb. 3.1). Die Maßnahme soll Entzündungsmediatoren und Detritus, die sich bei der Diskusverlagerung, bei chronisch-entzündlichen und degenerativen Veränderungen der Gelenkflächen und der Diskusoberfläche gebildet haben, entfernen. Auch soll ein Unterdruck im Gelenk, der sich bei einer Diskusverlagerung ohne Reposition *(closed lock)* schnell bildet, aufgelöst werden, wodurch normale Bewegungsabläufe wiederhergestellt werden können (Nitzan und Dolwick 1991, Nitzan et al. 1991).

Gerade in einem frühen Stadium der Veränderung kann diese relativ einfache Maßnahme, die allerdings keinen Einblick in das Gelenk ermöglicht, rasch zu einer Verbesserung der Symptomatik führen. Bei weiter fortgeschrittener Arthrose oder Arthritis ist aber eine langfristige Remission nicht zu erwarten.

3.2 Arthroskopie

Zur Verfügung stehen die Einfach- und die Doppelpunktionstechnik. Die Punktionsstellen können variieren: präaurikulär oder über den Gehörgang.

Bei der ersten Methode befinden sich der Zu- und Ablauf für die Gelenkspülung im Arthroskopschaft integriert; bei der zweiten Methode befindet sich das Arthroskop mit integriertem Zulauf getrennt von der Überlaufkanüle im oberen Gelenkspalt. Beide Methoden haben Vor- und Nachteile. Für eine arthroskopische Intervention, die über die Inspektion des Gelenks hinausgeht, ist die Doppelpunktion erforderlich (➤ Abb. 3.2, ➤ Abb. 3.3).

Die Arthroskopie hat zusätzlich zur therapeutischen Wirkung durch die Spülung noch einen diagnostischen Effekt.

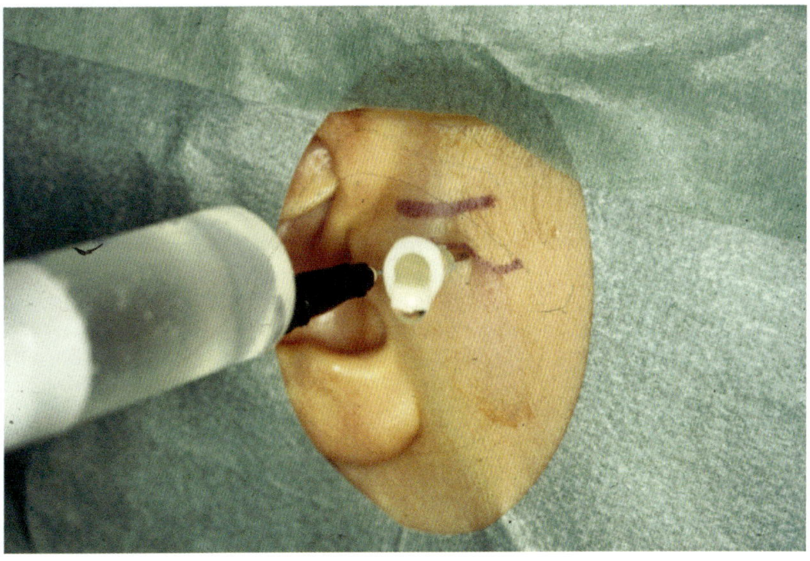

Abb. 3.1 Arthrozentese des rechten Kiefergelenks. Spülung mit Ringer-Laktatlösung nach Doppelpunktion des oberen Gelenkspalts. [P660]

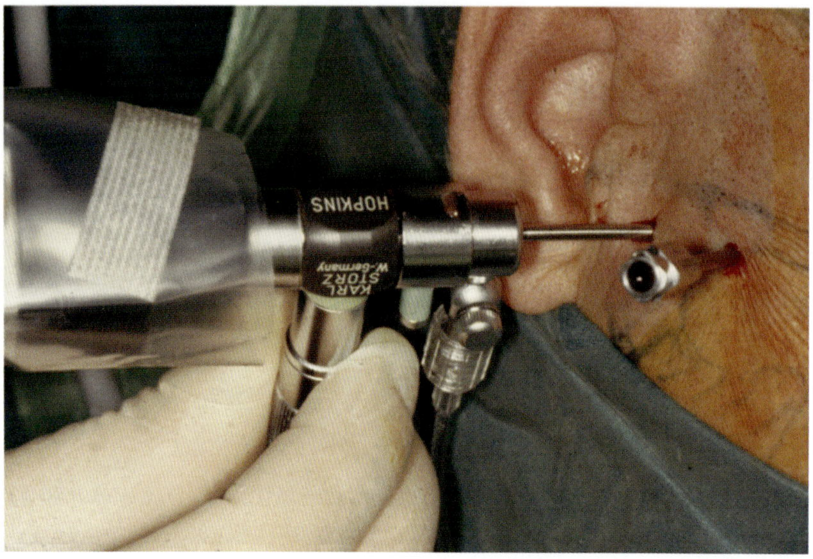

Abb. 3.2 Arthroskopie des Kiefergelenks: die dorsale Punktion dient zum Einsetzen des Arthroskops mit Kanal für die Spülflüssigkeit, die anteriore Punktion dient als Überlauf. [P660]

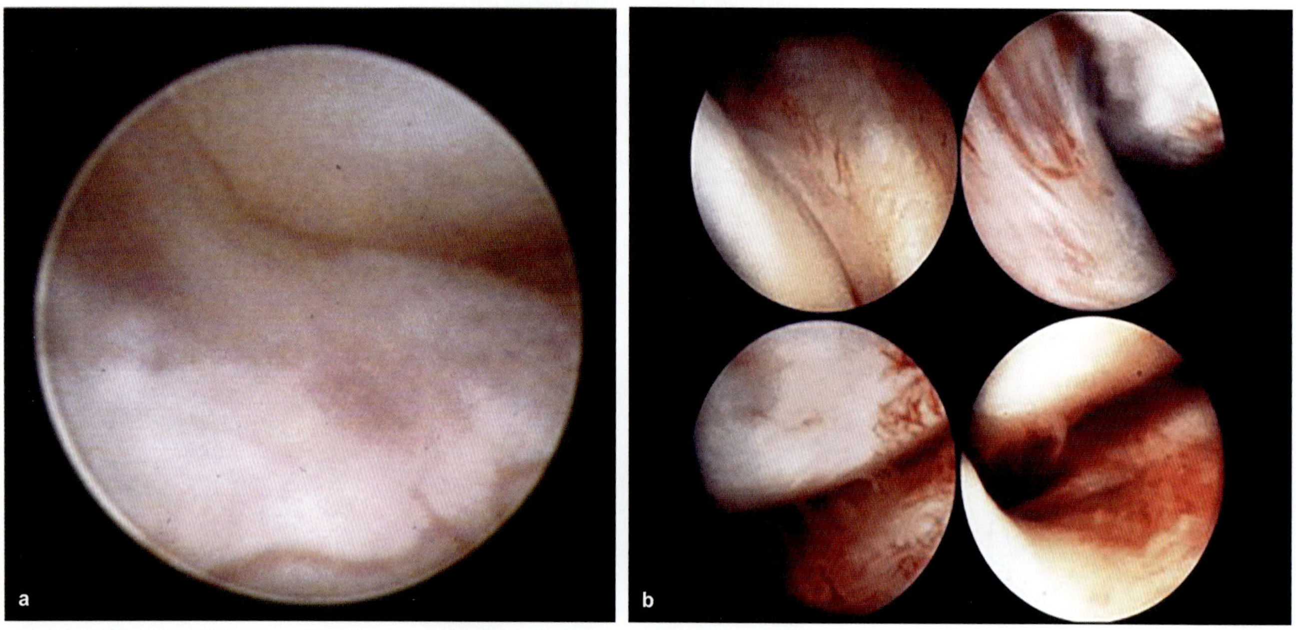

Abb. 3.3 a: Einblick in den oberen Gelenkspalt des rechten Kiefergelenks bei der Video-Arthroskopie. Kranial sind Anteile der Fossa mandibularis sichtbar, kaudal die Oberfläche des Discus articularis. Die Gefäße am unteren Bildrand zeigen den Ansatz des hinteren Aufhängungsbandes des Diskus an.
b: Der arthroskopische Einblick in den oberen Gelenkraum erlaubt die Befundung der Gelenkoberflächen einschließlich des Diskus, der Aufhängungsbänder, deren Beschaffenheit und Beweglichkeit bei Auslenkungen des Kondylus. Daraus können Rückschlüsse auf die Verursachung von Schmerzen oder Bewegungsstörungen, sowie auf das Stadium der intraartikulären Veränderungen gezogen werden und damit die Indikation weiterer Maßnahmen begründen. [P660]

3.3 Offene Gelenkchirurgie

3.3.1 Zugänge zum Kiefergelenk

Präaurikulärer Zugang

Die Schnittführung erfasst die Länge des vorderen Ansatzes der Ohrmuschel in der präaurikulären Grube. Als Variante kann der Tragus in Richtung Gehörgang umkreist werden, um den sichtbaren Anteil der späteren Narbe zu verkürzen (enauraler Zugang). Die Präparation hat auf den Stirnast des N. facialis zu achten, der geschont werden muss. Hierfür wurde ein standardisiertes Konzept entwickelt (Reich und Teschke 2012). Siehe auch ➤ Abb. 3.4, ➤ Abb. 3.5.

Retroaurikulärer Zugang

Der Hautschnitt umkreist den hinteren Ansatz der Ohrmuschel, die in der Ebene des Umschlags der Gehörgang an seinem Übergang in die Concha temporär durchtrennt wird, wobei das äußere Ohr an den Wangenweichteilen gestielt bleibt. Danach erfolgt die Eröffnung des Gelenkspalts in standardisierter Methode wie beim präaurikulären Zugang (Reich und Teschke 2012).

Zum Verschluss wird die Ohrmuschel zurückgelagert und der Gehörgang und die retroaurikuläre Haut verschlossen.

Der Zugang bietet operationstechnische Vorteile bei Eingriffen im hinteren Gelenkraum und der traumatologischen Versorgung des Kiefergelenks (➤ 16).

Transoraler Zugang

Der transorale Zugang wird vornehmlich für die ablative Chirurgie (zur Kondylektomie) verwendet (Hernandez-Alfaro et al. 2016). Zu bedenken ist dabei, dass die Kautelen der Sterilität nicht eingehalten werden können, wodurch sich die Indikation in anderen Fragestellungen stark einschränkt.

Bei der alloplastischen Gelenkprothetik ist zusätzlich ein submandibulärer, retromandibulärer oder transparotidealer Zugang erforderlich.

Konzept der strukturerhaltenden Chirurgie

Als enchondrales Gelenk besitzt das Kiefergelenk, im Gegensatz zu den Extremitätengelenken, lebenslang eine viel größere Anpassungskapazität. Dies erlaubt bei vielen Erkrankungen ein strukturerhaltendes Operationskonzept, bei dem gezielt eingegriffen wird, um die gelenkeigene Anpassung zu stimulieren oder Kompensation zu ermöglichen („Hilfe zur Selbsthilfe").

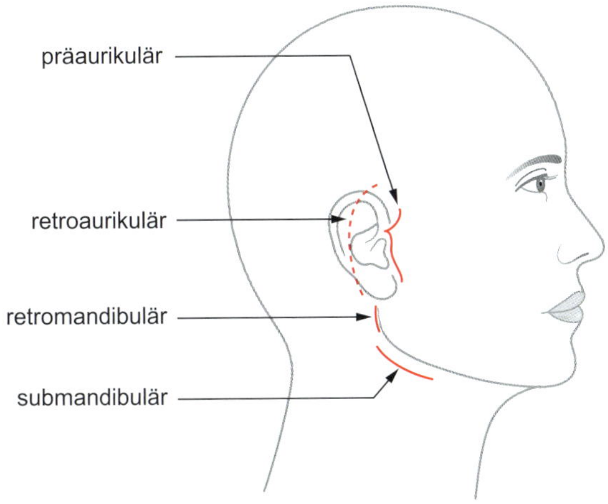

Abb. 3.4 Die wichtigsten extraoralen operativen Zugänge zum Kiefergelenk: Präaurikulär, retroaurikulär, submandibulär, retromandibulär. [P660/L231]

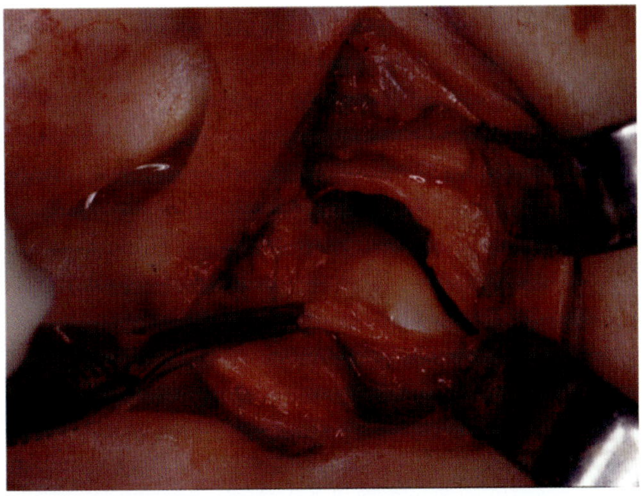

Abb. 3.5 Situs nach Eröffnung des oberen Gelenkspalts eines rechten Kiefergelenks mit dem präaurikulären Zugang. Einblick auf die Oberfläche des Discus articularis, das hintere vordere und seitliche Aufhängungsband (in der Pinzette) des Diskus, die seitliche Pseudokapsel (hier durchtrennt), sowie die Fossa articularis. Kranial nach Durchtrennung der Faszie Fasern des M. temporalis. [P660]

3.3.2 Gelenkrekonstruktion

Ist wegen eines Defekts oder der vorliegenden Pathologie des Gelenks durch ein strukturerhaltendes Operationskonzept nicht mit einer ausreichenden Anpassung zu rechnen oder erscheint sinnlos, kann eine Rekonstruktion des Kiefergelenks angezeigt sein. Dabei ist zu berücksichtigen, dass die komplexen Bewegungsabläufe des gesunden Kiefergelenks durch das Zusammenspiel vieler Muskelgruppen nach dem Eingriff in keinem Falle mehr vollständig zu erwarten sind. Ziel der Rekonstruktion ist vielmehr eine dauerhaft ausreichende Kieferöffnung und Unterkieferbewegung unter Wahrung der Okklusion.

Autologe Rekonstruktion

Die meisten dieser Fragestellungen ergeben sich bei Defekten des Kondylus, die durch Fehlbildung, Trauma, Kondylusresorption oder durch ablative Chirurgie zustande kommen können. Zum Wiederaufbau werden freie **avaskuläre kostochondrale** oder **Beckenkamm-Transplantate** sowie u. a. **Transplantate vom sternoklavikularen Übergang** benutzt (Saeed und Kent 2003, Wolford et al 1994, ➤ Abb. 3.6). Gleichzeitige Defekte der Fossa an der Schädelbasis erfordern u. U. zusätzlich autologe Transplantate aus der Kalotte.

Die häufig verwendeten **kostochondralen Transplantate** sind im Wachstumsalter auch bei bester Technik mit einem sehr unsicheren Wachstum und relativ hoher Komplikationsdichte behaftet, die die postoperative Funktion stark beeinträchtigen können. Ein Nachteil aller autologen Transplantate sind resorptive Vorgänge postoperativ mit der Konsequenz einer unsicheren Okklusion und die Induktion von fibrösen Anheftungen zur Schädelbasis gerade in der Phase der anfänglich noch verminderten Funktion. Letztlich können diese in einer Ankylose mit Kieferklemme enden. Andererseits wird bei Verwendung im Kindesalter auch ein überschießendes Wachstum mit der Folge erheblicher Okklusionsstörungen und ästhetischen Beeinträchtigungen beobachtet.

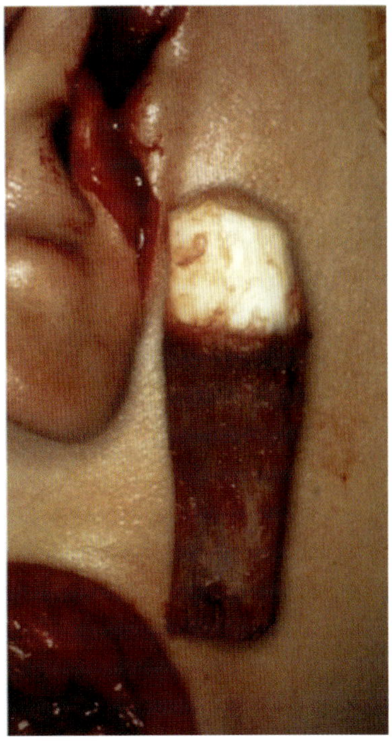

Abb. 3.6 Autologes kostochondrales Transplantat, das zur Rekonstruktion des Kondylus auf der lateralen Fläche des aufsteigenden Unterkieferasts, mit einer Miniplatte verstärkt, osteosynthetisch verankert wird. Es wird durch einen präaurikulären und retromandibulären Zugang eingebracht. [P660]

Die traditionell verwendeten avaskulären Knochentransplantate, meist vom Beckenkamm, tendieren zur Vernarbung im Schädelbasisbereich und können damit die Kieferöffnung behindern. Andererseits ist mittelfristig auch eine Resorption des Transplantats im Bereich der Anlagerung an die Schädelbasis möglich.

Daneben treten heute gerade bei größeren Defekten **revaskularisierte Transplantate** (z. B. Beckenkamm, Fibula) in den Vordergrund, deren Langzeitverhalten im Kontakt mit der Schädelbasis sich jedoch nicht grundsätzlich von den avaskulären Knochentransplantaten unterscheidet.

Durch operationstechnische Vorkehrungen und postoperative Übungstherapie der Kieferöffnung lassen sich in vielen Fällen Komplikationen vermeiden (Chao et al. 2014). Um eine Ankylose zu verhindern, kann z.B. ein gestielter Temporalis-Faszienlappen zwischen die Fossa articularis und das Knochentransplantat eingesetzt werden (➤ 13).

Es ist wahrscheinlich, dass, wie bei der alloplastischen Rekonstruktion, eine Umlagerung des Neogelenks mit einem autologen Fett-Transplantat die Gefahr einer **heterotopen Knochenbildung** und damit einer Ankylose vermindert (Wolford et al. 2008).

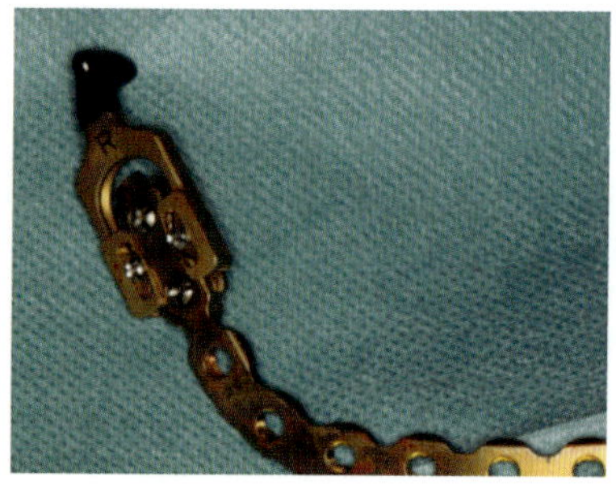

Abb. 3.7 Beispiel für eine modulare alloplastische Kondylusprothese, die mit einer Unterkiefer-Rekonstruktionsplatte verbunden wird (hier: Fa. Medartis AG, Basel, Schweiz). [P660]

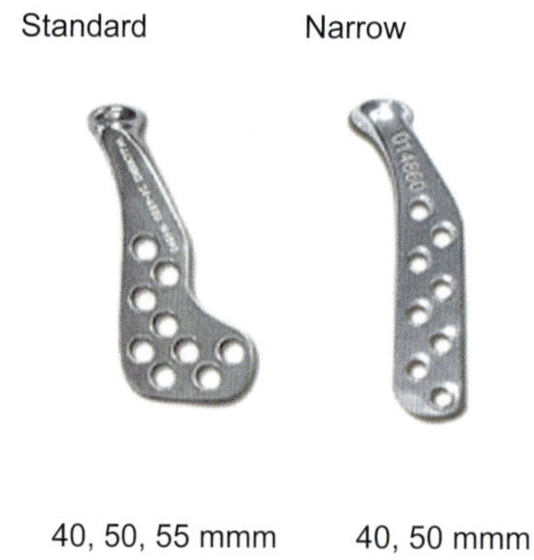

Abb. 3.8 Zwei Beispiele von vorgefertigten Kondylus-Komponenten einer Kiefergelenks-Endoprothese (System Fa. Zimmer-Biomet GmbH, Freiburg). Die Komponenten werden in verschiedenen Geometrien und Größen angeboten; die zugehörige Fossakomponente besteht aus hochverdichtetem Polyethylen. [V575]

Alloplastische Rekonstruktion

Die Unsicherheiten der autologen Rekonstruktion des Kondylus bzw. des gesamten Kiefergelenks haben zur Entwicklung des alloplastischen Gelenkersatzes geführt. Nach materialbedingten Fehlschlägen haben sich ab 1995 Neuentwicklungen durchgesetzt, sodass Langzeiterfahrungen über mehr als 20 Jahre vorliegen (Wolford et al. 2015). In Leitlinien wurden mittlerweile international Indikationen und Indikationskriterien festgehalten (Yoda et al. 2020, Sidebottom 2008, AWMF S3-Leitlinie Totaler alloplastischer Kiefergelenkersatz 2020).

Der alleinige alloplastische **Ersatz des Kondylus** aus Titan kann mit üblichen Rekonstruktionsplatten verbunden werden. Die Kondylusprothese wird fast ausschließlich zur temporären oder palliativ intendierten Rekonstruktion verwendet, da längerfristig die Gefahr der Perforation der Fossa in die mittlere Schädelgrube besteht (➤ Abb. 3.7).

Aus diesem Grund – und aus biomechanischen Gründen – besteht der alloplastische **totale alloplastische Kiefergelenkersatz,** analog zu Prothesen der Extremitätengelenke, aus einer Fossa- und einer Kondyluskomponente, die in ihrer Materialzusammensetzung aufeinander abgestimmt sind. Bei den gängigen Prothesen besteht der Gelenkkopf der Kondyluskomponente in der Regel wegen besserer mechanischer Stabilität aus Chrom-Kobalt-Molybdän-Stahl (CrCoMb-Stahl), der Schaft aus Titan. Für die Fossakomponente hat sich hochverdichtetes Polyethylen bewährt. Die Anlagerungsfläche am Os temporale bzw. an der Schädelbasis ist, je nach Hersteller, entweder aus Polyethylen oder aus einem speziellen Titangewebe gefertigt.

Die Komponenten werden in verschiedenen Form- und Größenvarianten vorgefertigt (**Stock-Prothesen**, ➤ Abb. 3.8) oder fallbezogen individuell mithilfe der CT-Daten des Patienten angefertigt (➤ Abb. 3.9) von verschiedenen Herstellern angeboten (**Custom made Prothesen**) (Mercuri 2011).

Die Vorteile gegenüber der autologen Rekonstruktion liegen in der sicheren vertikalen Abstützung des Unterkiefers und damit der dauerhaften Herstellung der gewünschten Okklusion. Damit wird es bei größeren Defekten möglich, eine autologe Rekonstruktion des Unterkiefers in Kombination mit der alloplastischen Rekonstruktion des Kiefergelenks mithilfe von CT-Daten präoperativ zu planen. Das Gleiche gilt auch für die Kombination mit der Dysgnathie-Chirurgie.

Ein weiterer Vorteil ist das verringerte Risiko einer postoperativen Ankylose, insbesondere wenn zusätzlich eine autologe Fett-Transplantation im Kontaktbereich zwischen Kondylus- und Fossa-Komponente erfolgt (Wolford et al. 2008).

Durch die virtuelle Planung können durch die Prothese ästhetische Defizite ausgeglichen werden (➤ Abb. 3.10, ➤ Abb. 3.11). Langstreckige alloplastische Rekonstruktionen zum Ersatz größerer Defekte des aufsteigenden Astes bzw. Anteilen des Corpus mandibulae verlangen unabdingbar einen suffizient vaskularisierten Weichteilmantel, um Perforationen nach intra- oder extraoral zu vermeiden (Teschke et al. 2021).

Größere Defekte an der lateralen Schädelbasis gegenüber dem Kondylus, z. B. nach ablativer Chirurgie oder bei Fehlbildungen, können mit einer individuell geplanten Fossakomponente abgedeckt werden.

Erwartungen an die operative Therapie

Trotz bester Technik bleibt nach invasiven Maßnahmen die individuelle Gewebereaktion der Gelenkstrukturen nicht vollständig berechenbar. Die nicht vermeidbare periartikuläre Narbenbildung ist umso ausgeprägter, je mehr Operationen in der Region vorausgingen und je ausgedehnter der Eingriff am Kiefergelenk war. Sie kann die postoperative Bewegung des Kondylus einschränken, sodass die ursprüngliche Kieferöffnung und die übrigen Auslenkungen des Unterkiefers nicht in jedem Fall erreicht werden.

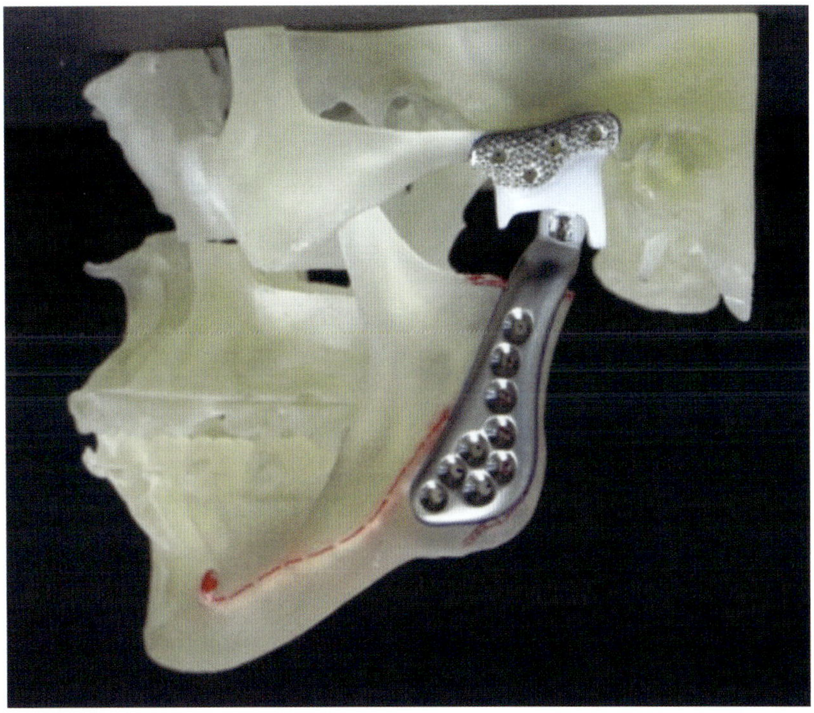

Abb. 3.9 CT-gestützt hergestellter Kiefergelenkersatz mit individueller Kondylus- und Fossakomponente (Fa. TMJ Concepts, jetzt Stryker, Ventura, CA, USA). Die Tieferlegung der Fossa bewirkt eine Verminderung der Translationsbewegung des Kondylus bei der Kieferöffnung und damit eine Verringerung der Abriebkräfte an der alloplastischen Fossa. [P660]

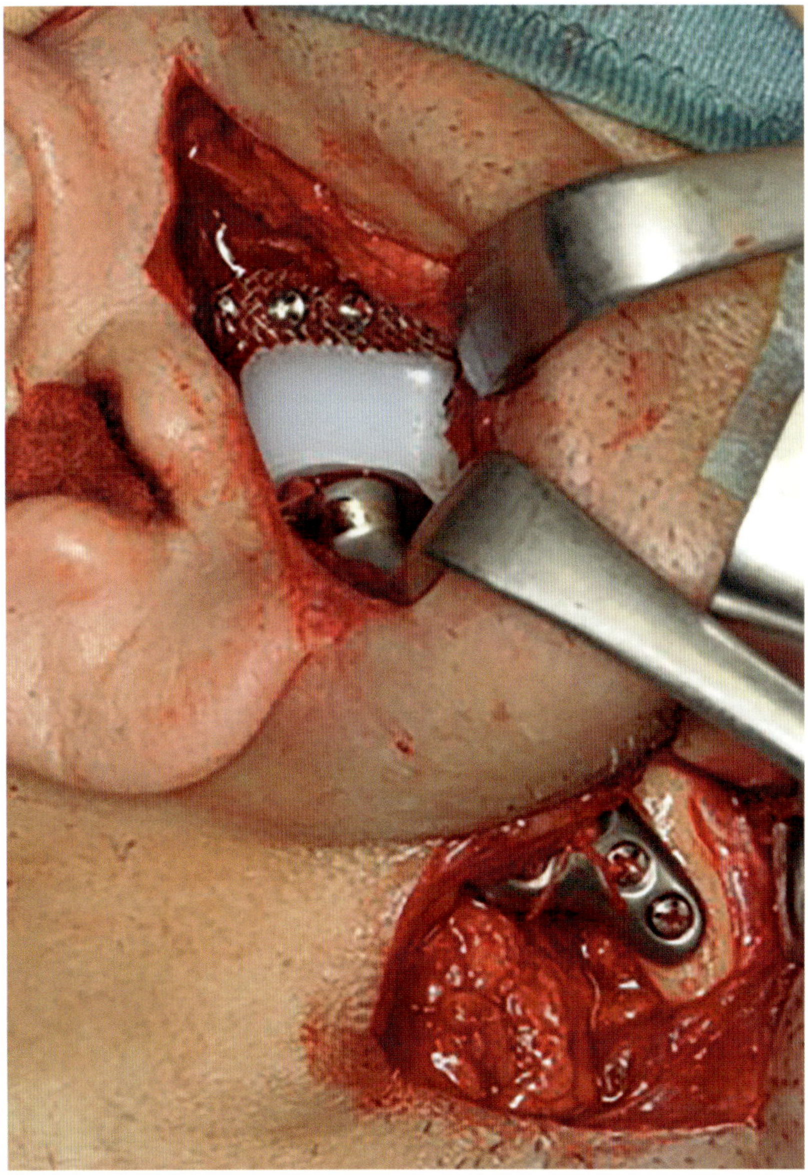

Abb. 3.10 OP-Situs nach Fixierung einer individuellen alloplastischen Kiefergelenks-Endoprothese rechts, durch präaurikulären und retromandibulären Zugang (System TMJ-Concepts, jetzt Stryker, Ventura, CA, USA). [P660]

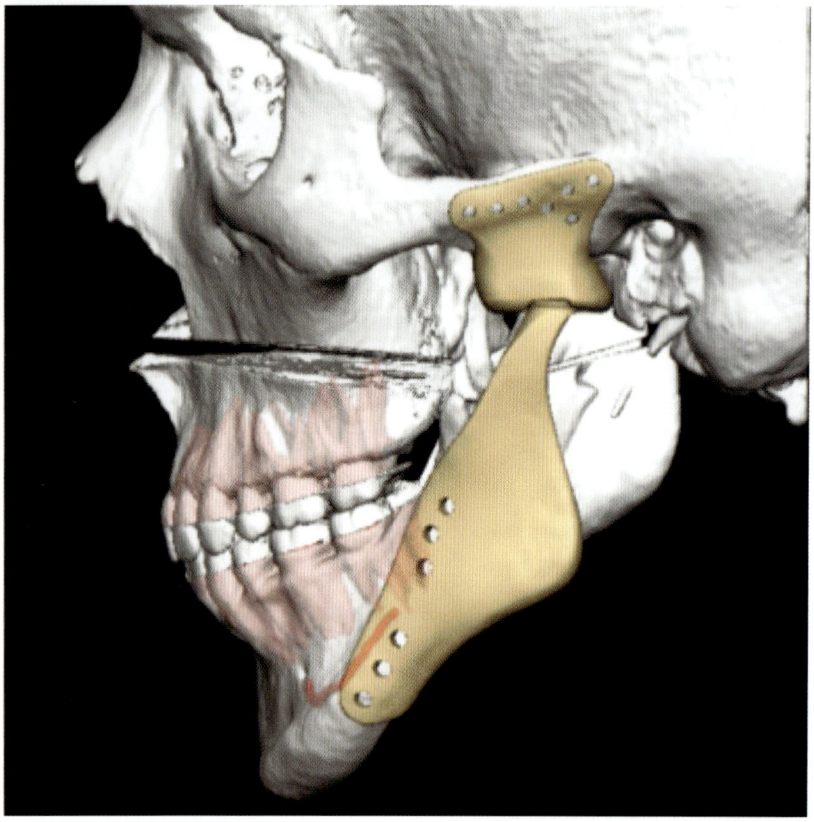

Abb. 3.11 Individuelle, CT-gestützte Planung einer alloplastischen Rekonstruktion des hinteren Teils des Unterkieferkörpers, des aufsteigenden Astes und Kiefergelenks bei hemifacialer Mikrosomie links, hier in Kombination mit einer Umstellungsosteotomie des Ober- und Unterkiefers. Durch die Gestaltung der Unterkiefer-Komponente kann das knöcherne Gewebedefizit auch nach lateral stabil ausgeglichen werden (System Fa. Zimmer-Biomet GmbH, Freiburg). [P660] Siehe auch ➤ Abb. 11.3.

KAPITEL

4

Rudolf Reich

Fixierte Kondylus-Luxation

Als Folge einer Imbalance der an der Kieferöffnung beteiligten Muskeln (Suprahyalmuskulatur, Mm. pterygoidei) und einer Hyperaktivität der Kaumuskulatur in ihren verschiedenen Formen kann es zur Hypermobilität des Kondylus-Diskuskomplexes kommen. Anlagebedingte strukturelle Besonderheiten der knöchernen Kiefergelenkstrukturen treten aus heutiger Sicht als mögliche Verursachung dagegen in den Hintergrund.

Symptome

Typische Zeichen einer Kondylus-Luxation sind:

- Plötzliche fixierte Kiefersperre während normaler Funktion (z. B. Essen, Gähnen)
- Schmerzen und offener Biss beim Versuch des Kieferschlusses (Sperrung mehr als 10 mm SKD)
- Röntgenologisch: Verlagerung des Kondyluskopfes vor das Tuberculum articulare mit Fixierung in dieser Stellung (➤ Abb. 4.1, ➤ Abb. 4.2)

Bei einem einmaligen Ereignis spricht man von einer **fixierten Kondylusluxation**. Tritt die Luxation gelegentlich auf, wird sie **sporadisch** genannt, rezidiviert sie häufig, liegt eine **habituelle Luxation** vor. Diese Einteilung hat Bedeutung für die Planung der Behandlung.

Ätiologie

Ein Zusammenhang mit den typischen Formen einer Hyperaktivität der Kaumuskulatur (➤ 2) besteht bei der Kondylusluxation nicht. Andererseits ist – von seltenen traumatologischen Ursachen abgesehen – die besonders ausgeprägte Translation des Kondylus nach anterior vor das Tuberculum articulare nur durch eine **kurzzeitige, besonders ausgeprägte Aktivität des M. pterygoideus lateralis** im Verhältnis zu den Kieferschließmuskeln Mm. temporalis und masseter erklärbar. Diese halten dann den Kondylus mit ihrer nach kranial gerichteten Zugrichtung in der Position vor dem Tuberkulum. Je länger dies andauert, desto mehr kommen sie in Trismus. Daraus folgt, dass eine Reposition umso schwieriger ist, je länger die Luxation andauert.

Nicht selten tritt die habituelle Luxation bei Demenz und anderen neurologischen und psychiatrischen Erkrankungen mit Muskelbeteiligung auf. Auch die bei diesen Erkrankungen verabreichten Medikamente können durch Nebenwirkung ein entsprechendes muskuläres Ungleichgewicht fördern.

Bei Syndromen mit **Bindegewebsschwäche** wie z.B. beim Ehlers-Danlos-Syndrom oder Marfan-Syndrom wird die habituelle Luxation ebenfalls häufiger angetroffen (➤ 5.3).

Diagnostik

Die klinische Symptomatik des plötzlichen Ereignisses beim Essen oder Gähnen mit anschließender Kiefersperre (nicht möglicher Kieferschluss) ist bei bezahnten oder teilbezahnten Patienten eindeutig. Bei unbezahnten Patienten erlaubt der klinische Befund gelegentlich nicht sicher die Diagnose.

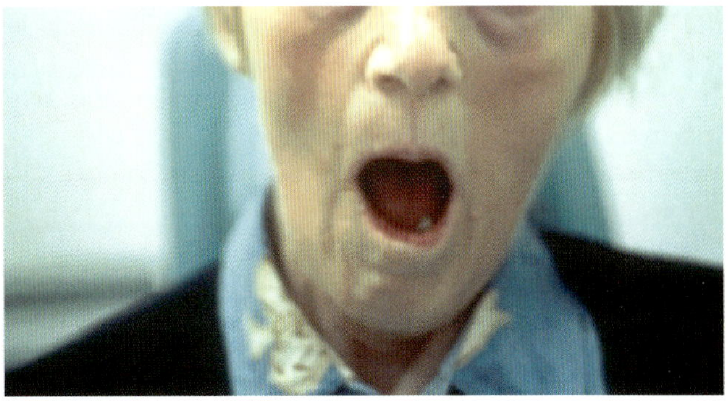

Abb. 4.1 Kiefersperre bei beidseitiger Kondylus-Luxation. [P660]

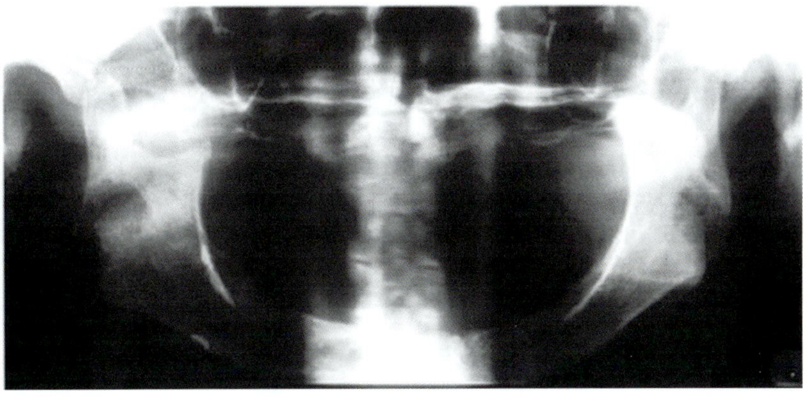

Abb. 4.2 Orthopantomogramm bei beidseitiger Kondylusluxation. Die Gelenkköpfe sind vor dem Tuberculum articulare fixiert. [P660]

Als darstellende Diagnostik ist ein Orthopantomogramm, evtl. auch Funktions-Orthopantomogramm der Kiefergelenke bei maximaler Kieferöffnung und Versuch des Kieferschlusses ausreichend.

Therapie

Akute Luxation

- Die Symptomatik der akuten Luxation erfordert meist eine professionelle **manuelle Reposition** mit dem Handgriff n. Hippokrates, u. U. in Lokalanästhesie des M. masseter. Anschließend empfiehlt sich für einen Tag ein Kinnschleuderverband zur Verhinderung einer Reluxation.
- Bei länger bestehender Luxation erschwert der reaktive Trismus der kieferschließenden Muskulatur die Reposition (➤ Abb. 4.3). Wenn auch die Infiltration der Ansatzstellen des M. masseter mit Lokalanästhetikum keine Reposition erlaubt, kann eine Reposition unter Analgosedierung oder in Allgemeinnarkose indiziert sein. Je häufiger sich Luxationen wiederholen, desto mehr werden die Pseudokapsel und die Aufhängungsbänder des Diskus gedehnt, was wiederum Ausrenkungen begünstigt.
- In Einzelfällen ist auch eine **operative Reposition** in offener Chirurgie nötig. Danach kann eine vorübergehende Schwächung des M. masseter durch Botulinumtoxin-Injektion sinnvoll sein, um die Effekte des oft noch eine Weile fortwirkenden Trismus, der eine Reluxation verursachen kann, abzumildern bzw. zu beseitigen.

Habituelle Luxation

Um habituelle Luxationen zu stoppen, muss zunächst eine mögliche Verursachung durch allgemeine Erkrankungen (s. o.) bzw. durch Medikamentennebenwirkung abgeklärt werden. Von konservativen Maßnahmen wie z. B. eine Aufbiss-Schiene oder intermaxilläre Immobilisation ist keine Verbesserung zu erwarten.

Chemodenervation des M. pterygoideus Die ein- und ggf. beidseitige Infiltration von Botulinumtoxin in den M. pterygoideus lateralis von extraoral kann in vielen Fällen eine wiederholte Luxation vermeiden. Ein elektromyografisches Monitoring bei der Applikation ist möglich, aber bei entsprechender Übung nicht unbedingt nötig. Die Wirkung tritt erst ein bis drei Tage später ein und hält bis zu vier Monaten an. Nach wiederholten Injektionsbehandlungen werden gelegentlich auch Dauereffekte beobachtet.

Minimalinvasives Verfahren Bei weniger ausgeprägten Fällen kann die seit langer Zeit bekannte Methode der **intraartikulären Eigenblutinjektion** erprobt werden (Machon et al. 2009).

Operative Verfahren Die besten Therapieaussichten sind nur durch operative Therapie erreichen. Für die habituelle Luxation wurde eine Vielzahl von Operationsverfahren beschrieben.

Die **restriktiven Verfahren** haben das Ziel, die Translationsbewegung des Kondylus vor das Tuberculum articulare zu behindern. Hierzu gehören u. a.:

a) die Verlängerung bzw. die Erhöhung des Tuberculum articulare durch Herunterklappen des hinteren Jochbogenansatzes (Le Clerc und Girard 1943). Dadurch wird das Tuberculum gewissermaßen verlängert, sodass der Kondylus nicht vor den hinteren Jochbogenansatz gleiten kann.
b) die Augmentation des Tuberculum articulare („Verriegelungsoperation" n. Rehrmann 1956)
c) die Zügelung des Kondylus durch einen präaurikulär gestielten, entepithelisierten Dermislappen, der vor dem Kondylus nach intraoral durchgezogen wird (Köle 1980)
d) die Behinderung der Kondylusbewegung durch Narbenbildung der Wangenschleimhaut (Herrmann 1955). Das Verfahren wird wegen unberechenbarer Ergebnisse heute nahezu nicht mehr in Betracht gezogen.

Luxationen kommen grundsätzlich durch eine erhöhte Aktivität der protrusiven im Verhältnis zur retinierenden Muskulatur zustande. Diese ist durch eine operative Maßnahme nicht zu unterbrechen, sodass mit der Zeit Augmentationen resorbieren und die Zügelung sich wieder dehnen kann. Dadurch sind Rezidive nicht ausgeschlossen.

CAVE

Bei alloplastischen Augmentationen des Tuberkulum, als Sperre für den Kondylus, sind wegen der repetitiv wirkenden Kräfte auch arthrotische Veränderungen des Kondylus möglich.

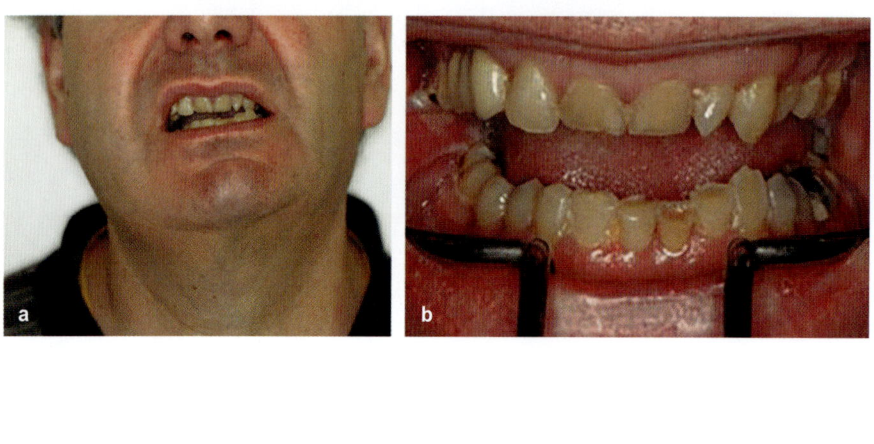

Abb. 4.3 Fixierte Kondylus-Luxation beidseits.
a: Nach längerem Aufenthalt auf der Intensivstation ist der Patient nicht in der Lage, die Okklusion zu erreichen: Kiefersperre. Röntgenologisch fixierte Kondylus-Luxation beidseits, die sich wahrscheinlich unbemerkt in der intensivmedizinischen Betreuungsphase ereignet hatte.
b: Maximaler Kieferschluss des Patienten. Auch die Kieferöffnung ist extrem eingeschränkt. Nebenbefund: erhebliche Attritionsfacetten nach exzessivem Bruxismus. Nach länger andauernder Kondylus-Luxation ist meist die operative Reposition unumgänglich. [P660]

Verfahren zur Erleichterung der Spontanreposition:

a) Durch Abtragung des Tuberculum articulare (Eminektomie) in offener oder arthroskopischer Chirurgie gelingt nach dem Vorgleiten des Kondylus eine Reposition entweder spontan oder mit einfacher Selbst-Manipulation des Patienten (Myrhaug 1951).

b) Das Verfahren kann ohne Verminderung des Ergebnisses noch minimalisiert werden, indem, verbunden mit einer geringeren Abtragung der Tuberculumhöhe, im Wesentlichen nur der vordere Abhang des Tuberculum flacher gestaltet wird (**modellierende Ostektomie des Tuberculum articulare**, Reich 1990; ➤ Abb. 4.4).
Wegen ihrer relativ einfachen Durchführbarkeit, guter Ergebnisse und sehr geringer Rezidivhäufigkeit haben sich diese Verfahren gegenüber den restriktiven Verfahren bei vielen Operateuren durchgesetzt.

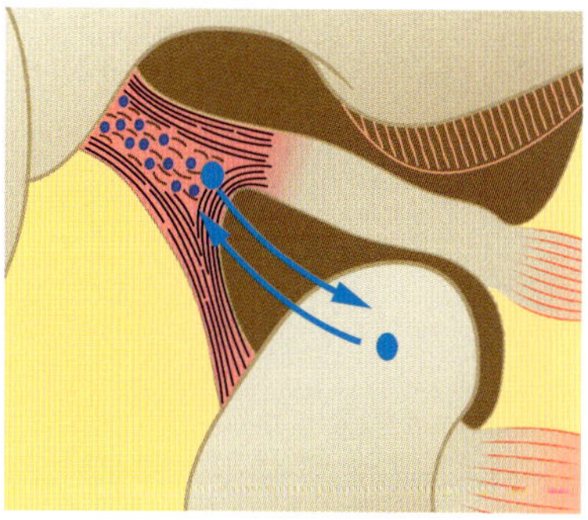

Abb. 4.4 Prinzip der modellierenden Ostektomie des Tuberculum articulare. Das Rückgleiten des Kondylus in die Fossa wird durch rampenartige Abtragung der Vorderseite Tuberculums erleichtert (schraffierte Fläche). [L231]

CAVE

Das Verfahren ist kontraindiziert, wenn im Tuberculum articulare Luftzellen, ähnlich wie im Mastoid, vorhanden sind, was in der OPT-Aufnahme oder in der digitalen Volumentomografie (DVT) bzw. im CT erkennbar ist (➤ Abb. 4.5).

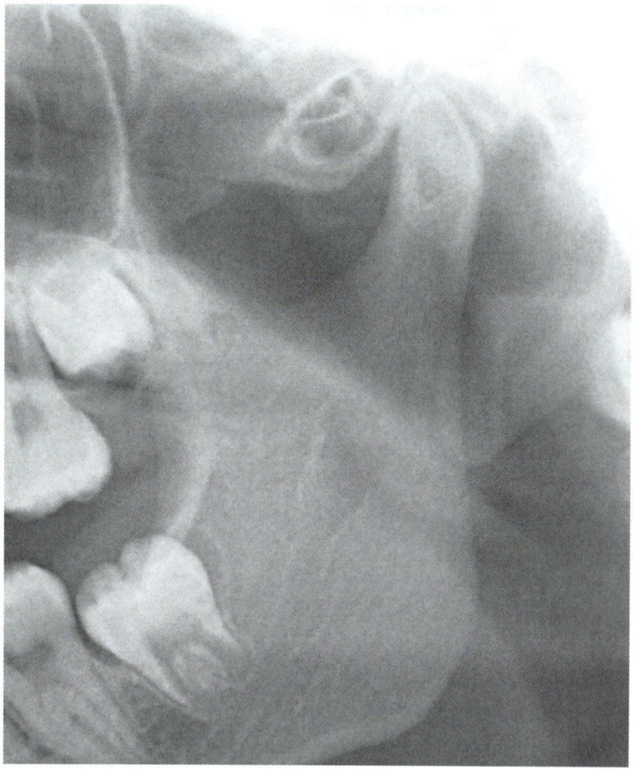

Abb. 4.5 Ausschnitt aus einem Orthopantomogramm: Luftzellen im Tuberculum articulare, eine Kontraindikation für die Eminektomie/modellierende Ostektomie am Tuberculum articulare. [P660]

c) Einen zusätzlichen Effekt erreicht man in hartnäckigen Fällen durch Kombination mit einer Diskus-Repositionierungs-Operation oder Diskopexie (➤ 5).

MERKE

Im Gegensatz zu den meisten anderen Operationen am Kiefergelenk ist postoperativ eine relative Ruhigstellung des Gelenks, ggf. mit Kinnschleuderverband oder lockerer elastischer intermaxillärer Immobilisation für einige Tage sinnvoll.

4

KAPITEL

5 Diskusverlagerung

Rudolf Reich

Etwa 30 % der erwachsenen Bevölkerung soll Symptome einer Diskusverlagerung aufweisen (Ribeiro et al. 1997); in der Praxis führen diese Beschwerden sehr häufig zur Vorstellung.

Ätiologisch werden die verschiedenen Formen der Diskusverlagerung zu den degenerativen Veränderungen eingeordnet, obwohl eine Progression zu weitergehenden Degenerationsformen nicht obligat ist (De Leeuw 1994). Für die Einteilung der degenerativen Veränderungen des Kiefergelenks hat sich die Klassifikation nach Wilkes bewährt; die Diskusverlagerung fällt darin unter Gruppe II (Wilkes 1989).

Auffällig ist, dass in vielen Fällen gleichzeitig Zeichen einer Hyperaktivität der Kaumuskulatur vorliegen. Dies legt zumindest für einen Teil der Fälle eine ätiologische Verbindung zu den Hypermobilitätsstörungen nahe.

Allen Formen der Diskusverlagerung ist eigen, dass **Schmerzbeschwerden** in der überwiegenden Anzahl der Fälle (95 %) auch ohne invasive Behandlung nur **vorübergehend** für Monate bis Jahre angegeben werden, obwohl eine anatomische Restitutio ad integrum nicht stattfindet. Verantwortlich sind weitgehende Anpassungsvorgänge, die bei diesem enchondralen Gelenk möglich sind.

5.1 Diskusverlagerung mit Reposition bei der Kieferöffnung

Symptome

- Knackgeräusch über dem betroffenen Kiefergelenk bei der Kieferöffnungs- und -schließbewegung (reziprokes Knacken)
- S-förmige Deviation des Unterkiefers bei der Kieferöffnung
- Gelegentlich Schmerzen im Kiefergelenk während des Knackgeräuschs

Das Knackgeräusch erklärt sich aus dem Aufspringen des Gelenkkopfs auf den etwas nach anterior-medial verlagerten Diskus bei der Öffnungsbewegung. Bei der Kieferschließbewegung gleitet der Gelenkkopf bei seiner Dorsalbewegung zurück hinter den Diskus mit einem weniger ausgeprägten Geräusch (reziprokes Knacken).

Ätiologie

Ätiologisch lässt sich keine eindeutige Zuordnung finden; das weibliche Geschlecht und Personen mit Angle Klasse II sind häufiger betroffen bzw. fragen häufiger um Rat. Zum Teil weisen die Patienten einen Bruxismus auf.

Die Prävalenz bei Patienten mit Angle Klasse II könnte mit der in diesen Fällen für die normale Kieferöffnung stets notwendigen vermehrten Translation des Kondylus zusammenhängen. Bei dieser wird insbesondere das hintere Aufhängungsband des Diskus stark gedehnt und kann mit der Zeit seine Rückstellkraft verlieren.

Diagnostik

- Die Diagnose fußt überwiegend auf den eindeutigen klinischen Symptomen.
- Nur bei zusätzlichen Fragestellungen kann ein MRT der Kiefergelenke sinnvoll sein. Dies zeigt die Position des Diskus im mundoffenen und -geschlossenen Zustand und in gewissem Umfang auch die Form des Diskus an.
- Gelegentlich zeigt sich anfangs als Ausdruck eines akuten Reizzustandes der Synovia ein Erguss (➤ Abb. 5.1), der in der Folge innerhalb weniger Tage resorbiert wird; sein Vorhandensein erlaubt aber keine prognostische Aussage (Diaz Reverand et al. 2020). ➤ Abb. 5.2.

Therapie

In der zahnärztlichen Praxis oder beim Mund-, Kiefer- und Gesichtschirurgen werden meist Patienten mit kurzfristig aufgetretenem schmerzhaftem Knacken beim Kauen oder Gähnen vorstellig. Die neu aufgetretenen Symptome erscheinen dem Patienten oft gravierend; vor allem fürchtet er eine dauerhafte Beeinträchtigung, wenn nicht sogar Verschlimmerung der Symptome in der Zukunft.

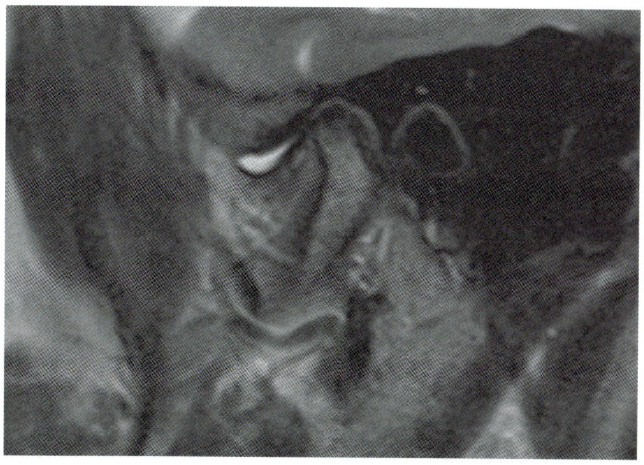

Abb. 5.1 Sagittaler Schnitt durch ein MRT eines linken Kiefergelenks bei akuten funktionsverstärkten Schmerzen. Befund: Der Diskus ist aufgebraucht, deutliche Ergussbildung im Gelenkspalt, die immer vorübergehendes Zeichen eines Reizzustands ist. Ein Gelenkerguss kann im frühen Stadium einer Diskusverlagerung, Diskusperforation oder Arthrose und bei der Arthritis auftreten. [P660]

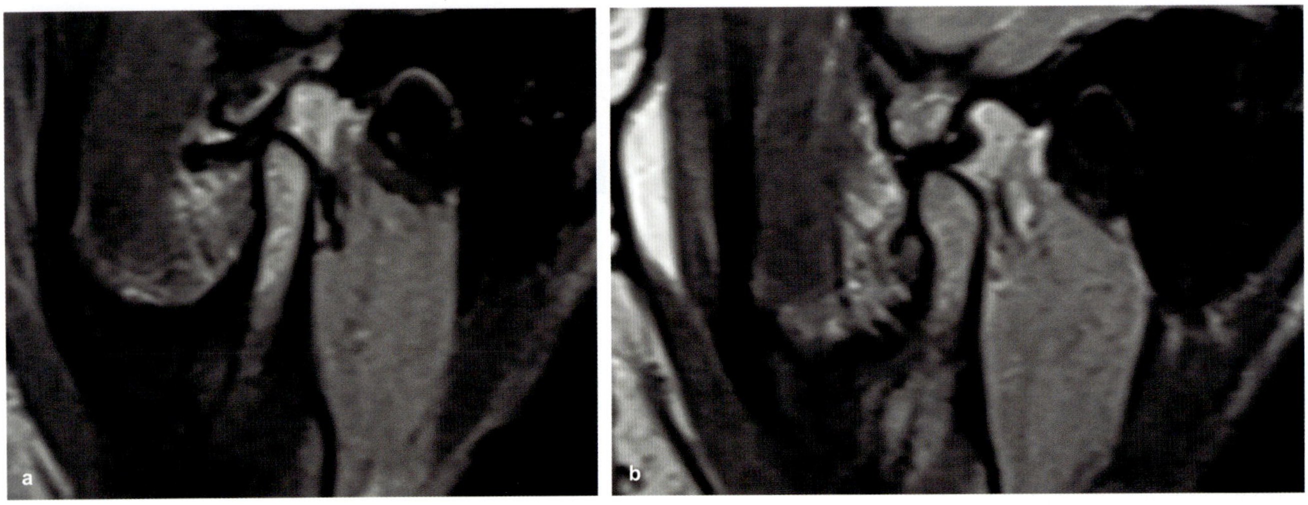

Abb. 5.2 a: Sagittaler Schnitt durch das linke Kiefergelenk einer Patientin mit schmerzhaftem Kiefergelenkknacken im Stadium mittlerer Kieferöffnung, kurz vor dem Gelenkgeräusch. Der Diskus liegt vollständig vor dem Kondylus und wird von diesem nach anterior geschoben. Das hintere, nerval reich versorgte Aufhängungsband des Diskus (Zona bilaminaris) wird stark gedehnt.
b: Bei weiterer forcierter Kieferöffnung springt der Kondylus mit einen knackendem Geräusch auf den Diskus auf. In der Endposition ist die normale Lagebeziehung zwischen Kondylus und Diskus wieder erreicht. Wird der Kiefer wieder geschlossen, entgleitet der Diskus wieder nach anterior (reziprokes Knacken). Diagnose: Diskusverlagerung mit Reposition bei der Kieferöffnung. [P660]

Aus heutiger Sicht, und mit Hinblick auf die relativ gute langfristige Prognose bei den meisten Patienten auch ohne spezifische Therapie, ist die Diskusverlagerung daher eher als **Anpassungsreaktion** oder **Normvariante mit guter Anpassungsprognose** denn als echte Erkrankung anzusehen. Ein früher angenommener Übergang in nächste Stadien einer degenerativen Veränderung, zur Diskusverlagerung ohne Reposition bei der Kieferöffnung, danach Diskusperforation und letztlich zur Arthrose (Ireland 1951) erfolgt keineswegs obligat. Der Zeitraum, nach dem sich die Beschwerden spontan verringern, wird in der Literatur mit 1–5 Jahren angegeben (De Leeuw 1994); in der Praxis ist er oft deutlich kürzer.

MERKE

Zusätzliche ausstrahlende Schmerzen außerhalb des Kiefergelenkbereichs, unabhängig von der Bewegung des Gelenks deuten auf eine zusätzliche muskuläre Komponente der Beschwerden hin, welche die Prognose jeder invasiven Therapie einschränkt.

Diese Überlegungen beeinflussen die Therapieempfehlungen für diese Art der Diskusverlagerung.

Konservative Therapie

Sinnvoll ist primär eine Therapie mit einer okklusalen **Relaxierungsschiene**, vor allem wenn zusätzlich Zeichen einer Hyperaktivität der Kaumuskulatur vorhanden sind. Repositionierungsschienen sind von fraglichem Wert; eine dauerhafte Repositionierung des Diskus in die ursprüngliche Lage ist kaum erreichbar, wenn auch ein Teil der Patienten die Symptomatik verliert (Kurita et al. 1989). Dies kann auch ein Effekt dauerhafter Anpassung sein. Mechanistische Konzepte tendieren dazu, die Anpassungskapazität des biologischen Systems Kiefergelenks zu vernachlässigen.

Da eine Beeinflussung intraartikulärer Vorgänge durch die Okklusion für nicht unmöglich gehalten wird, ist die **Beseitigung von okklusalen Interferenzen** und der **Aufbau** von verloren gegangenen **Stützzonen** von Seiten des Zahnarztes sinnvoll.

Invasive Therapie

Die Wahrnehmung von Beschwerden, insbesondere Schmerzen, ist erheblichen individuellen Schwankungen unterworfen. Bei länger gleichbleibend anhaltenden oder stärker werdenden Beschwerden unter konservativer Therapie, die vom Patienten intensiv und beeinträchtigend wahrgenommen werden, kann unter der Maßgabe, dass der Patient die prinzipiell gute Prognose der Veränderung kennt, eine **invasive Therapie** (zunächst Arthrozentese bzw. arthroskopische Lavage im Sinne einer Stufentherapie) erwogen werden (➤ 3.1, ➤ 3.2).

MERKE

Nach Aufklärung über die überwiegend vorübergehende Natur der Beschwerden und gute Prognose nehmen die meisten Patienten eine zurückhaltende Haltung gegenüber invasiven Behandlungsmethoden ein.

Für resistente Beschwerden nach diesen minimalinvasiven Maßnahmen steht als offen-chirurgische Maßnahme eine arthroskopische oder offene **Diskusrepositionierung** zur Verfügung (Reich 2009). Dabei wird das hintere Aufhängungsband nach Keilresektion gekürzt. Die arthroskopische Repositionierung des Diskus verlangt wegen des hohen technischen Anspruchs besondere Expertise (McCain et al. 2014).

Eine Alternative, die zunehmend bevorzugt wird, ist die **Diskusfixierung** auf den Kondylus mit einem **Minianker** (Mehra und Wolford 2001).

Eine darüber hinaus gehende Maßnahme wie z. B. eine **Diskusexzision** mit anschließender früher Übungstherapie ist nur indiziert, wenn erhebliche Formveränderungen des Diskus eine Repositionierung oder -fixierung nicht erlauben.

MRT-Untersuchungen haben ergeben, dass klinisch günstige Ergebnisse nicht an eine ideale postoperative Reposition des Diskus gebunden sind (Hossameldin und McCain 2015).

MERKE

Zurückhaltung gegenüber operativen Verfahren ist angezeigt, wenn der Patient lediglich ein schmerzloses Kiefergelenkgeräusch zu beseitigen wünscht. Aufgrund nicht exakt voraussagbarer postoperativer Vorgänge im Gelenk kann eine komplette und dauerhafte Beseitigung von Kiefergelenkgeräuschen nicht garantiert werden.

DD Kiefergelenkknacken: Foramen Huschke

Ein schmerzloses leises Knister- oder Knackgeräusch bei der Mundöffnung tritt auf, wenn ein Foramen tympanicum (Foramen Huschke) vorliegt.
Es handelt sich dabei im eigentlichen Sinne nicht um ein Foramen, sondern eine anatomische Variante, bei der aufgrund mangelnder Ossifikation der Pars tympanica des Os temporale in der Embryonalphase ein Defekt zwischen dem oberen Gelenkspalt des Kiefergelenkes und der anterioren Gehörgangswand vorliegt. Der Durchmesser liegt bei 1–6 mm. Eine Herniation von Weichgewebe des Kiefergelenks in den Gehörgang (z. B. des hinteren Aufhängungsbandes des Diskus) ist möglich.

Symptome

- Schmerzloses Knackgeräusch bei Bewegung des Unterkiefers
- Gefühl der Luftbewegung im Gehörgang beim Kauen und Sprechen
- Flüssigkeitsaustritt aus dem Gehörgang beim Kauen (Otorrhoe)
- Schmerzen im Kiefergelenkbereich
- Ggf. Vorwölbung von Weichgewebe im Gehörgang im Schlussbiss
- Tinnitus

Über die fistulierende Verbindung zwischen dem Gelenkspalt und dem Gehörgang kann durch Einwanderung von Keimen eine Infektion des Kiefergelenks mit den entsprechenden Symptomen ausgelöst werden (Van der Meer et al. 2019; ➤ 8.1.1).
Cave: Über ein Foramen Huschke ist bei der Arthroskopie des Kiefergelenks eine Aberration des Endoskops in den Gehörgang möglich. Dadurch besteht das Risiko einer Trommelfell-Verletzung.

Diagnostik

Der Nachweis des Defekts gelingt mit einem Dünnschicht-CT (➤ Abb. 5.3). Bei Otorrhoe muss ein Zusammenhang mit Ausläufern der Glandula parotis ausgeschlossen werden (Lacout et al. 2005).

Therapie

Nach Arthrotomie wird der Defekt mit einem freien Knorpel- oder Knochentransplantat, mit Titanmesh oder einem Temporalisfaszien-Lappen gedeckt. Nur in Ausnahmefällen dürfte in Verbindung damit eine Kondylusresektion mit alloplastischer totaler Gelenkrekonstruktion gerechtfertigt sein (Pons et al. 2020, Shapiro und Osborn 2016).

5

5.2 Diskusverlagerung ohne Reposition bei der Kieferöffnung

Synonym: Closed Lock. Meist findet sich in der Anamnese eine schon länger bestehende Diskusverlagerung mit Reposition mit typischem reziprokem Knacken.

Symptome

- **Plötzliche Mundöffnungseinschränkung** meist nach dem morgendlichen Aufstehen beim Gähnen oder Essen (relative Kieferklemme)

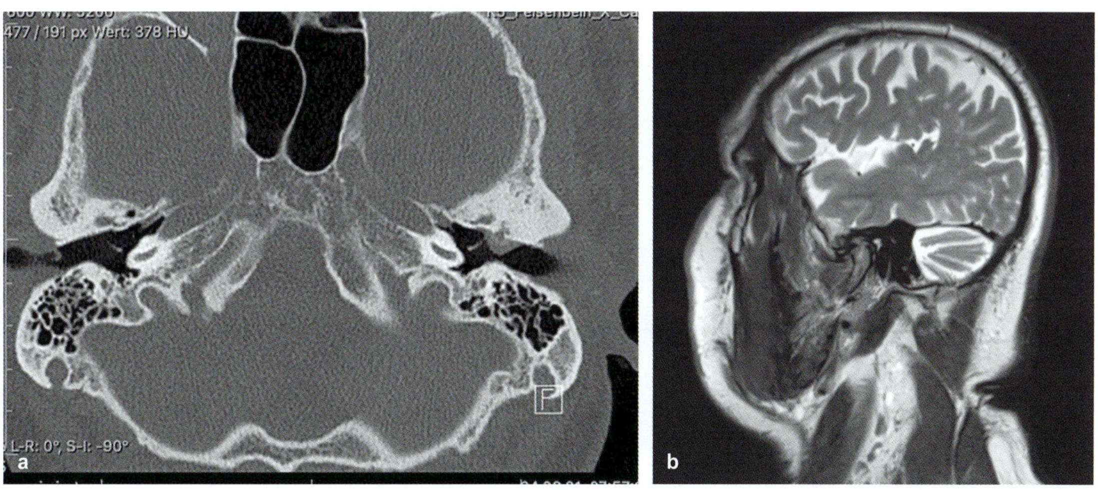

Abb. 5.3 a: Transversaler Schnitt durch das CT eines Patienten, bei dem linksseitig eine wechselnde Gehörgangsschwellung anterior auffiel. Weitere Symptome: gelegentlich Flüssigkeitsaustritt aus dem linken Gehörgang, Gefühl von Anschwappen bei Bewegungen des Unterkiefers. Befund: Unterbrechung der vorderen Gehörgangswand links mit knöchernem Kanal bis zum oberen Gelenkspalt, rundliche, weichgewebige Konkavität über dem Fistelkanal im Gehörgang lateral des Trommelfells. Diagnose: Foramen Huschke. b: Sagittaler Schnitt durch das MRT des Patienten in der Ebene des linken Kiefergelenks. Befund: Erguss im Gelenkspalt, Flüssigkeitsdepot zwischen der Gehörgangshaut und der hinteren Begrenzung des Kiefergelenks. Die Fistel kann nach Eröffnung des Kiefergelenks im hinteren Gelenkraum plastisch gedeckt werden, z.B. mit gestielter Fascia temporalis oder Knorpelchip. [P660]

- Die **maximale Schneidekantendistanz** beträgt anfangs **25–28 mm**, dabei Abweichung der Mittellinie des Unterkiefers zur betroffenen Seite (➤ Abb. 5.4).
- Beim Kauen oder dem Versuch weiterer Mundöffnung **Schmerzen** im betroffenen Gelenk

Die plötzliche Symptomatik beunruhigt viele Patienten und führt sie zum Zahnarzt, Kieferorthopäden oder Mund-, Kiefer- und Gesichtschirurgen, gelegentlich auch zum HNO-Arzt oder Orthopäden.

Ätiologie

Der Stopp der Kieferöffnung ist durch eine so weite Verlagerung des Discus articularis in den vorderen Gelenkraum verursacht, dass er bei der Kieferöffnung ein Hindernis für die Gleitbewegung des Kondylus nach anterior darstellt (➤ Abb. 5.4). Die Drehbewegung des Kondylus ist im Gegensatz zur Translation noch möglich. Dies erlaubt im frischen Fall eine eingeschränkte maximale Schneidekantendistanz von ca. 25–28 mm.

Die weite Verlagerung des Diskus nach anteriomedial wird durch einen Elastizitätsverlust des hinteren Aufhängungsbandes des Diskus gefördert, insbesondere bei langzeitiger Diskusverlagerung mit Reposition. Die eingeschränkte Bewegung des Diskus und des Kondyluskopfs im Gelenkraum begünstigt zudem die Ablagerung von Zelldetritus auf den Gelenkflächen. Dies verstärkt die Reibung; durch die Entwicklung von ungünstigen Druckverhältnissen im Gelenk wird die Beweglichkeit weiter vermindert (Nitzan und Dolwick 1991).

Diagnostik

Die typische Symptomatik ist in den meisten Fällen ausreichend für die Annahme einer Diskusverlagerung ohne Reposition; ansonsten entspricht die Diagnostik derjenigen bei Diskusverlagerung mit Reposition.

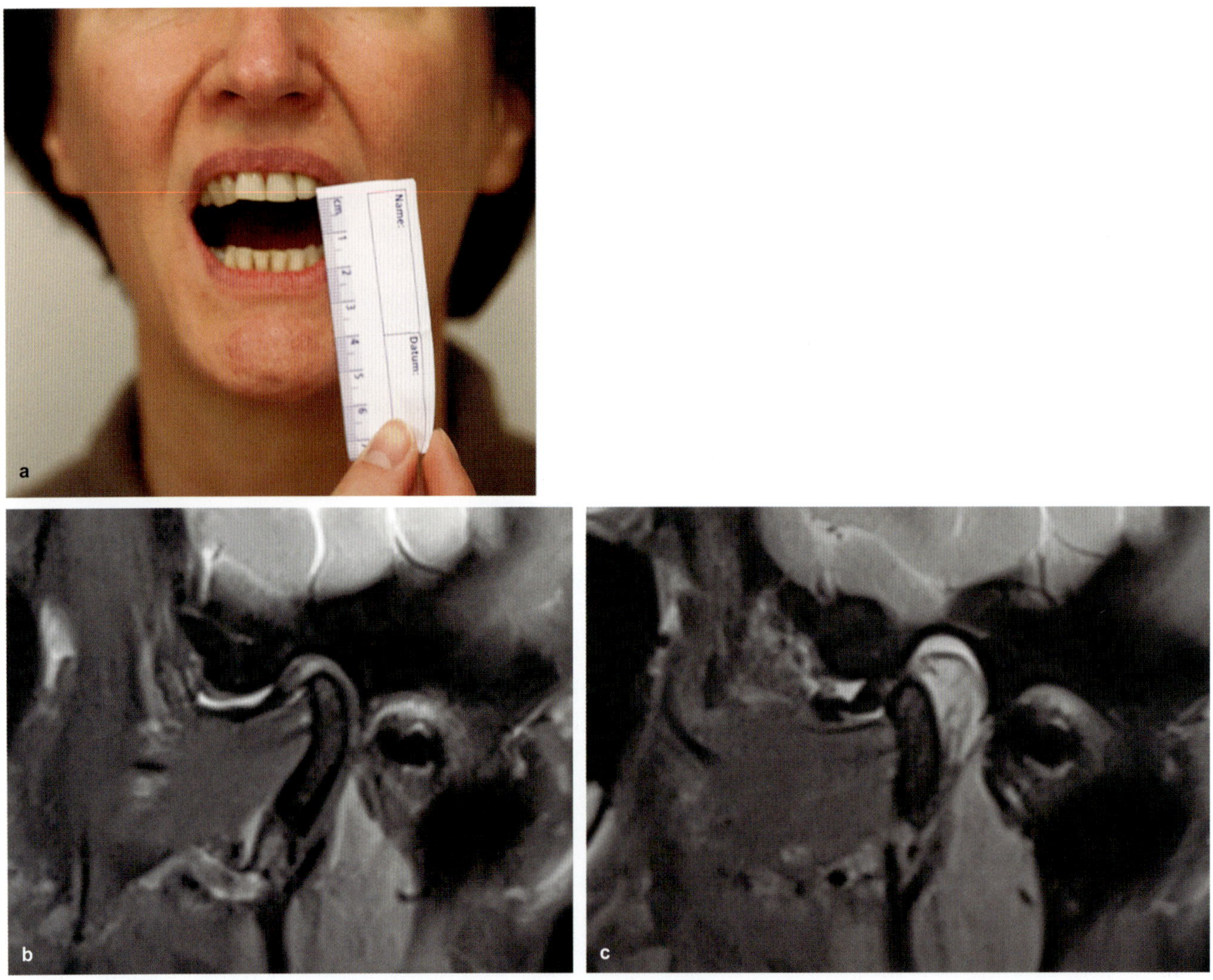

Abb. 5.4 a: Relative Kieferklemme nach Diskusverlagerung ohne Reposition links bei der Kieferöffnung vor einer Woche, hier durch muskuläre Hyperaktivität verstärkt.
b: Sagittaler Schnitt durch das linke Kiefergelenk in der MRT, geschlossener Kiefer. Der Diskus liegt deutlich vor dem Gelenkkopf, über dem sich das hintere Aufhängungsband ausbreitet.
c: Gleiche Projektion wie in Abb. 5.4 b bei maximaler Kieferöffnung. Der Kondylus wird durch den weiterhin vollständig anterior liegenden und gestauchten Diskus in der Translation eingeschränkt. Dies bewirkt eine Verminderung der Kieferöffnung und bei einseitigem Befund dabei eine Deviation des Unterkiefers zur betroffenen Seite. Diagnose: Diskusverlagerung ohne Reposition bei der Kieferöffnung Nebenbefund: Gelenkerguss. [P660]

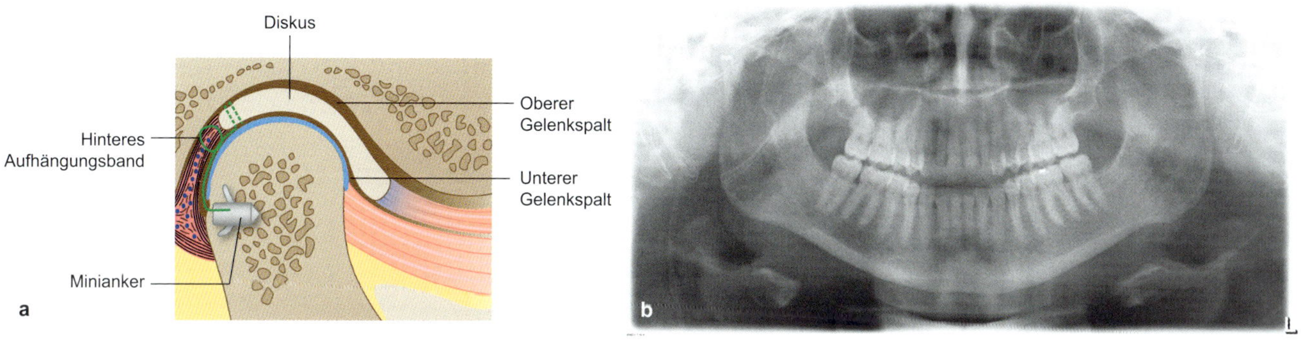

Abb. 5.5 a: Prinzip der Diskusfixierung nach Mehra und Wolford (2001). Auf der dorsalen Seite des Kondylus wird ein Titan-Minianker eingebracht. Der Diskus wird nach Keilresektion aus dem verlängerten hinteren Aufhängungsband mit an dem Anker angebrachten, nicht resorbierbaren Fäden fixiert. [L231]
b: OPT-Aufnahme, Z.n. Diskusfixierung beidseits mit Mini-Titananker, der beidseits im hinteren Gelenkhals inseriert wurde. Rechts Artefakte durch den postoperativen Verband. [P660]

Therapie

Wenn auch die plötzliche relative Kieferklemme dem Patienten dramatisch erscheint, ist doch zu erwarten, dass die behinderte Gleitbewegung durch **Anpassungsvorgänge** im Gelenk sich in der Regel auch **ohne spezifische Therapie** in einem Zeitraum von sechs Wochen so verbessert, dass eine maximale Schneidekantendistanz im unteren Normbereich erreicht wird und sich die Schmerzbeschwerden verlieren. Nur wenn die anfänglichen Beschwerden nach dieser Zeit persistieren oder der Patient sich sehr stark beeinträchtigt fühlt und eine frühere Therapie trotz Aufklärung über den wahrscheinlichen Verlauf ausdrücklich wünscht, ist eine invasive Therapie zur Abkürzung der Beschwerdephase möglich und sinnvoll.

- Eine Therapie mit einer **Relaxierungsschiene** ist sinnvoll, wenn Zeichen einer zusätzlichen Hyperaktivität der Kaumuskulatur vorhanden sind (➤ 2). Eine Reposition des Diskus und damit die Beseitigung der Kieferklemme und funktionsabhängigen Schmerzen ist durch sie jedoch nicht zu erwarten.
- Eine rasche Verbesserung der Gelenkmechanik und Verminderung der Schmerzen ist meist mit einer **Arthrozentese** oder **arthroskopischen Lavage** zu erreichen (➤ 3.1). Ein Teil des Effekts dürfte auf die Ausspülung von Detritus auf den Gelenkoberflächen und Entzündungsmediatoren zurückzuführen sein. Eine mittelfristige Erfolgswahrscheinlichkeit von bis zu 90 % der Patienten bezieht sich hauptsächlich auf frische Diskusverlagerungen (Nitzan et al. 1991).
- Eine **arthroskopische Repositionierung** kann nur gelingen, wenn noch keine erhebliche Formveränderung des Diskus eingetreten ist. Diese kann in einer MRT-Untersuchung des Kiefergelenks evaluiert werden. Für die arthroskopische Chirurgie sind besondere Expertise und technische Voraussetzungen erforderlich (McCain et al. 2014).
- Im **offen-chirurgischen Verfahren** ist eine Diskusrepositionierung oder Fixierung mit einem Minianker auf der Hinterseite des Kondylus möglich (➤ Abb. 5.5). Voraussetzung ist auch hier, dass der Diskus noch keine wesentliche Formveränderung zeigt.
- Insbesondere auch bei schon eingetretener Formveränderung des Diskus wird die **Diskusexzision** durchgeführt.
- Postoperativ sollen mehrmals täglich Öffnungsübungen vom ersten postoperativen Tag an erfolgen. Eine SKD von mindestens 30 mm soll möglichst in 8 Tagen nach der Operation erreicht werden. Empfohlen wird weiche Kost für 8 Wochen postoperativ.

MERKE

- Entscheidend für den Erfolg aller genannten Maßnahmen ist die noch am Operationstag einsetzende postoperative Übungstherapie der Kieferbewegungen ohne Belastung, um intraartikuläre narbige Adhäsionen zu vermeiden.
- Alle invasiven Maßnahmen zeigen umso bessere Wirkung, je kürzer die Symptomatik andauerte.

Differenzialdiagnose

Eine unvermittelt eintretende relative Kieferklemme wird selten durch die Einklemmung eines größeren freien Gelenkkörpers verursacht, z. B. bei Osteochondrosis dissecans (➤ 7.2, ➤ 9).

5.3 Diskus-Hypermobilität (interne Hypermobilität)

Diese Form der Diskusverlagerung unterscheidet sich von den anderen Diskusverlagerungen durch die zusätzliche **Hypermobilität** des Kondylus und **Lockerung** aller Aufhängungsbänder des Diskus. In der Anamnese der Patienten finden sich selten die Zeichen einer vorangegangenen Diskusverlagerung mit oder ohne Reposition, sodass die Annahme einer eigenständigen Form der Diskusverlagerung berechtigt erscheint.

Das Vortreten des Kondylus vor das Tuberculum articulare mit spontaner Rückkehr in die Fossa kann auch als nicht fixierte Luxation des Kondylus interpretiert werden.

Symptome

Typische fakultative Zeichen einer internen Hypermobilität des Kiefergelenks sind:

- Sehr kurzzeitige, spontan reversible Kieferklemme bei der Bewegung des Kondylus (z. B. auch beim Essen etc.)
- Schmerzen im Kiefergelenkbereich bei der weiten Kieferöffnung
- Intermittierendes Kiefergelenkknacken bei der Kieferöffnung
- Ruckartige Bewegung des Unterkiefers bei der Kieferöffnung
- Gelegentlich intermittierender, kurzzeitiger seitlich offener Biss (1–2 mm Kiefersperre)

MERKE

Diese Symptome wurden früher oft als „Subluxation" des Kiefergelenkes bezeichnet.

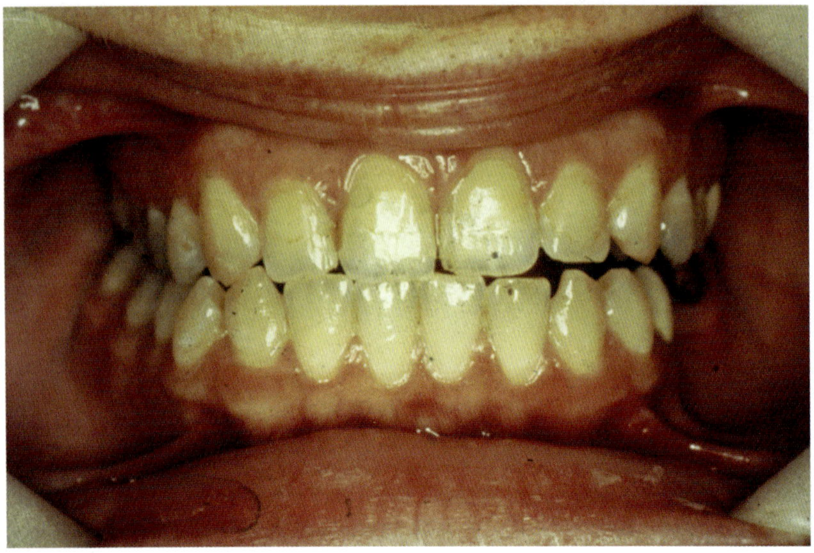

Abb. 5.6 Plötzlich aufgetretener seitlich offener Biss bei Diskus-Querverlagerung links. [P660]

Ätiologie und Pathophysiologie

- Meist findet sich bei diesen Patienten eine langzeitig bestehende **Hyperaktivität** der Kaumuskulatur, die zur weiten Translation des Kondylus bis vor das Tuberculum articulare führt. Der Diskus wird damit ständig sehr weit ausgelenkt. Mit der Zeit verlieren die Aufhängungsbänder ihre Elastizität.
- In der Folge verlagert sich der Diskus bei den Kieferbewegungen variabel in verschiedene Richtungen – im Gegensatz zur Diskusverlagerungen mit oder ohne Reposition, die stets nach anteriomedial erfolgt.
- Der Kondylus gleitet bei seinen Bewegungen unter dem gelockerten und mobilen, teilweise schräg verlagerten Diskus. Jedes Mal, wenn er dabei in unterschiedlichen Positionen auf die vordere und hintere Verdickung der Gelenkscheibe oder das Tuberculum articulare trifft, kommt eine **ruckartige** Bewegung des Unterkiefers und ein **Knacken** zustande. Die Verlagerungen bedingen manchmal auch Einklemmungen, die sich durch sekundenartige Einschränkungen der Kieferöffnung zeigen.
- Eine intermittierende Querverlagerung des Diskus imponiert im betroffenen Kiefergelenk mehr oder weniger schmerzhaft mit vorübergehender **Infraokklusion** auf der betroffenen Seite (➤ Abb. 5.6).
- Selten ist auch eine posteriore Verlagerung in den hinteren Gelenkraum mit entsprechender okklusaler Bissverschiebung möglich.
- **Schmerzen** sind durch Stauchung oder Streckung insbesondere des hinteren und seitlichen, nerval reich versorgten Aufhängungsbandes des Diskus erklärbar.
- Syndrome, die mit **Bindegewebsschwäche** einhergehen, disponieren zur Hypermobilität und auch Kondylusluxation (z. B. Ehlers-Danlos Syndrom, Marfan-Syndrom, ➤ Abb. 5.7).

Diagnostik

- Meist ist die Symptomatik wegweisend und eine **klinische Diagnostik** ausreichend (klinische Funktionsanalyse).

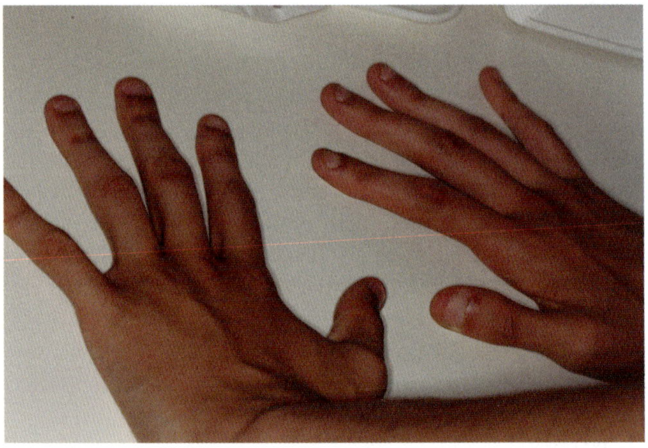

Abb. 5.7 Die Hände eines Patienten, der eine ausgeprägte Hypermobilität der Kiefergelenke und einzelner Extremitätengelenke zeigt. Sehr lange Phalangen, ebenfalls hypermobil, Reklination sehr weit möglich, insgesamt Bindegewebsschwäche. Ein Marfan-Syndrom muss ausgeschlossen werden. [P660]

- Im Funktions-OPT (➤ Abb. 5.8) meist Translation des Kondylus bis vor das Tuberculum articulare bei weiter Mundöffnung, ohne Fixierung in dieser Stellung.
- Die MRT erbringt wegen der meist sehr kleinen Verlagerungsstrecken des Diskus in variabler Richtung selten einen verwertbaren Befund, da sie unterhalb des Auflösungsvermögens der darstellenden Diagnostik liegen.

Therapie

- Treten die Beschwerden neu oder gelegentlich auf, ist eine alleinige kurzzeitige systemische **antiphlogistische Therapie** (z. B. Ibuprofen 600 mg oral 2× tgl. oder Diclofenac-Natrium 50 mg 1× tgl.) oft erfolgreich. Zur Nacht kann diese zur Verringerung der Hyperaktivitätsphasen mit einem **Sedativum** in niedriger Dosierung (z. B. Diazepam 2,5 mg) kombiniert werden.
- Auch eine Therapie mit **Aufbiss-Schiene** (Relaxierungsschiene) kann sich günstig auswirken, wenn sie die Hyperaktivitätsphasen der Kaumuskulatur vermindert.

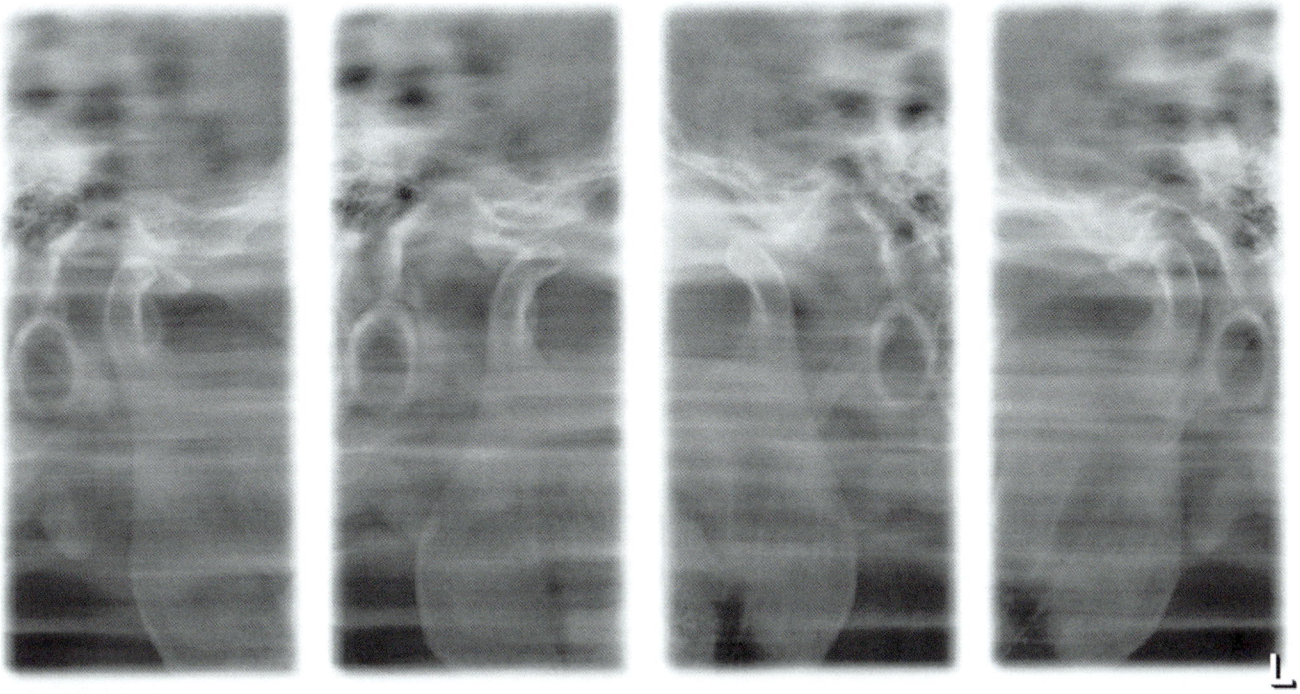

Abb. 5.8 Funktions-Orthopantomogramm der Kiefergelenke bei Hypermobilität des Kiefergelenkkomplexes, einschließlich des Diskus. Die Patientin klagt über intermittierende Blockierungen bei der Kieferöffnung und gelegentliche kurzzeitige Infraokklusion im Seitenzahnbereich mit mäßigen Schmerzen im Gelenkbereich. Befund: Auslenkung des Kondylus bis weit vor das Tuberculum articulare bds. bei der normalen Kieferöffnung. Daraus folgende Diskus-Hypermobilität mit wechselnder Verlagerung bei den Kieferbewegungen. [P660]

- Bei rezidivierenden oder längerdauernden Beschwerden kann die Hypermobilität des Diskus durch eine **Diskopexie** mit seiner Fixierung an der Hinterfläche des Kondylus mit einem Titan-Anker Abhilfe bringen (Mehra und Wolford 2001, ➤ Abb. 5.5). Diese Methode scheint der früher angewendeten alleinigen Verkürzung des hinteren Aufhängungsbandes nach Keilresektion (Diskus-Repositionierungs-Operation) langfristig überlegen.

CAVE

Anders als nach operativer Therapie von Diskusverlagerungen mit und ohne Reposition (➤ 5.1, ➤ 5.2) ist in diesem Fall wegen der ausgeprägten Hypermobilität aller Gelenkstrukturen die postoperative Übungstherapie der Kieferöffnung zurückhaltender anzusetzen.

KAPITEL

6 Diskusperforation

Rudolf Reich

Meist mit der Anamnese einer langzeitigen Diskusverlagerung kann es zur zunehmenden Ausdünnung, und in der Folge zur Perforation des Discus articularis bzw. des elongierten hinteren Aufhängungsbandes kommen. Während der Bewegung besteht dann ein direkter knöcherner Kontakt zwischen dem Gelenkkopf und der Fossa.

Symptome

- Gelenkknirschen bei der Kieferöffnung
- Optional: Schmerzen im betroffenen Kiefergelenk bei der Bewegung des Kondylus

Diagnostik

- Röntgenologisch zeigen sich in diesem Stadium **noch keine knöchernen Veränderungen;** diese zeigen den Übergang zur Arthrose an.
- Da der Diskus eine Dicke von 0,5–2 mm aufweist, ist auch die MRT-Untersuchung wegen ihres Auflösungsvermögens derzeit oft nicht beweisend; sie kann aber zum Ausschluss anderer Ursachen für ein Knirschen sinnvoll sein (➤ 7, ➤ 8.2, ➤ 9).
- In der Arthroskopie kann die Perforation dargestellt werden; auch ein unbeabsichtigtes Gleiten des Arthroskops vom oberen in den unteren Gelenkspalt zeigt eine Perforation an.
- In der Regel reicht im Zusammenhang mit der Anamnese die klinische Symptomatik für die Annahme einer Diskusperforation aus.

Therapie

In den meisten Fällen kommt es aufgrund der **Anpassungskapazität** innerhalb weniger Wochen auch **ohne spezifische Therapie** zu einer Verminderung bis Beseitigung der Schmerzen und Geräusche. In aller Regel erfährt der Gelenkkopf aufgrund des direkten Kontaktes zwischen dem Kondylus und der Fossa innerhalb von Monaten ein Remodelling mit leichter Abflachung der Gelenkfläche, worüber der Patient aufgeklärt werden sollte.

- Eine Therapie mit einer Aufbiss-Schiene kann insbesondere bei zusätzlichen myogenen Beschwerden hilfreich sein.
- Nur in den seltenen Fällen persistierender Schmerzen ist eine **Arthrozentese** bzw. **arthroskopische Lavage** gerechtfertigt, die mittelfristig die gleichen Effekte wie bei der Diskusverlagerung zeigt (➤ 5).
- Bei Resistenz starker Beschwerden über einen längeren Zeitraum ist unter bestimmten anatomischen Voraussetzungen eine **Diskusplastik** nach Eröffnung des Kiefergelenks möglich. Die Deckung der Perforation gelingt nur, wenn sie im posteriolateralen Bereich, am Übergang des hinteren Aufhängungsbandes zum Diskus liegt. Nach Exzision der Perforationsränder und Mobilisation des Diskus kann der Defekt mit dem gut durchbluteten hinteren Aufhängungsband oder mit einem kleinen gestielten Lappen aus der Innenseite der Gelenkkapsel gedeckt werden (Reich und Teschke 2012; ➤ Abb. 6.1).
- Der Diskus besteht aus bradytrophem Gewebe, eine Anheilung an den Diskus ist nur durch vaskularisiertes Gewebe möglich. Perforationen, die allseits von Diskusgewebe begrenzt sind, können daher nach derzeitigem Wissen und mit heutiger Technik nicht gedeckt werden. In diesen Fällen kann die **Diskusexzision** indiziert sein (➤ Abb. 6.2, ➤ Abb. 6.3). Dieses Verfahren führt über das Zwischenstadium einer erzwungenen Anpassungsarthrose zur Beschwerdefreiheit (➤ 7.1).
- Für die postoperative Nachsorge gelten die gleichen Kriterien wie nach invasiven Maßnahmen bei Diskusverlagerung (➤ 5.2).

Differenzialdiagnose

Ein Gelenkknirschen tritt u. a. auch bei der Arthrose (➤ 7), synovialen Chondromatose (➤ 8.2.3) und stoffwechselbedingten Arthritis (➤ 9) auf.

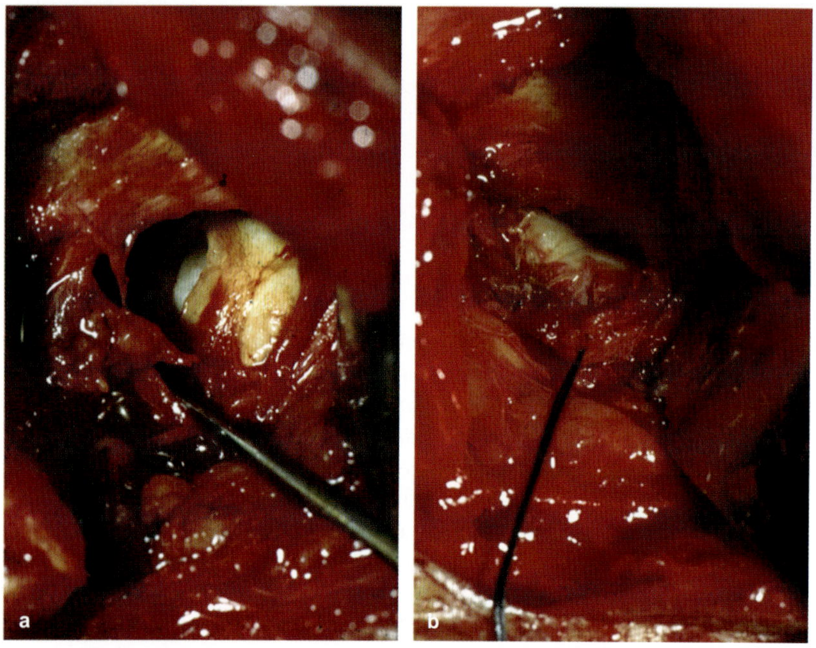

Abb. 6.1 Diskusperforation.
a: OP-Situs nach Eröffnung des oberen Gelenkspalts des rechten Kiefergelenks. Im lateralen Übergang des Diskus zum hinteren Aufhängungsband Perforation, unterhalb der die glatte und unversehrte Gelenkfläche des Kondyluskopfes erkennbar ist. In dieser Lokalisation ist eine Reparatur durch Exzision des Perforationsrands und Anschluss an gut durchblutetes Gewebe aus dem hinteren Aufhängungsband oder der Innenseite der Gelenk-Pseudokapsel möglich.
b: OP-Situs des gleichen Patienten nach Perforations-OP. Der Hinterrand des Diskus (helles Gewebe) ist an gut durchblutetes Gewebe angeschlossen. [P660]

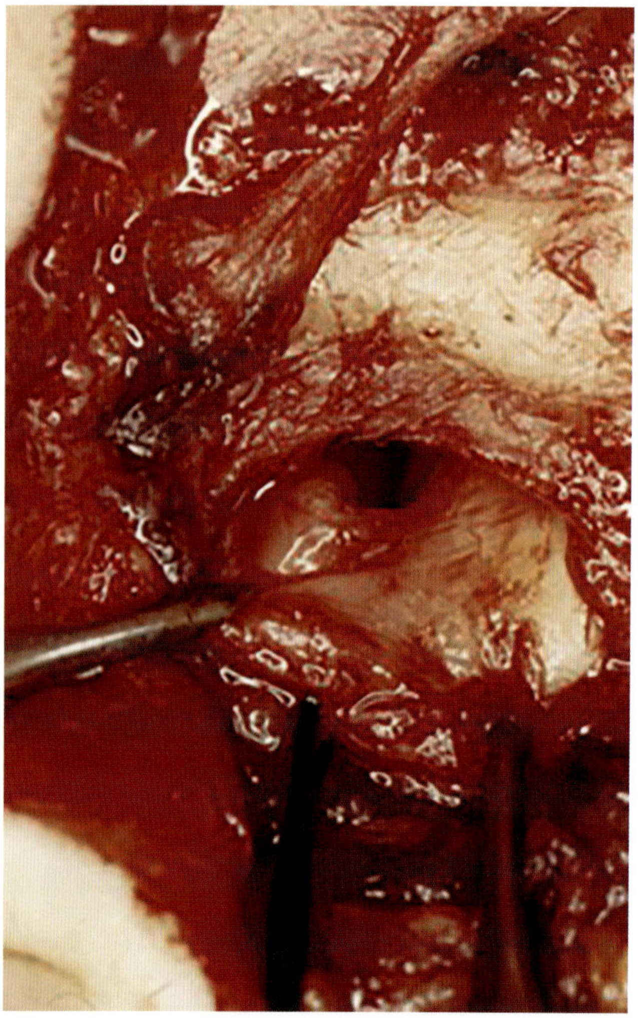

Abb. 6.2 OP-Situs eines rechten Kiefergelenks. Anamnese: Funktionsabhängige Schmerzen des rechten Kiefergelenks, verbunden mit Knirschgeräuschen seit 9 Monaten. Die Patientin wünschte dringend die Beseitigung der Beschwerden. Röntgenologisch keine knöchernen Veränderungen erkennbar. Befund: große Perforation des hinteren Aufhängungsbandes des Diskus (Zona bilaminaris), der Diskus selbst (rechter Bildrand) ist nicht betroffen. Aufgrund der Ausdehnung der Perforation ist keine Diskoplastik möglich, die Diskektomie ist indiziert. [P660]

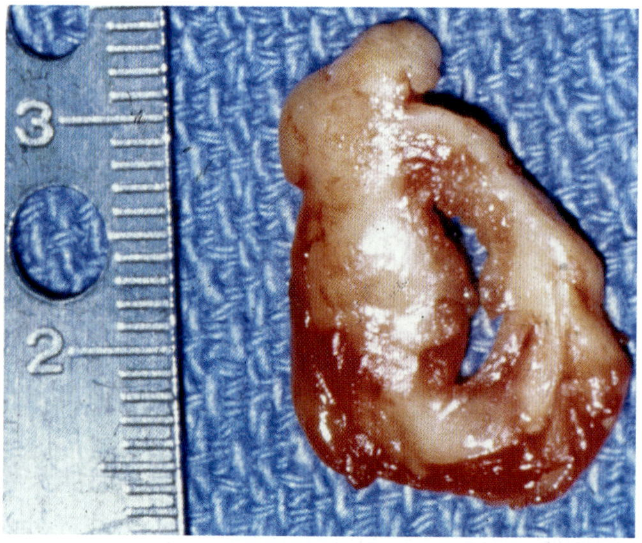

Abb. 6.3 Exzidierter Discus articularis eines rechten Kiefergelenks mit mittiger Perforation. Dorsal noch Anteile des hinteren, lateral (unten im Bild) des lateralen Aufhängungsbandes. Operative Reparatur bei mittiger Lokalisation nicht möglich. [P660]

KAPITEL

7

Rudolf Reich

Kiefergelenksarthrose

Mit dem Begriff Arthrose werden degenerative Veränderungen bezeichnet, bei denen eine knöcherne Beteiligung vorhanden ist (Stadium Wilkes IV–V). Im Kiefergelenk sind **zwei Verlaufsformen** zu unterscheiden, die sich in ihrer Prognose und damit Behandlungsstrategie unterscheiden (Laskin 1980): die Anpassungsarthrose und die progrediente Arthrose. In der Klassifikation nach Wilkes werden die beiden Verlaufsformen nicht unterschieden.

Eindeutige ätiologische Faktoren sind trotz langjähriger Forschungsbemühungen bisher nicht klar erkennbar; gesunden Okklusionsverhältnissen wird allerdings klassischerweise eine prophylaktische Wirkung zugesprochen.

7.1 Anpassungsarthrose

Bei dieser mit über 95 % häufigsten Art der Arthrose finden sich nur in der Minderzahl der Patienten Hinweise auf eine frühere Diskusverlagerung oder -perforation. Sie ist als **stürmische Form eines Remodellings** aufzufassen und kommt hauptsächlich bei Frauen ab dem 45. Lebensjahr vor.

Symptome

- Schmerzhaftes Knirschen im betroffenen Kiefergelenk bei Unterkieferbewegungen für einen Zeitraum bis zu ca. 16 Monaten
- Im längeren Verlauf fast stets nacheinander beidseitig auftretend

Die Beschwerden bestehen normalerweise für ca. 12–16 Monate in abflauender Tendenz. In dieser Zeit wird der Diskus zu einem großen Teil aufgebraucht und der Gelenkkopf flacht sich als Reaktion auf den direkten Kontakt mit der Fossa ab. Letztlich endet der Prozess in einem **diskuslosen Gleitgelenk** ohne Beschwerden (Steinhardt 1932). Meist ist bereits nach fünf Monaten eine Tendenz zur spontanen Verbesserung der Beschwerden vorhanden. Nach dem Umbau des betroffenen Gelenks zieht in fast allen Fällen das gegenseitige Gelenk mit der gleichen Symptomatik nach. Steigern sich die Beschwerden in dieser Frist oder halten sie länger an, ist eine progrediente Arthrose wahrscheinlich, die andere Therapie verlangt (➤ 7.2).

Diagnostik

Im OPT röntgenologisch Aufrauung der kondylären Gelenkfläche, gelegentlich Geröllzysten, über Monate Abflachung des Gelenkkopfes (➤ Abb. 7.1, ➤ Abb. 7.2, ➤ Abb. 7.3). Eine verbesserte Einsicht bringt das Funktions-Orthopantomogramm. Bei weiterem differenzialdiagnostischem Abklärungsbedarf kann auch ein MRT indiziert sein (➤ Abb. 7.4).

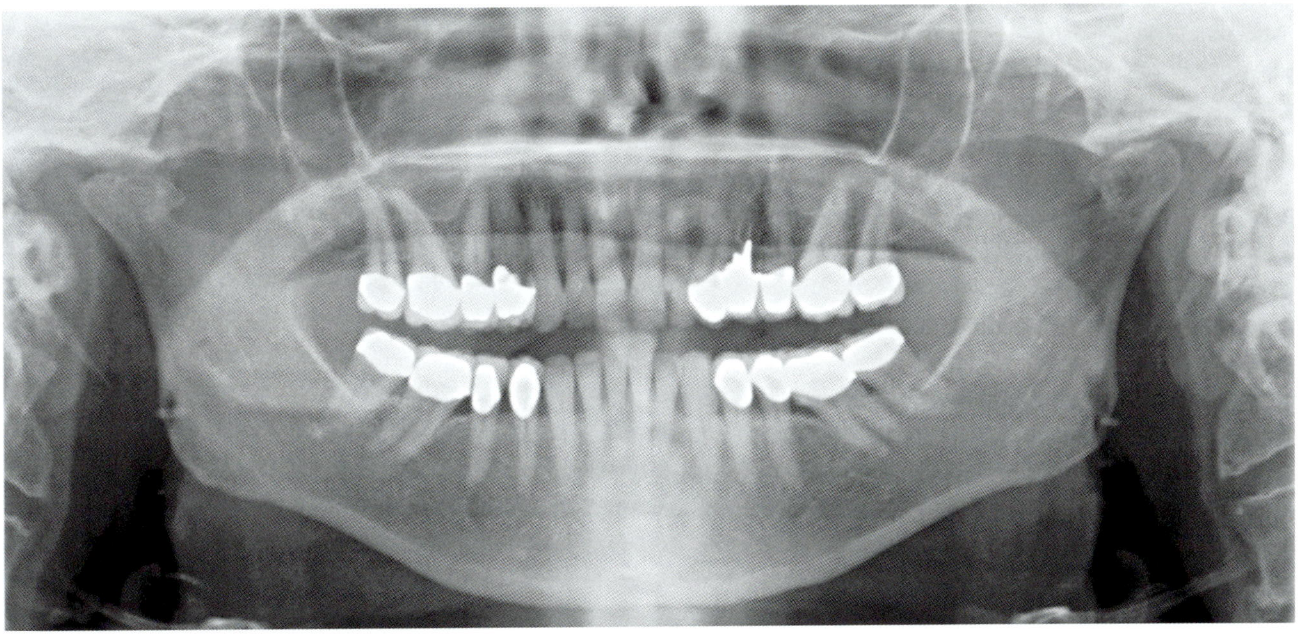

Abb. 7.1 Orthopantomogramm nach Anpassungsarthrose beidseits. Nach Remodelling-Phasen erst links, dann rechts über jeweils 14 Monate Abflachung der beiden Gelenkwalzen. Danach schmerzfrei, geringe Krepitation, als Endstadium diskuslose Gleitgelenke. [P660]

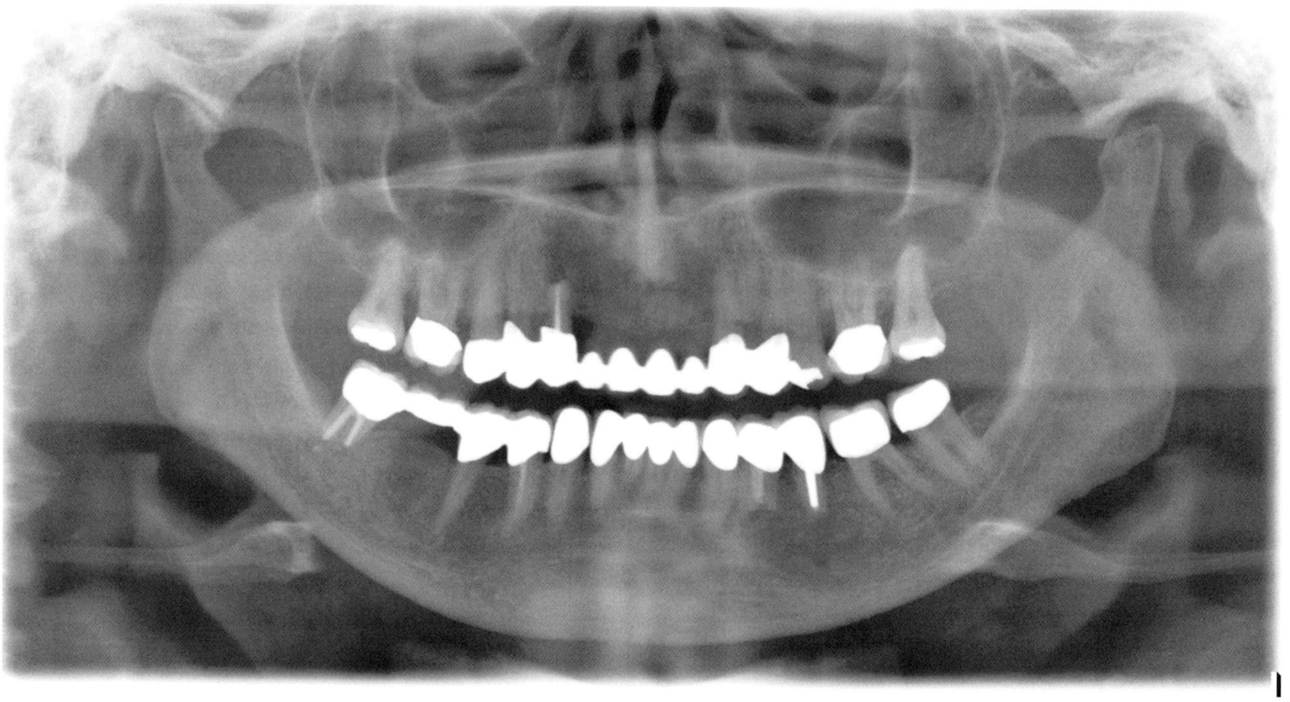

Abb. 7.2 Weiteres Beispiel eines Zustandes nach Anpassungsarthrose bds. In der OPT-Aufnahme typische Abflachung der Kiefergelenkköpfchen. Die Patientin hatte in den Kiefergelenken Knirschgeräusche und jeweils zeitversetzt über 14 Monate geringer werdende Schmerzen beim Essen und Gähnen. Danach außer leisem Gelenkknirschen keine Beschwerden, Kieferöffnung im Normbereich. [P660]

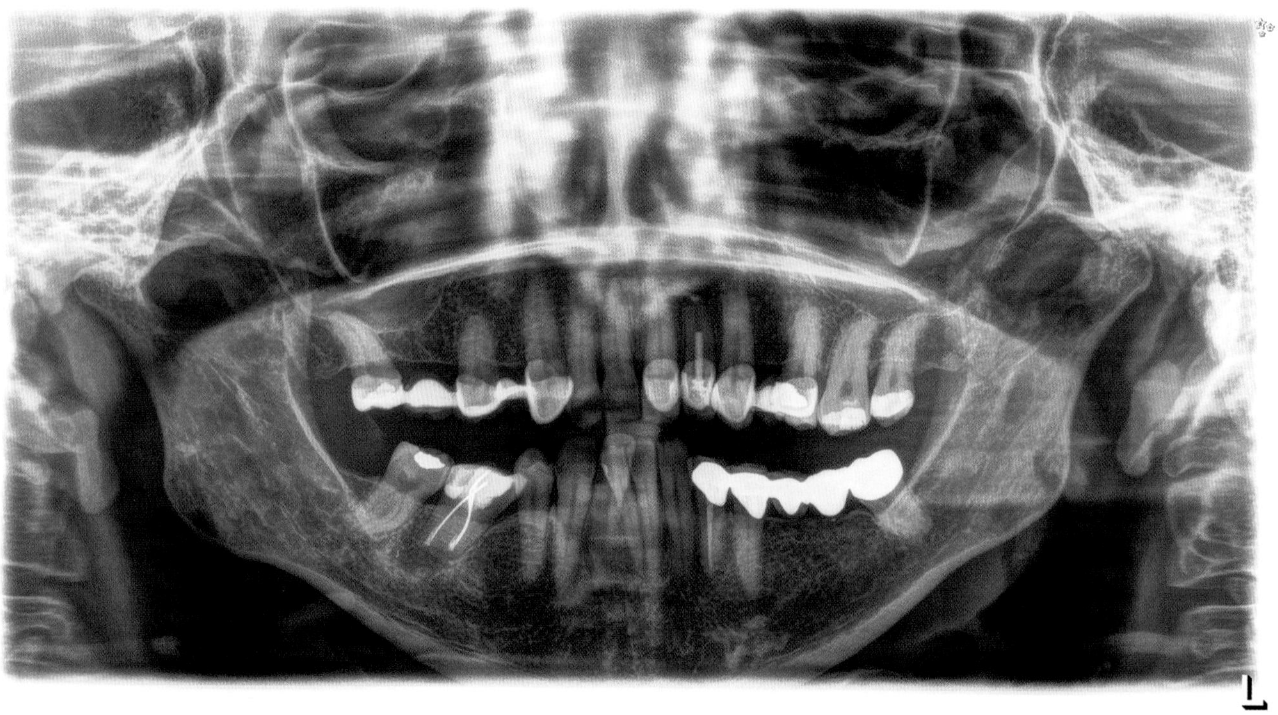

Abb. 7.3 OPT einer 44jährigen Patientin mit funktionsabhängigen Schmerzen und Knirschen im linken Kiefergelenk seit 2 Monaten. Der Patientin sind ähnliche Beschwerden vor Jahren auch auf der Gegenseite erinnerlich. Linksseitig Aufrauung der Gelenkfläche des Kondylus, rechts Abflachung des Kondylus. Diagnose: Beginnende Arthrose linkes Kiefergelenk, Z.n. Anpassungsarthrose rechtes Kiefergelenk. [P660]

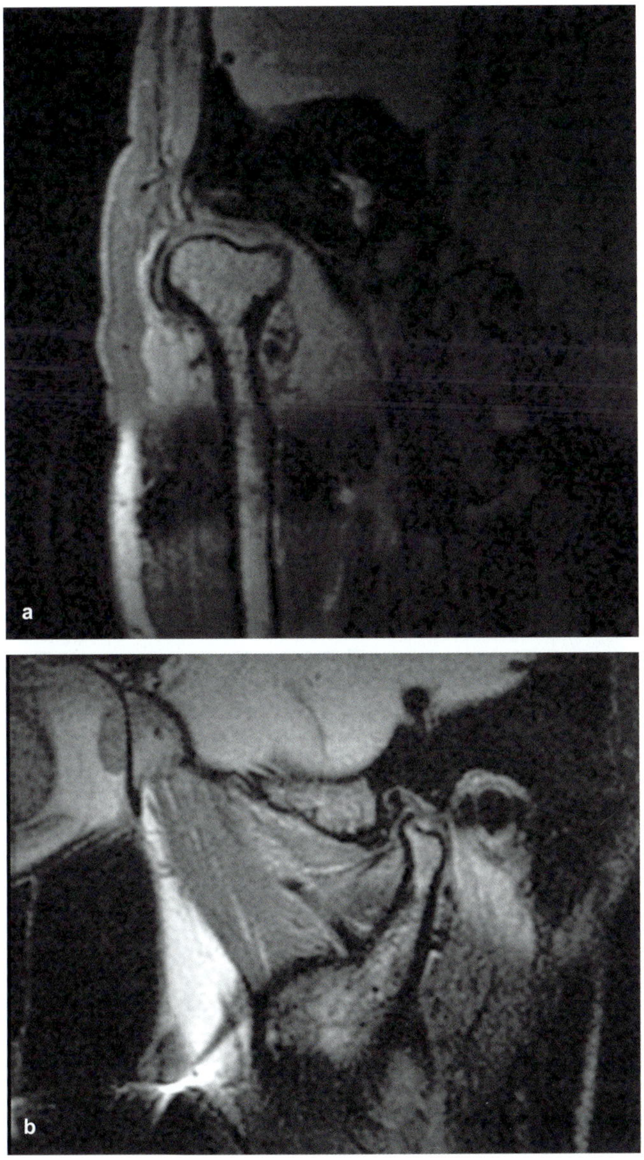

Abb. 7.4 MRT rechtes Kiefergelenk. Formvariante des Gelenkkopfs als Differenzialdiagnose zur Anpassungsarthrose. Konkavität der Gelenkfläche, aber erhaltene knöcherne Deckplatte ohne Arrosion, keine Anzeichen einer Arthrose. [P660]
a: Transversaler Schnitt.
b: Sagittaler Schnitt.

Therapie

- Wegen der möglichen Wechselwirkung von Biss- und Kiefergelenkfunktionsstörungen sollten vom Zahnarzt okklusale Interferenzen beseitigt und verlorene Stützzonen aufgebaut werden.
- Eine chirurgische Therapie erübrigt sich angesichts der positiven Prognose, wenn der Patient die vorübergehenden Beschwerden toleriert. Die meisten Patienten entscheiden sich nach Aufklärung für ein **abwartendes Verhalten** für die kommenden Monate.
- Wenn eine Beschleunigung der Anpassung und damit rasche Verminderung der Beschwerden vor Ablauf der Beobachtungsfrist vom Patienten dringend gewünscht wird, können eine **endoskopische Lyse und Lavage** oder ein **Shaving** der Gelenkflächen (hohe Kondylektomie) eingesetzt werden. Diese Maßnahmen sind effektiv, sofern nicht zusätzlich muskuläre Beschwerden vorliegen.
- Bei fehlendem Erfolg der minimalinvasiven Maßnahmen kommen in offener Chirurgie prinzipiell alle Verfahren in Frage, die bei der progredienten Arthrose Erfolg versprechen (➤ 7.2)

7.2 Progrediente Arthrose

Diese Verlaufsform tritt, eher früher als die Anpassungsarthrose, bei beiden Geschlechtern einseitig auf. Die Erosion des Gelenkfäche des Kondylus ist deutlich stärker ausgeprägt und zeigt keine Anpassungstendenz.

MERKE
Im Gegensatz zur Anpassungsarthrose handelt es sich hier um kontinuierlich fortschreitende Veränderungen, die zu dauerhaften Beschwerden und stärkerer, unregelmäßiger Formveränderung des Gelenkkopfes führen.

Symptome

- In aller Regel tritt die progrediente Arthrose **einseitig** auf.
- **Schmerzhaftes Knirschen** (Krepitation) des betroffenen Gelenks bei den Kieferbewegungen (funktionsabhängige Schmerzen). Dies ist durch den Kontakt des erodierten Gelenkkopfs mit den nerval reich versorgten Aufhängungsbändern des Diskus und teilweise auch eine fibrös umgewandelte Granulationsschicht auf dem Kondyluskopf zu erklären. Eine weitere Rolle dürften die Abraumprodukte der Degeneration spielen, die lokale entzündliche Reaktionen hervorrufen.
- Wenn überhaupt, kommt es nur nach längerer Zeit zu einer geringen Einschränkung der Kieferöffnung. Bewegungsbehinderungen können durch Schmerzen, intraartikuläre Adhäsionen, Formveränderungen des Kondyluskopfs oder reaktive Veränderungen der Gelenkkapsel hervorgerufen werden.

MERKE
Da beide Formen im Anfangsstadium identische Symptome haben, sind sie nur durch den Verlauf zu unterscheiden. Infolgedessen wird empfohlen, bis zur endgültigen Diagnose 10 bis 12 Monate zu warten. Wenn innerhalb dieser Zeitspanne keine Tendenz zur Verminderung der funktionsabhängigen Schmerzen im Kiefergelenk und keine beginnende Abflachung des Gelenkkopfes zu erkennen ist, ist die Annahme einer progredienten Arthrose gerechtfertigt.

Diagnostik

Im OPT erscheinen die **Deformierungen** der Gelenkfläche **ausgeprägter** als bei der Anpasssungsarthrose und progredient. Auch über Monate ist keine Abflachungstendenz des Kondyluskopfs erkennbar. Eine DVT-Untersuchung, ein CT oder eine arthroskopische Inspektion ist nur im Einzelfall zur differenzialdiagnostischen Abklärung und evtl. vor operativer Therapie erforderlich ➤ Abb. 7.5, ➤ Abb. 7.6, ➤ Abb. 7.7, ➤ Abb. 7.8).

7

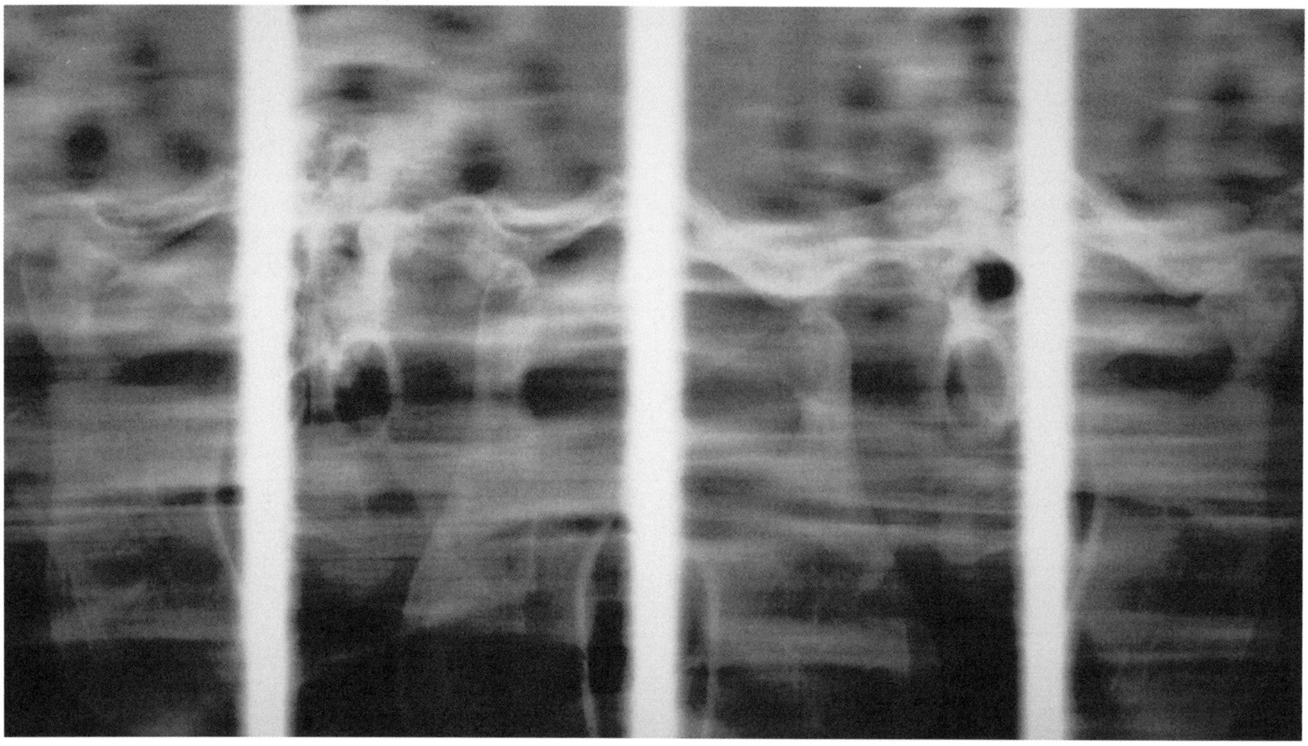

Abb. 7.5 Funktions-Orthopantomogramm der Kiefergelenke bei progredienter Arthrose links; die äußeren Darstellungen bei geschlossenem, die inneren bei maximal auf Normalwert geöffnetem Kiefer. Links starke, seit 10 Monaten progrediente Zerklüftung der Gelenkfläche des Kondylus mit seit Monaten gleichbleibenden, funktionsabhängigen Schmerzen im betroffenen Gelenk. [P660]

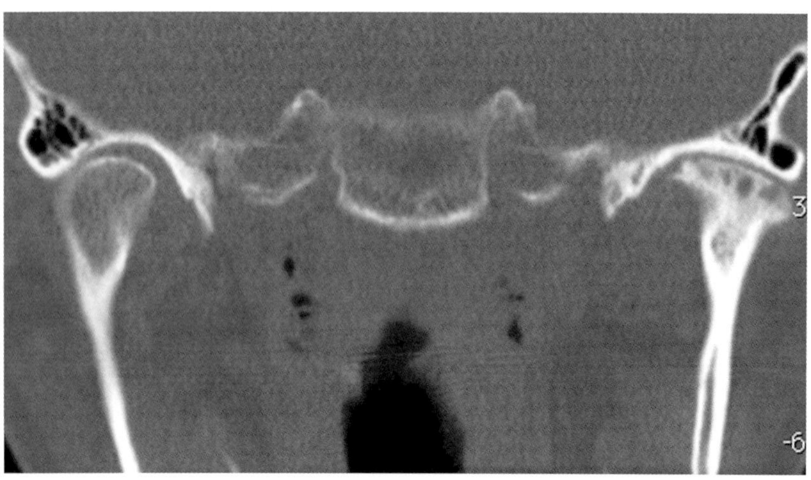

Abb. 7.6 Transversaler Schnitt durch die Kiefergelenke bei progredienter Arthrose links. Auf der betroffenen Seite Geröllzysten, Sklerosierung im Gelenkkopf, Aufrauung der Gelenkfläche und Verschmälerung des Gelenksspalts durch Aufbrauchen des Diskus. [P660]

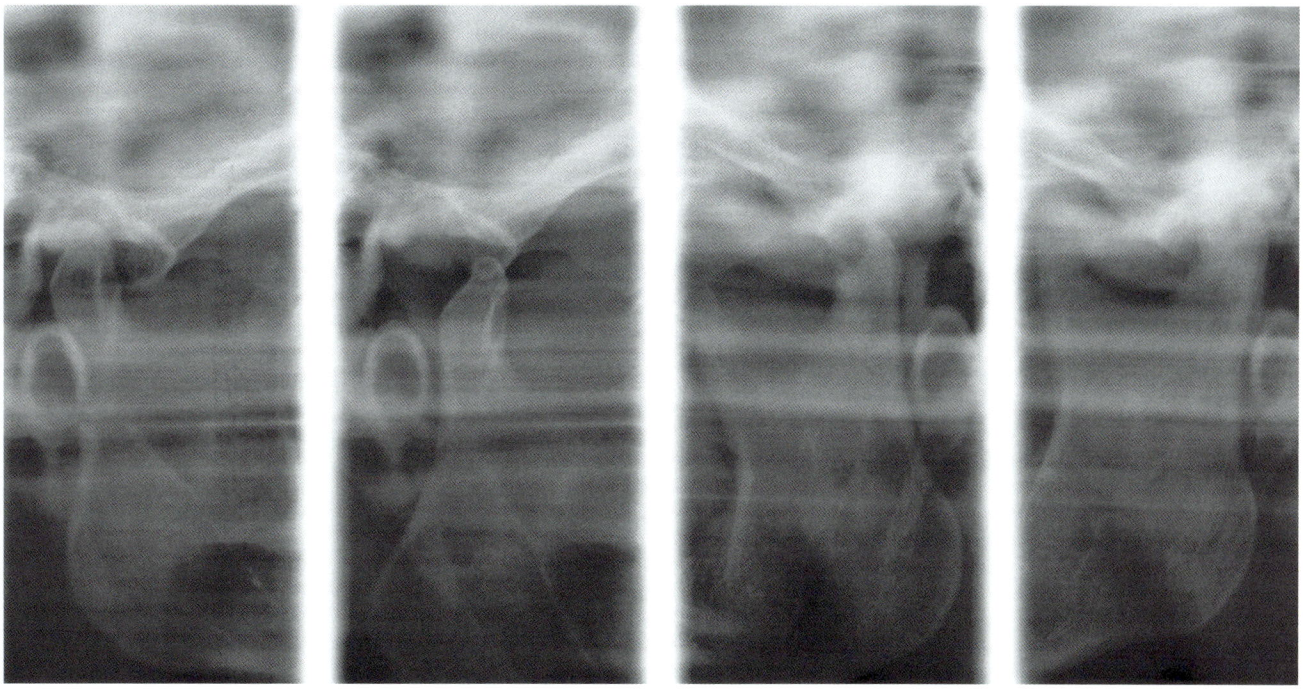

Abb. 7.7 Funktions-Orthopantomogramm der Kiefergelenke bei progredienter Arthrose links. Außen: im Schlussbiss, innen: bei maximaler Kieferöffnung. Linksseitig erhebliche Arrosion der Gelenkfläche, im Verlauf fortschreitend. Die Patientin stellte sich wegen unverändert seit 11 Monaten bestehender arthrogener, funktionsabhängiger Schmerzen und Knirschgeräuschen im linken Kiefergelenkbereich vor. [P660]

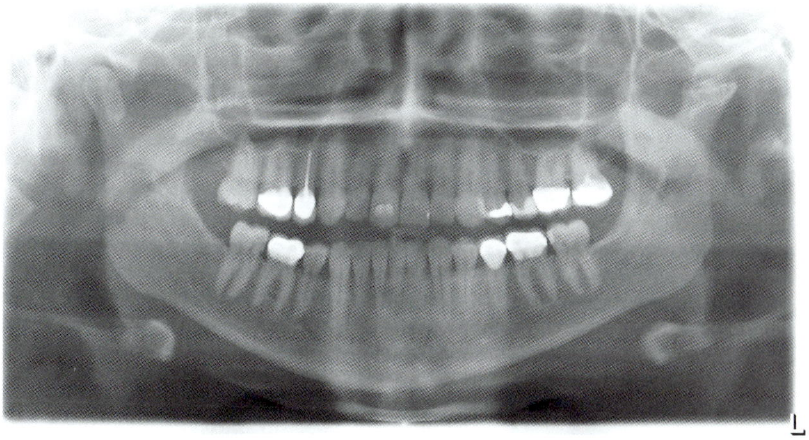

Abb. 7.8 Weiteres Beispiel einer progredienten Arthrose des linken Kiefergelenks im OPT, hier mit Höhenverlust. Korbartige Veränderung des Kondylus. Symptome des Patienten: Funktionsabhängige Schmerzen und starke Knirschgeräusche des linken Kiefergelenks seit 18 Monaten. [P660]

Therapie

Da zunehmende degenerative Veränderungen des Gelenks absehbar sind – im Einzelfall kann sich auch eine Ankylose entwickeln – erscheint eine invasive Therapie zur Unterbrechung der degenerativen Vorgänge eher gerechtfertigt als bei der Anpassungsarthrose.

- Bezüglich der okklusalen Therapie ➤ 7.1.
- Eine **arthroskopische Lyse und Lavage** kann eine vorübergehende, aber keine dauerhafte Verminderung der Schmerzen oder Veränderung des Verlaufs bewirken. Dabei werden evtl. vorhandene Adhäsionen zwischen den Gelenkflächen gelöst.
- Noch fehlen ausreichend Daten, die belegen, dass ein arthroskopisches Shaving der kondylären Gelenkfläche einen Dauereffekt hat.
- Ein relativ sicheres Verfahren zur Induktion eines verstärkten Remodellings stellt die **hohe Kondylektomie** (➤ 7.1) nach Arthrotomie dar. Eine Interposition oder ein „Diskusersatz" ist nicht erforderlich (Reich und Teschke 2012). Okklusionsveränderungen können durch eine Höhenminderung des Gelenkkopfes von weniger als 4 mm vermieden werden (Walker 1980). Funktionsabhängige Schmerzen und Geräuschphänomene können so sehr sicher beseitigt werden. Rezidive sind danach eine Rarität.
- Einem anderen Prinzip folgt die **Kondylotomie**, wobei der Effekt auf der Entlastung durch Distanzbildung zwischen dem Gelenkkopf und der Fossa beruhen dürfte. Dabei wird der Kondylus mit dem Hinterrand des Unterkiefers vom Ramus getrennt (vertikale Ramusosteotomie). Der Kondylus verheilt in einer weiter kaudalen Position, sodass eine Verbreiterung des Gelenkspalts zustande kommt. Dadurch werden bessere Voraussetzungen für neues Remodelling geschaffen (Hall 1996).
- Der Erfolg aller Maßnahmen ist an eine konsequente frühe entlastende Übungstherapie der Mundöffnung bzw. der anderen Kieferbewegungen gekoppelt.

7

Prognose

Mögliche Spätfolgen der progredienten Arthrose:

- Als Folge der Arthrose können sich im Gelenkraum Ablösungen von den Gelenkflächen als verknöcherte Gelenkkörper finden, die je nach Lage die Funktion behindern können. Die Veränderungen wurden bisweilen als **Osteochondrosis dissecans** angesehen (➤ Abb. 7.9), wobei aber nicht alle diagnostischen Kriterien dieser aus den Extremitäten bekannten Erkrankung zutreffen (Umstadt und Busch 2003). Sie können die typischen Symptome einer Arthrose verstärken; eine operative Entfernung ist dann erforderlich.
- Gelegentlich weicht die Morphologie der Arthrose vom Üblichen durch Bildung einer Auftreibung oder **schalenartigen Knochenapposition** ab (➤ Abb. 7.10).
- Die Entwicklung einer knöchernen **Ankylose** aus der Arthrose wird sehr selten beobachtet.

Differenzialdiagnose

DD für Diskusverlagerungen und Arthrose (Internal Derangement): Styloid-Syndrom (Eagle-Syndrom, ➤ 15).

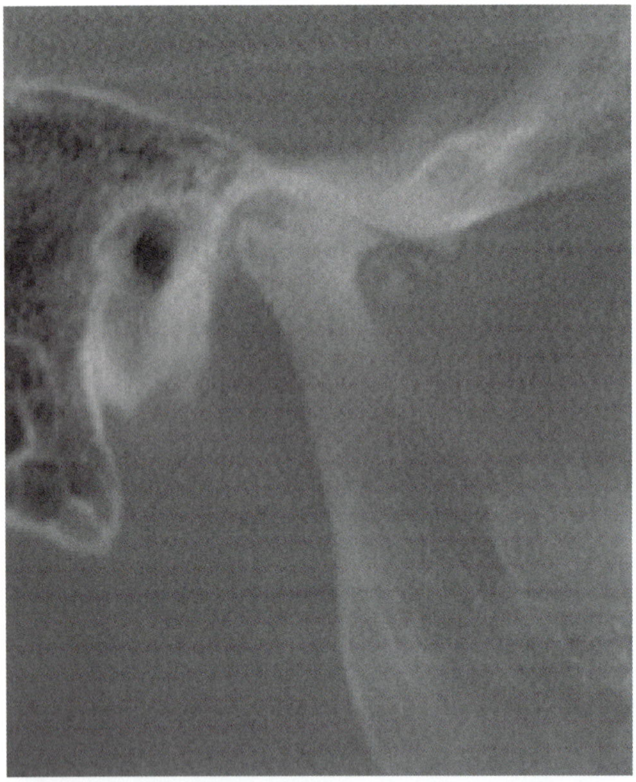

Abb. 7.9 Ausschnitt aus einem DVT, rechtes Kiefergelenk. Osteochondrosis dissecans mit knöchernen Absprengungen, z.T. als Gelenkkörper. Die Patientin klagt über Krepitation, erhebliche Schmerzen und gelegentliche Blockaden bei Kieferbewegungen. [P660]

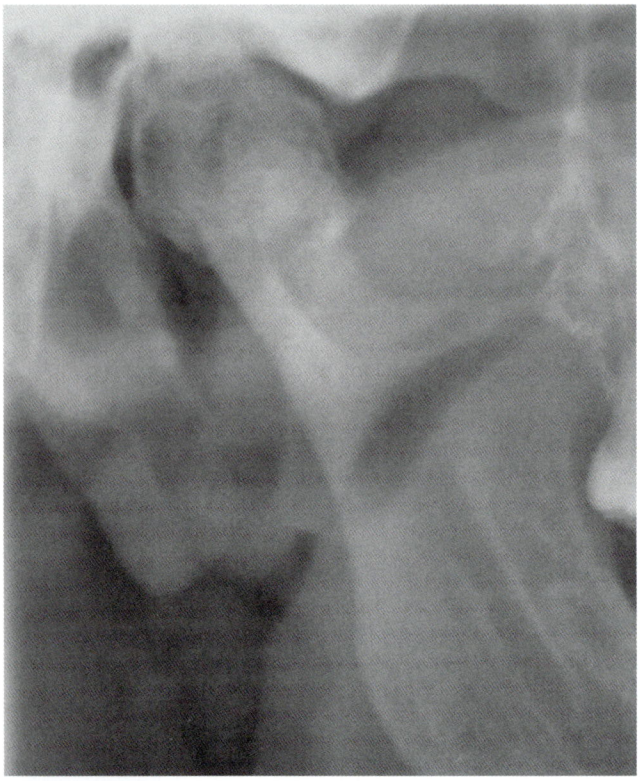

Abb. 7.10 Ausschnitt aus einem Orthopantomogramm. Schalenartige Veränderung des Gelekkopfs bei progredienter Arthrose des rechten Kiefergelenks mit Krepitation und langsam zunehmenden Schmerzen über 15 Monate, mäßige Einschränkungen der Kieferbewegungen. [P660]

KAPITEL

8

Rudolf Reich

Arthritis

8.1 Akute Arthritis

Akute Entzündungen des Kiefergelenks sind Raritäten; sie kommen posttraumatisch z. B. nach Verletzung des Gehörgangs, fortgeleitet bei ausgedehnten Entzündungen des Ohrorgans (➤ Abb. 8.1), bei odontogenen Abszessen, als postoperative Komplikation nach Eingriffen am Kiefergelenk oder als Begleiterscheinung von systemischen Infektionen (infektreaktive Arthritis) vor (Wolford 2017). Neuerdings muss bei entzündlich bedingten Knochennekrosen im Umfeld des Kiefergelenks auch ein möglicher Zusammenhang mit antiresorptiven Medikamenten bedacht werden (Canzana et al. 2019).

Allen Formen gemeinsam sind typische Symptome:

- Schmerzhafte Schwellung
- Überwärmung des betroffenen Gelenks
- ± Biss-Störung durch intraartikuläre Schwellung oder Erguss
- ± reflektorische Kieferklemme
- Im CT/DVT/MRT typische Entzündungszeichen der Weichgewebe des Gelenks, ggf. Erguss (Pyarthros)

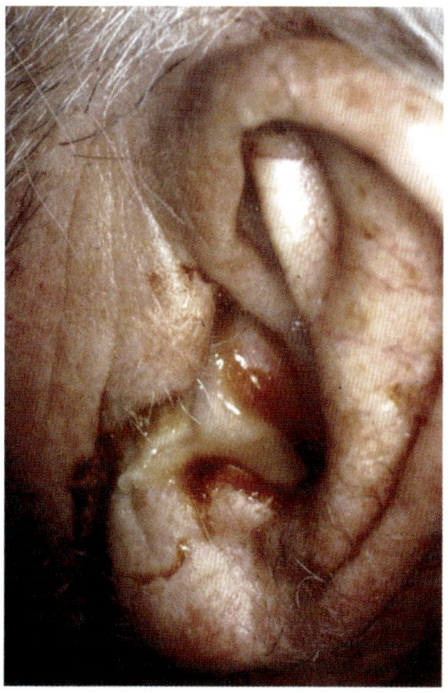

Abb. 8.1 Putride Sekretion aus dem Gehörgang bei akuter sekundärer Arthritis des linken Kiefergelenks aufgrund einer Metastase (Prostata-Ca) im Kondylus. [P660]

8.1.1 Fortgeleitete Arthritis, Begleitarthritis

Ätiologie

- Putride Infektionen (➤ Abb. 8.1) kommen nach Gehörgangsverletzungen, etwa im Rahmen von unversorgten Kondylusfrakturen, nach Übergreifen einer schweren Gehörgangsinfektion, einer Parotitis oder Weichteilinfektion in der Umgebung, und als Komplikation nach invasiven Maßnahmen am Kiefergelenk vor.
- Kiefergelenk-Begleitarthritiden wurden beschrieben:
  - Bei oder kurz nach banalen viralen Erkrankungen, z. B. Erkältungen (➤ Abb. 8.2)
  - Postenteritisch (Yersinien, Salmonellen, Shigellen, Campylobacter)
  - Posturethritisch (Chlamydien, Gonokokken, Morbus Reiter)

Die Symptome können während oder ein bis zwei Wochen nach der Haupterkrankung auftreten. Die Beschwerden nach banalen Virusinfektionen dauern in der Mehrzahl der Fälle kaum mehr als zwei Wochen an. Persistierende Symptome über Monate und eine Chronifizierung sind aber grundsätzlich auch möglich. Dann kommt es zu den typischen Verklebungen, Fibrosierungen und Arrosionen des Kondyluskopfes (➤ 8.2), auch mit der potenziellen Folge einer Ankylose (➤ 12).

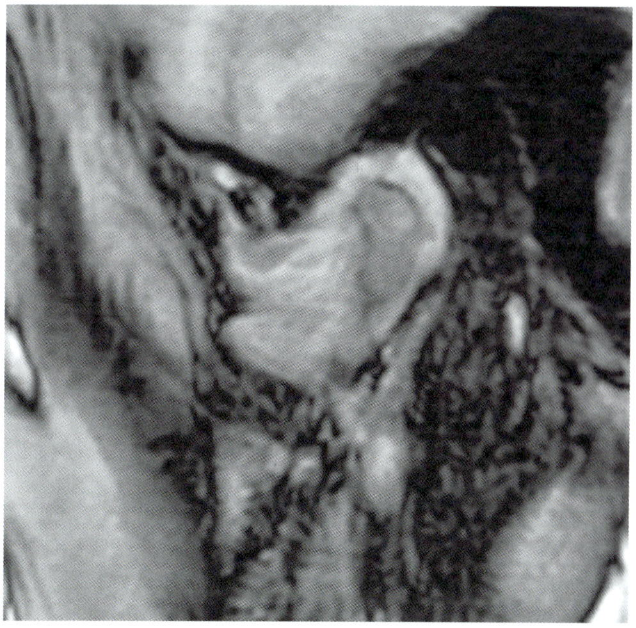

Abb. 8.2 Ausschnitt aus einem MRT, sagittaler Schnitt durch das linke Kiefergelenk, 8 Wochen nach Begleitarthritis bei einem Atemwegsinfekt. Ödem, Pannusbildung und Diskusschädigung intraartikulär, sowie periartikuläres Ödem als Zeichen einer persistierenden Arthritis. Klinisch durch Funktion verstärkte Dauerschmerzen des betroffenen Gelenks mit mäßiger, schmerzbedingter Einschränkung der Kieferöffnung. [P660]

Therapie

- Ruhigstellung des Gelenks durch Verordnung weicher Kost. Eine starre intermaxilläre Immobilisation kann intraartikuläre Adhäsionen begünstigen und sollte daher vermieden werden.
- Kühlung
- Abschwellende Medikamente, z. B. nichtsteroidale Antiphlogistika
- Bei bakteriellen Entzündungen intravenöse antibiotische Therapie für mind. 5 Tage, ggf. nach Antibiogramm
- Bei Verdacht auf oder manifestem Gelenk-Empyem Inzision von präaurikulär, Drainage und ggf. regelmäßige oder kontinuierliche Spüldrainage.
- Behandlung der Ursache im subakuten Stadium.
- Nach Abklingen der akuten Phase aktive Kieferöffnungs- und Kieferbewegungsübungen bis zum Erreichen der normalen maximalen Schneidekantendistanz. Falls nach einer Woche keine Fortschritte zu bemerken sind, zusätzlich passive Kieferöffnungsübungen mit Mundspateln oder speziellem Übungsgerät (z. B. Therabite®, Fa. Atos, Troisdorf) zur Verhinderung von intraartikulären Adhäsionen und Narbenbildungen.

MERKE
Die Therapie hat neben der Verminderung der Symptome das Ziel, Spätkomplikationen in Form einer intraartikulären Narbenbildung/Ankylose zu vermeiden.

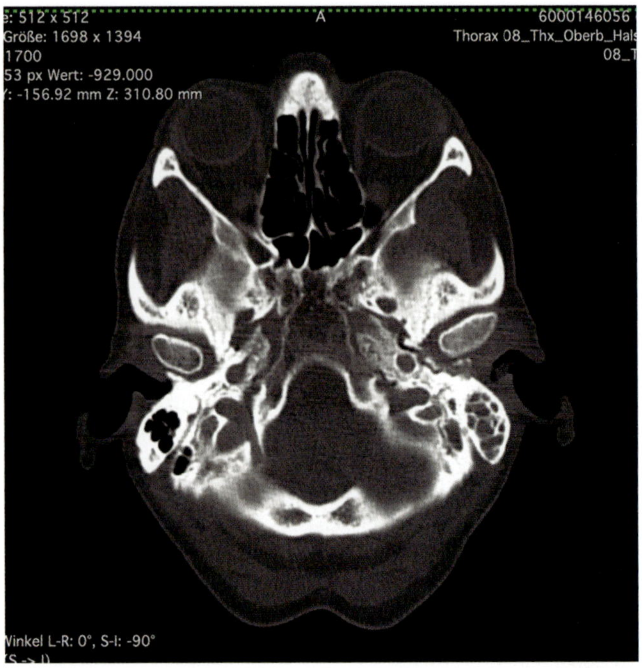

Abb. 8.3 Differenzialdiagnose arthrogener Schmerzen und der Arthritis des Kiefergelenks. Transversaler Schnitt durch ein CT einer Patientin mit Dauerschmerzen im linken Ohr- und Kiefergelenkbereich, sowie gelegentlichem Ausfluss aus dem linken Gehörgang seit 4 Monaten. Anamnese: häufige akute Otitis externa. Im CT Auflösung der knöchernen Trennung zwischen dem Gehörgang und der Fossa articularis des linken Kiefergelenks. Diagnose: Otitis externa maligna; bei der Revision sollte eine Gelenkeröffung mit der Notwendigkeit einer plastischen Deckung eingeplant werden. [P660]

8.2 Chronische Arthritis

Die chronische Arthritis führt schleichend, über verschiedene Stadien im Laufe von vielen Monaten oder Jahren, zu erheblichen morphologischen Veränderungen des Gelenks. Schmerzen setzen schon früher ein.

Ätiologisch kommen in Frage:

- Eine Mitbeteiligung des Kiefergelenks bei einer rheumatischen oder anderen Autoimmunerkrankung
- Stoffwechselstörungen
- Eine fortgeleitete chronische Entzündung, z. B. bei der Osteomyelitis des Unterkiefers oder Otitis externa maligna (➢ Abb. 8.3, ➢ Abb. 8.4, ➢ Abb. 8.5, ➢ Abb. 8.6)

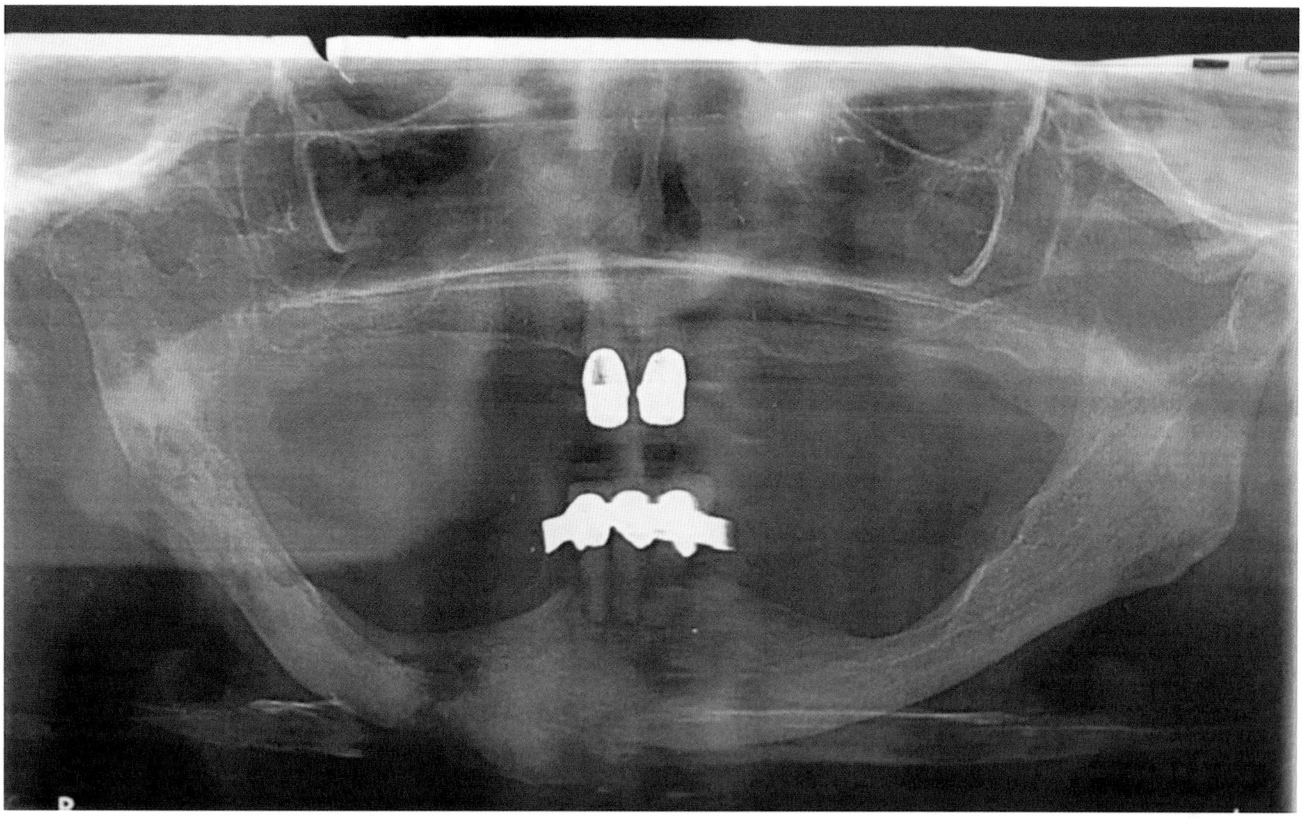

Abb. 8.4 OPT eines 68jährigen Patienten mit pathologischer Fraktur rg. 45 bei chronischer Osteomyelitis des rechten Unterkiefers, die sich bis in den Gelenkkopf rechts fortsetzt. Symptome: dumpfe Dauerschmerzen im rechten Unterkiefer- und Kiefergelenkbereich, intermittierende Schwellungen rechtes Untergesicht. [P660]

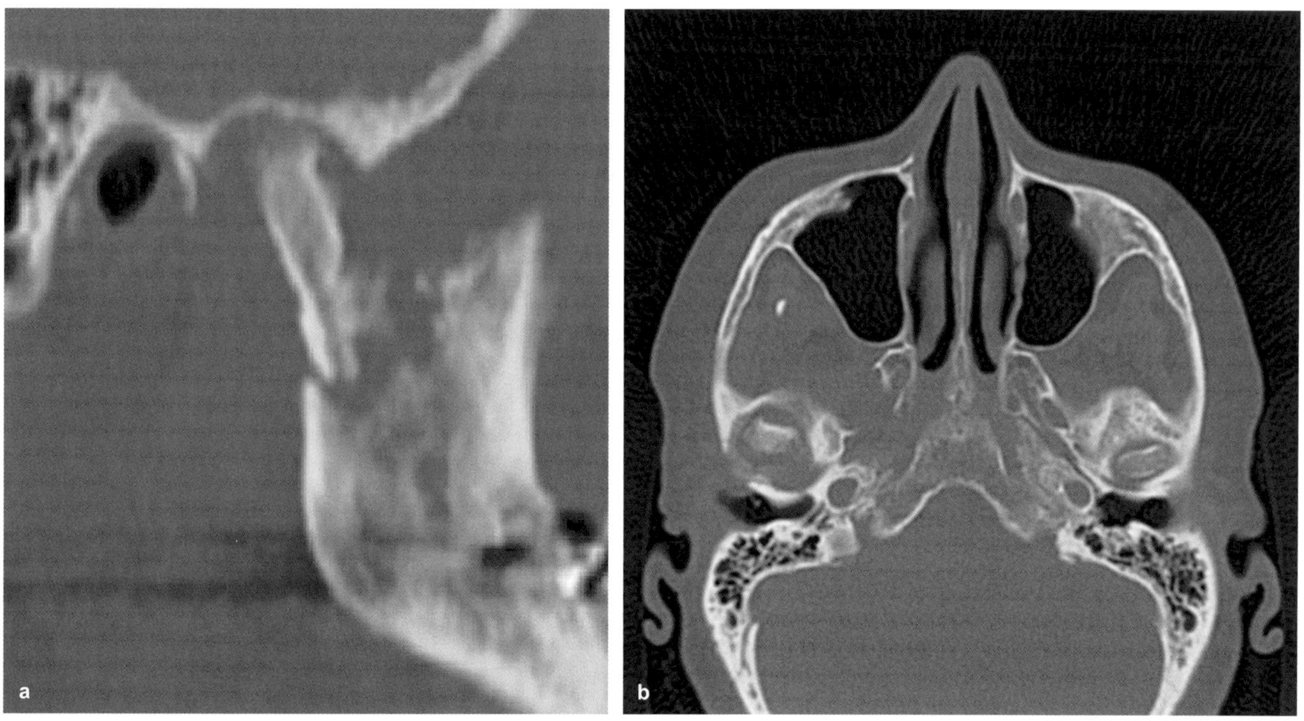

Abb. 8.5 CT bei Osteomyelitis des Unterkiefers.
a: Ausschnitt des rechten Unterkiefers. Fortleitung einer chronischen Osteomyelitis in das Kiefergelenk. Dumpfe Schmerzempfindungen und intermittierende Schwellung im Bereich des rechten Unterkiefers und Kiefergelenks, maximale SKD 22 mm seit 6 Monaten, seitlich offener Biss rechts 1 mm.
b: Transversaler Schnitt durch die Kiefergelenke. Deformierung des rechten Kondylus, entzündliche Infiltration des Tuberkulums, umfangreiche Bildung von Granulationsgewebe im Gelenk lateral und dorsal. [P660]

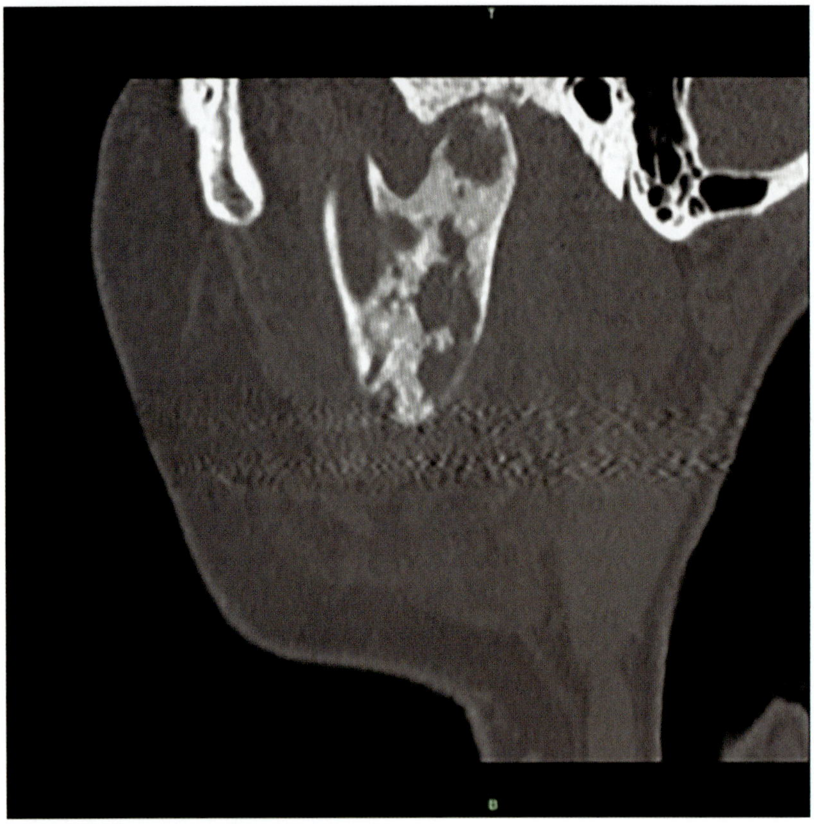

Abb. 8.6 Sagittaler Schnitt durch ein CT einer Patientin, bei der über 5 Jahre rezidivierende Osteomyelitiden im rechten Unterkiefer auftraten. Jetzt zunehmende Dauerschmerzen im gesamten Bereich des aufsteigenden Astes des linken Unterkiefers, mit Betonung im Kiefergelenkbereich. Das CT zeigt eine weitgehende Auflösung der knöchernen Strukturen. Diagnose: fortgeschrittene chronische Osteomyelitits des Unterkiefers rechts, einschließlich des Kiefergelenks. Eine Resektion mit Exartikulation ist unumgänglich. [P660]

8.2.1 Chronische Arthritis bei Autoimmunerkrankungen

Bekannt ist das Auftreten bei der juvenilen oder chronisch-rheumatischen **Polyarthritis**, der **Psoriasis arthropathica** und der **Spondyloarthritis ankylopoetica** (Morbus Bechterew) in einer Häufigkeit, die nach der Literatur zwischen 6–11 % der Fälle liegen soll (Stoustrup et al. 2013). Nahezu stets sind zuvor Extremitätengelenke befallen, die bei der Behandlung im Vordergrund stehen. Die Erkrankung verläuft insbesondere anfangs in Schüben, mit Phasen geringerer Aktivität, evtl. zunächst einseitig, später nahezu immer beidseitig.

Die Diagnosestellung ist zudem dadurch erschwert und oft verzögert, dass bei Patienten mit rheumatischen Erkrankungen ohne einen Mitbefall des Kiefergelenks ähnliche Symptome durch Funktionsstörungen, degenerative Veränderungen des Gelenks oder Hyperaktivität der Kaumuskulatur verursacht sein können. Außerdem stehen heute wirkungsvolle antirheumatische Medikamente zur Verfügung, durch deren Wirkung das Vollbild einer Mitbeteiligung des Kiefergelenks seltener sichtbar wird.

Die chronische Arthritis im Wachstumsalter fällt wegen ihrer Besonderheiten unter die Definition einer juvenilen idiopathischen Arthritis (➤ 11.2.2).

Erkrankungsstadien und Symptome

1. **Synovitis** mit schrittweiser Veränderung der intraartikulären Weichgewebe einschließlich des Discus articularis in Pannusgewebe, wodurch Gelenkgeräusche verhindert werden. Die Erkrankung verläuft in Schüben jeweils mit Schmerzen. Typisch sind auch morgendliche Anlaufschmerzen und evtl. eine schmerzhafte relative Kieferklemme. Später imponiert zunehmend ein mäßiger Dauerschmerz im Gelenkbereich. In diesem Stadium ist durch bildgebende Verfahren noch keine knöcherne Veränderung erkennbar.
2. **Übergreifen der Entzündung auf den Gelenkkopf** mit Arrosion der Gelenkfläche. Im Röntgenbild geht dies mit einer progressiven Deformierung einher, anfangs ähnlich wie bei einer Arthrose. Gegebenenfalls zeigt sich auch eine Rarefizierung (Ausdünnung) des Kondylus (Uotila 1964). Als klinisches Pendant treten Dauerschmerzen im Kiefergelenkbereich auf (➤ Abb. 8.7).
3. Im Folgenden gibt es zwei komplizierende Verlaufsformen:
   a) Zunehmende **Resorption** des Gelenkkopfs, die bis zur Ebene der Incisura semilunaris des Unterkiefers fortschreiten kann. Die verminderte vertikale Abstützung des Unterkiefers führt zur Retrognathie des Unterkiefers mit frontoffenem Biss. Die dorsalen Zähne des Seitenzahnbereichs können überlastet werden und vorzeitig verloren gehen, was die Biss-Störung verstärkt. Schmerzen stehen in dieser Phase oft nicht im Vordergrund (➤ Abb. 8.8, ➤ Abb. 8.9, ➤ Abb. 8.10, ➤ Abb. 8.11).
   b) Zunehmende Verformung des Gelenkkopfs mit teilweiser Auftreibung, sowie Oberflächenveränderung der Fossa, die über eine bindegewebige in eine knöcherne **Ankylose** des Kiefergelenks mündet. Klinisch dominiert eine zunehmende Einschränkung der Kieferöffnung bis zur absoluten Kieferklemme. Diese Verlaufsform tritt bei der Spondyloarthritis ankylopoetica häufiger als bei den anderen rheumatischen Erkrankungen auf (➤ Abb. 8.12, ➤ Abb. 8.13, ➤ Abb. 8.14).

CAVE
Ein Übergang in das jeweils nächste Stadium ist nicht zwangsläufig. Vor Therapieentscheidungen sollte daher eine gewisse Zeit der Verlaufsbeobachtung eingeräumt werden.

Diagnostik

Die Grunderkrankung muss zunächst fachärztlich gesichert werden; dabei erscheinen die **Rheumafaktoren** lediglich als ein – wegen der vielen falsch positiven und falsch negativen Aussagen – nur vom Spezialisten kritisch zu bewertender Baustein.

Im Stadium der Synovitis kann eine **MRT**-Untersuchung Aufschluss über den Zustand der intraartikulären Weichgewebe und die Entwicklung von Pannus geben.

Nach Übergreifen der Entzündung auf die knöchernen Strukturen zeigen sich die typischen Veränderungen bereits im **OPT**; zur genauen Diagnostik z. B. vor einer OP-Entscheidung ist eine präzisere Darstellung mit einem **CT** gerechtfertigt bzw. notwendig.

Röntgenologisch ist eine fortschreitende Verschmälerung und/oder Höhenminderung des Kondylus oder langsame knöcherne Auftreibung und Durchbauung des Gelenkspalts festzustellen.

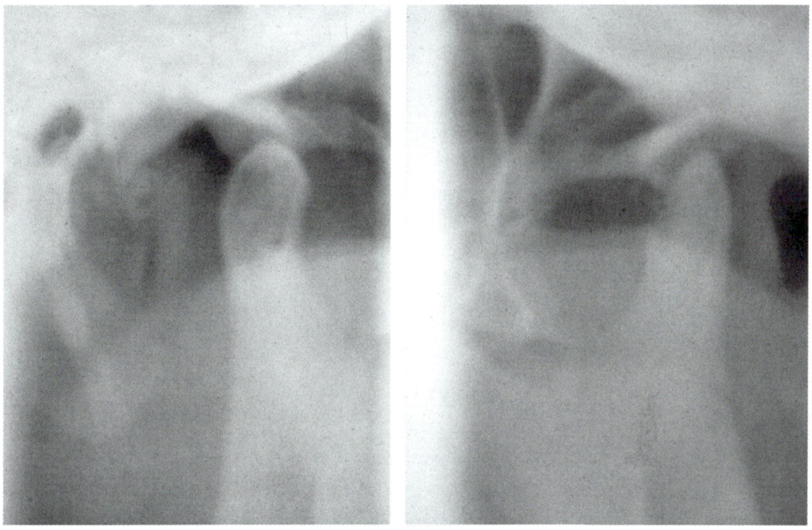

Abb. 8.7 Ausschnitt aus einem Funktions-Orthopantomogramm der Kiefergelenke nach maximaler Kieferöffnung eines Patienten mit bekannter Psoriasis arthropathica. Erosion der anterioren Gelenkwalze des Kondylus links, beginnende Resorption. Der Patient klagt über zunehmende Dauerschmerzen im linken Kiefergelenk, verstärkt bei Kieferbewegungen. Bislang keine Okklusionsveränderungen. Diagnose: Psoriasis-Arthritis des linken Kiefergelenks im Frühstadium. [P660]

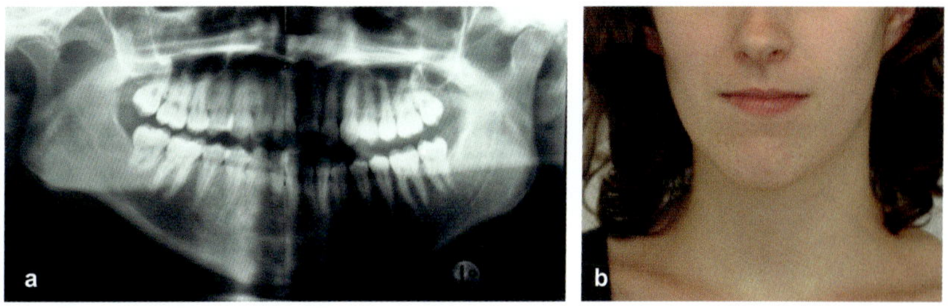

Abb. 8.8 29-jährige Patientin mit rheumatisch bedingter mittelgradiger Resorption des Gelenkkopfs des rechten Kiefergelenks.
a: OPT.
b: Eine chronische rheumatische Polyarthritis ist seit 16 Jahren bekannt und wird konsequent medikamentös behandelt. Beschwerden im Kiefergelenk standen nicht im Vordergrund. Die Patientin stellte sich wegen einer leichten Asymmetrie des Unterkiefers und Kinns vor, die durch die Verkürzung des aussteigenden Unterkiefer-Astes rechts zustande kommt. [P660]

8

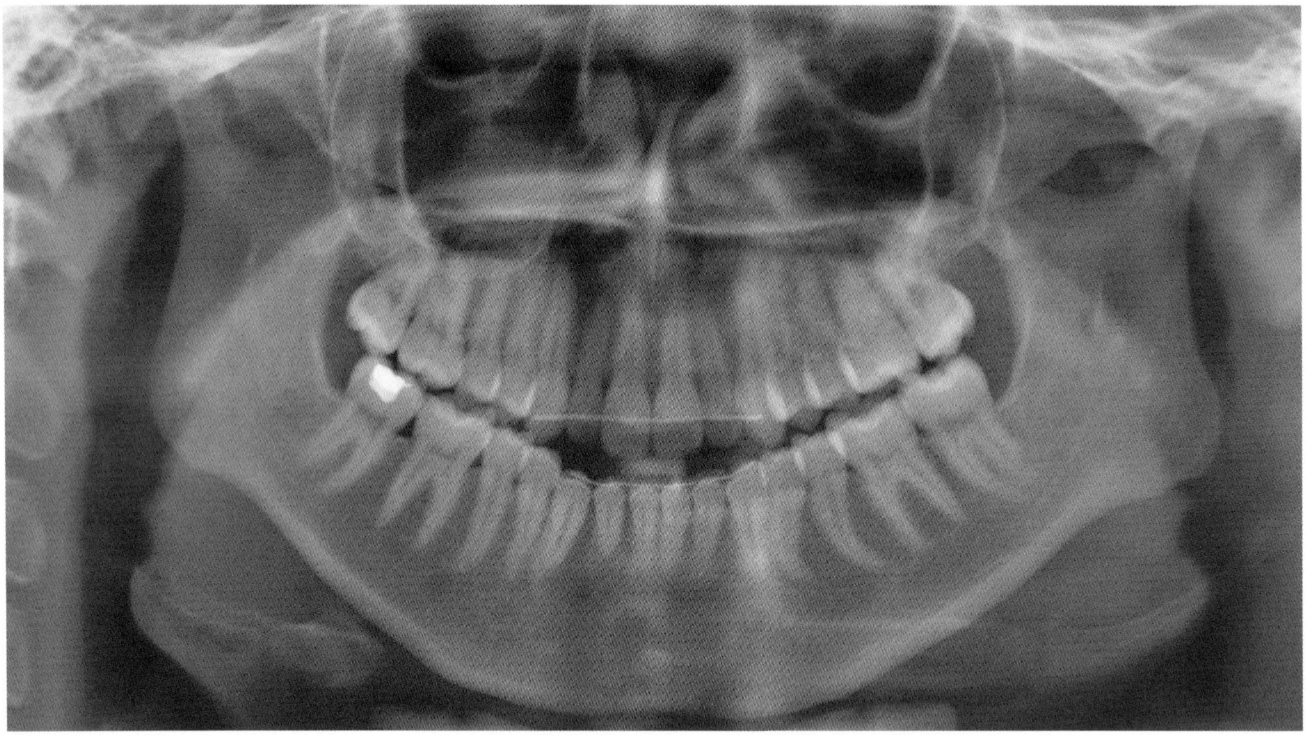

Abb. 8.9 Orthopantomogramm einer Patientin mit chronisch rheumatischer Arthritis in beiden Kiefergelenken, mittleres Stadium. Fortgeschrittene Resorption beider Kondylusköpfe. Klinisch über 4 Jahre rezidivierende, relativ milde Schmerzschübe, jetzt beginnender offener Biss frontal. [P660]

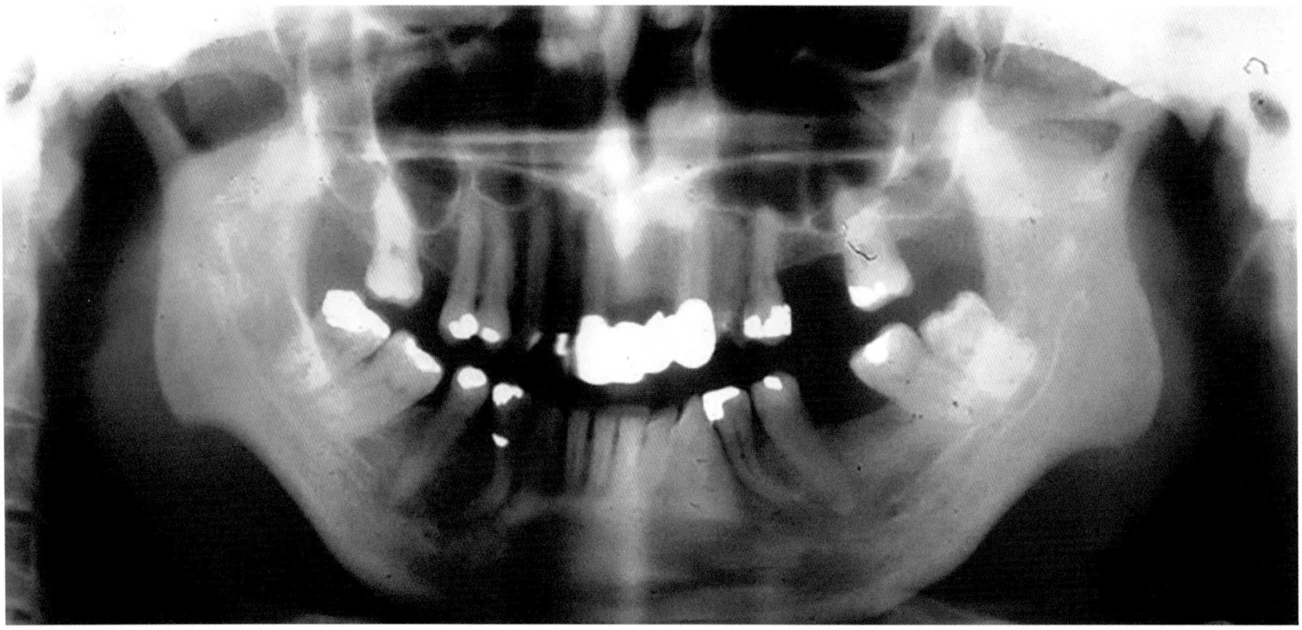

Abb. 8.10 Orthopantomogramm einer 38-jährigen Patientin, die sich wegen mäßiger Dauerschmerzen im engeren Kiefergelenkbereich beidseits seit 8 Monaten vorstellte. Keine Okklusionsstörung. Eine chronische Polyarthritis war seit mindestens 8 Jahren bekannt. Befund: Bleistiftartige Ausdünnung (Rarefikation) als Vorstufe der nachfolgenden arthritisch bedingten Resorption mit Höhenminderung der beiden Kondylen. Diagnose: Mitbefall der Kiefergelenke bei chronischer Polyarthritis. [P660]

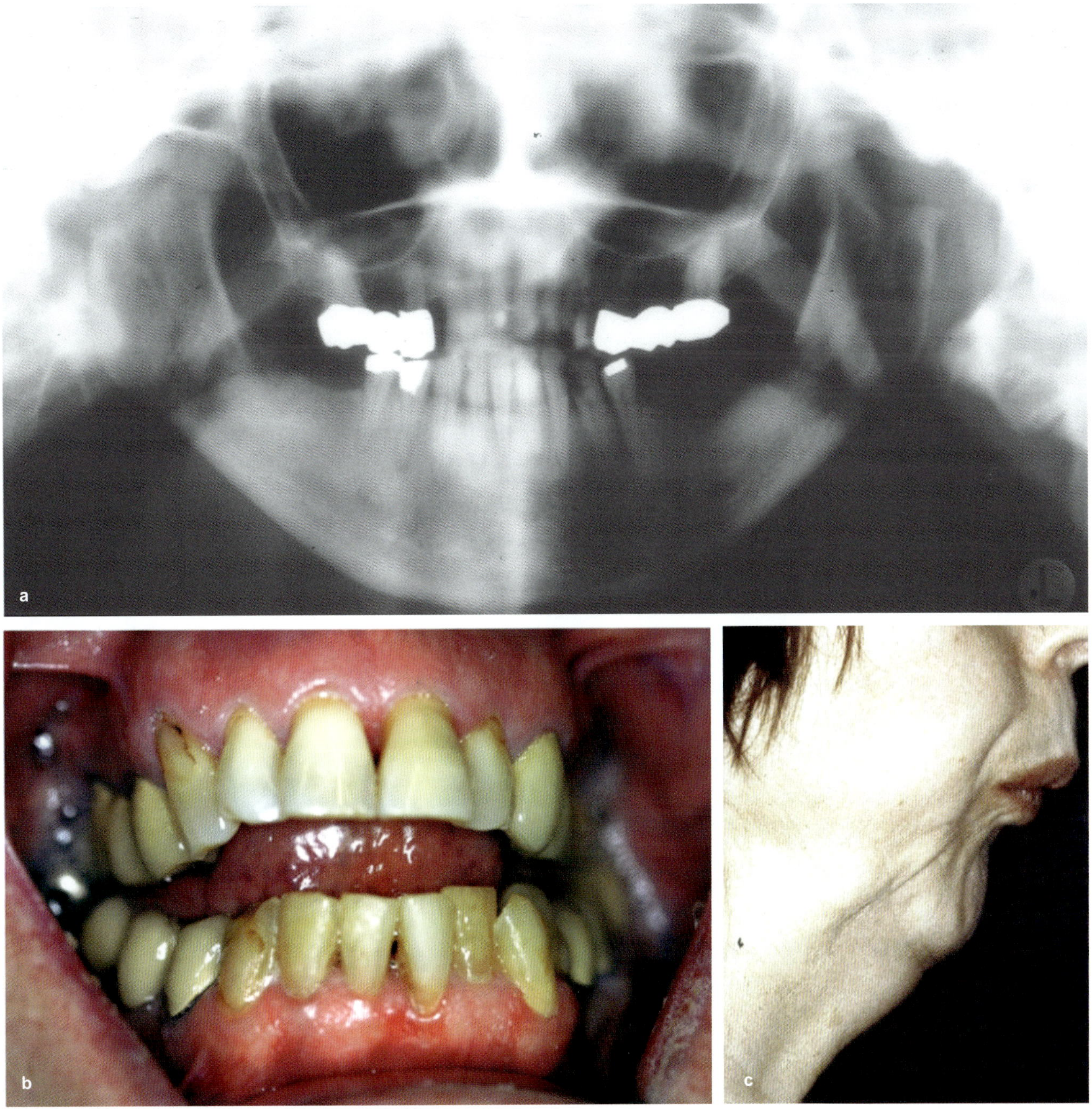

Abb. 8.11 Patientin im Spätstadium einer chronisch rheumatischen Arthritis beider Kiefergelenke.
a: Orthopantomogramm: Vollständige Resorption beider Kondylen, frontoffener Biss, Retrognathie, eingeschränkte Kieferöffnung.
b: Frontoffener Biss der Patientin durch Verlust der Unterkiefer-Abstützung an der Schädelbasis, hier mit Teilprothesen im Ober- und Unterkiefer in situ.
c: Profil der Patientin. Extreme Retrognathie nach vollständiger entzündlicher Resorption der Kondylen. [P660]

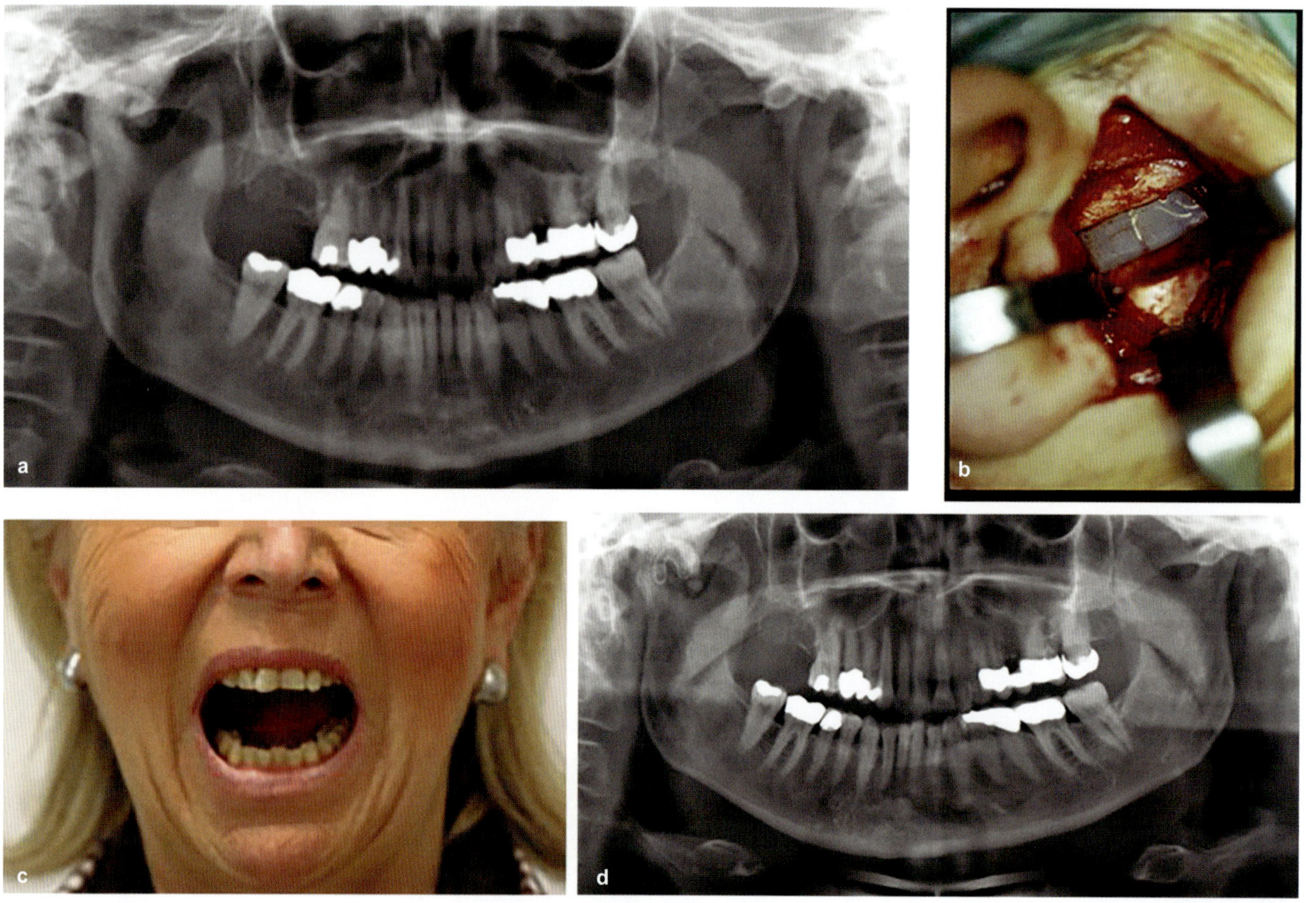

Abb. 8.12 a: OPT einer 51-jährigen Patientin mit bekannter chronisch rheumatischer Polyarthritis. Nach einer Schmerzphase von mehreren Monaten zunehmende Kieferklemme, aktuell SKD 18 mm. Befund: rechter Kondylus deutlich verdichtet, Gelenkspalt nicht klar erkennbar. Linksseitig Höhenminderung des Kondylus durch entzündliche Resorption. Diagnose: fibröse Ankylose des rechten Kiefergelenks als Folge einer rheumatischen Arthritis.
b: OP-Situs der Patientin nach Lückenostektomie und Interposition eines Silastikblocks im Ankylosebereich des rechten Kiefergelenks. Das Interponat ist mittels Einflechttechnik an der Fossa befestigt; durch Belassung einer 2 mm breiten Lücke zwischen dem Interponat und dem Stumpf des Kondylus wird die Bewegung des Unterkiefers erleichtert und ein Abrieb in der Anfangsphase nach der OP vermieden.
c: Maximale Kieferöffnung der Patientin 10 Jahre postoperativ; die Patientin hat mit 29 mm SKD zwar eine eingeschränkte, aber konstante und ausreichende Kieferöffnung.
d: OPT der Patientin 10 Jahre postoperativ. Einzelne, die Funktion derzeit nicht beeinflussende Herde heterotoper Knochenbildung im Kiefergelenkbereich rechts, eine knöcherne Ankylose konnte durch die Interpositionsarthroplastik vermieden werden. [P660]

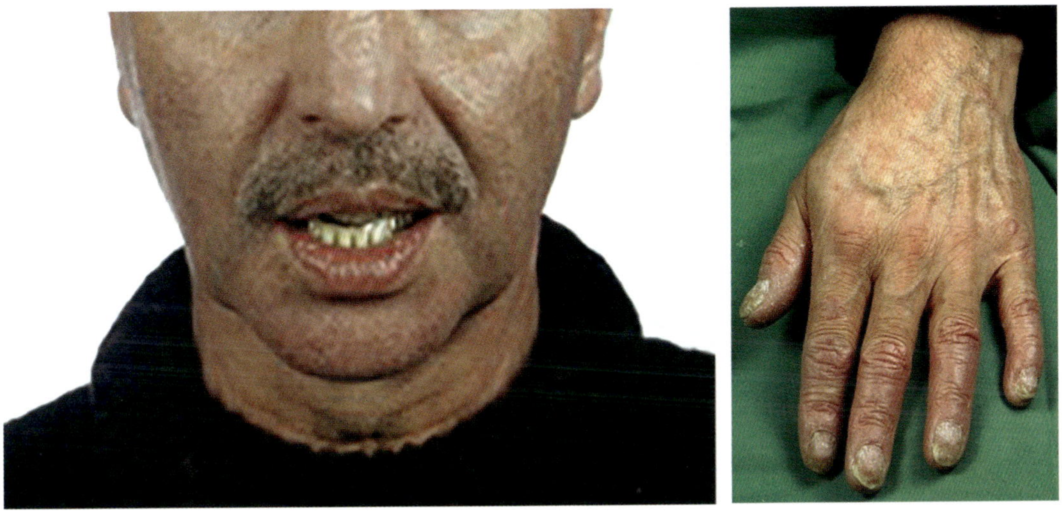

Abb. 8.13 a: Maximale Kieferöffnung eines 45-jährigen Patienten mit bekannter Psoriasis arthropathica (SKD 6 mm). Typisch sind die Hautläsionen im Haar-Ansatzbereich der Stirn und Schläfe. Röntgenbefund: Knöcherne Ankylose der beiden Kiefergelenke als Endzustand einer Mitbeteiligung der Kiefergelenke bei Psoriasisarthritis.
b: Linke Hand des Patienten. Für die Psoriasisarthritis typisch sind u.a. die Tüpfelnägel. [P660]

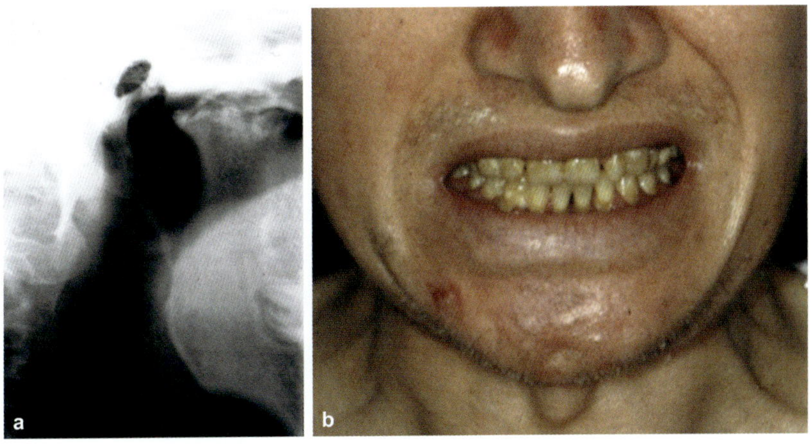

Abb. 8.14 Knöcherne Ankylose des rechten Kiefergelenks bei Spondyloarthritis ankylopoetica (Morbus Bechterew). [P660]
a: Ausschnitt des rechten Kiefergelenks aus einem Orthopantomogramm.
b: Nach Aufforderung der Kieferöffnung keine SKD möglich – absolute Kieferklemme.

Therapie

- In der Frühphase der Synovitis, in der noch keine knöchernen Veränderungen festgestellt werden, ist die Diagnose einer chronischen Arthritis meist noch nicht so weit gesichert, dass die Indikation zur invasiven Therapie gestellt werden kann.
- Die intraartikuläre **Injektion von Kortisonlösungen** ergibt meist eine vorübergehende Schmerzfreiheit. Eine eventuell vorhandene Kieferklemme reagiert jedoch darauf kaum.

CAVE
Wiederholte Kortison-Injektionen werden kontrovers diskutiert. Langfristige Verbesserungen der klinischen Symptome erscheinen zweifelhaft. Die Injektionen können eine rapide Resorption des Kondyluskopfes auslösen, sodass vor einer „chemischen Kondylektomie" im Verlauf gewarnt wird (Kopp et al. 1987, Ringold und Cron 2009, Stoustrup et al. 2013).

- Im Frühstadium, solange noch ein Gelenkspalt vorhanden ist, lassen sich die Beschwerden im Kiefergelenk offenbar durch eine **arthroskopische Lavage** abmildern. Der Effekt ist vorübergehend; letztlich kann die Progredienz der chronischen Entzündung damit nicht beseitigt werden (Trieger et al 1999).
- Sobald die Bildung eines Pannusgewebes im Gelenkspalts im MRT oder erste knöcherne Veränderungen des Gelenkkopfes röntgenologisch erkennbar werden, kann durch eine **Synovektomie** mit Entfernung des Pannusgewebes die weitere Progredienz der Entzündung mit hoher Sicherheit verhindert werden (➤ Abb. 8.15). Zusätzlich muss die bei Patienten mit rheumatischen Erkrankungen starke Tendenz zur bindegewebigen oder knöchernen Versteifung des Kiefergelenks (Larheim et al. 1992) berücksichtigt werden, indem eine Barriere zwischen die Fossa und den Kondylus (**Interponat**) eingebracht wird. Diese Bedingungen bestehen besonders bei der Spondylarthritis ankylopoetica.
- Um postoperative intraartikuläre Adhäsionen mit der Folge einer Ankylose zu vermeiden, wird derzeit noch eine **Interposition** von Silastikfolie mit sicherer Fixierung an der Fossa empfohlen (Reich und Teschke 2012). Regelhaft bildet sich um das Interponat eine Bindegewebsmembran, die dem Gelenkkopf als Gleitmembran dient (Monje et al. 2012). Voraussetzung ist allerdings eine starre Verankerung des Interponats im Fossabereich (Reich und Teschke 2012). Die Langzeitbeobachtung

8

zeigt, dass dadurch die Progredienz der Erkrankung des Kiefergelenks unterbrochen und eine Resorption mit Biss-Störungen oder Ankylose mit Kieferklemme mit hoher Sicherheit vermieden werden kann (Arnold 2018; ➤ Abb. 8.15).

- Ist durch eine ausgeprägte Resorption der Kondylen bereits ein offener Biss aufgetreten, reicht eine Umstellungsosteotomie des Ober- bzw. Unterkiefers nicht aus, da die Dynamik der Folgeerscheinungen der chronischen Entzündungsvorgänge im Gelenk und eine weitergehende Resorption nicht unterbrochen werden. In diesem Stadium ist eine **Ausräumung des Gelenkspalts** einschließlich der veränderten Weichgewebe erforderlich, da diese die Entzündung und damit die fortschreitende Resorption unterhalten. Für die dauerhafte Herstellung einer abgestützten Okklusion ist die **Wiederherstellung der vertikalen Dimension des Unterkiefers** erforderlich.
  - Nur im Falle eines geringen Abstützungsverlustes kann die Vertikale durch eine Interposition z. B. eines fixierten **Silastikblocks** wieder erreicht werden, ähnlich einer Ankylose-OP (➤ Abb. 8.16; ➤ 12).
  - Frühere Versuche der Interposition von autologem Knorpel, wie auch der Kondylusersatz mit einem kostochondralen Implantat haben sich bei Patienten mit chronischer Arthritis des Kiefergelenks wegen geringer funktioneller Ergebnisse und einer unsicher dauerhaften Wiederherstellung der Okklusion nicht durchgängig als Erfolg erwiesen. Die Erfahrung zeigt, dass nach der Verwendung biologischer Interponate bei diesen Patienten generell mit einer höheren Wahrscheinlichkeit restriktive Fibrosierungen zustande kommen als nach alloplastischen Interponaten.
  - Eine stabile Abstützung und größtmögliche Wahrscheinlichkeit der Verhinderung einer Ankylose lässt sich durch eine alloplastische Kiefergelenkrekonstruktion mit einer **zweiteiligen Kiefergelenkprothese** erreichen (➤ Abb. 8.17). Bei länger bestehenden Fällen, bei denen bereits eine weitgehende Retrognathie des Unterkiefers zustande gekommen ist, kann das Verfahren mit einer Umstellungsosteotomie kombiniert werden (Wolford 2007; ➤ Abb. 8.18).

CAVE

Generell besteht bei fortgeschrittener chronischer Polyarthritis die Gefahr von Veränderungen der Halswirbelsäule. Bei der Lagerung des Kopfs für die Operation kann es in diesem Fall zur atlantodentalen Dislokation mit fatalen Folgen kommen. Daher soll ggf. präoperativ eine entsprechende radiologische Abklärung erfolgen.

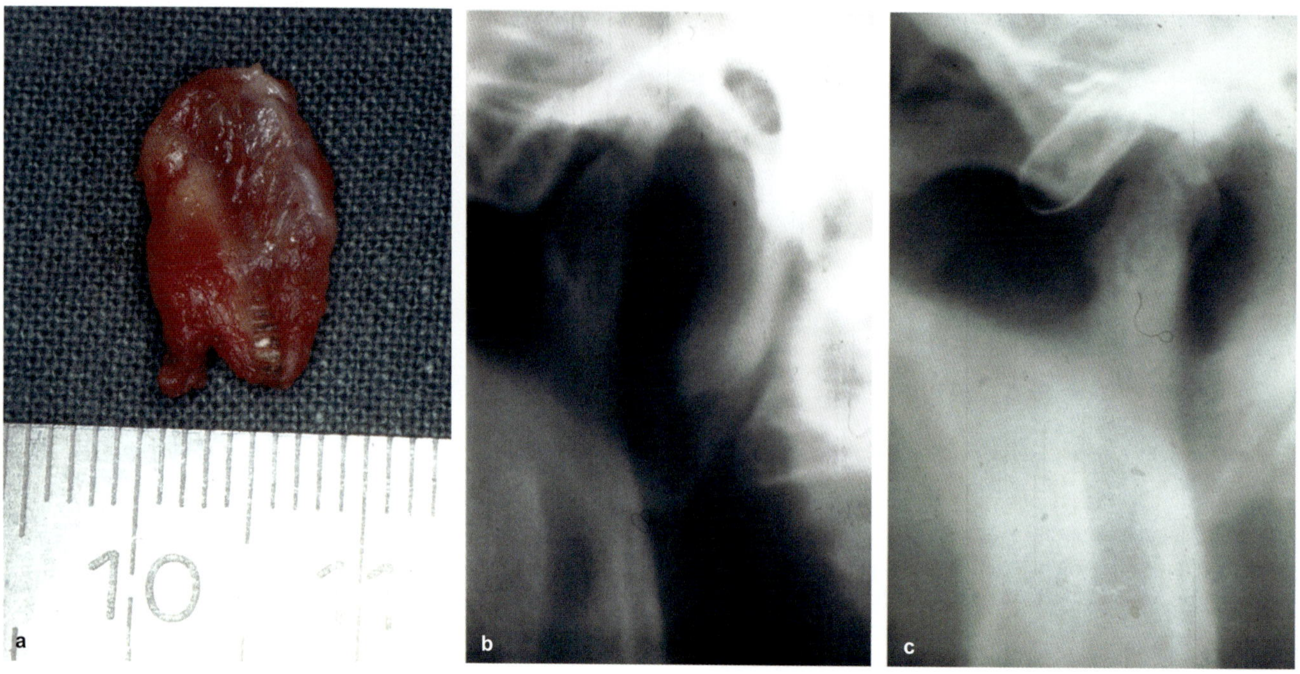

Abb. 8.15 Synovektomie bei chronisch-rheumatischer Arthritis. [P660]
a: Pannusgewebe aus einem Kiefergelenk mit frühem Befall einer chronisch-rheumatischen Arthritis. Der Diskus und seine Aufhängungsbänder sind vollständig in grau-rötliches, fibrosiertes Granulationsgewebe umgewandelt.
b: Ausschnitt aus einem Orthopantomogramm des Patienten. Linkes Kiefergelenk im frühen Stadium einer chronisch-rheumatischen Arthritis mit Ausdünnung (Rarefikation) und beginnender Resorption des Gelenkkopfs.
c: Ausschnitt des Kiefergelenks aus einem Orthopantomogramm, 14 Jahre nach Synovektomie und Interposition. Eine weitere Resorption wurde gestoppt, die Kondylushöhe erhalten, die Kieferöffnung ist im Normbereich.

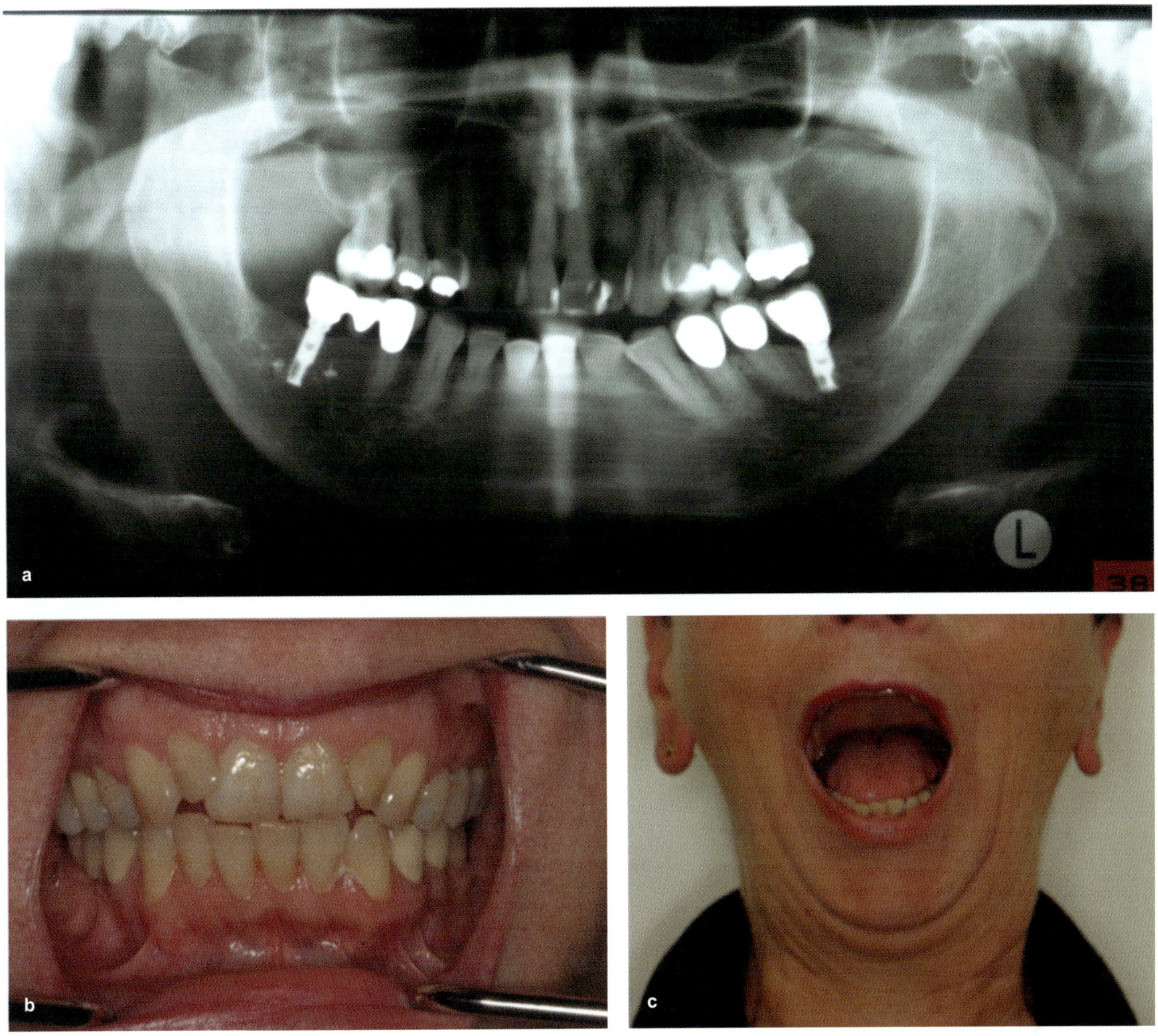

Abb. 8.16 Z.n. chronisch rheumatischer Arthritis beider Kiefergelenke. Resorption beider Kondylen, beidseits kombiniert mit Ankylose. Ankylose-Operation 10 Jahre zuvor, damals mit Interposition eines Silastik-Blocks bds. [P660]
a: Die Verankerung der Silastik-Implantate an der Fossa in der Durchflechttechnik mit Osteosynthesedraht ist im OPT erkennbar. Es findet sich kein Anhalt auf Komplikationen des Silastikimplantats.
b: Die Okklusion ist erhalten.
c: Die Kieferöffnung ist konstant im Normbereich.

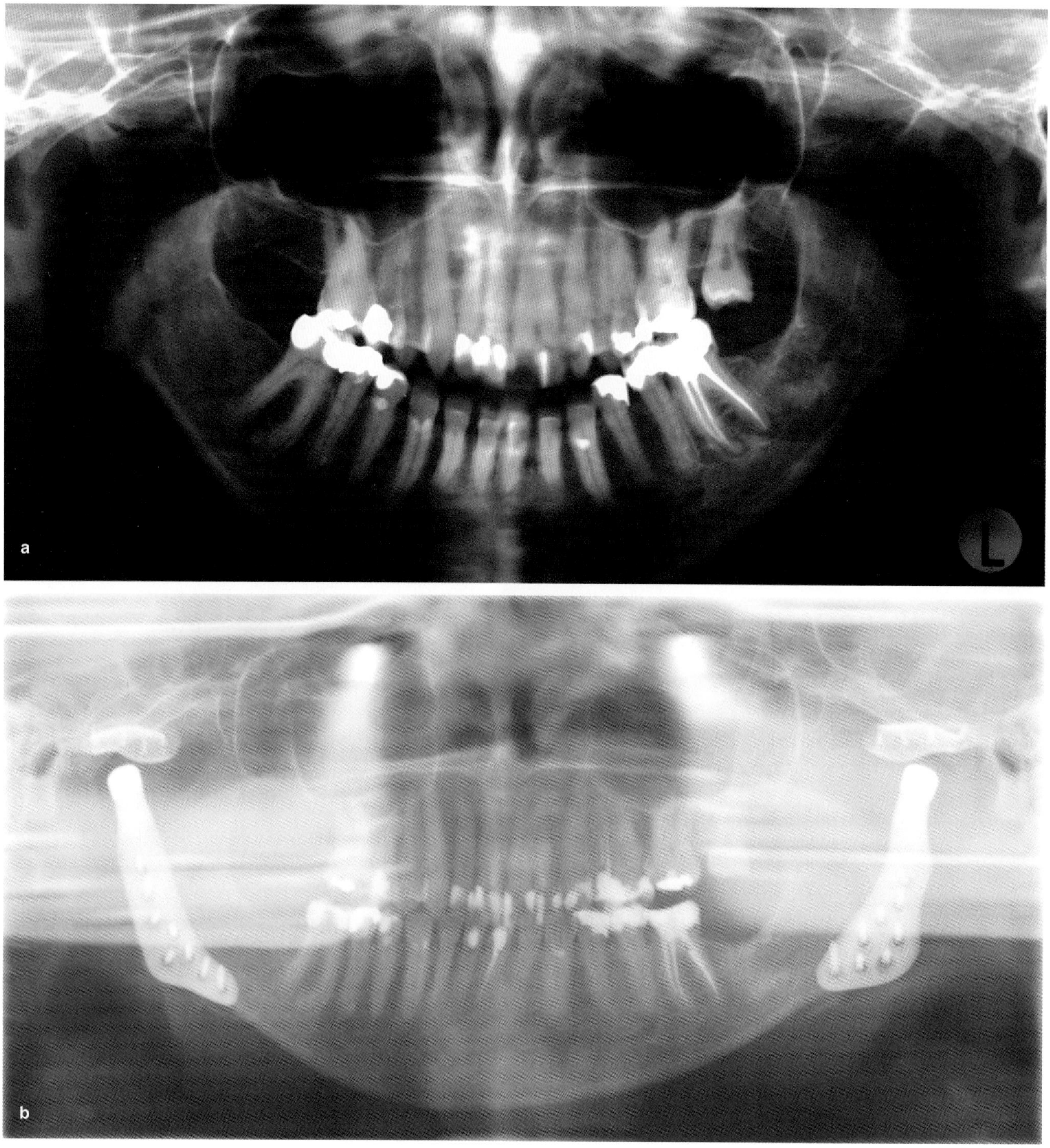

Abb. 8.17 25-jährige Patientin mit rheumatisch bedingter Kondylenresorption der Kiefergelenke. [P660]
a: OPT. Die Mitbeteiligung der Kiefergelenke an einer chronisch rheumatischen Arthritis wurde erst durch Untersuchungen wegen eines progredienten frontal offenen Bisses diagnostiziert. Die Kieferöffnung ist nicht beeinträchtigt. Eine OP-Indikation besteht wegen der zu erwartenden fortschreitenden Resorption der Gelenkfortsätze mit Verstärkung des offenen Bisses, sowie Überlastung der Seitenzähne bei frontal offenem Biss.
b: Postoperatives OP nach Kondylektomie, Ausräumung der entzündlichen Veränderungen im Kiefergelenkbereich und Rekonstruktion der Kiefergelenke jeweils mit einer individuellen, CT-gestützt hergestellten alloplastischen Kiefergelenkprothese beidseits (System TMJ Concepts, jetzt Stryker, Ventura, Ca, USA).

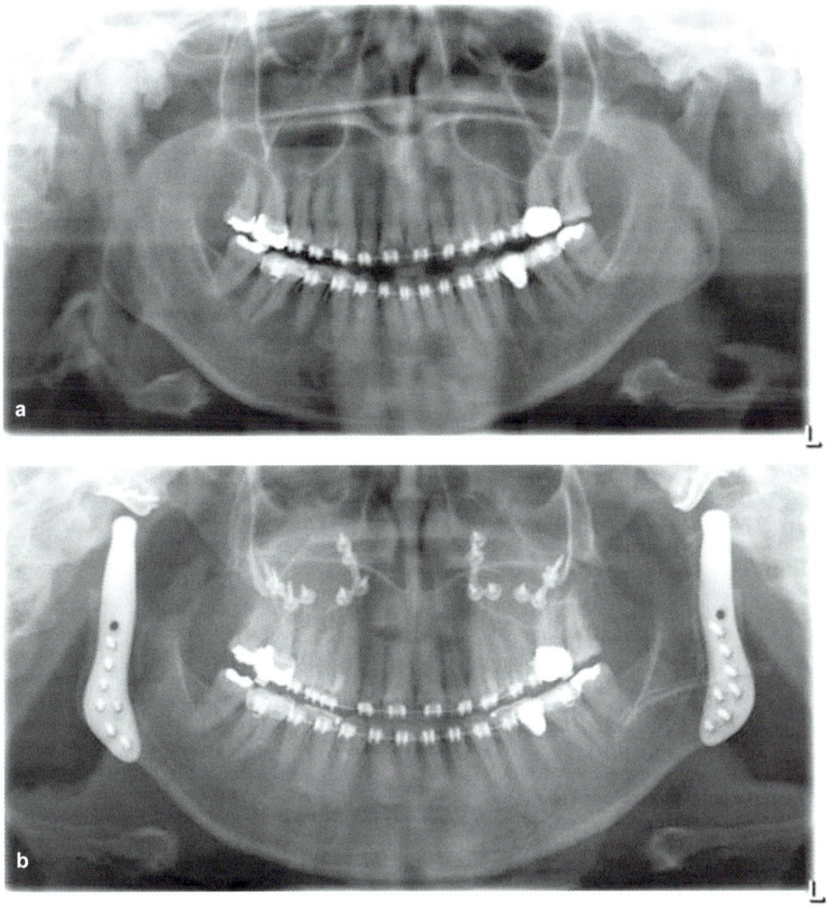

Abb. 8.18 Patient mit Ankylose des rechten Kiefergelenks und chronischer Arthritis des linken Kiefergelenks bei Morbus Bechterew. [P660]
a: Orthopantomogramm präoperativ.
b: Orthopantomogramm nach Ankyloseoperation einschließlich Kondylektomie rechts, Kondylektomie links, Kiefergelenksrekonstruktion bds. mit individuellen Endoprothesen (Fa. TMJ Concepts, jetzt Stryker, Ventura, CA, USA). Zur Optimierung der Okklusion Kombination mit einer Oberkiefer-Umstellungsosteotomie (in Zusammenarbeit mit Dr. Dr. Teschke).

Besonderheiten der Therapie bei Kindern

Eine besonders schwierige Therapieentscheidung ergibt sich bei **Kindern** mit Mitbefall des Kiefergelenkes, die in schweren Fällen (Morbus Still) zusätzlich zu den Formen der Resorption oder Ankylose zum Wachstumsstillstand des Unterkiefers in Retrognathiestellung und offenem Biss führen können. In Abhängigkeit vom Alter des Kindes in der Wachstumsphase entwickelt sich nicht selten konsekutiv eine erhebliche Fehlstellung auch des Oberkiefers. Ist bereits eine Hypoplasie des Unterkiefers oder eine erhebliche Retrognathie vorhanden, muss bei jeder therapeutischen Überlegung bedacht werden, dass ein geringer Abstand zwischen dem Hyoid und dem Kinn eine postoperative Kieferöffnung beschränken kann. In solchen Fällen muss eine sagittale **Verlängerung des Corpus mandibulae,** z. B. durch Distraktionsosteogenese in die Therapieplanung eingehen. Die Verlängerung der für die Rotation des Kondylus zuständigen Suprahyalmuskulatur kann durchaus einen positiven Effekt auf die Unterkiefermotilität haben (➤ 1.2).

In Bezug auf die chirurgische Therapie der Kiefergelenke selbst lagen in früherer Zeit erhebliche Hoffnungen auf der **Kondylektomie** mit Ausräumung des Gelenkspalts und Ersatz des Kondylus durch autologe, meist **kostochondrale Transplantate**, da ihnen grundsätzlich das Potenzial einer Induktion von Unterkieferwachstum zugesprochen wird. Sie werden mit wechselndem Erfolg eingesetzt; die individuelle Wachtumsinduktion ist dabei nicht berechenbar. Als postoperative Komplikationen werden überschießendes oder auch ausbleibendes, evtl. vermindertes Wachstum des Unterkiefers mit der Konsequenz erheblicher Bissveränderungen oder gerade im Wachstumsalter eine Ankylosierung mit Kieferklemme beobachtet. Ein angepasstes Wachstum ist letztlich höchstens in einem Viertel der Fälle zu erwarten, abgesehen von relativ häufigen Komplikationen dieser Methode gerade im Kindesalter.

Schließlich ist wegen der im Kindesalter verminderten Compliance mit Problemen mit der postoperativen Übungstherapie zu rechnen, die notwendig ist, um Narbenbildungen im Gelenkbereich und damit dauerhafte Einschränkungen der Unterkieferbewegung gering zu halten.

MERKE

Aus diesem Grunde ist bei noch ausreichender Kieferöffnungsfähigkeit zu erwägen, die operative Therapie der befallenen Kiefergelenke unter ausformender kieferorthopädischer Therapie bis nach dem Wachstumsalter zu verschieben. Zu diesem Zeitpunkt werden die Optionen, einschließlich des alloplastischen Gelenkersatzes berechenbarer.

Wegen der komplexen Problematik im Kindesalter wird geprüft, ob auch schon in diesem Alter individuelle Kiefergelenkprothesen verwendet werden können. Diese müssten allerdings während der Wachstumsperiode evtl. mehrfach durch neue, in der Größe angepasste ersetzt werden (Mercuri und Swift 2009).

Daneben ist vereinzelt auch eine chronische Kiefergelenksarthritis beim **Sjögren-Syndrom** (Helenius et al. 2005) und der progressiven **Sklerodermie** beschrieben. Der Verlauf und die Therapieoptionen entsprechen weitgehend den für die rheumatischen Erkrankungen.

Fortgeleitete chronische Arthritis

Eine Sonderform stellt die Ausdehnung einer chronischen Unterkiefer-**Osteomyelitis** auf den Gelenkkopf dar (➤ Abb. 8.4, ➤ Abb. 8.5, ➤ Abb. 8.6). In allen Fällen liegt zugleich ein sehr ausgedehnter Befall des Unterkiefers vor. Wegen des schleichenden Verlaufs werden erst im weit fortgeschrittenen Stadium mäßige Schmerzen und eine Kieferklemme auffällig.

Eine Sanierung ist nur im Rahmen der Gesamtbehandlung der Osteomyelitis durch Kondylektomie (Exartikulation) und anschließenden Gelenkersatz denkbar. Bei erheblichen Entzündungssymptomen oder akuter Exazerbation sollte zunächst eine sichere Ausheilung erreicht werden, um ein Rezidiv nach Rekonstruktion zu vermeiden. Diese erfolgt dann zeitverzögert, ggf. erleichtert durch zwischenzeitlichen Einsatz eines Platzhalters unmittelbar nach der Resektion des erkrankten Knochens. Dieses Verfahren bietet operationstechnische Vorteile bei der Rekonstruktion (Teschke et al. 2021).

8.2.2 Pigmentierte villonoduläre Arthritis

Dabei handelt es sich um eine seltene **tumorähnliche, monoartikulär** auftretende proliferative und lokal invasive Synovialitis unbekannter Ätiologie.

Radiologisch zeigt sich die lokale Aggressivität der mit erheblicher weichgewebiger Proliferation einhergehenden Veränderung mitunter durch Arrosion der Fossa articularis.

Die Beschwerden und die Therapiekonzepte sind ähnlich wie bei der synovialen Chondromatose (➤ 9). Die pigmentierte villonoduläre Arthritis wird durch eine Synovektomie und Ausräumung des Gelenkspalts behandelt.

Bei bereits eingetretenen weitgehenden knöchernen Veränderungen ist eine radikale Resektion und Rekonstruktion, meist mit einer alloplastischen Gelenkprothese, indiziert (Baj et al. 2015, Kunz et al. 2003).

8.2.3 Chronische Arthritis bei Stoffwechselstörungen

Die Arthritiden bei Stoffwechselstörungen zeigen eine sehr ähnliche Symptomatik und Therapie, sodass sie zusammen abgehandelt werden.
Sie treten nicht zwingend beidseitig auf.

Symptome und Ätiologie

Intermittierende Schmerzattacken oder funktionsabhängige Schmerzen im Kiefergelenkbereich, eine relative Kieferklemme, verbunden mit einer – im fortgeschrittenen Stadium – mäßigen Schwellung, sowie Überwärmung und im akuten Schub kann in den seltenen Fällen einer Beteiligung dieses Gelenks bei einer **Gicht (Hyperurikämie)** auftreten. Fast stets ist dabei die Erkrankung durch die allgemeine typische Symptomatik anamnestisch bekannt (➤ Abb. 8.19).

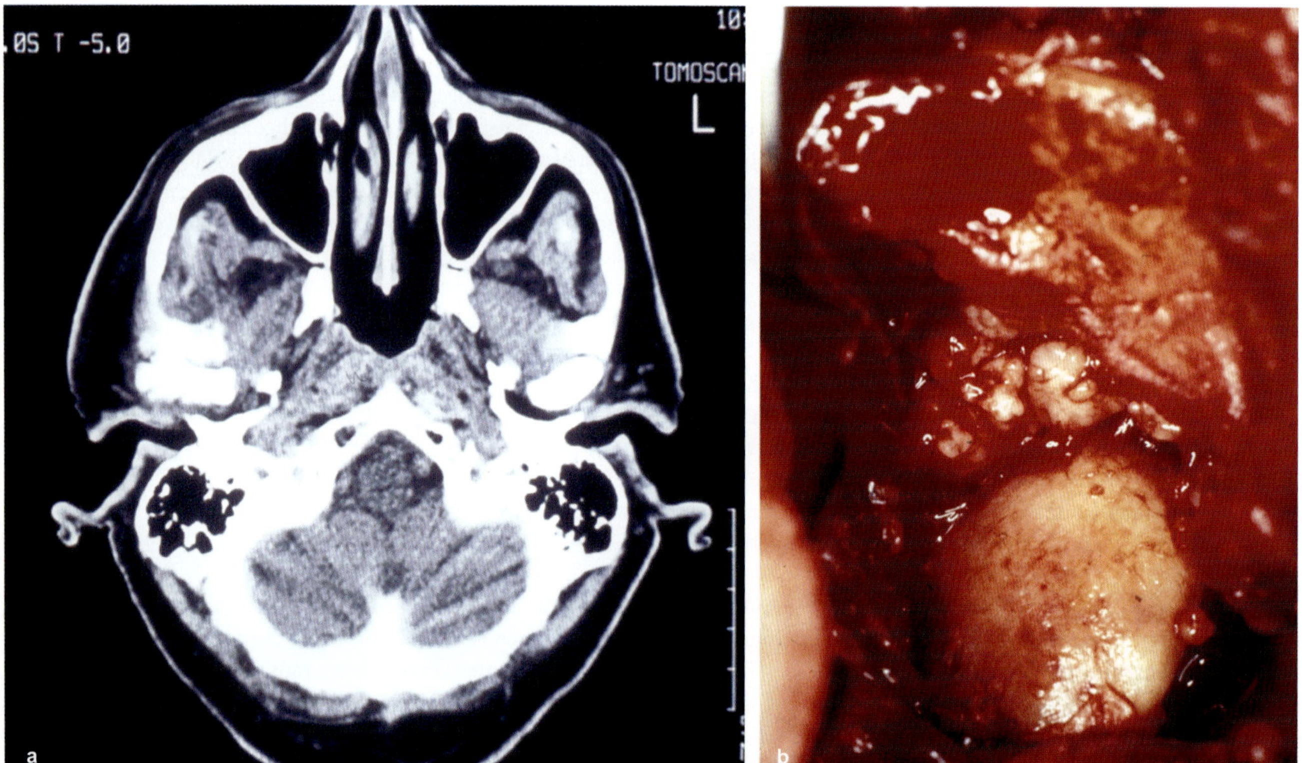

Abb. 8.19 Gichtbefall des rechten Kiefergelenks. [P660]
a: CT, transversaler Schnitt durch die Kiefergelenke. Um den rechten Kondylus im Gelenkspalt röntgenopake Veränderungen bei bekannter Hyperurikämie. Klinisch funktionsabhängige Schmerzen, schubweise sehr ausgeprägt mit lokaler Überwärmung.
b: Op-Situs nach Eröffnung des rechten Kiefergelenks, kaudal der lateral dargestellte, etwas aufgetriebene Kondyluskopf. Der Gelenkspalt ist mit einem inhomogen geformten Konvolut und Gelenkkörpern gefüllt; in der Histologie finden sich darin massenhaft Harnsäureuratkristalle.

In geringerer Ausprägung treten diese Beschwerden auch bei der erblichen **Kalziumpyrophoshat-Kristallarthropathie** (Syn. Pseudogicht, Chondrokalzinose, ORPHA:1416) auf. Sie betrifft das höhere Lebensalter. Letztlich ist die Pathophysiologie der Kalkablagerungen und Fibrosierungen des Faserknorpels im Kiefergelenk nicht vollständig geklärt. In ihrem Zusammenhang wurden vereinzelt auch Arrosionen der Schädelbasis im Fossabereich festgestellt.

Beide Erkrankungen führen zu kristallinen Ablagerungen, die sich zu Gelenkkörpern verdichten können (➤ Abb. 8.20). Die Bewegung der Gelenkoberflächen erfolgt mit vermehrter Reibung, was zu Entzündung, in der Folge zur Perforation des Diskus, Aufrauung der Gelenkflächen und Schmerzen bei der Bewegung des Kondylus führt.

Diagnostik

- Die Verdachtsdiagnose dieser im Kiefergelenk seltenen Veränderungen ergibt sich aus der Anamnese.
- Bei der Hyperurikämie ist die Labordiagnostik mit dem Nachweis eines erhöhten Harnsäurespiegels im Blut entscheidend. Die noch seltenere Kalziumpyrophosphat-Arthropathie lässt sich durch Blutuntersuchungen nicht nachweisen. Die Ultraschalluntersuchung, die bei anderen Gelenken durch „blitzende Flecken" Hinweise geben kann, ist im Kiefergelenkbereich technisch erschwert und daher zur Diagnostik nicht geeignet. Hinweise kann das hochauflösende CT geben (Desai et al. 2011). Letztlich ist nur der histologische Befund einer Chondrokalzinose im Gelenkgewebe beweisend.
- Radiologisch findet man bei beiden Erkrankungen arthroseähnliche Veränderungen des Gelenkkopfes, gelegentlich – im Gegensatz zur Arthrose – auch der Fossa. Im MRT ist die entzündliche Veränderung der Weichgewebe des Kiefergelenks durch Ödembildung erkennbar; hier stellen sich bei ausreichender Größe auch Gelenkkörper dar (Gross et al. 1987, Barthélémy et al. 2001).
- Eine endgültige Diagnose für die Beteiligung des Kiefergelenks ist oft erst durch die histologische Exploration oder laborchemische Untersuchung des Gelenkinhalts nach Eröffnung des Gelenks möglich.

Therapie

Konservative Therapie

- **Hyperurikämie:** Neben diätetischen Maßnahmen (purinarme Kost, Alkoholverzicht und Gewichtsreduktion) werden Urikostatika bzw. Urikosurika und nichtsteroidale Antiphlogistika verordnet.
- **Kalzium-Pyrophosphat-Arthropathie:** Hier stehen in der medikamentösen Therapie die nichtsteroidalen Antiphlogistika oder Glukokortikoide im Vordergrund.

In hochakuten Phasen beider Erkrankungen können nichtsteroidale Antiphlogistika, u. U. auch Colchizin-Präparate zum Einsatz kommen. Diese beseitigen allerdings im fortgeschrittenen Fall nicht die Ablagerungen im Gelenk, die Beschwerden und Veränderungen unterhalten können. Um die starken Beschwerden eines akuten Schubs schnell abzufangen, ist zumindest bei der Kalzium-Pyrophosphat-Arthropathie auch eine intraartikuläre Injektion von Kortisonpräparaten, z. B. 40 mg Prednisolonacetat, möglich. Von wiederholten Injektionen ist allerdings wegen der Gefahr der Induktion degenerativer Veränderungen abzuraten (➤ 8.2.1).

Operative Therapie

Sind die Beschwerden durch die medikamentöse Therapie nicht zu beseitigen, treten sie rezidivierend auf, oder sind die Veränderungen des Gelenks durch die Erkrankungen so weit vorangeschritten, dass bei erheblichen Deformierungen eine Progredienz zu erwarten ist, kommt eine operative Therapie infrage.

Für beide Erkrankungen hat sich die **Synovektomie mit Ausräumung des Gelenkspalts**, gefolgt von früher entlastender Funktionsaufnahme nach dem Eingriff, wie bei den autoimmun bedingten chronischen Arthritiden, bewährt.

Sind erhebliche knöcherne Veränderungen vorhanden, kann eine hohe Kondylektomie zusätzlich indiziert sein.

In extremen Fällen stärkster Deformation oder Arrosion der Schädelbasis kann auch eine tiefe **Kondylektomie mit alloplastischem Kiefergelenkersatz** angezeigt sein.

Differenzialdiagnose

Ausgehend von der ähnlichen klinischen Symptomatik, und im Vorfeld der histologischen Diagnose, kommen alle anders verursachten Arthritiden, eine Arthrose oder synoviale Chondromatose in Frage (➤ 7, ➤ 9).

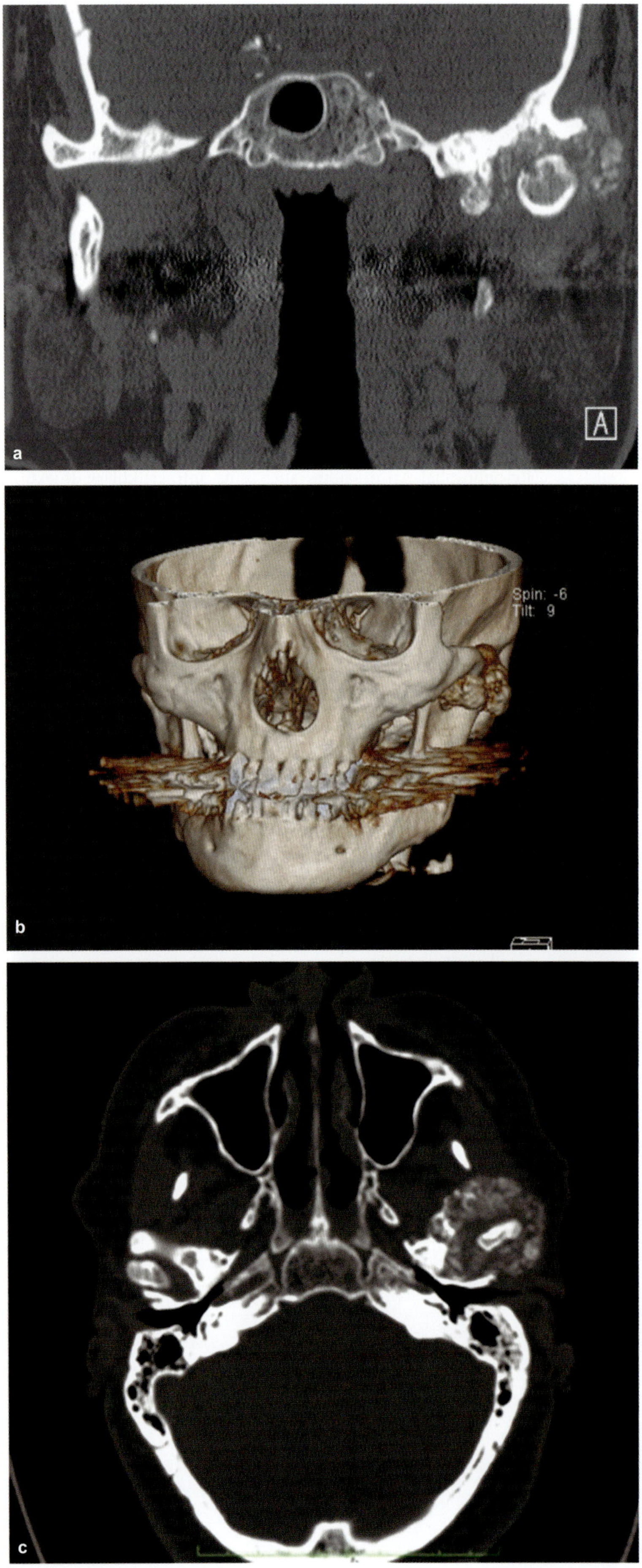

Abb. 8.20 48-jähriger Patient mit Kalzium-Pyrophosphat-Arthropathie des linken Kiefergelenks. [P660]
a: CT, transversaler Schnitt. Multiple, teilweise verkalkte Strukturen im deutlich erweiterten Gelenkspalt, Arrosion der Fossa und der Gelenkfläche des Kondylus. Klinisch zunehmende funktionsabhängige Schmerzen mit Krepitation, Auftreibung präaurikulär.
b: 3D-CT des Schädels. Im linken Kiefergelenk Pyrophosphat-Arthropathie (Pseudogicht). Aufgrund ihres Kalziumgehalts sind die Gelenkkörper bei dieser Erkrankung röntgenologisch gut darstellbar. In der Okklusionsebene Artefakte durch Metall-Restaurationen im Seitenzahnbereich.
c: Transversaler Schnitt des CT. Die röntgendichten Strukturen um den linken Kondylus geben im Gegensatz zur synovialen Chondromatose den Hinweis auf die Diagnose einer Pseudogicht.

KAPITEL

9

Rudolf Reich

Synoviale Chondromatose

Ätiologie und Symptome

Bei unbekannter Ätiologie dieser Erkrankung kommt es durch eine **Fehlregulation des synovialen Überzugs** der Gelenkflächen und des Diskus mit seinen Aufhängungsbändern zur Ausbildung von zunächst gestielten knorpeligen Auswüchsen, die dann als **freie Gelenkkörper** in den Gelenkspalt entlassen werden. Sie werden immer unverkalkt angetroffen. In manchen Fällen werden mehrere hundert Gelenkkörper gefunden.

Die zunehmende Überfüllung des Gelenkraums mit diesen sog. Gelenkmäusen, die Reiskorngröße oder mehr erreichen können, führt zu folgenden Symptomen:

- **Krepitation und Schmerzen** im betroffenen Gelenk bei der Kieferbewegung. Bereits einzelne frei flottierende Gelenkkörper können die empfindlichen Aufhängungsbänder des Diskus reizen. Je mehr das Gelenk mit freien Körpern gefüllt ist, desto mehr trägt die Überdehnung der Gelenkwände zum Bewegungsschmerz bei.
- Zunehmende **Einschränkung der Kieferöffnung** durch mechanische Behinderung der Bewegung des Gelenkkopfs.
- Langsam progrediente **Biss-Öffnung im Seitenzahnbereich** der betroffenen Seite
- Zunehmende **präaurikuläre Schwellung.**

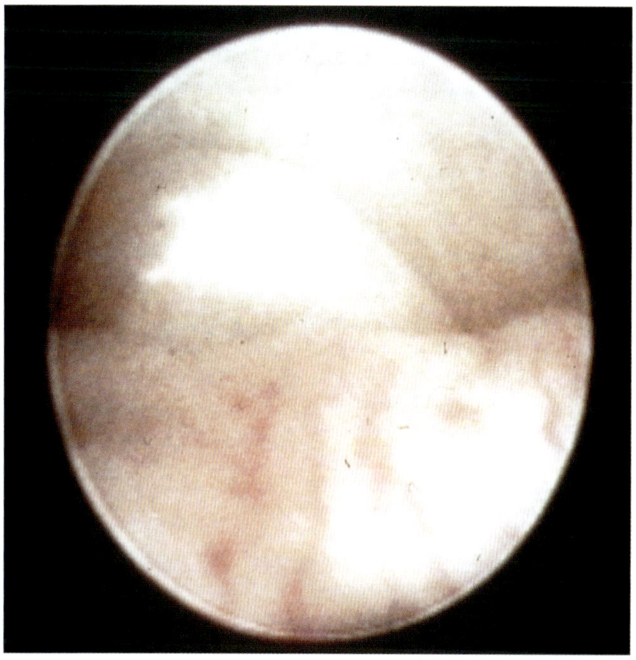

Abb. 9.1 Arthroskopischer Befund des oberen Spalts eines linken Kiefergelenks bei synovialer Chondromatose im frühen Stadium. Kranial die Fossa mandibularis, kaudal das hintere Aufhängungsband des Diskus. Es finden sich einzelne weißliche, frei im Gelenkraum liegende Gelenkkörper, die mit scharfen Ecken die Aufhängungsbänder des Diskus reizen können. Klinisch gelegentliche Kiefergelenkschmerzen bei Unterkiefer-Bewegungen. [P660]

Diagnostik

- In einem frühen Stadium sind in der Arthroskopie Gelenkmäuse erkennbar, später gelingt wegen der Ausfüllung des Gelenkspalts eine endoskopische Einsicht nicht mehr (➤ Abb. 9.1).
- Wegen der mangelnden Verkalkung lassen sich bis auf Einzelfälle die knorpeligen Gelenkkörper in der Nativ-Röntgendiagnostik und im CT nicht nachweisen.
- Beweisend ist der Befund der nicht röntgendichten Gelenkkörper in der **MRT**-Untersuchung (Benslama et al. 2019; ➤ Abb. 9.2, ➤ Abb. 9.3, ➤ Abb. 9.4, ➤ Abb. 9.5, ➤ Abb. 9.6, ➤ Abb. 9.7, ➤ Abb. 9.8).

Therapie

- Aufgrund der Größe und der Vielzahl der Gelenkkörper ist ihre sichere Entfernung auf arthroskopischem Wege bei Verwendung Kiefergelenk-typischer Arthroskop-Durchmesser bis zu 2,4 mm kaum möglich (➤ Abb. 9.2, ➤ Abb. 9.5).
- Die **operative Ausräumung** des jeweils betroffenen Gelenkspalts ist ausgesprochen wirkungsvoll. Aufgrund des Entstehungsorts der Gelenkkörper ist eine **Synovektomie** nach Gelenkeröffnung sinnvoll; ob die zusätzliche Entfernung eines ansonsten intakten Discus articularis mehr Sicherheit bringt, wird kontrovers diskutiert. In Verlaufsbeobachtungen wurden ohne Diskusentfernung mittelfristig und mit Diskektomie langfristig keine Rezidive festgestellt (Holmlund et al. 2003). Nachteile nach Diskusentfernung sind in dieser Indikation jedoch nicht zu befürchten.

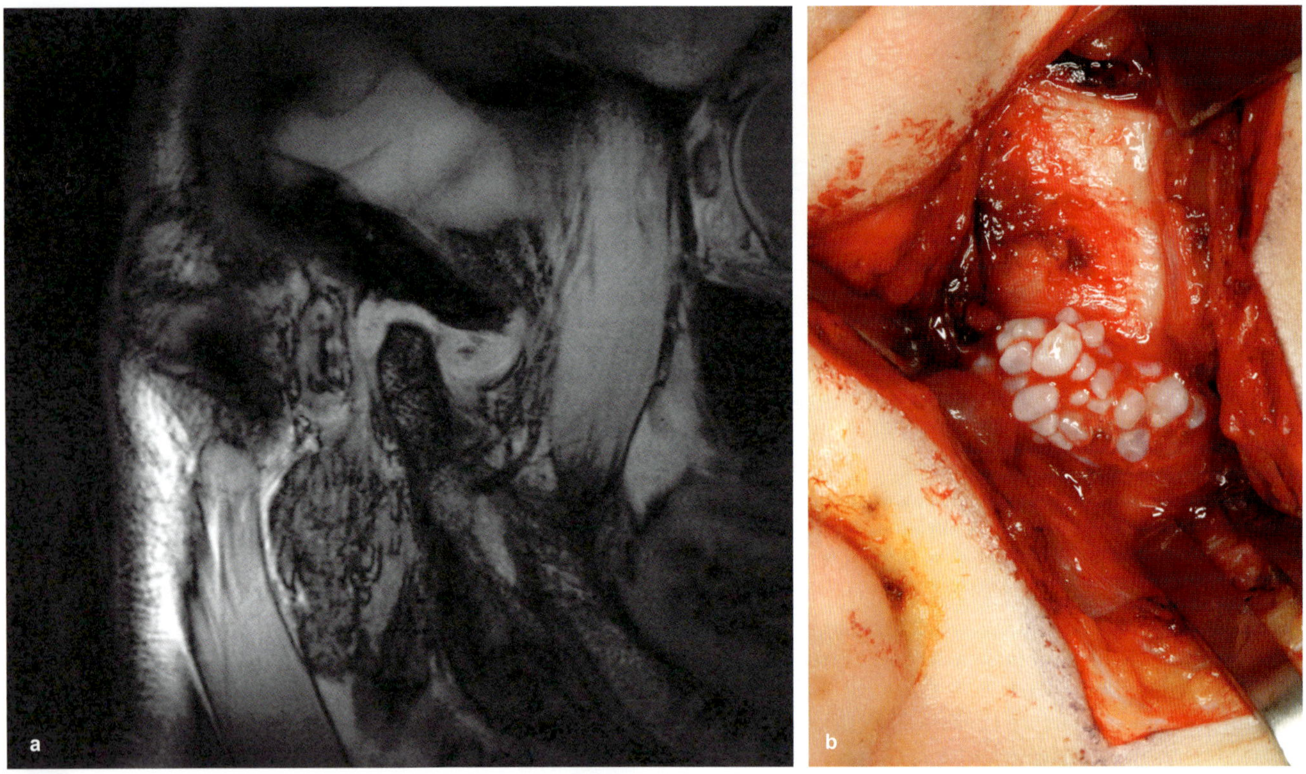

Abb. 9.2 Fortgeschrittene synoviale Chondromatose des rechten Kiefergelenks. [P660]
a: MRT-Befund. Auffüllung und Weitung des Gelenkspalts mit multiplen Gelenkkörpern. Klinisch mäßige präaurikuläre Schwellung und deutliche Bewegungsschmerzen des Gelenks mit Krepitation.
b: OP-Situs (präaurikulärer Zugang). Nach Inzision des aufgeweiteten Gelenkspalts drängen eine Vielzahl von reiskorngroßen knorpeligen Gelenkkörpern nach außen.

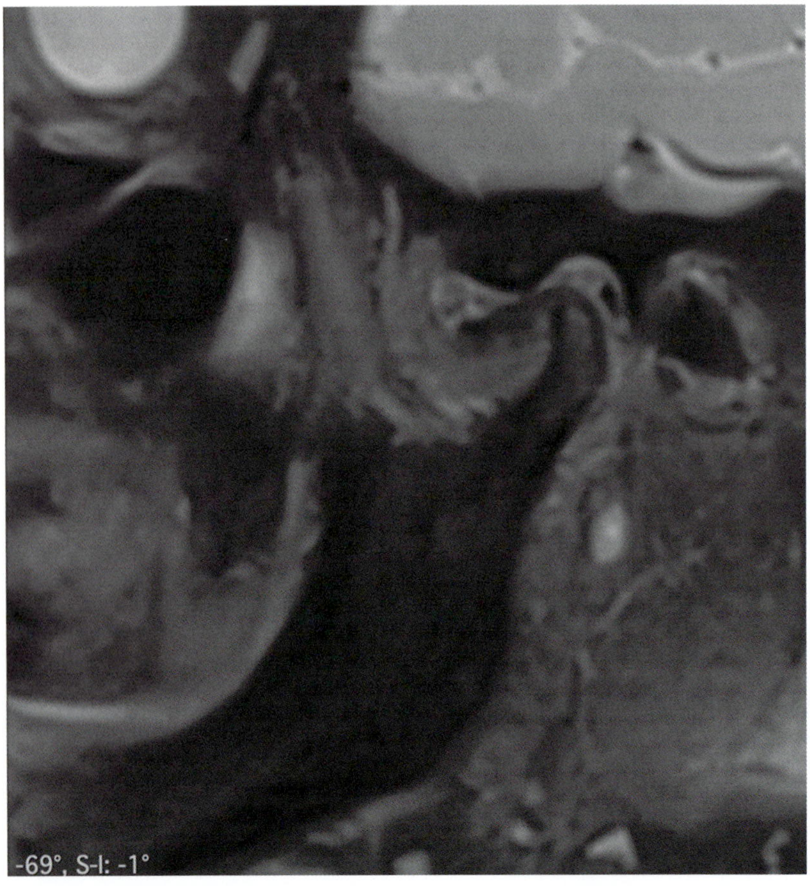

Abb. 9.3 MRT des linken Kiefergelenks bei synovialer Chondromatose. Im oberen Gelenkspalt, der nach kaudal durch den etwas deformierten Discus articularis begrenzt ist, sind multiple freie, meist nicht kalkdichte Gelenkkörper erkennbar. Klinische Symptome der 49-jährigen Patientin: Krepitation und funktionsabhängige Schmerzen und gelegentlich das Gefühl einer Blockade im linken Kiefergelenkbereich, bei Palpation z.T. kleine Auftreibungen über dem Gelenk tastbar. [P660]

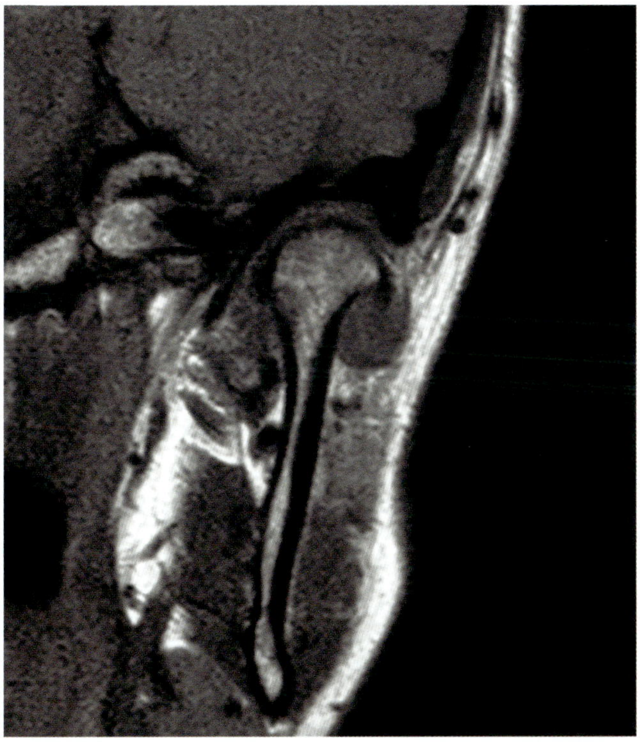

Abb. 9.4 Transversaler Schnitt eines MRT durch das linke Kiefergelenk einer Patientin mit seit 8 Monaten zunehmenden funktionsabhängigen Schmerzen im Kiefergelenkbereich, neuerdings verbunden mit Krepitation. Bei Bewegung des Gelenks ist extraoral eine verschiebliche reiskorngroße Konvexität über dem Gelenkkopf tastbar. In der MRT-Darstellung deutliche Aufweitung des Gelenkspalts, insbesondere medial und lateral des Gelenkkopfs. Ein Diskus ist nicht mehr erkennbar. Diagnose nach operativer Revision: Synoviale Chondromatose. [P660]

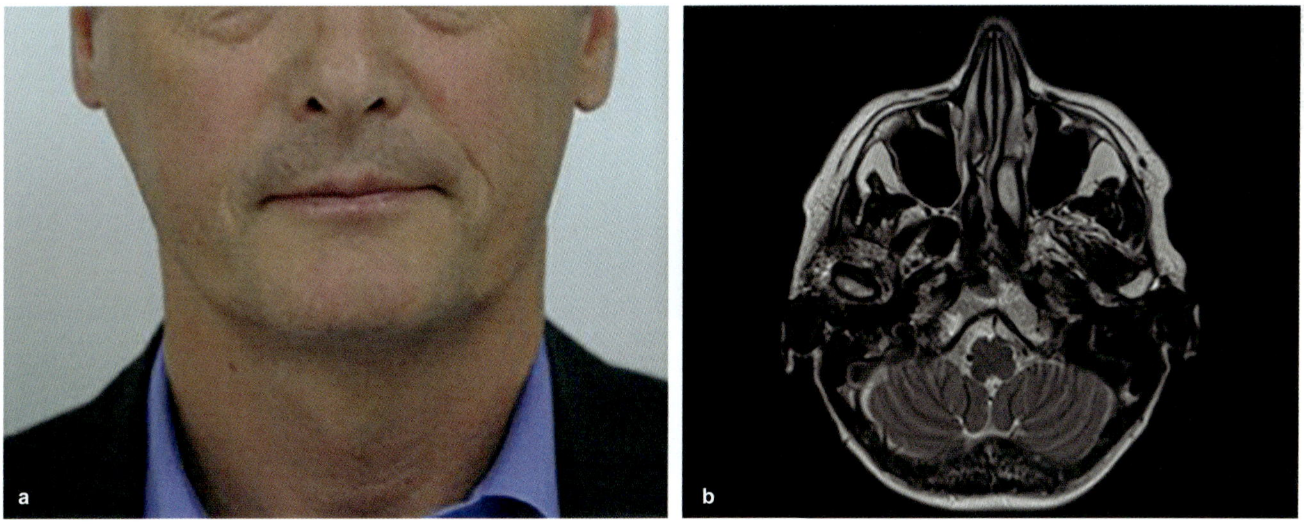

Abb. 9.5 a: Der 44-jährige Patient klagt über seit 4 Monaten zunehmende funktionsabhängige Schmerzen, Knirschgeräusche und Schwellung über der rechten Kiefergelenkregion.
b: Transversaler Schnitt durch das MRT. Befund: Überfüllung des Gelenkraums des rechten Kiefergelenks mit inhomogenen Partikeln. Diagnose: Synoviale Chondromatose des rechten Kiefergelenks. [P660]

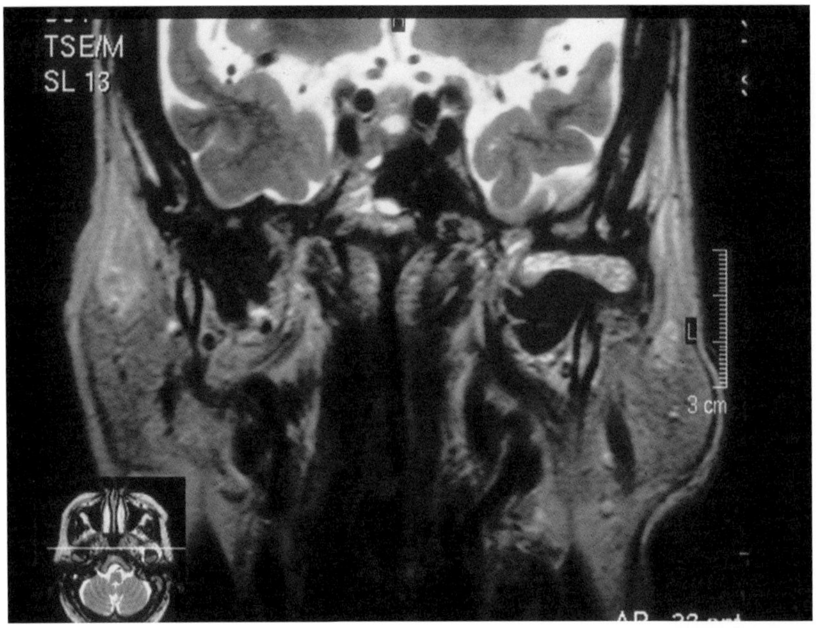

Abb. 9.6 Koronale Schicht eines MRT bei synovialer Chondromatose des linken Kiefergelenks. Auffüllung des Gelenkspalts mit multiplen Gelenkkörpern, dadurch Abdrängung des Kondylus nach kaudal mit Bissöffnung im linken Seitenzahnbereich um 1,5 mm. [P660]

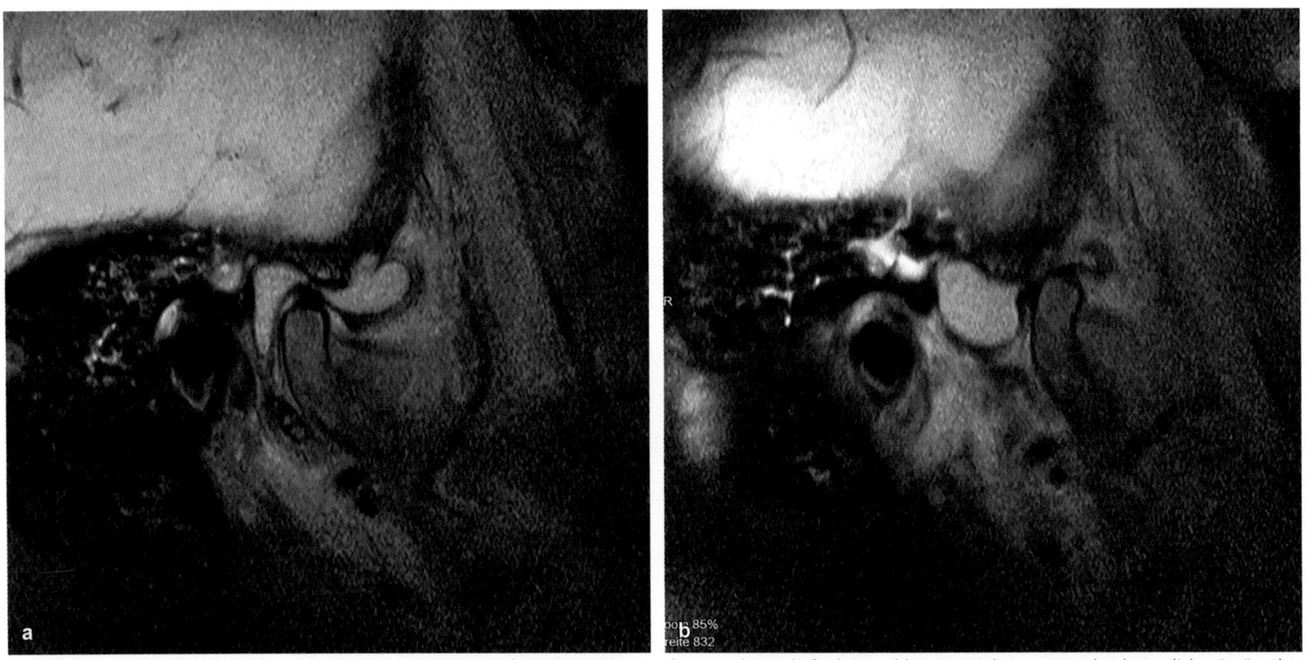

Abb. 9.7 a: Sagittaler Schnitt durch das MRT eines Patienten, der seit 4 Monaten über zunehmende funktionsabhängige Schmerzen und gelegentliche Geräusche des rechten Kiefergelenks klagt. Das OPT zeigt keine Auffälligkeiten. MRT-Befund unter Kieferschluss: Aufweitung des inhomogen gefüllten oberen Gelenkspalts. Auffällig ist die Fortsetzung der Veränderung in das Tuberculum articulare. Differenzialdiagnosen: Synoviale Chondromatose, Gicht. Eine Pseudogicht ist wegen fehlender kalkdichter Partikel nicht wahrscheinlich.
b: Gleiche Aufnahmetechnik des MRT bei dem Patienten unter maximaler Kieferöffnung: Verdrängung des Inhalts des oberen Gelenkspalts nach dorsal durch die Translation des Kondylus nach anterior. [P660]

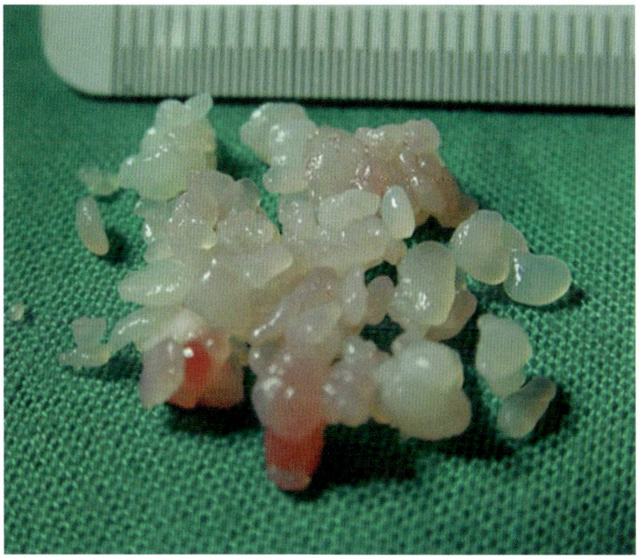

Abb. 9.8 Multiple freie Gelenkkörper, die bei der operativen Ausräumung des Gelenkspalts bei synovialer Chondromatose entfernt wurden. Nur vereinzelt findet man Kalkeinlagerungen. [P660]

Differenzialdiagnose

Solange noch keine Bewegungsbehinderung vorhanden ist, kann die Krepitation zur Verwechslung mit einer Arthrose und frühen Formen einer stoffwechselbedingten Arthritis Anlass geben (➤ 7, ➤ 8.2.3).

Luftzellen oder andere Veränderungen in der Temporalschuppe können bei der darstellenden Diagnostik wegen der Nähe zum Kiefergelenk gelegentlich zur Felhlinterpretation von Gelenkkörpern führen (➤ Abb. 9.9).

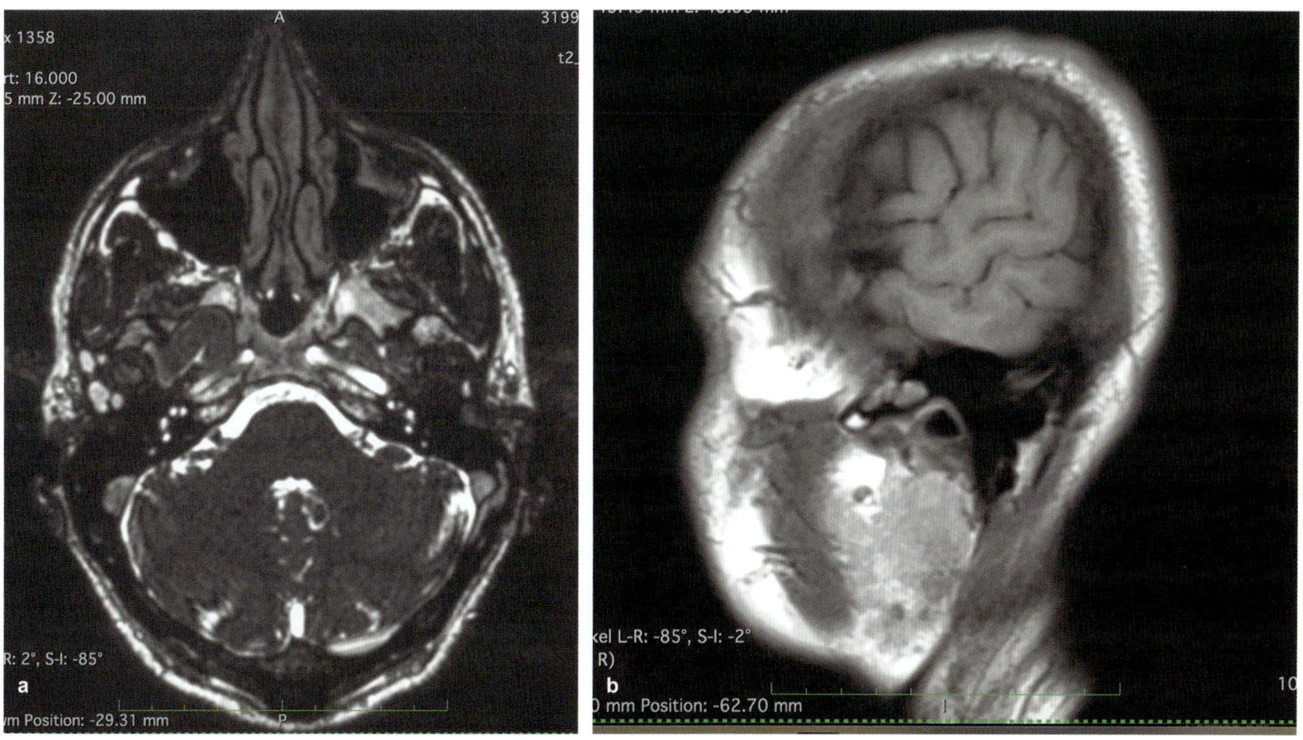

Abb. 9.9 Differenzialdiagnose von Gelenkkörpern im rechten Kiefergelenk. [P660]
a: Transversalschnitt eines MRT; die weichteildichten Strukturen befinden sich nicht im Gelenkraum, sondern im kaudalen Bereich des Os temporale, kein Gelenkbezug.
b: Sagittalschnitt des MRT: V. a. Fetteinlagerungen im kaudalen Bereich des Os temporale rechts, keine Gelenkkörper.

KAPITEL

10

Rudolf Reich

Kondyläre Hyperplasie

Ätiologie und Symptome

Nahezu das gesamte Wachstum einer Unterkieferhälfte wird durch eine Gewebezone dicht unterhalb der Gelenkfläche des betreffenden Kondylus (Kambiumschicht) gesteuert. Bei der kondylären Hyperplasie als häufigste postnatale Wachstumsstörung des Unterkiefers kommt es ohne erkennbare Ursache oder familiäre Disposition, mit Häufung beim weiblichen Geschlecht, zur **einseitigen Aktivierung** dieses **Wachstumszentrums**. Dies führt zur verstärkten vertikalen und/oder horizontalen Ausprägung der jeweiligen Hälfte des Unterkiefers, einschließlich seines Volumens. Das atypische Wachstum sistiert in der Regel in einem Zeitraum bis zu fünf Jahren spontan; es wurden jedoch einzelne Fälle mit wesentlich längerer Aktivität beobachtet.

- Einerseits kann diese Aktivierung während Wachstumsphase als einseitig verstärkter, asymmetrischer Wachstumsimpuls für den Unterkiefer erfolgen. Andererseits kann er nach Abschluss des normalen Wachstums im zweiten Lebensjahrzehnt als erneutes einseitiges Wachstum der Unterkieferhälfte in Erscheinung treten.
- Je früher der Wachstumsimpuls beginnt und je rascher die dadurch bedingten Veränderungen des Unterkiefers zustande kommen, umso mehr Okklusionsveränderung und Anpassung des Oberkiefers werden gefunden. Diese und die ästhetischen Auswirkungen auf das Gesicht sind für die Patienten meist der Grund, (zahn)ärztlichen bzw. kieferorthopädischen Rat einzuholen.
- Schmerzen oder Funktionsbehinderungen des Kiefergelenks stehen in aller Regel nicht im Vordergrund.

Eine Differenzierung verschiedener Ausprägungen wurde von Obwegeser und Makek (1986) mit den Begriffen „Hemimandibuläre Hyperplasie" und „Hemikondyläre Elongation" angegeben. Eine neuere Einteilung bezieht andere Wachstumsstörungen mit ein (Wolford et al 2014).

Aus praktischen Gesichtspunkten berechtigen die morphologischen Veränderungen des Unterkiefers bzw. der Okklusion eine Einteilung in typische Verlaufsformen (Augenreich 1993, Nitzan et al. 2008):

- **Vertikaler Wachstumstyp:** einseitige Verlängerung des Kondylus und Ramus ascendens des Unterkiefers, isolateral seitlich offener Biss oder durchhängende Okklusion, Unterkieferrand auf der betroffenen Seite und Canalis mandibularis deutlich kaudaler stehend als auf der nicht betroffenen Seite (➤ Abb. 10.1)
- **Horizontaler** (oder transversaler) **Wachstumstyp**: einseitige Verlängerung des Corpus mandibulae mit Kinnverschiebung zur Gegenseite, einseitige Tendenz zur Unterkieferprognathie (Angle Klasse III) mit Verschiebung der Unterkiefermittellinie zur Gegenseite (➤ Abb. 10.2)
- Mischformen (➤ Abb. 10.3)

Diagnostik

Die Diagnose ergibt sich aus

- der Verlaufsbeobachtung der Okklusion und Symmetrie des Untergesichts, oft im Rahmen einer kieferorthopädischen Behandlung,
- dem radiologischen Befund eines im Vergleich zur Gegenseite verlängerten Kondylus oder vergrößerten Kondyluskopfes bzw. des vergrößerten Unterkiefer-Volumens (siehe auch zentrales Bild des Buchcovers),
- dem Nachweis vermehrter Wachstumsaktivität mithilfe der Knochenszintigrafie bzw. SPECT-Untersuchung des Schädels (Lopez und Corral 2015) in der aktiven Phase vermehrten Wachstums (➤ Abb. 10.4).

Therapie

Eine wirksame konservative Therapie zum Einhalt des Wachstumsimpulses ist nicht bekannt.

Patienten stellen sich in unterschiedlichen Phasen dieser Erkrankung vor.
Beispielverläufe ➤ Abb. 10.5, ➤ Abb. 10.6.

MERKE
Für das Therapiekonzept ist essenziell, ob sich der Prozess noch im aktiven Stadium oder bereits nach Beendigung des Wachstumsimpulses befindet.

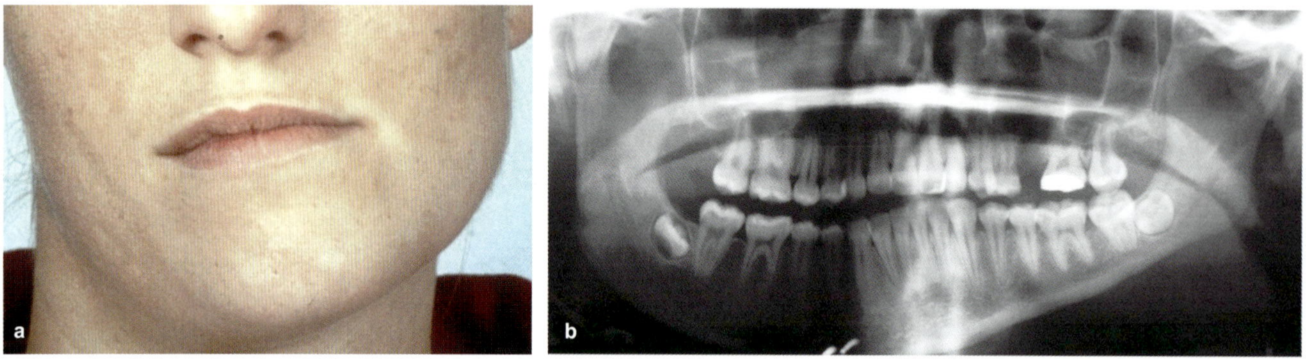

Abb. 10.1 Kondyläre Hyperplasie des rechten Kiefergelenks, vertikaler Typ. [P660]
a: Äußerliche Folgen einer mehr als 6 Jahre aktiven kondylären Hyperplasie des rechten Kiefergelenks, vertikaler Typ: Verlängerung des unteren Gesichtsdrittels auf der betroffenen Seite, Kinndeviation zur Gegenseite, Schiefstellung der Mundspalte.
b: Orthopantomogramm. Verdickung, Verlängerung und Steilstellung des Kondylus und aufsteigenden Asts rechts, zugleich mit dreidimensionaler Vergröberung des Unterkieferkörpers auf der betroffenen Seite bis zur Mittellinie. Schiefe Okklusionsebene, seitlich offener Biss rechts.

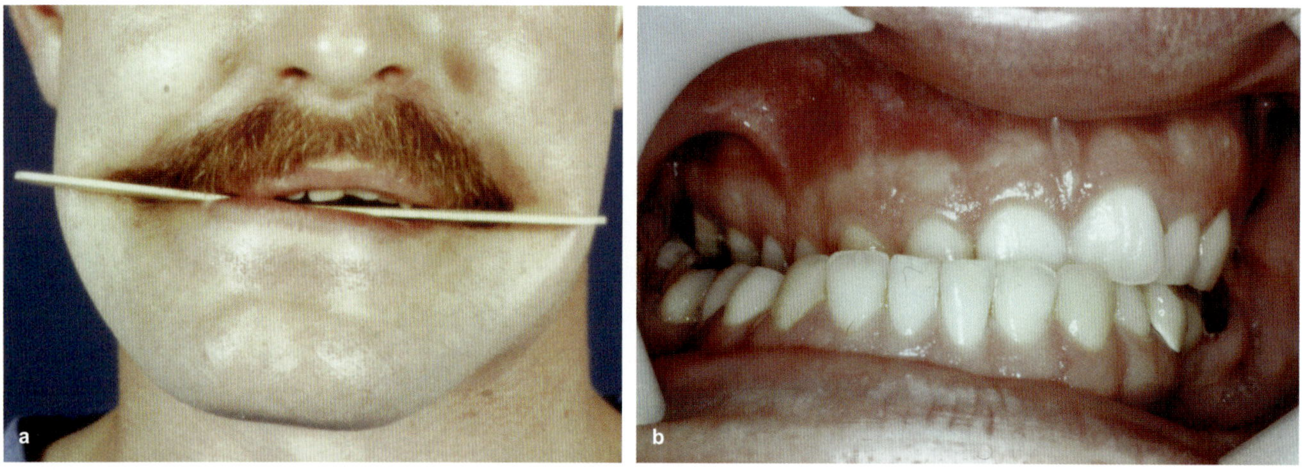

Abb. 10.2 Hyperplasie des linken Kiefergelenks, horizontaler Typ. [P660]
a: Äußerliche Folgen einer mehrjährigen Hyperplasie des linken Kiefergelenks, horizontaler Typ: Hauptsächlich Kinnüberwanderung zur Gegenseite; die Höhe des unteren Gesichtsdrittels ist nicht verändert, V.a. minimale Schiefstellung der Okklusionsebene.
b: Okklusion des Patienten. Laterognathie und Mittellinienüberwanderung zur Gegenseite, kein offener Biss. Der Eindruck einer geringen Schiefstellung der Okklusionsebene bestätigt sich nicht. Im Orthopantomogramm lediglich deutlich verdickter, aufgetriebener Kondylus links.

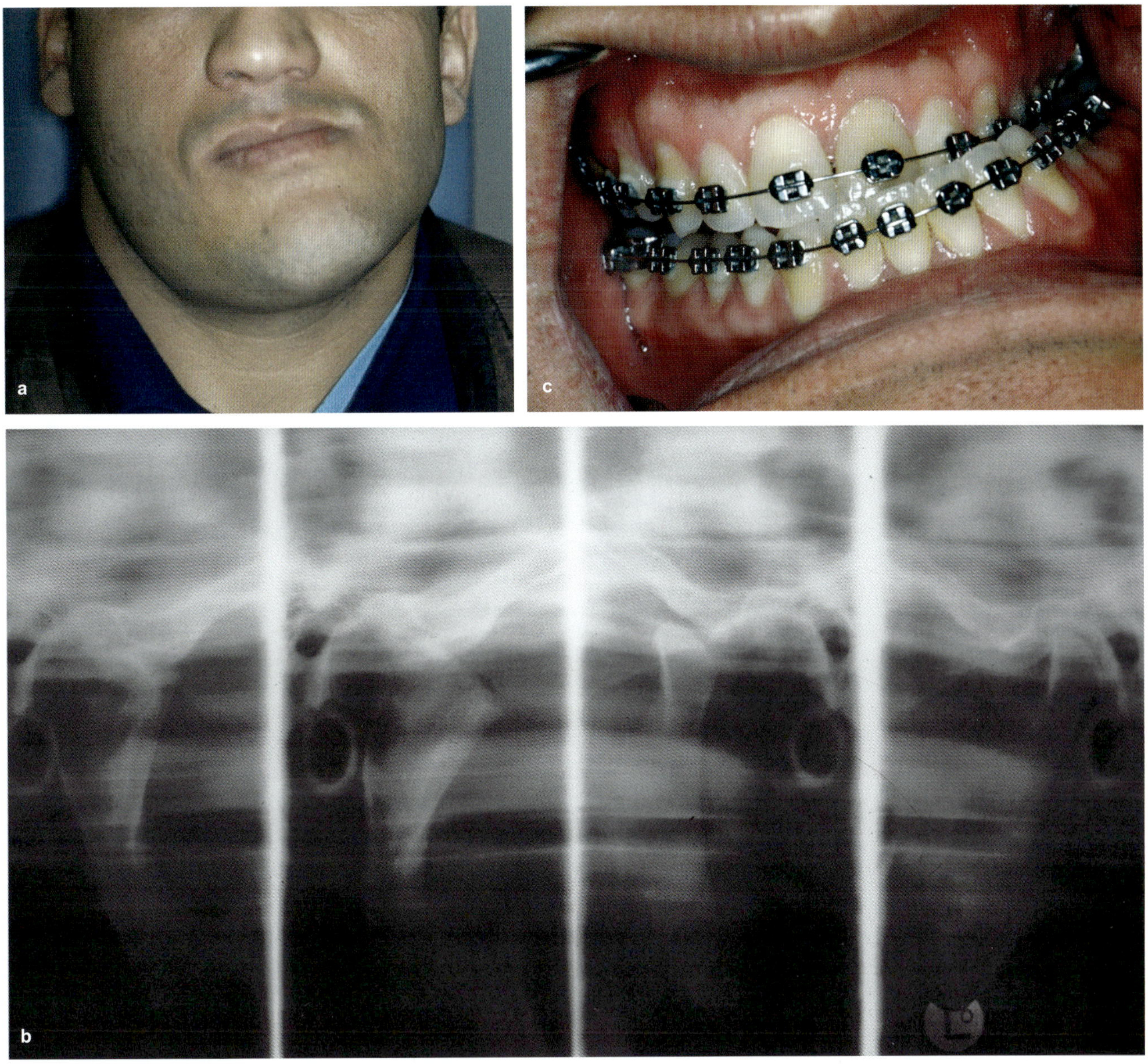

Abb. 10.3 Serie eines 32-jährigen Patienten mit aktiver kondylärer Hyperplasie des rechten Kiefergelenks vom gemischt vertikal-horizontalen Wachstumstyp. Anamnestisch Beginn der Erkrankung im Alter von 7 Jahren. [P660]
a: Aufgrund des frühen Alters bei Beginn der Erkrankung und relativ langsamer Progredienz ist die Okklusionsebene schiefgestellt.
b: Im Funktions-OPT extreme Vergrößerung und Formabweichung des rechten Kondyluskopfes.
c: Die orthodontische Therapie kann den Wachstumsdruck nicht aufhalten.

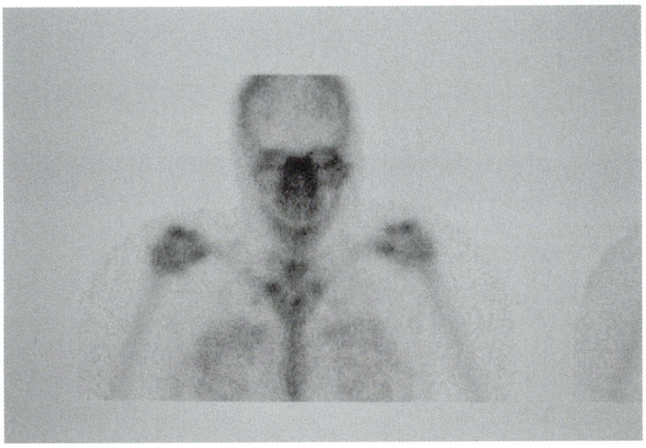

Abb. 10.4 Knochenszintigramm bei aktiver kondylärer Hyperplasie links. Deutliche Anreicherung im linken Kiefergelenkbereich, die vermehrte Umbauaktivität anzeigt. [P660]

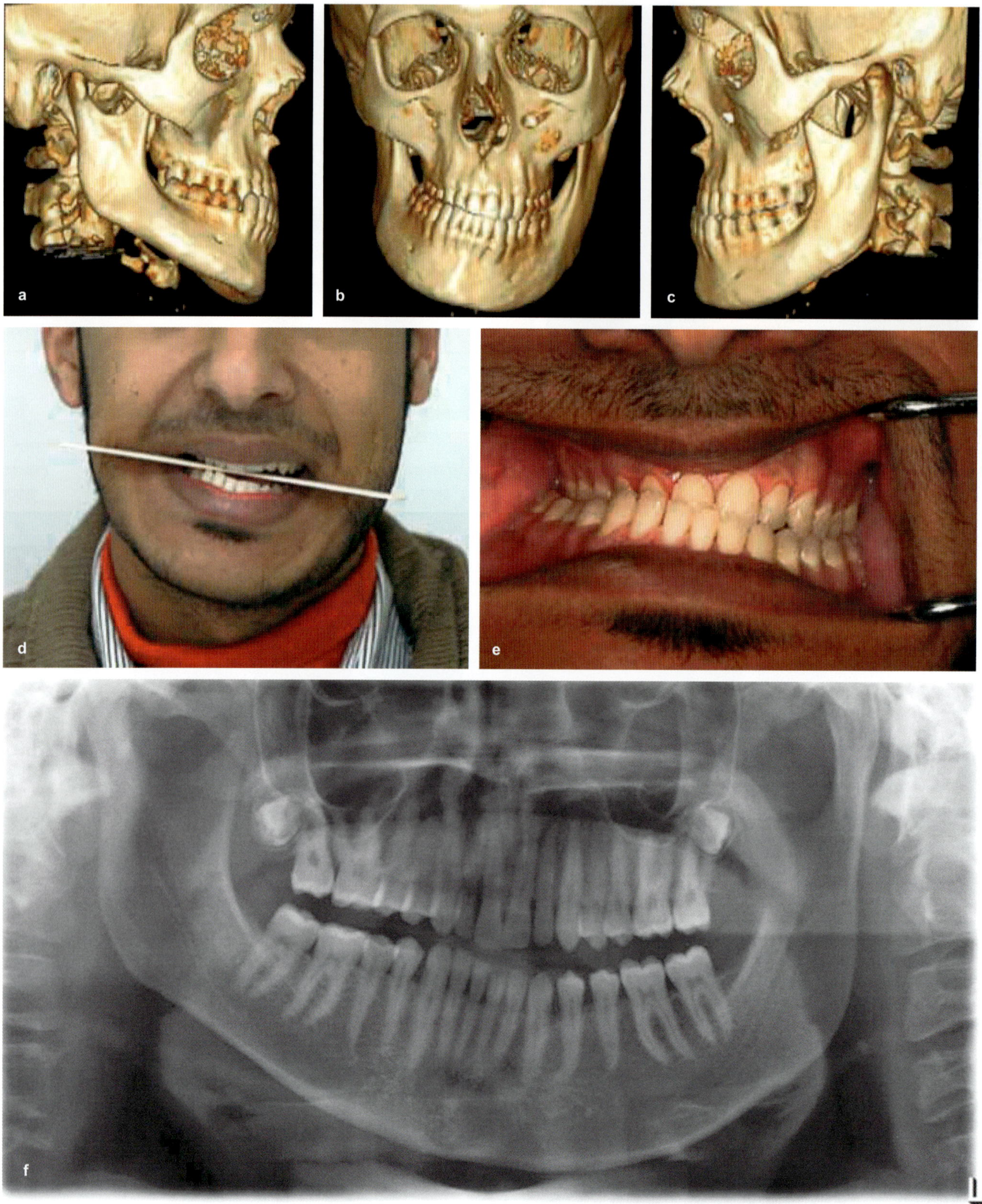

Abb. 10.5 26-jähriger Patient mit aktiver kondylärer Hyperplasie des linken Kiefergelenks vom hauptsächlich vertikalen Wachstumstyp. [P660]
a, b, c: 3D-CT. Deutlich verlängerter Gelenkfortsatz links und Steilstellung des Hinterrandes des aufsteigenden Unterkieferastes.
d, e: Wegen des relativ verzögerten übermäßigen Wachstumsimpulses des linken Kondylus Anpassung durch Schiefstellung der Okklusion.
f: OPT.

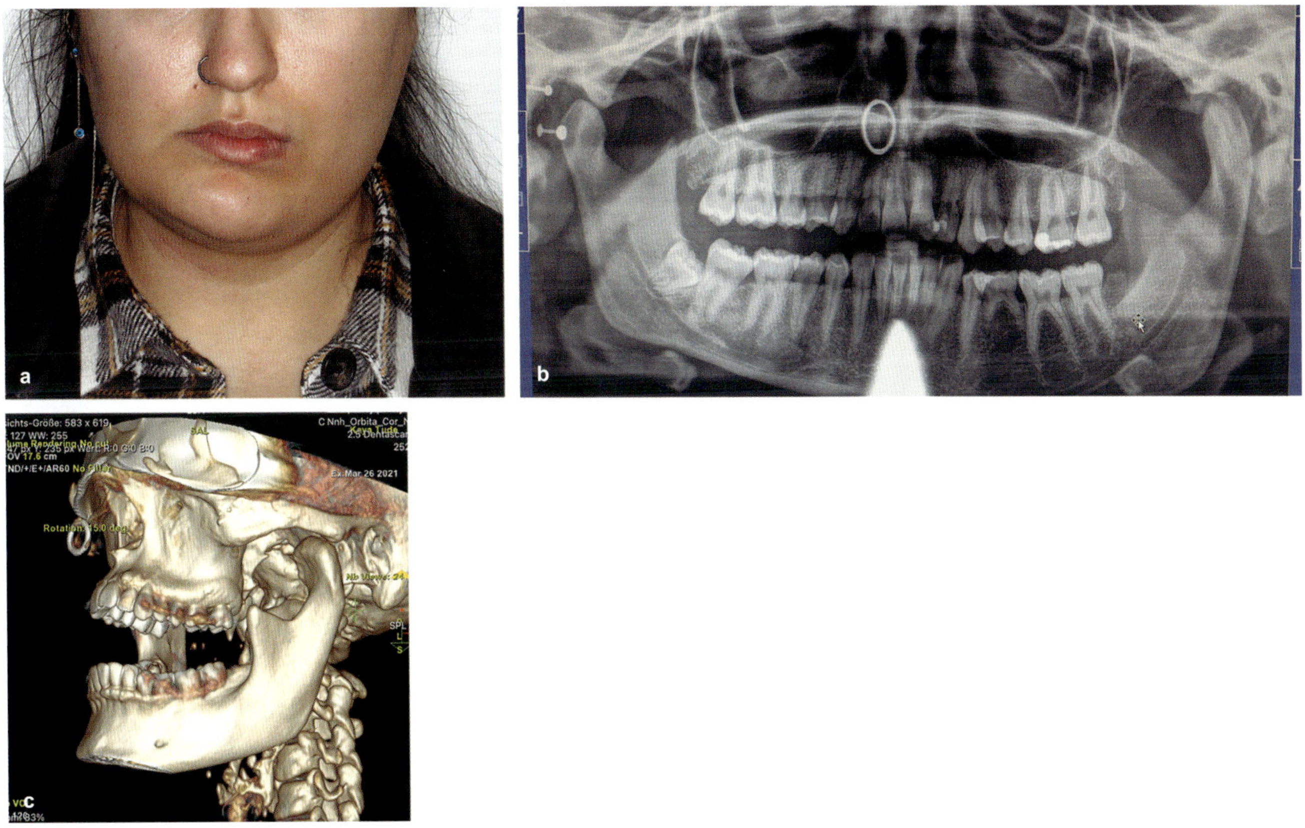

Abb. 10.6 a: 25-jährige Patientin mit zunehmender vertikaler Verlängerung des Unterkiefers, Auftreibung im linken Kiefergelenkbereich, Schiefstellung der Okklusion und Lippen, Kinndeviation nach rechts. Beginn der Veränderung seit dem 13. Lebensjahr erinnerlich.
b: OPT der Patientin. Verlängerung des Kondylus und damit der gesamten Höhe des Ramus ascendens des Unterkiefers, Verbreiterung der vertikalen Höhe des Corpus mandibulae mit „durchhängendem" Unterkieferrand. Typischerweise tiefere Position des Mandibularkanals im Vergleich zur gesunden Seite. Tiefere Stellung des rechten Oberkiefer-Alveolarfortsatzes im Vergleich zur Gegenseite als Anpassung auf das Tiefertreten der Unterkieferzähne. Die Patientin ist kieferorthopädisch vorbehandelt. Diagnose: Kondyläre Hyperplasie des rechten Kiefergelenks, vertikaler Wachstumstyp. Nebenbefund: Piercing der rechten Nase und des rechten Ohrs.
c: 3D-CT der Patientin. Verlängerung des Kondylusschafts und Vergröberung des Gelenkkopfs links. [P660]

Therapie in der aktiven Phase

Hohe Kondylektomie:

- In der aktiven Phase ist das Ende des Wachstumsimpulses nicht absehbar; weitergehende Veränderungen sind noch möglich. Um diese zu stoppen, ist zunächst der Wachstumsimpuls durch Entfernung des Wachstumszentrums im Rahmen einer hohen Kondylektomie (bis zu 4 mm Höhe des Gelenkkopfs) erforderlich. Rezidive nach diesem Protokoll sind extrem selten.
- Bereits eingetretene okklusale und ästhetische Veränderungen können nach Konsolidierung der Funktion des operierten Gelenks ca. 6 Monate nach der hohen Kondylektomie z. B. durch Dysgnathiechirurgie korrigiert werden.
- Auch Konzepte mit Durchführung beider Maßnahmen in einem Eingriff sind beschrieben (Wolford 2007), wobei für die Anpassung des Kiefergelenks sichergestellt werden muss, dass postoperativ sehr früh Unterkieferbewegungen geübt werden können.
- Ein besonderes Problem ergibt sich bei starker Asymmetrie des Unterkieferrandes; die operative Angleichung ist in diesen Fällen oft durch eine weit kaudale Lage des N. alveolaris inferior im horizontalen Ast des Unterkiefers erschwert.

Tiefe Kondylektomie:

- Besonders in einer frühen Phase der Aktivität und im Alter unter 18 Jahren kann alternativ die tiefe Kondylektomie teilweise zur Beseitigung und sogar Rückentwicklung der bereits eingetretenen Veränderungen führen (Araz et al 1991, Nitzan et al. 2008, Fariña et al. 2016). Einzelne Autoren beschreiben, dass dieser Effekt unabhängig vom angetroffenen Aktivitätsstadium eintritt (Mouallem et al. 2017).
- In welcher Höhe dabei der Kondylus kaudal abgetrennt wird, orientiert sich u. a. an der Länge des Hinterrandes des aufsteigenden Astes auf der gesunden Seite des Unterkiefers und dem Ausmaß der Inklination der Okklusion nach kaudal auf der betroffenen Seite (**proportionale Kondylektomie**). Die Methode eignet sich daher hauptsächlich für den vertikalen Wachstumstyp der Erkrankung.
- Anschließend wird nach Anwendung dieser Methode eine funktionelle kieferorthopädische Therapie, z.B. mit Gummizügen, meist für einige Monate durchgeführt.
- Dieses Verfahren soll in vielen Fällen, allerdings nicht vorhersagbar, spätere orthognathe Chirurgie ersparen. Um abzuwarten, ob ein solcher Effekt eintritt, soll nach der (proportionalen) Kondylektomie sechs Monate gewartet

werden, bevor eine Entscheidung zu einem weiteren Eingriff getroffen wird (Fariña et al 2015, 2016, Elbaz et al 2014).

- Eine aus konzeptioneller Sicht durchaus sinnvolle Kombination einer Kondylektomie mit einer Dysgnathiechirurgie könnte hier eine Übertherapie darstellen (Nolte et al. 2018). Eine Indikation für diese Kombination besteht am ehesten bei extremen und über lange Zeit entwickelten morphologischen Veränderungen, für die eine spontane Rückentwicklung kaum denkbar erscheint (Wolford 2007).

Therapie nach Beendigung des Wachstumsimpulses

Nach konventionellem Konzept richtet sich die Therapie, wenn die Veränderung nach der Beendigung des Wachstumsimpulses angetroffen wird, allein auf die bereits eingetretenen Veränderungen des Kiefer- und Gesichtskomplexes mithilfe der **Dysgnathiechirurgie** und ggf. plastisch-rekonstruktiven Maßnahmen zur Wiederherstellung symmetrischer Verhältnisse. Dies gilt auch, wenn nach einer vollständigen oder proportionalen Kondylektomie entsprechende Veränderungen verbleiben.

Reaktivierungen nach Latenzphasen sind bisher nur in Einzelfällen beschrieben worden. Sie veranlassen wenige Autoren für eine Kondylektomie in jedem Falle zu plädieren, auch bei vermeintlich „ausgebrannten" kondylären Hyperplasien (Depeyre et al. 2019).

CAVE

Eine Knochenszintigrafie nach hoher, proportionaler oder totaler Kondylektomie zur Kontrolle der Aktivität ist nicht sinnvoll, da durch den Eingriff am Kondylus erfahrungsgemäß für weit mehr als ein Jahr eine Erhöhung der Umbauaktivität zu erwarten ist.

Weitergehende Informationen siehe Leitlinie AWMF 007/065 „Kondylus Hypo- und Hyperplasie".

Differenzialdiagnose

Die kondyläre Hyperplasie ist u. a. gegen die hemifaciale Hypertrophie, unilaterale Makrognathie, Unterkiefer-Prognathie und vor allem ein Osteochondrom des Kiefergelenks abzugrenzen (➤ 13.1.1).

KAPITEL

11 Vertikales Defizit des Kondylus

Rudolf Reich

Gemeinsam ist diesen Erkrankungen eine Verminderung der vertikalen Dimension des Unterkiefers auf der betroffenen Seite mit spezifischen Folgen für die Okklusion und die Gesichtsarchitektur. Während die Hypoplasie meist angeboren ist, entsteht die Resorption des Kondylus als Folge von speziellen Erkrankungen (s. Leitlinien AWMF 007/065 „Kondylus-hypo- und -hyperplasie, 007/066 „Idiopathische Kondylusresorption").

11.1 Kondyläre Hypoplasie

Ätiologie

Die kondyläre Hypoplasie kommt in unterschiedlicher Ausprägung – bis zur Aplasie des Kondylus – angeboren im Rahmen von **kongenitalen Fehlbildungen** wie z. B. dem Treacher-Collins-, aurikulo-kondylären oder Goldenhar-Syndrom vor (➤ Abb. 11.1, ➤ Abb. 11.2).

Ein Wachstumsdefizit des Kondylus, das als Hypoplasie erkennbar wird kann aber auch durch eine **fortgeleitete Entzündung, ein Trauma,** auch z. B. durch Druck auf die Kiefergelenkregion bei einer Zangengeburt **oder Bestrahlung des Kiefergelenks im Kindesalter**, erworben werden. Die Schädigung der Kambiumschicht zu dieser Zeit der Entwicklung führt zur Verminderung oder gar zum Stillstand des Wachstums der betroffenen Kieferhälfte.

MERKE

Je früher diese Veränderung im Entwicklungszyklus einsetzt, desto ausgeprägter sind adaptive Vorgänge des Gesichtsskeletts, die erhebliche Auswirkungen auf die Okklusion, Funktion des Unterkiefers und Ästhetik des Gesichts haben.

Diese Veränderungen fallen oft erst im Alter von 5–10 Jahren durch erste Asymmetrien auf (➤ Abb. 11.3).

Symptome

- Ipsilateral verkürztes Untergesicht mit Kinnüberwanderung zur kranken Seite
- Schiefe, zur betroffenen Seite ansteigende Okklusionsebene
- Ggf. Laterognathie zur betroffenen Seite (➤ Abb. 11.2, ➤ Abb. 11.3)
- Bei der einseitigen Hypoplasie ist die Bewegung des Unterkiefers nur eingeschränkt, wenn, wie z. B. in der Folge einer Arthritis, gleichzeitig eine Ankylose des Kiefergelenks vorliegt
- Insbesondere bei beidseitiger Hypoplasie ist durch die Verkürzung des Unterkieferkörpers und die dadurch verkürzte Suprahyalmuskulatur nur eine verminderte Kieferöffnung möglich
- In der Regel werden keine Schmerzen angegeben.

Diagnostik

Die einseitige Hypoplasie ist in der OPT-Aufnahme im Vergleich zur gesunden Seite erkennbar, in ausgeprägten Fällen ist eine 3D-CT-Darstellung hilfreich.

Die beidseitige Hypoplasie zeigt röntgenologisch eine Rarefizierung der Gelenkwalzen und im fortgeschrittenen Stadium eine Retrognathie des Unterkiefers, evtl. mit frontoffenem Biss.

Therapie

Während der Wachstumsperiode

- Konservative, d. h. **kieferorthopädische Therapie** ist nur in minder ausgeprägten Fällen ausreichend; sie kann die Okklusionsbeziehungen der Kiefer zueinander nur in dem Rahmen optimieren, der durch die sagittale Verkürzung des betroffenen Unterkiefers vorgegeben ist. In allen anderen Fällen ist sie erforderlich, um die Okklusion für die operative Therapie vorzubereiten und danach zu optimieren.
- Wünschenswert wäre, im betroffenen Gelenk die behinderte Entwicklung während der normalen Wachstumsperiode zu stimulieren. Andererseits ist zu bedenken, dass jeder Eingriff am Kondylus prinzipiell die ohnehin gestörte Wachstumsfunktion der Kambiumschicht weiter einschränken kann.
- **Kostochondrale Transplantate** werden nach Resektion des hypoplastischen Kondylus seit langem als Ersatz eingesetzt. Ihre prinzipielle Potenz zur Wachstumsinduktion ist zwar bekannt; langfristige Untersuchungen haben allerdings gezeigt, dass die gewünschte Induktion des Wachstums nur nach maximal 25 % dieser Eingriffe beobachtet werden kann. Zudem ist die Methode durch zahlreiche Komplikationen wie eine nachfolgende Hyperplasie des ersetzten Kondylus mit schwerwiegenden Okklusionsstörungen und ästhetischen Veränderungen oder einer Ankylose des Kiefergelenks mit extremer Kieferklemme belastet (Awal et al. 2018, Saeed und Kent 2003; ➤ Abb. 11.4). Letzteres gilt auch für andere autologe Transplantationsverfahren.
- Von der **Ramusosteotomie** ist zwar eine Verlängerung der vertikalen Dimension, aber kein Wachstumsimpuls zu erwarten. Eine Indikation besteht dadurch erst am Ende der Wachstumsphase.
- Die Verlängerung der vertikalen Abstützung kann mithilfe der **Distraktionsosteogenese** des aufsteigenden Unterkieferastes erzielt werden. Eine Wachstumsstimulation oder ein „Mitwachsen" der isolateralen Unterkieferhälfte ist nicht zu erwarten. Dadurch hat die Methode nur am Ende der Wachstumsphase einen dauerhaften Effekt (Kaban et al. 2009).

- Die alloplastische Gelenkrekonstruktion wird für diese Indikation in besonders schweren Fällen derzeit diskutiert, allerdings müsste die Rekonstruktion entsprechend dem Wachstum der gesunden Seite evtl. mehrfach erneuert werden.

MERKE

Die Indikation zu einem Eingriff kommt bei diesen Patienten nicht durch funktionelle Defizite oder Schmerzen zustande, sondern durch die Absicht, die sich noch bis zum Ende der Wachstumsperiode verstärkende Dysgnathie mit ästhetischen Veränderungen zum Stillstand zu bringen bzw. zu beseitigen. Wegen des unberechenbaren Dauererfolgs derzeitiger operativer Möglichkeiten während der Wachstumsperiode wird daher heute vielfach empfohlen, bis zum Abschluss des skelettalen Wachstums zunächst mit kieferorthopädischen Maßnahmen die Zahnreihen auf den Kieferkämmen möglichst optimal auszurichten und erst danach den Unterkieferkondylus zu rekonstruieren, ggf. ein- oder zweizeitig mit Dysgnathiekorrektur.

Nach der Wachstumsperiode

Die Ergebnisse operativer Maßnahmen erscheinen hier berechenbarer.

- **Kostochondrale Transplantate** nach Abschluss der Wachstumsphase weisen eine deutlich geringere Komplikationshäufigkeit als im Kindesalter auf. Dies gilt grundsätzlich auch für die anderen Rekonstruktionsverfahren mit avaskulären oder freien, mikrovaskulär reanastomosierten autologen **Knochentransplantaten.**
- Eine Verlängerung der Vertikalen lässt sich in diesem Stadium auch mit der **Distraktionsosteogenese** oder **Ramusosteotomie** erreichen.
- Als weitere Option ist zu diesem Zeitpunkt auch eine **alloplastische Gelenkrekonstruktion** in Verbindung mit **orthognather Chirurgie** möglich, die gerade bei besonders ausgeprägten dreidimensionalen Veränderungen durch virtuelle Planung individueller Implantate eine ästhetische Angleichung an normale Verhältnisse erleichtert (Mehra et al. 2016b; ➤ Abb. 11.2, ➤ Abb. 3.11).

Differenzialdiagnose

Eine sekundäre Verkürzung eines ursprünglich intakten Kondylus kommt auch durch Resorption zustande (➤ 11.2).

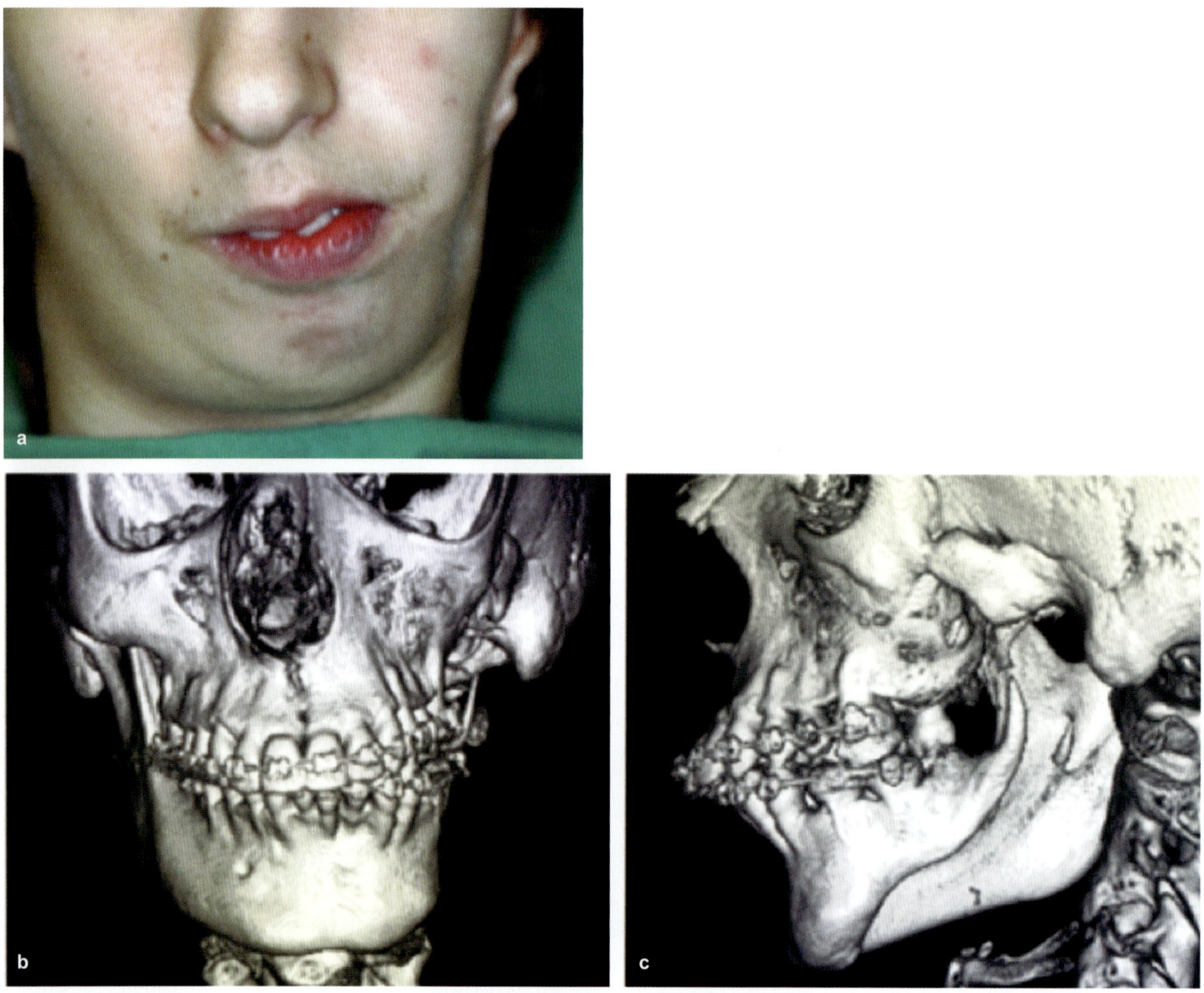

Abb. 11.1 Franceschetti-Syndrom bei einer 15-jährigen Patientin. [P660]
a: Durch die Hypoplasie des aufsteigenden Unterkiefer-Astes und den fehlenden Kondylus links u.a. Schiefstellung der Mundspalte, Kinndeviation zur Gegenseite.
b: En face 3D-CT der Patientin, hier bereits nach präoperativer kieferorthopädischer Regulierung. Kinnabweichung zur betroffenen Seite, Schiefstellung der Okklusionsebene.
c: 3D-CT der Patientin. Minderentwicklung des Unterkieferkörpers, z.T. auch konsekutiv der Oberkieferhöhe links durch Nichtanlage des linken Kondylus.

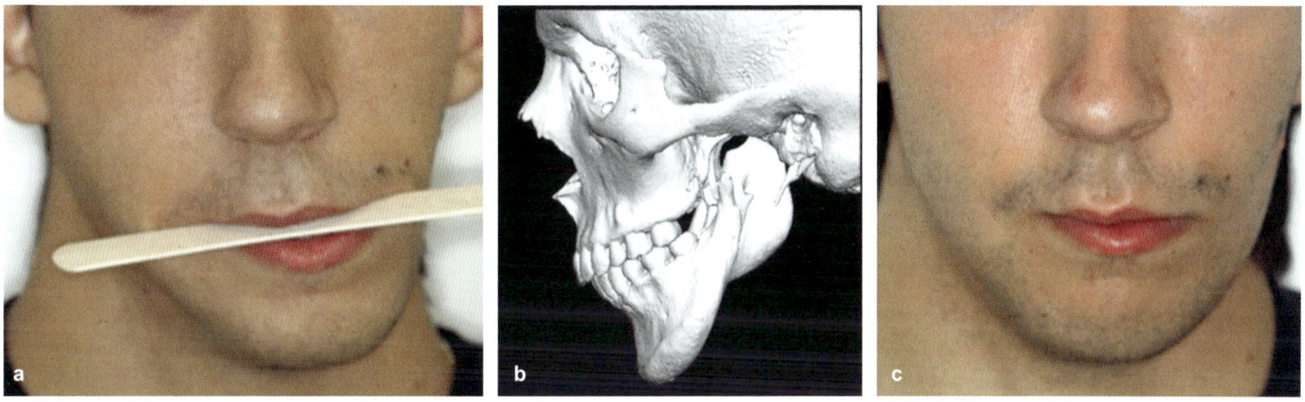

Abb. 11.2 18-jähriger Patient mit hemifacialer Mikrosomie. [P660]
a: Ausgeprägte Hypoplasie des linken Kondylus. Kinnüberwanderung zur betroffenen Seite, Schiefstellung der Okklusionsebene.
Planung der operativen Versorgung mit Umstellungsosteotomie des Ober- und Unterkiefers, in Kombination mit einer individuellen alloplastischen Gelenkrekonstruktion ➤ Abb. 3.11.
b: 3D-CT des Schädels links des Patienten. Nichtanlage des linken Kiefergelenks (Agenesie) und aufsteigenden Unterkiefer-Astes mit rudimentären und fehlpositionierten Anteilen des Kieferwinkels.
c: En face-Aufnahme des Patienten, 10 Monate postoperativ. Bis auf die Unterlippe weitgehend symmetrische Gesichtsproportionen mit Auffüllung des Gewebsdefizits im Wangenbereich und der Unterkieferkontur links durch die Gestaltung der Unterkiefer-Kondyluskomponente der individuellen Endoprothese, ➤ Abb. 3.11.

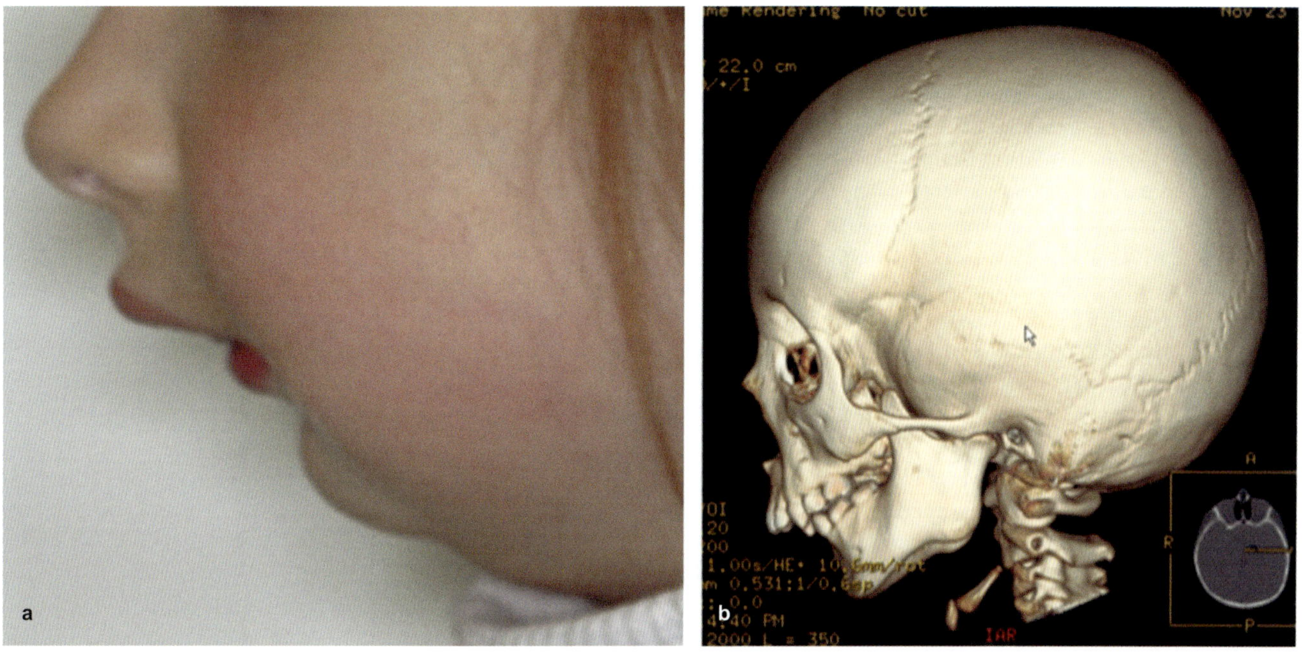

Abb. 11.3 8-jährige Patientin mit frühkindlichem Trauma beider Kiefergelenke nach Zangengeburt. [P660]
a: Unterkiefer-Hypoplasie. Zusätzlich deutliche Einschränkung der Kieferöffnung.
b: 3D-CT. Deutliche Hypoplasie des linken Kondylus, Retrognathie und, wie in solchen Fällen häufig, zusätzliche Hypertrophie des Proc. condylaris. Dieser und die kurze Suprahyalmuskulatur sind für die eingeschränkte Kieferöffnung verantwortlich.

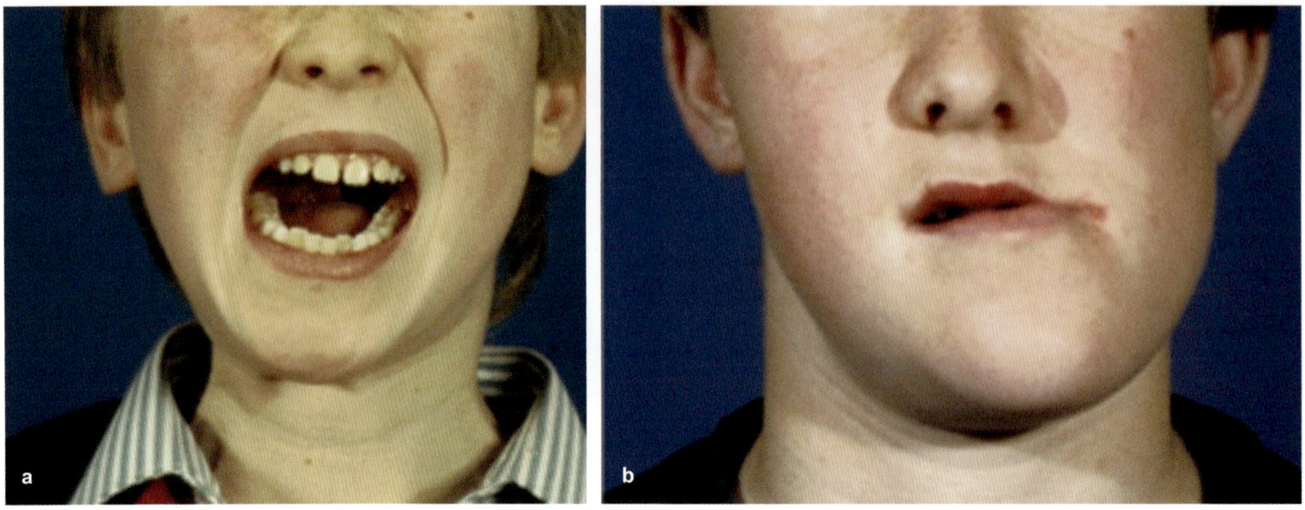

Abb. 11.4 Beispiel für eine Komplikation nach Ersatz des Kondylus links durch ein autologes costochondrales Transplantat bei idiopathischer juveniler Arthritis des linken Kiefergelenks. [P660]
a: Präoperatives Bild mit maximaler Mundöffnung im Alter von 8 Jahren.
b: 4 Jahre postoperativ: Massive Latero-Progenie nach der Gegenseite durch Hypertrophie des Transplantats.

11.2 Kondylusresorption

Die Resorption des Kondylus ist häufig Reaktionsform einer chronisch-entzündlichen Erkrankung aus dem rheumatischen Formenkreis (➤ 8.1.2). Andererseits kann sie auch bei anderen Autoimmunerkrankungen sowie ohne Grunderkrankung (idiopathisch) zustande kommen (s. AWMF S3-Leitlinie „Inflammatorische Erkrankungen des Kiefergelenks: Juvenile idiopathische Arthritis [JIA] und Rheumatoide Arthritis [RA] des Kiefergelenks"). Die Veränderung wird unbehandelt nach einseitigem Beginn letztlich auch beidseitig fortschreiten.

Gemeinsam ist allen Formen, dass vor Beginn der Erkrankung im Kiefergelenk normale Verhältnisse vorliegen. Die Geschwindigkeit des knöchernen Abbaus ist variabel und hängt bei den Autoimmunerkrankungen auch vom Ansprechen auf die medikamentöse Therapie ab. Letztlich ist die Resorption des Gelenkfortsatzes aber progredient; sie kommt in ausgeprägten Fällen erst in der Höhe der Incisura semilunaris zum Stillstand – mit der Folge eines **frontoffenen Bisses** bei **Retrognathie** des Unterkiefers (➤ Abb. 8.11).

Die daraus resultierenden **Veränderungen des Gesichtsprofils** sind oft Grund für die Erstvorstellung des Patienten.

11.2.1 Kondylusresorption im Rahmen von Autoimmunerkrankungen

Ätiologie

Unter den Autoimmunerkrankungen ist die **rheumatische Arthritis** die häufigste Ursache für die Kondylusresorption (➤ 8.2.1). Daneben kommt die Resorption des Kondylus als Rarität u. a. auch beim Sjögren-Syndrom und Lupus erythematodes und der progressiven Sklerodermie vor (Fain et al. 2011, Jonsson et al. 1983).

Symptome

- Am Anfang steht die chronische Synovitis, die mit der Zeit auf den knöchernen Anteil des Gelenks übergreift. Sie tritt immer beidseitig auf, mitunter zeitversetzt.
- Dauerschmerzen treten nicht in allen Fällen auf; der bei anderen Gelenken bekannte Anlaufschmerz wird gelegentlich beobachtet.
- Die Höhenverminderung kann morphologisch verschiedene Verläufe nehmen:
  - Beginnend mit Abbau der Gelenkfläche des Kondylus, danach schleichender Höhenabbau innerhalb von Jahren
  - Ausdünnung (Rarefizierung) des Kondylus bei zunächst erhaltener Gelenkfläche, danach Abbau nach kaudal innerhalb von Jahren (➤ Kap. 8)
- Im Folgenden tritt wegen der verkürzten vertikalen Abstützung des Unterkiefers ein frontal offener Biss auf.
- Erst bei einem Höhenverlust des Gelenkkopfs > 3–4 mm sind die muskulären Kompensationsmöglichkeiten des Abstützungsverlustes erschöpft, sodass Okklusionsveränderungen (meist frontal offener Biss) bemerkt werden.

MERKE
Auffällig ist die lange uneingeschränkt vorhandene Funktion der Unterkieferbewegungen und Kieferöffnung.

Therapie

- In einem **frühen Stadium**, bevor Okklusionsstörungen vorhanden sind, kann der resorptive Abbau durch eine **Synovektomie** unterbrochen werden (➤ 8.2.1). Damit lässt sich ein Okklusions- und Funktionsverlust vermeiden (Reich und Teschke 2012, Arnold 2018).
- Ist durch eine erhebliche Höhenverminderung bereits ein **offener Biss** aufgetreten, muss einerseits die chronisch entzündliche Matrix im Gelenkbereich, die die Resorption treibt, durch **Synovektomie und Ausräumung des Pannus** entfernt werden. Andererseits ist die **fehlende vertikale Abstützung des Unterkiefers** wieder herzustellen und die dadurch aufgetretene Biss-Störung zu beseitigen. Wegen der bereits eingetretenen Biss-Störung ist ggf. vor der Planung der Kondylusrekonstruktion eine kieferorthopädische Behandlung sinnvoll, um postoperativ möglichst ideale okklusale Anstützung zu erhalten. Insofern ist vor der Planung der operativen

Maßnahmen eine enge Abstimmung mit dem Kieferorthopäden nötig.
- Es ist bislang fraglich, ob die Resorption bei bereits manifester Höhenminderung allein durch die Synovektomie mit Entfernung des Pannus – ohne Resektion der Resorptionszone des Kondylus – zum Stillstand gebracht werden kann. Daher wird der Weichgewebseingriff in der Regel mit der Resektion zumindest der Resorptionszone des Kondylus **(hohe Kondylektomie)** kombiniert.
- Bei größeren Höhenminderungen wird die Weichgewebsausräumung des Gelenks in der Regel mit der **Kondylektomie** kombiniert.
- Klinisch ist bei Patienten mit rheumatischer Erkrankung nach operativen Eingriffen oft eine Tendenz zur verstärkten Narbenentwicklung in den Gelenken zu beobachten. Daraus wird teilweise die Empfehlung abgeleitet, ein **Interpositionsmaterial** zwischen den Stumpf des Kondylus und die Fossa-Region einzubringen und dies an der Fossa sicher zu fixieren (Reich und Teschke 2012) (➤ 8.2.1).
- Bei mäßiger Höhenminderung ist zur Wiederherstellung der vertikalen Abstützung des Unterkiefers nach Synovektomie alternativ die **Distraktionsosteogenese** oder **Ramusosteotomie** in dieser Indikation möglich.
- Die übrigen Methoden der Rekonstruktion des Gelenks s. ➤ 3.3.2 und ➤ 13.

MERKE

Orthognathe Chirurgie reicht als alleinige Therapie nicht aus, da durch weitergehende Resorption ein Rezidiv der Okklusionsstörung nach dem Eingriff befürchtet werden muss.

11.2.2 Idiopathische Kondylusresorption

Zwei Erscheinungsformen sind zu unterscheiden (S3-Leitlinie AWMF 007/066):
- Idiopathische adulte Kondylusresorption, IAR, engl. IACR
- Idiopathische juvenile Arthritis, JIA

Idiopathische adulte Kondylusresorption

Ätiologie

Letztlich ist die Ursache der IAR bislang ungeklärt; wegen der Prävalenz bei jungen Frauen mit Angle Klasse II wird ein Zusammenhang mit der Dysregulation von Sexualhormonen, u. U. auch bei Einnahme von oralen Antikonzeptiva, diskutiert. Dasselbe gilt auch für einen genetischen Einfluss oder eine Infektion durch Mikroorganismen, z. B. Chlamydien und Mykoplasmen (Gunson et al. 2009, Wolford 2001).
Als wichtigste Risikofaktoren wurden identifiziert:
- Steile, anterior nach kaudal geneigte Okklusionsebene
- Geringe hintere Gesichtshöhe
- Vorbestehende Symptomatik des Kiefergelenk-Muskulatur-Komplexes
- Diskusverlagerung

Symptome

- Mit deutlicher Prävalenz zwischen dem 15.–35. Lebensjahr tritt die Resorption meist erst durch einen **langsam progredienten frontal offenen Biss** in Erscheinung (➤ Abb. 11.5, ➤ Abb. 11.6, ➤ Abb. 11.7).
- Stets sind beide Gelenke betroffen, manchmal zeitverzögert.
- Ohne Behandlung resorbieren die Kondylen **fortschreitend** bis zu Höhe der Incisura semilunaris. Daraus resultieren neben **Bissveränderungen** letztlich auch erhebliche ästhetische Veränderungen des Untergesichts mit Rücklage des Kinns; auch eine **Schlafapnoe** ist in fortgeschrittenem Stadium möglich (Young 2017).
- Schmerzen werden selten angegeben.

CAVE

Ohne Beachtung der Kiefergelenkveränderungen können die Bissveränderungen zur Planung alleiniger orthognather Chirurgie führen. Rezidive sind dann nach alleiniger Dysgnathiechirurgie zur Korrektur des offenen Bisses, ohne zusätzliche Maßnahmen im Kiefergelenk, wegen der progredienten Resorption vorprogrammiert.

Therapie

Konservativer Therapieansatz Unter der Annahme, dass das rapide Resorptionsgeschehen durch einen autoimmunologischen Vorgang im Zusammenhang mit Sexualhormonen zustande kommt, werden ggf. orale Antikonzeptiva abgesetzt und mehrere immunmodulierende und antiphlogistische Medikamente für längere Zeit verabreicht.

Die Vertreter dieses Therapieansatzes nehmen an, dass damit die Progression der Kondylusresorption gestoppt und danach eine bereits eingetretene Biss-Störung durch kieferorthopädisch-chirurgische Maßnahmen ohne Eingriff am Kiefergelenk behandelt werden kann (Arnett et al. 1996a, Arnett et al. 1996b, Gunson et al. 2009). Kritisch ist dabei zu bewerten, dass, selbst wenn die Annahme eines Anhaltens der Resorption zutrifft, die verabreichten Medikamente potenziell teilweise erhebliche Nebenwirkungen haben können, was besonders wegen des jungen Alters der Patienten ins Gewicht fällt.

Invasiver Therapieansatz
- **Frühes Stadium:** Wenn noch keine gravierende Bissstörung vorhanden ist (gering offener Biss) reicht oft eine Synovektomie aus. Wolford (2001) empfiehlt zusätzlich die Fixierung des meist verlagerten Diskus auf den Kondylus, solange dieser noch vorhanden und intakt ist. Dem Diskus wird eine resorptionsprophlaktische Wirkung zugesprochen. Die postoperativen Ergebnisse werden als stabil beschrieben (Bodine et al. 2016).
- **Spätes Stadium:** Bei deutlich reduzierter Höhe der Kondylen und dem daraus resultierenden manifesten offenen Biss wird heute meist die Synovektomie und Entfernung des Rest-Kondylus mit anschließendem alloplastischem totalen Gelenkersatz empfohlen, da bei autologer Rekonstruktion eine erneute Resorption zu befürchten ist (➤ Abb. 11.5). Die Planung einer individuellen Prothese anhand der präoperativen CT-Daten kann auch dysgnathiechirurgische Maßnahmen beinhalten, die im gleichen Eingriff durchgeführt werden können. Auf diese Weise können auch die Inklination der Okklusionsebene und die Gesichtshöhe optimiert werden (Mercuri 2007).

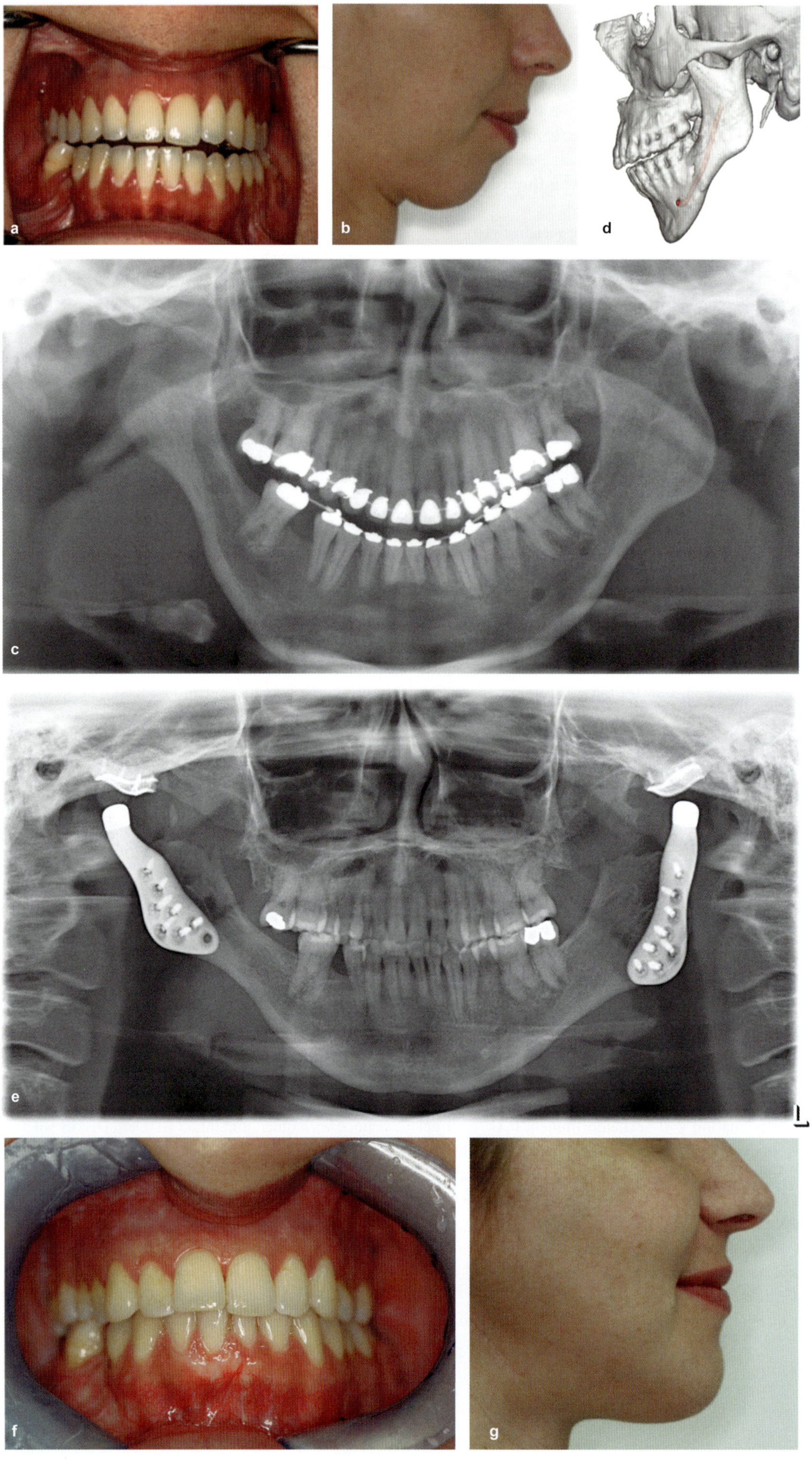

Abb. 11.5 23-jährige Patientin mit idiopathischer adulter Kondylusresorption. [P660]
a: Typischer Befund: langsam progredienter, frontal offener Biss durch Verlust der vertikalen Abstützung des Unterkiefers, Angle Kl. II.
b: Seitliches Profil: langsam progrediente Kinnrücklage und frontal offener Biss seit dem 18. Lebensjahr. Zwischenzeitlich Symptome einer Diskusverlagerung.
c: Orthopantomogramm: rechts totale, links subtotale Kondylusresorption, die sich in 5 Jahren entwickelt hat.
d: 3D-CT: Steile, nach anterior geneigte Okklusionsebene, Kondylusresorption, frontal offener Biss.
e: Orthopantomogramm ein Jahr nach totalem individuellen alloplastischem Kiefergelenkersatz (System Fa. TMJ Concepts, jetzt Stryker, Ventura, CA, USA) in Kombination mit Umstellungsosteotomie des Oberkiefers (counterclockwise rotation): Stabile Abstützung des Unterkiefers in Norm-Abstand von der Schädelbasis, Verbesserung der hinteren Gesichtshöhe.
f: Okklusion der Patientin ein Jahr nach Operation: Normokklusion, Beseitigung der durch unterschiedliche Resorption der Kondylen bedingten Schiefstellung der Okklusionsebene.
g: Profil der Patientin ein Jahr postoperativ: Kinnposition deutlich verbessert, durch die Verlängerung der Suprahyalmuskulatur Erleichterung der Kieferöffnung.

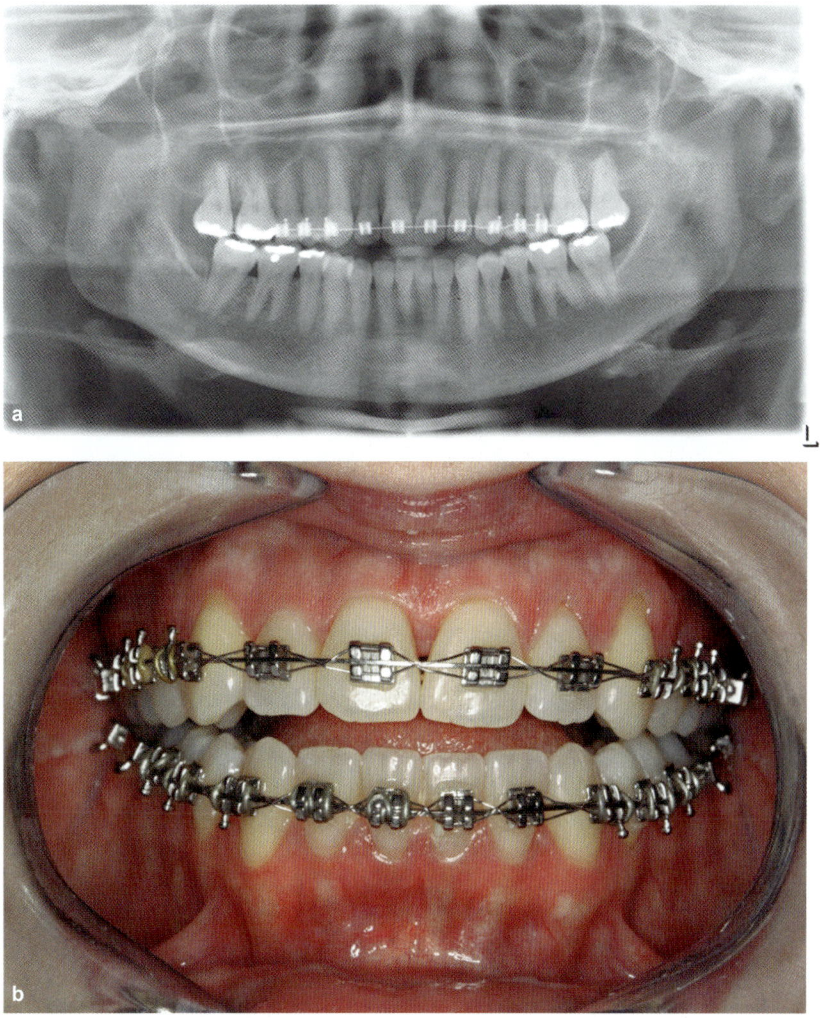

Abb. 11.6 25-jährige Patientin mit idiopathischer adulter Kondylusresorption. Deutliche, progrediente Resorption der Kondylen, daraus folgend frontoffener Biss. [P660]
a: OPT.
b: Klinischer Befund.

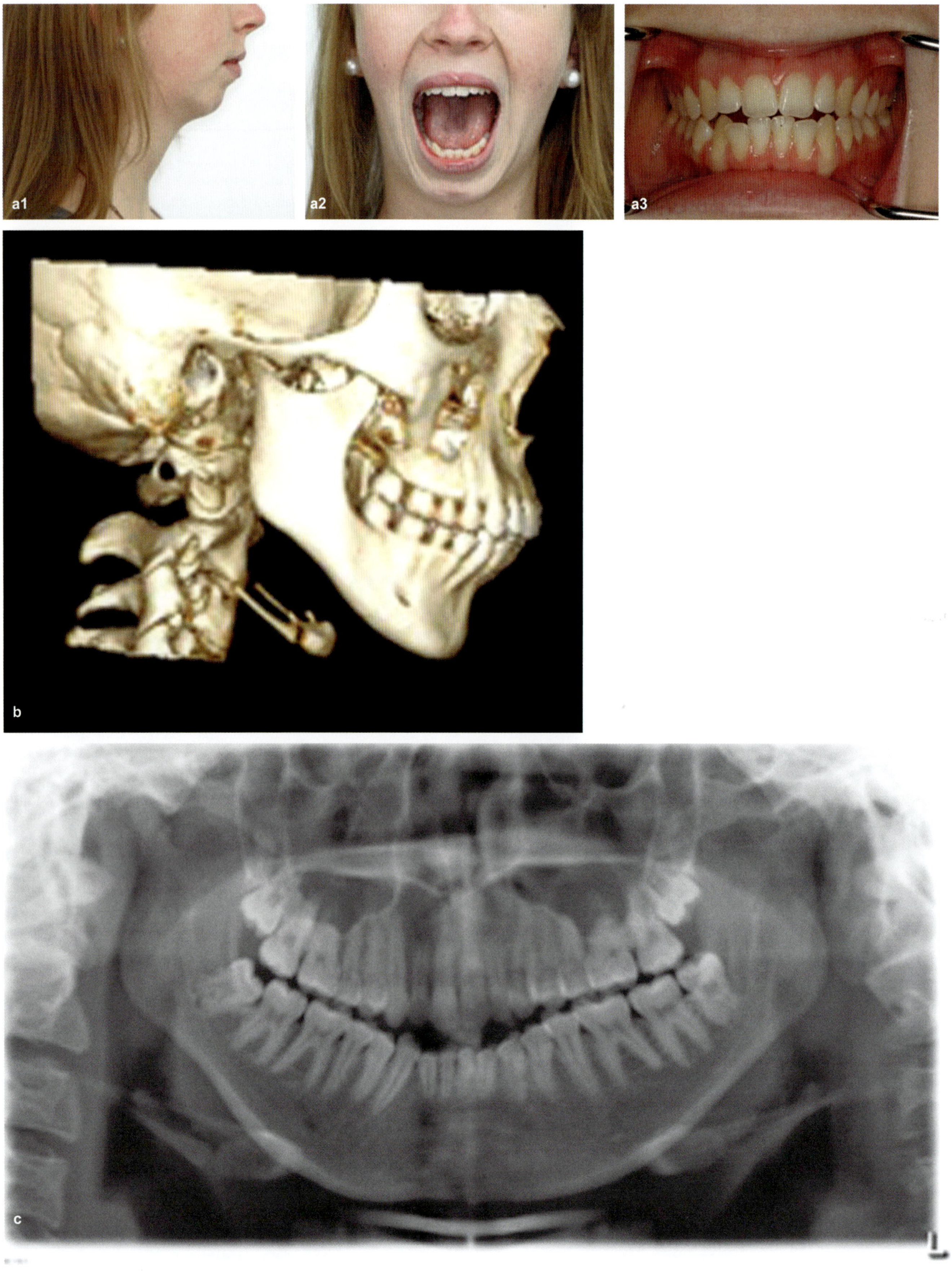

Abb. 11.7 22-jährige Patientin mit idiopathischer adulter Kondylusresorption. [P660]
a: Die Patientin stellte sich wegen eines Rezidivs des frontoffenen Bisses und progredienter Rücklage des Kinns nach kieferorthopädischer Therapie vor. Typischerweise bei der IAR keine Einschränkung der Kieferöffnung oder Schmerzbeschwerden.
b: 3D-CT.
c: OPT. Beidseits deutliche Resorption des Kiefergelenkkopfs.

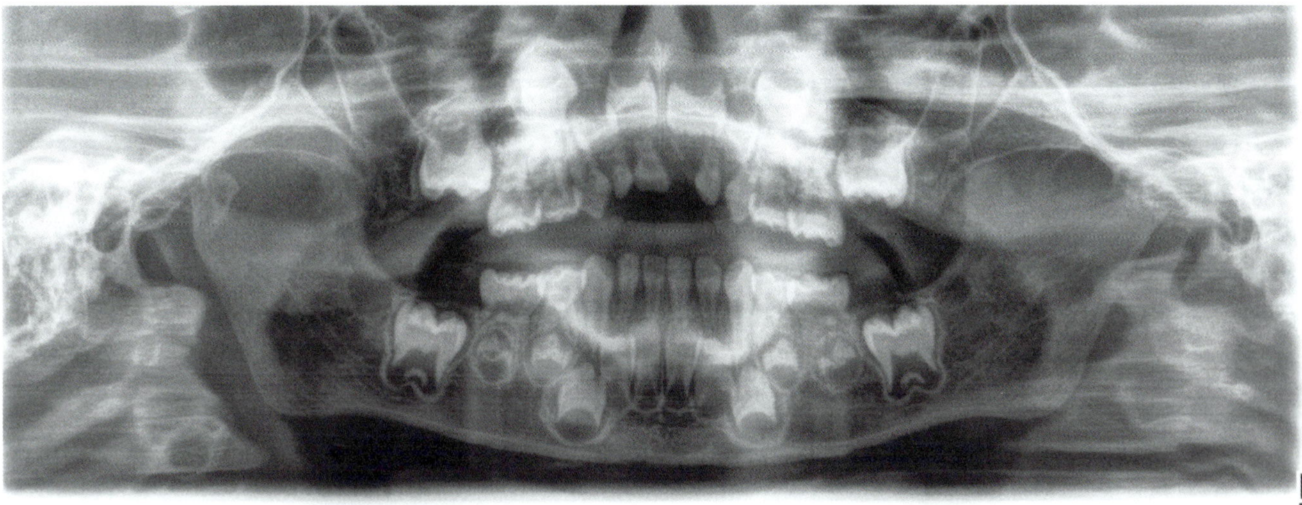

Abb. 11.8 OPT eines 5-jährigen Jungen mit rheumatischer Teil-Resorption beider Kondylen (JIA). Klinisch eingeschränkte Kieferöffnung und Wachstumsrückstand des Unterkiefers. Typischerweise als Folge Elongation des Proc. coronoideus beidseits, die auf Dauer die Kieferöffnung zusätzlich behindern kann (➤ 2.4) [P660]

Idiopathische juvenile Arthritis

Ätiologie

Als Ursache der idiopathischen juvenilen Arthritis (JIA) wird eine Autoimmunerkrankung angeschuldigt (Stoll et al. 2012, Arabshahi und Cron 2006). Der Begriff wird heute, nach einer Definition der International League of Associations for Rheumatology in Bezug auf das Kiefergelenk als Sammelbegriff für eine Mitbeteiligung bei einer systemischen juvenilen idiopathischen Arthritis, Oligoarthritis, Rheumafaktor-positiven oder -negativen Polyarthritis, Psoriasis-Arthritis, Enthesis-assoziierten Arthritis/Juvenilen Spondyloarthritis und undifferenzierten **Arthritis** verwendet, die **bis zum 16. Lebensjahr auftritt und länger als 6 Monate aktiv** ist (El Assar et al. 2016, Stoustrop et al. 2020).

Ohne Geschlechtsprädilektion und ohne erkennbare Ursache ist sie in 17–90 % vergesellschaftet mit der Arthritis anderer Gelenke. Auffällig ist, dass sich die JIA des Kiefergelenks in vielerlei Hinsicht anders als in Extremitätengelenken verhält. Wahrscheinlich ist hierfür der entwicklungsgeschichtlich bedingte unterschiedliche Aufbau und die Lage des Wachstumszentrums dicht unter der Faserknorpel-Schicht der kondylären Gelenkfläche ursächlich.

Pathologie

Morphologisch ist die JIA durch progrediente Erosion der kondylären Gelenkfläche, Diskusperforation und – im Gegensatz zur Arthrose – **obligat fortschreitende Resorption** des Kondylus, die bis in die Höhe der Incisura semilunaris reichen kann, gekennzeichnet. Der destruktive Prozess erfasst die knapp unter der Gelenkfläche des Kondylus liegende Kambiumschicht, die das Wachstumszentrum für die jeweilige Unterkieferhälfte bildet. Die Folge ist ein deutlicher Wachstumsrückstand der betroffenen Unterkieferhälfte mit verringerter Ramushöhe und einem kurzen und im Volumen verminderten Unterkieferkörper auf der betroffenen Seite (➤ Abb. 11.8).

Symptome

- Klinisch tritt die JIA oft erst einseitig, später meist beidseitig mit mehr oder minder ausgeprägten **Schmerzen** im Kiefergelenkbereich und Einschränkung der Kieferöffnung (**relative Kieferklemme**) in Erscheinung. Auch schleichende Verläufe ohne Schmerzen kommen vor. Wegen der oft erheblichen ästhetischen Veränderungen kommen u. U. psychosoziale Stressfaktoren zustande, sodass bei der Schmerzanamnese auch eine schmerzhafte Hyperaktivität der Kaumuskulatur bedacht werden muss. Überwärmung wie bei anderen Gelenken wird selten beobachtet.
- Oft ist eine **Biss-Störung** nach zunächst normaler Entwicklung (z. B. offener Biss, Retrognathie) oder eine ästhetische Veränderung durch Kinndeviation das erste Krankheitszeichen, das die Eltern zur Vorstellung des Patienten veranlasst. Später kann die Kieferöffnung und insgesamt die Beweglichkeit des Unterkiefers beeinträchtigt sein (➤ Abb. 11.8).
- Je nach Ein- oder Beidseitigkeit kommt es ab einem nicht mehr zu kompensierbaren Grad zu einer schiefen Okklusionsebene, asymmetrischem Unterkieferwachstum mit Laterognathie, **Retrognathie, offenem Biss**, und ästhetischen Veränderungen durch **Schiefstellung des Unterkiefers** mit **Kinndeviation oder -rücklage** bis zum Vogelgesicht.
- In ausgeprägten Fällen kann durch die damit verbundene **Einengung der Luftpassage** eine Schlafapnoe zustande kommen; die Intubation kann erheblich erschwert sein (Stoll et al. 2012). Diese Vollausprägung wird selten erreicht.

Diagnostik

Im **Orthopantomogramm** ist meist eine Volumenverminderung, Erosion der Gelenkfläche und später eine Verkürzung des Kondylus erkennbar. In wenigen Spätfällen ist auch eine Ankylose in Fehlstellung des Unterkiefers möglich.

Die **MRT mit Kontrastdarstellung** (Gadolinium) stellt den Goldstandard der Diagnostik der JIA dar. Im frühen Stadium findet sich in der T2-Gewichtung als Ausdruck einer chronischen Entzündung oft ein Erguss, Pannusgewebe, später ein Knochenödem mit Kontrastverstärkung. Die MRT eignet sich zur Diagnose in frühen Fällen; allerdings sind auch falsch positive Befunde möglich. Später ist eine progrediente Resorption des Kondylus von der Gelenkfläche her erkennbar. Stellungsveränderungen des Discus articularis werden selten gefunden. Sind diese Befunde nicht mehr vorhanden, wird angenommen, dass die Aktivitätsphase abgeschlossen ist (Stoll et al. 2012).

Prinzipiell eignet sich zur Feststellung der Aktivität auch die **Knochenszintigrafie** des Gesichtsschädels bzw. das SPECT-Verfahren. Wegen der notwendigen Strahlenprophylaxe gerade bei jungen Patienten ist die Indikation dazu jedoch kritisch zu stellen.

Therapie

Orthodontische Therapie kann die Funktion (Kieferöffnung, Okklusion) zwar verbessern, den destruktiven Prozess aber nicht aufhalten.

Die **medikamentöse Therapie** mit Immunsuppressiva, immunmodulierenden Therapeutika wie Methotrexat oder Biologica ist bei der JIA des Kiefergelenks in ihrer Wirkung sehr unsicher. Davon abgesehen sind diese Wirkstoffe im wachsenden Organismus nur eingeschränkt indiziert.

CAVE

Intraartikuläre Injektionen mit Kortisonpräparaten verschaffen zwar meist kurzfristige Besserung bei Schmerzen und auch eine Verbesserung der Beweglichkeit des Gelenks; nach mehreren Behandlungen muss allerdings langfristig mit einer Verstärkung der Wachstumsverminderung und der Resorption gerechnet werden. Auch heterotope Knochenbildung im Gelenkbereich mit der Folge einer Ankylose wurde nach intraartikulärer Kortisontherapie beobachtet (Stoll et al 2018).

Wenn keine gravierenden Schmerzen oder Funktionsbehinderungen z. B. durch Kieferklemme vorliegen, erscheint es günstig, unter orthodontischer Therapie möglichst das Ende des Wachstums abzuwarten. Danach kann, entsprechend dem Vorgehen bei der Hypoplasie, die Rekonstruktion des Unterkiefers bzw. die Korrektur der mittlerweile eingetretenen Dysgnathie geplant werden (➤ 11.1). Prinzip ist die möglichst lange Verlagerung des OP-Zeitpunkts zum Abschluss des Wachstums. Nur im Falle schwerwiegender Beeinträchtigungen, z. B. bei drohender oder manifester Schlafapnoe durch Rücklage des Unterkiefers oder einer Ankylose kann sich eine Indikation zum chirurgischen Handeln (Maßnahmen analog ➤ 11.1 und ➤ 12) noch während der Wachstumsperiode des Patienten ergeben.

MERKE

Eine Voraussage, ob und ggf. wann die Kondylusresorption zur Ruhe kommt, ist bislang nicht möglich. Während der Aktivitätsphase richtet sich nach der Wachstumsperiode die Therapie auf die Unterbrechung der Resorption, um noch weitergehende Veränderungen zu verhindern. Wird der Patient erst zu einem späteren Zeitpunkt, nach dem Ende der Resorptionsphase und nach Abschluss des Skelettwachstums gesehen, kann die Wiederherstellung der okklusalen Beziehung und damit die der skelettalen Architektur der Kiefer durch orthognathe Chirurgie in den Fokus genommen werden.

KAPITEL

12 Ankylose (Gelenkversteifung)

Rudolf Reich

Wegen der unterschiedlichen Gewebereaktionen und Compliance unterscheidet sich die Behandlungsstrategie der Ankylose bei Kindern und Erwachsenen.

12.1 Ankylose bei Erwachsenen

Ätiologie und Symptome

Aufgrund von bindegewebiger oder folgender knöcherner Durchbauung des Gelenkspalts bzw. der Kapselstrukturen wird die Bewegung des Kondylus eingeschränkt, was in einer Abnahme der maximalen Kieferöffnung und der übrigen Unterkieferbewegungen resultiert.

Leitsymptom ist eine **permanente Kieferklemme** (reduzierte Kieferöffnung).

Ist praktisch keine maximale Schneidekantendistanz messbar, liegt eine absolute Kieferklemme vor; ansonsten spricht man von einer relativen Kieferklemme.

Als Ursachen werden unterschieden:

- **Entzündlich bedingt:** Durch Fortleitung einer verschleppten oder insuffizient therapierten bakteriellen Entzündung des Mittelohrs oder Gehörgangs in das benachbarte Kiefergelenk kommt es hauptsächlich im Kindesalter zu einer stürmischen Vernarbung der bindegewebigen Gelenkstrukturen. Die spätere Verknöcherung manifestiert sich dann im Erwachsenenalter durch Kieferklemme.
  Diese Komplikation ist auch nach einer Begleit-Arthritis bei Infekten und bei Autoimmunkrankheiten, z. B. Rheuma (➤ Abb. 8.12, ➤ Abb. 8.13, ➤ Abb. 8.14, ➤ Abb. 8.16, ➤ Abb. 8.18), ebenso möglich wie bei einer Osteomyelitis des Unterkiefers, die den Kondylus erfasst hat (➤ 8.1.1, ➤ Abb. 8.4, ➤ Abb. 8.5, ➤ Abb. 8.6).
- **Posttraumatisch:** Als Folge einer dislozierten, insbesondere intrakapsulären Kondylusfraktur mit Fragmentbildung kann es besonders im Kindesalter wegen der in dieser Entwicklungsphase erhöhten Tendenz zur Bindegewebsproliferation zur narbigen Versteifung kommen. Auch eine nachfolgende Verknöcherung der intraartikulären Narbenstränge ist möglich (➤ Abb. 12.1, ➤ Abb. 12.2, ➤ Abb. 12.3).

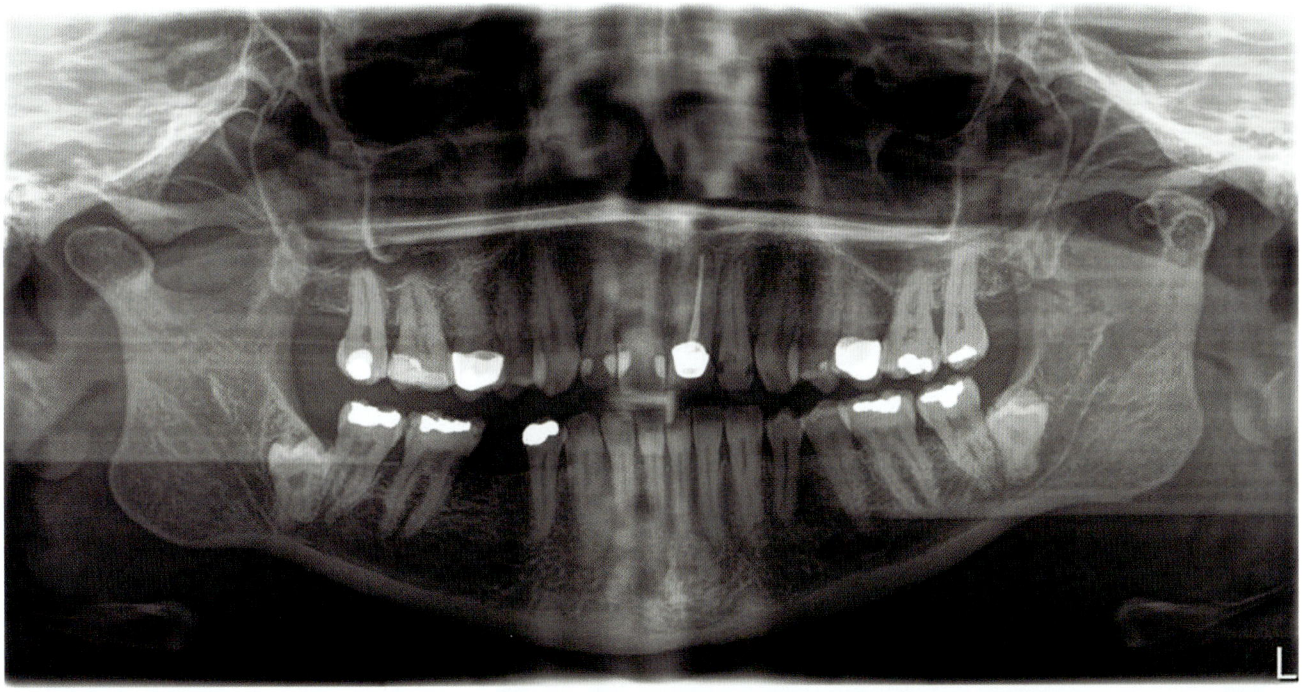

Abb. 12.1 OPT einer 42-jährigen Patientin mit einer sich über Jahre entwickelten relativen Kieferklemme mit Deviation des Unterkiefers bei der Öffnung nach links, ohne Schmerz. [P660]
Anamnese: vor 8 Jahren Sturz auf das Kinn, Verdacht einer Kiefergelenkfraktur in konventioneller Röntgentechnik nicht bestätigt.
Befund: Deformation und Verkürzung des linken Kondylus, dort deutliche Verbreiterung und Verlängerung des Proc. coronoideus, die sich als Folge mechanischer Behinderung des linken Kondylus gebildet hat. Diagnose: Narbenbildung nach intrakapsulärer Kondylusfraktur, d.h. fibröse, posttraumatische Ankylose linkes Kiefergelenk.

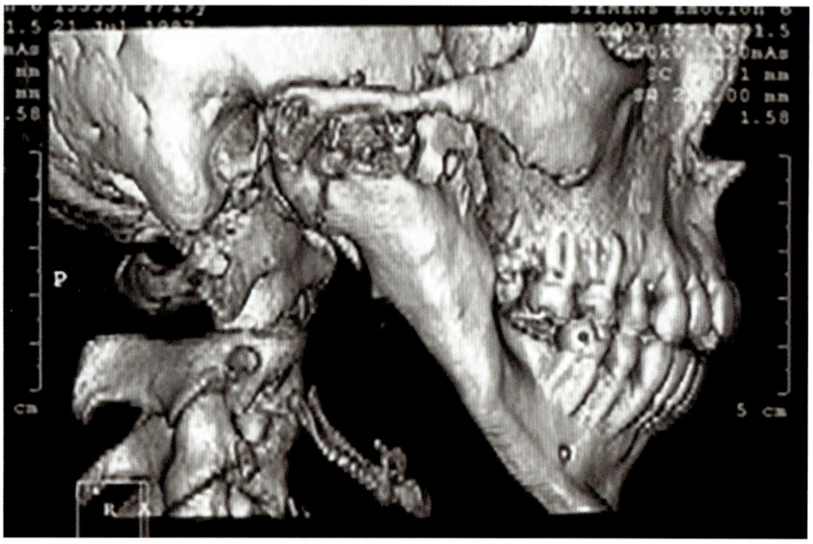

Abb. 12.2 3D-CT eines Patienten mit absoluter Kieferklemme. Vorausgegangen: eine beidseitige dislozierte Collumfraktur, in Fehlstellung verheilt, danach vier Ankyloseoperationen, jeweils mit Rezidiv. Diagnose: Rezidivierte Ankylose beider Kiefergelenke. Klassische Indikation für einen alloplastischen Ersatz der Kiefergelenke. [P660]

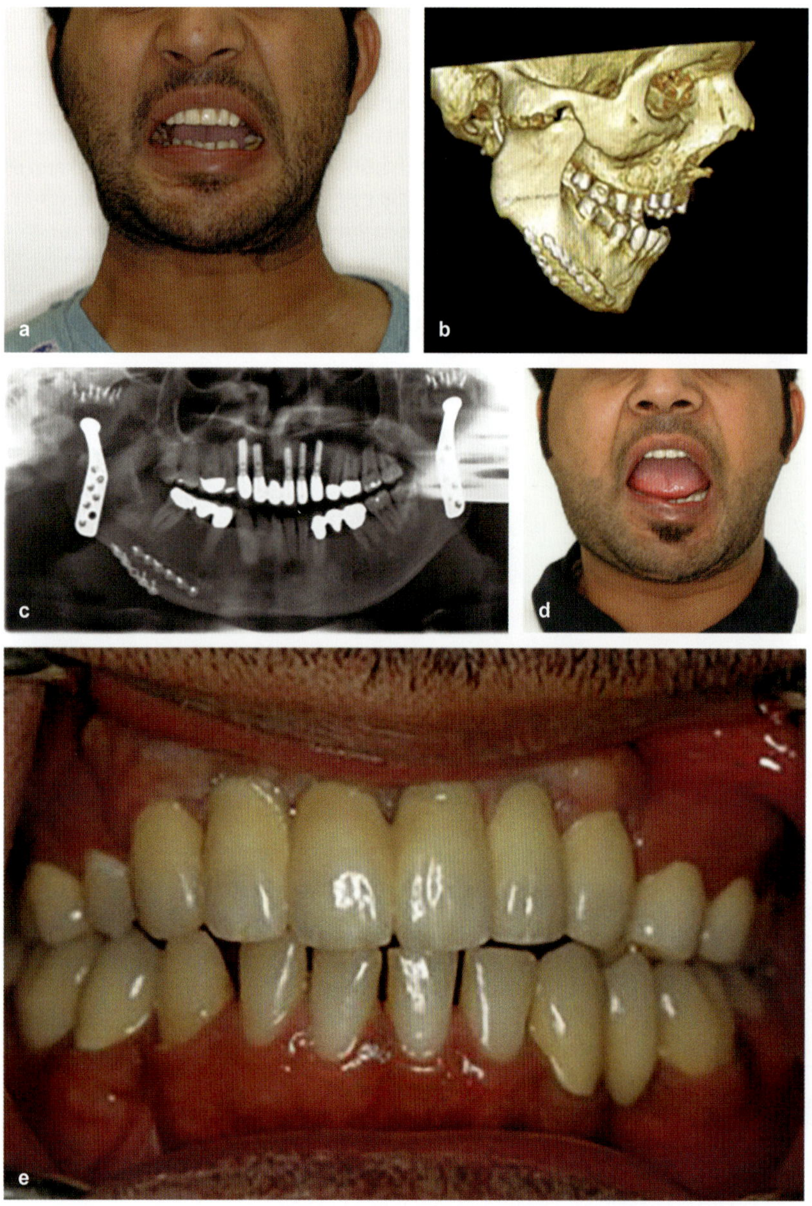

Abb. 12.3 a: Maximale Kieferöffnung eines 23-jährigen Patienten ein Jahr nach operativer Versorgung einer Unterkiefer-Corpusfraktur rechts und konservativer Versorgung von Collum-Trümmerfakturen beidseits. Beim Versuch des Kieferschlusses frontal offener Biss.
b: 3D-CT des Patienten. Knöcherne Ankylose des rechten Kiefergelenks in Fehlstellung. Die gleiche Veränderung auch auf der Gegenseite. Diagnose: Posttraumatische knöcherne Ankylose der beiden Kiefergelenke, Z.n. Miniplatten-Osteosynthese im rechten Corpusbereich.
c: OPT des Patienten nach alloplastischem Kiefergelenkersatz beidseits (Biomet-Zimmer, Freiburg, Stock Prothesen). Kranial jeweils die zur Befestigung der Fossakomponente benutzten Schrauben. Die Miniplatten rg. 45-48 wurden belassen.
d: Maximale Kieferöffnung des Patienten 6 Wochen nach beidseitigem Kiefergelenkersatz. Rückläufige Schwäche des Ramus marginalis N. facialis rechts.
e: Okklusion des Patienten nach beidseitigem Kiefergelenkersatz und prothetischer Neuversorgung im Oberkiefer-Frontbereich. [P660]

Diagnostik

Für die Feststellung der Ursache der mangelnden Kieferöffnung, die Feststellung des Umfangs einer evtl. Ankylose und den Ausschluss von Differenzialdiagnosen ist meist eine CT- oder DVT-Untersuchung der Schädelbasis einschließlich des Unterkiefers Standard. Bei der Frage nach weichgewebigen Veränderungen muss sie durch ein MRT ergänzt werden.

In Zweifelsfällen kann auch eine Untersuchung der Gelenkbeweglichkeit in Allgemeinnarkose sinnvoll sein.

Therapie

Konservative Therapie

Eine alleinige konsequente Physiotherapie mit passiven Dehnungsübungen ist nur bei geringer Einschränkung der maximalen Schneidekantendifferenz sinnvoll. Für die Selbsttherapie des Patienten hat sich ein einfach zu handhabendes Kieferspreizgerät bewährt, das auch postoperativ zum Erhalt der erreichten Beweglichkeit eingesetzt wird (Therabite®, Fa. Atos, Troisdorf).

Operative Therapie

Indikation Die Indikation zur operativen Therapie ergibt sich, wenn aufgrund mangelnder Kieferöffnung die Mundhygiene, Nahrungsaufnahme oder zahnärztliche Versorgung nicht mehr möglich ist. Letztlich ist auch zu bedenken, dass in einem Notfall die orale Intubation erheblich erschwert oder unmöglich sein kann. Die operative Therapie hat die Wiederherstellung einer ausreichenden Kieferöffnung unter Wahrung der Okklusion zum Ziel.

Info

Die operative Therapie hat das Ziel, eine vollständige, breite Knochenlücke im Gelenkbereich zu schaffen und die erneuten Durchwachsung des Spalts zu verhindern. Je breiter die Knochenlücke, desto geringer ist die Gefahr einer erneuten Versteifung.
Als Barriere und Platzhalter für die Lücke (Interponate) stehen verschiedene Materialien zur Verfügung. Prinzipiell ist die Gefahr, eine Bindegewebsproliferation als Vorläufer einer Reankylose zu induzieren bei biologischen Interponaten höher als bei alloplastischen Materialien.

Methodik Für die operative Behandlung der Ankylose wurden im Laufe der Zeit viele Methoden angegeben, von denen hier nur die gebräuchlichsten erwähnt werden.

Nach Schaffung einer ausreichend (mind. 6 mm) breiten **Knochenlücke** kommen zum Einsatz:

- **Silikonfolie/-block** als alloplastisches Interpositionsmaterial (z. B. Fa. Bess Medizintechnik GmbH, Berlin). Prinzip ist dabei die individuelle Anpassung des Materials an die geschaffene Knochenlücke und Fixierung an die Fossa z. B. mit der **Einflechttechnik** (Reich und Teschke 2012). Die starre Fixierung macht die früher gefürchtete Komplikation eines Abriebs und Verbringen der Partikel ins Lymphsystem extrem unwahrscheinlich.
- Temporalismuskel oder gestielte Temporalisfaszie, die über den äußeren Rand in die Fossa eingeschlagen wird und sie auskleiden soll. Technisch ungelöst ist dabei noch ihre sichere Fixierung in der Fossa, insbesondere bei Kondylusbewegungen.
- Freie, autologe Knorpeltransplantate, als Chips oder Block (Härle 1978).

Nach Kondylektomie sind prinzipiell folgende Rekonstruktionsmethoden möglich:

- **Autologe Transplantate:**
  - Freier, avaskulärer Knochen (z. B. Beckenkamm, Rippe). Dieses Verfahren war über lange Zeit das einzig bekannte.
  - Freie, avaskuläre Knochenknorpel-Transplantate (meist kostochondral, sternoklavikulär).
  - Gestielte, mikrovaskulär reanastomosierte Transplantate (z. B. Fibula, Beckenkamm, Metatarsalgelenk (Borumandi et al. 2012).

  Bei den Knochen- und Knochenknorpel-Transplantaten ist es sinnvoll, eine mehrere Millimeter breite Distanz zur Fossa zu belassen, um die Bewegung des Kondylus ohne direkten Kontakt mit der Fossa zu ermöglichen (Chao et al. 2014.).
  Der langfristige Erfolg aller autologen Transplantate, was die Bewegung und die Stabilität der vertikalen Abstützung des Unterkiefers und damit auch die Wahrung der Okklusion angeht, hängt von der Narbenentwicklung im Grenzbereich zur Fossa bzw. dem Schädelbasisbereich ab. Diese ist in der Regel stärker als nach alloplastischer Implantation.
  Bei allen autologen Transplantaten können folgende **Komplikationen** auftreten:
  - Entwicklung einer Reankylose mit der Schädelbasis im Fossabereich
  - Bei kostochondralen Transplantaten, die osteosynthetisch auf der lateralen Fläche des aufsteigenden Astes angebracht werden, zusätzlich die Fraktur des Transplantats; durch eine geschickte Verwendung der Miniplattentechnik kann dieses Risiko minimiert werden (Monje Gil, 2009).
  - Eine Resorption des Transplantats, die bei einer Höhenminderung von mehr als 4 mm zu einer Bissstörung führen kann
  - Während der Wachstumsphase weitere spezifische Komplikationsrisiken (➤ 12.2)
- **Implantate:**
  - **Kondylusersatz** (z. B. Kondylusprothese aus Stahl oder Titan), (➤ Abb. 3.7)
  - **Totaler alloplastischer Gelenkersatz** durch zweiteilige Prothese (Fossa- und Kondylus-Komponente), vorgefertigt oder individuell hergestellt (➤ Abb. 3.9, ➤ Abb. 3.10, ➤ Abb. 12.3)

  Gemeinsam ist beiden Verfahren, dass durch die hierbei nötige Kondylektomie eine besonders **breite Knochenlücke** zwischen dem Stumpf des aufsteigenden Unterkieferasts und der Schädelbasis im Fossabereich zustande kommt.
  In besonderer Weise trifft dies auf die totale Gelenkprothese zu, da hier stets eine komplette Kondylektomie erfolgt. Dadurch wird die Kieferöffnung erleichtert und das Risiko einer Reankylose durch erneute Durchbauung der Osteotomielücke gegenüber den Verfahren mit autologer Rekonstruktion des Kondylus deutlich reduziert.

Bei gleichzeitiger Verwendung einer Kondylus- und Fossakomponente (totaler alloplastischer Kiefergelenkersatz, Kiefergelenkprothese) ist auch ein Einbruch der Kondylusprothese in die laterale Schädelgrube langfristig sicher vermeidbar.
Die Indikation zur **individuellen Kiefergelenkprothese** ist insbesondere gegeben, wenn durch längeren Verlauf oder mehrere Voroperationen bereits erhebliche Anpassungen des aufsteigenden Unterkieferastes oder dysgnathe Veränderungen vorhanden sind.
Ein besonderes Problem stellt die **heterotope Knochenbildung** in Narben- und umgebendem Muskelgewebe insbesondere bei Patienten mit Morbus Bechterew, nach mehreren vorausgegangenen Kiefergelenkoperationen und bei anderen begünstigenden Konstellationen im Bereich des ehemaligen Situs dar. Dadurch kann eine Reankylose auch trotz bester Technik zustande kommen (➤ Abb. 12.2, ➤ Abb. 12.4).

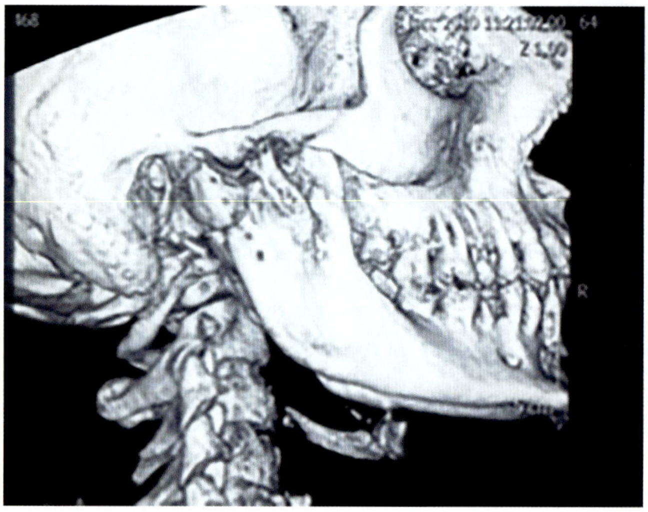

Abb. 12.4 3D-CT eines Patienten, der nach Miniplatten-Osteosynthese einer tiefen Collumfraktur eine zunehmende Kieferklemme entwickelte. Befund: in Fehlstellung verheilte Collumfraktur, Z.n Fraktur des Proc. coronoideus rechts, leistenartige heterotope Knochenbildung vom Ramus ascendens bis vor das Tuberculum articulare ziehend. [P660]

MERKE

Zur Behinderung der heterotopen Knochenbildung wird heute die Ummantelung des Gelenkanteils direkt unterhalb der Fossakomponente mit einen freien Fetttransplantat (meist von periumbilikal) empfohlen (Dimitroulis 2004, Wolford et al. 2008).

Nachsorge In kürzester Zeit nach der Operation ist nach allen Verfahren eine konsequente aktive und passive **Übungstherapie der Kieferöffnung** für Monate essenziell, um einer erneuten Narbenentwicklung und damit Verminderung der erreichten Kieferöffnung entgegenzuwirken.

12.2 Ankylose im Wachstumsalter

Ätiologie und Symptome

Angeborene Ankylose

- Die konnatale knöcherne Fusion zwischen dem Unterkiefer und der Schädelbasis ist äußerst selten. Andere Formen der **Syngnathie** sind knöcherne Verbindungen zwischen dem Proc. coronoideus und der Schädelbasis oder zwischen Ober- und Unterkiefer
  - Bis auf die syndromalen Formen (z. B. Van der Woude-Syndrom) haben sie bisher keine ätiologische Erklärung.
  - Die Kleinkinder fallen postnatal z. T. durch extreme Fütterungs- und letztlich Gedeihprobleme auf (Parkins et al. 2009).
- Bei Patienten mit **Arthrogryposis multiplex congenita** besteht neben der Neigung zu Gelenkversteifungen eine Muskelschwäche. Dies kann auch den Kiefergelenkkomplex betreffen. Die hohe Rezidivgefahr ist bei der Auswahl des operativen Verfahrens zu beachten, sie schränkt die Prognose hier ein (Sidebottom 2014). Oft betrifft dies auch den Proc. coronoideus, der mit der Schädelbasis oder dem Jochbogen ankylosiert. Die konsequente postoperative Spreiztherapie ist zur Erhaltung der erreichten Kieferöffnung essenziell.

Erworbene Ankylose

Die Ursachen einer solchen Schädigung reichen von einer Druckläsion bei einer Zangengeburt über eine fortgeleitete Infektion oder anders verursachten Arthritis des Kiefergelenks bis zur intra- oder extrakapsulären dislozierten Kondylusfraktur (➤ Abb. 12.5).

Begünstigend wirkt die Aktivierung einer starken Bindegewebsreaktion und Knochenregeneration im Kindesalter unter dem Einfluss der Wachstumshormone. Eine zur Ankylose führende Schädigung des Kiefergelenks geht dann auch immer mit einer Beeinträchtigung des unter der Gelenkfläche des Kondylus angesiedelten Wachstumszentrums einher. Diese Bedingungen sind auch bei der Planung jeder invasiven Maßnahme zu berücksichtigen. Hinzu kommt die gegenüber erwachsenen Patienten verminderte Compliance.

MERKE

Je früher die Schädigung einsetzt, desto ausgeprägter wird sich während der weiteren Entwicklung der Wachstumsrückstand des Unterkiefers auf der betroffenen Seite zeigen. Es kommt zu Anpassungen des maxillären Komplexes, was dann in Schiefstand der Okklusionsebene, Laterognathie zur betroffenen Seite und asymmetrischer Retrognathie des Unterkiefers mit entsprechenden dentoalveolären Anpassungen resultiert. Diese absehbare Entwicklung muss in die Entscheidung zur Therapie mit einfließen.

Therapie

Wegen der fehlenden oder mangelnden Compliance bei Kindern unterscheidet sich die Behandlungsstrategie von derjenigen bei Erwachsenen.

Konservative Therapie

Die konservative Therapie stößt hier an ihre Grenzen. Für eine Spreiztherapie, die neben anderen Unannehmlichkeiten oft auch mit Schmerzen verbunden ist, kann im Kindesalter keine ausreichende Kooperationsbereitschaft erwartet werden.

Wenn die Kieferöffnungsfunktion noch so weit erhalten ist, dass eine normale Nahrungsaufnahme, Mundhygiene und zahnärztliche Maßnahmen möglich sind (relative Kieferklemme), kann unter kieferorthopädischer Therapie eine operative Ankyloselösung möglichst bis nach der Wachstumsperiode verschoben werden, wenn die Komplikationsrisiken geringer sind (s. operative Therapie bei Erwachsenen, ➤ 12.1). Zu diesem Zeitpunkt kann auch die ein- oder zweizeitige Korrektur der bereits eingetretenen Dysgnathie fokussiert werden.

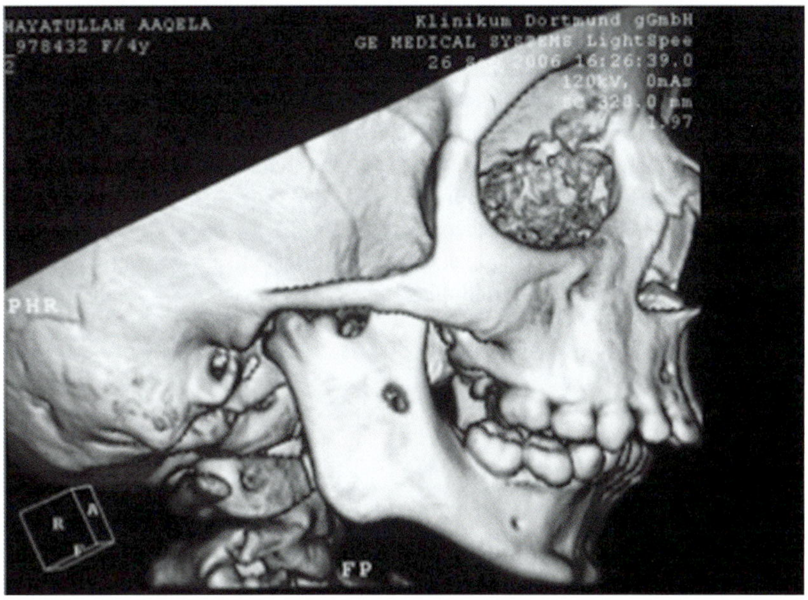

Abb. 12.5 3D-CT des rechten Kiefergelenks bei einer 8-jährigen Patientin mit beidseitiger bindegewebiger Ankylose nach Kiefergelenk-Trümmerfraktur im Alter von 3 Jahren: Extreme Retrognathie des Unterkiefers durch Zerstörung der Kambiumschicht im Kondyluskopf, relative Kieferklemme mit maximaler SKD von 9 mm. [P660]

Operative Therapie

Indikation Nur wenn durch die mangelnde Kieferöffnung eine erhebliche funktionelle Beeinträchtigung oder das Risiko einer potenziell nicht durchführbaren Notfallmaßnahme z. B. beim Verschlucken besteht, muss auch im Kindesalter über eine Ankyloseoperation nachgedacht werden.

Als Indikation gilt auch eine mangelnde Mundhygiene und insbesondere eine manifeste oder drohende Schlafapnoe infolge der Rücklage der Zunge bei einer extremen Verkürzung der Unterkieferspange aufgrund des mangelnden Wachstumsimpulses.

Methodik Es erfolgt die operative Ankyloselösung durch **Schaffung einer breiten Lücke** zwischen dem Fossabereich und dem Gelenkkopf bzw. der Anheftung des Unterkiefers an anderer Stelle.
Besonderheiten:
- Ohne **Interposition** eines trennenden Materials, das ein erneutes Durchwachsen von Narbengewebe oder Knochen behindert, ist gerade während der Wachstumsperiode eine Reankylose sehr wahrscheinlich.
- Ein besonderes Problem stellt auch die während der Wachstumsphase erhöhte **Tendenz zur heterotopen Knochenbildung** (Myositis ossificans circumscripta) auch in der Umgebung des operierten Gelenks dar (s.a. ➤ Abb. 12.4).
- Die Schaffung einer breiten Knochenlücke durch Resektion zumindest eines Teils des Kondylus bedeutet aber auch, dass das Wachstumszentrum für die betroffene Unterkieferhälfte entfernt wird. Danach kann **kein Wachstumsimpuls** an dieser Stelle mehr erwartet werden.

Ideal wäre eine Methode, welche das normale Wachstum des Unterkiefers aufgreift und damit eine zumindest annähernde Entwicklung des betroffenen Unterkiefers ermöglicht.
OP-Varianten:
- **Transplantation freier avaskulärer kostochondraler Transplantate:** Leider haben sich diesbezügliche Hoffnungen bei dieser Methode mehrheitlich nicht bestätigt. Eine gewisse Wachstumsinduktion kann höchstens in ca. 25 % der Fälle erwartet werden; als Komplikationen drohen zusätzlich ausbleibendes, vermindertes, überschießendes Wachstum und/oder eine Reankylose (Awal et al. 2018, ➤ 11.1).
- **Interposition von alloplastischen Materialien,** z. B. eines Silastikblocks: Gilt als Kompromisslösung, wobei jedoch auch nach dieser Methode gerade im Kindesalter postoperativ eine Reankylose nach Umwachsen des Implantats oder heterotope Knochenbildung nicht völlig ausgeschlossen werden kann.
- Eine Hemmung heterotoper Knochenbildung als Folge der Operation kann prinzipiell auch durch die Interposition eines **autologen Fetttransplantats** erwartet werden.
- Wegen der mittelfristig oft erneuten Kieferklemme nach Interpositionsarthroplastik wird neuerdings in dieser Indikation auch der individuelle **totale alloplastische Gelenkersatz** diskutiert. Je nach Alter des Patienten bei der Operation muss, unter Umständen mehrfach, eine jeweils individuell dem Entwicklungsstand angepasste Gelenkprothese bis zum Erwachsenenalter ersetzt werden.
Der Vorteil dieser Methode läge darin, dass mit der notwendigen Kondylektomie vor dem Gelenkersatz eine extrem breite Lücke zwischen dem Fossabereich und dem Stumpf geschaffen wird, die größtmögliche Sicherheit gegen eine Reankylose böte. Ein weiterer Vorteil der Methode wäre, dass eine bereits eingetretene Verkürzung des Unterkiefers mit der individuell anhand von CT-Daten geplanten Kondyluskomponente ausgeglichen werden könnte, was u. U. dysgnathische Veränderungen und gravierende Anpassungen des Oberkiefers abmildern oder verhindern könnte (Mercuri und Swift 2009).
- Da sich bei langzeitig bestehender kindlicher Ankylose häufig zusätzlich eine Hypertrophie des **Proc. coronoideus** bildet, muss dieser ggf. im Rahmen der Ankyloseoperation mit **entfernt** werden (➤ 2.4). Die früher gelegentlich durchgeführte einfache Durchtrennung des Muskelfortsatzes resultiert sehr häufig in einer Ankylose des Fortsatzes und sollte vermieden werden (Kaban et al. 2009).

OP-Planung

Vor der Planung von operativen Maßnahmen bei der Ankylose ist die Untersuchung des Abstandes zwischen Kinn und Hyoid notwendig. Bei extremer Verkürzung ist auch bei vollständiger intraoperativer Mobilisierung des Unterkiefers postoperativ keine ausreichende Kieferöffnung zu erzielen, da die verkürzte Suprahyalmuskulatur die Rotationsbewegung des Kondylus nur unzureichend bewirken kann. Deshalb kann in diesen Situationen u. U. zunächst eine sagittale **Unterkieferverlängerung** z. B. durch Distraktionsosteogenese sinnvoll sein, bevor die Ankyloseoperation geplant wird (Sadakah et al. 2006). Da diese Operation oft kaum ohne Kieferöffnung möglich ist, kann als erste Maßnahme eine Lückenostektomie mit Interposition eines Silastikblocks erfolgen. In gleicher Sitzung oder danach kann die Verlängerung des Corpus mandibulae durch Distraktoren vorbereitet werden. Ggf. wird nach der Distraktionsphase in einem weiteren Eingriff die definitive Ankyloseoperation, z. B. ein individueller alloplastischer Gelenkersatz, durchgeführt.

Differenzialdiagnose der Kieferklemme

Entsprechend der Anatomie kann die Beweglichkeit des Kondylus auch durch Veränderungen außerhalb des Gelenks beeinträchtigt werden (➤ 1.3).

KAPITEL

13 Tumoren des Kiefergelenks

Rudolf Reich

Unter den insgesamt seltenen Tumoren des Kiefergelenks tritt insbesondere das gutartige Osteochondrom noch am häufigsten auf.

Eigenständige maligne Tumoren der Gelenkstrukturen sind Raritäten. Klinisch bieten sie ein Spektrum an Symptomen, das zur Verwechslung mit anderen Kiefergelenkerkrankungen Anlass geben kann (Schlund et al. 2020).

13.1 Benigne Tumoren

Neben dem Osteochondrom sind Osteome, Osteoblastome, Riesenzellgranulome, Fibrome, Hämangiome, Lipome und Myxome beschrieben.

13.1.1 Osteochondrom

Ätiologie

Der Tumor entwickelt sich bei Erwachsenen meist in einem Bezirk der Gelenkfläche des Kondylus; gelegentlich wird er aber auch etwas unterhalb des Gelenkkopfs oder am Proc. coronoideus gefunden. Durch **appositionelles Wachstum** wird von dem kappenartigen, weichgewebigen Tumoranteil fortlaufend Knochen in Richtung Gelenkkopf angebaut. Nach Anstoßen des Tumors an der Fossa bzw. der Schädelbasis wird durch den weiteren Knochenanbau der Kondylus und damit der gesamte aufsteigende Ast des Unterkiefers nach kaudal gedrängt, wodurch **innerhalb von Monaten** als erstes klinisches Symptom okklusale Störungen zustande kommen. Die Richtung der Unterkiefer-Deviation wird durch die Wachstumsrichtung des Tumors im Verhältnis zur Schädelbasis bestimmt (➤ Abb. 13.1, ➤ Abb. 13.2, ➤ Abb. 13.3).

Symptome

- Isolateral **seitliche Bissöffnung** mit oder ohne Laterognathie zur Gegenseite innerhalb von Monaten
- Zunehmende **Asymmetrie des Untergesichts** durch Verlängerung der Höhe des Ramus ascendens, ggf. Kinnabweichung zur Gegenseite
- Nur selten funktionsabhängige Schmerzen des betroffenen Gelenks

Diagnostik

Im OPT ist der durch appositionelles Wachstum gebildete Knochenstiel des Tumors am Kondylus erkennbar (➤ Abb. 13.4, ➤ Abb. 13.5, ➤ Abb. 13.3).

Wenn der Tumor auf der medialen Seite des Kondylus entsteht, kann er in einem frühen Stadium im OPT nicht erkannt werden; dann ist eine DVT- oder CT-Untersuchung erforderlich. Dies ist bei großen Tumoren für die OP-Planung ohnehin sinnvoll (➤ Abb. 13.1, ➤ Abb. 13.2, ➤ Abb. 13.3, ➤ Abb. 13.5, ➤ Abb. 13.6).

Therapie

- Vom präaurikulären Zugang wird der Tumor an seiner knöchernen Verbindung mit dem Kondylus getrennt und entfernt (➤ Abb. 13.2, ➤ Abb. 13.7).
- Prinzipiell ist auch eine **Kondylektomie mit alloplastischem Kiefergelenkersatz** beschrieben (Mehra et al. 2016a). Diese ist aber nur selten erforderlich, da nach Abtrennung des Knochenstiels der Kondylus in aller Regel erhalten werden kann.
- Wenn nach langem Verlauf bereits erhebliche okklusale und ästhetische Veränderungen eingetreten sind, können zusätzlich zur Entfernung des Tumors **dysgnathiechirurgische Maßnahmen** sinnvoll sein (Wolford et al. 2014).

MERKE

Nach Entfernung des Tumors wird unter elastischer intermaxillärer Führung innerhalb von von Tagen bis Wochen die ursprüngliche Okklusion erreicht.

Differenzialdiagnosen

Klinisch ähnliche Symptome treten auch bei den folgenden Erkrankungen auf:

- **Kondyläre Hyperplasie** (➤ 10): Sie zeigt einen wesentlich langsameren Verlauf mit Entstehung von typischen klinischen okklusalen Symptomen innerhalb von vielen Monaten bzw. Jahren. Die Veränderungen betreffen die gesamte betroffene Unterkieferhälfte. Auch fehlt hier der typische Tumoraufsatz am Kondylus.
- **Akromegalie:** Mit schleichendem Beginn kommt eine meist symmetrische Progenie zustande; auffällig sind neben den Allgemeinsymptomen die typischen Symptome im Gesichtsbereich wie Vergröberung der Nase, Brauenwülste etc. Röntgenologisch fehlt die dem Kondylus aufgesetzte Struktur des Osteochondroms.
- **Riesenzellgranulom:** Dieser im zahntragenden Bereich des Unterkiefers entstehende Tumor kann sich bis in den Bereich des Kondylus ausdehnen und dann auch Okklusionsveränderungen sowie eine Auftreibung des Unterkiefers hervorrufen. Zusätzlich zur Involvierung des Corpus mandibulae ist im Röntgenbild eher eine Transluzenz des betroffenen Areals erkennbar – im Gegensatz zur knöchernen Struktur der Appositionsbildung des Osteochondroms.
- **Aggressive Fibromatose** (Syn. Desmoid, desmoplastisches Fibrom): Diese hauptsächlich im Kindesalter vorkommende tumorähnliche Veränderung kann zur Auftreibung der betroffenen Bereiche des Unterkiefers, gelegentlich auch des Kondylus führen – mit der Folge von Okklusionsstörungen oder einer Kieferklemme. Röntgenologisch ist eine Verdichtung dieser Bereiche auffällig. Die im Kindesalter oft dramatisch imponierenden Veränderungen können sich nach dem Ende der Wachstumsphase ohne Therapie spontan zurückbilden, was bei der Therapieentscheidung berücksichtigt werden muss.

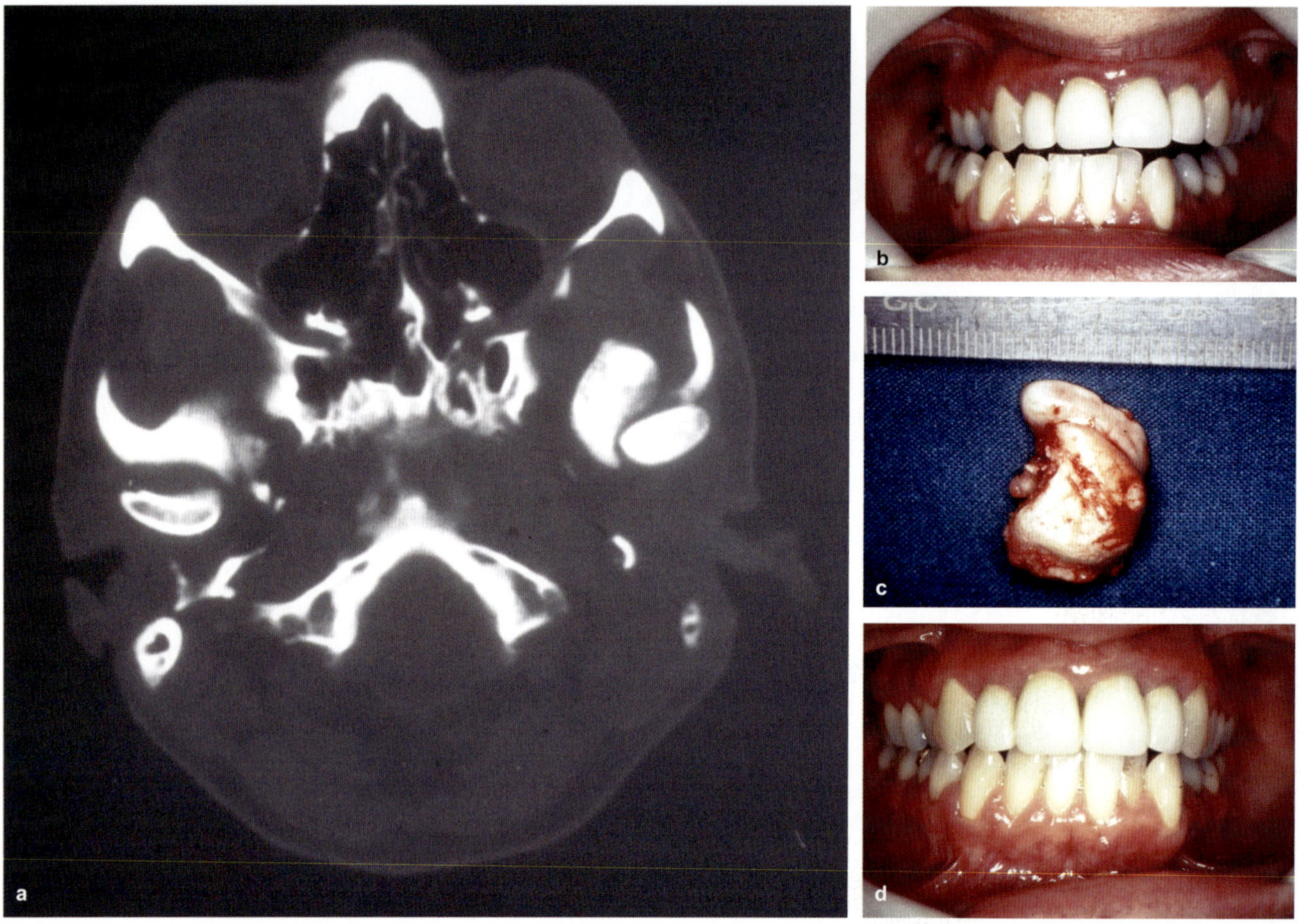

Abb. 13.1 30-jährige Patientin, seit 4 Monaten progrediente Laterognathie nach rechts. [P660]
a: Koronaler Schnitt eines CT der Schädelbasis in der Ebene der Kiefergelenke. Medial des linken Kondyluskopfs zeigt sich eine knochendichte Struktur, die in weiter kaudal gelegenen Ebenen am Kondyluskopf breit gestielt ist. Diagnose: Osteochondrom.
b: Intraoraler Befund, präoperativ: Laterognathie nach rechts.
c: Resektat des Osteochondroms: Das Präparat korrespondiert mit dem präoperativen CT-Befund. Die kranial anhaftende Weichteilkappe enthält den eigentlichen Tumor, der den Knochen (kaudal) appositionell bildet.
d: Okklusion der Patientin 6 Wochen postoperativ. Die Okklusion stellt sich nach der Resektion des Tumors an seiner Verbindung zum Kondylus spontan ein.

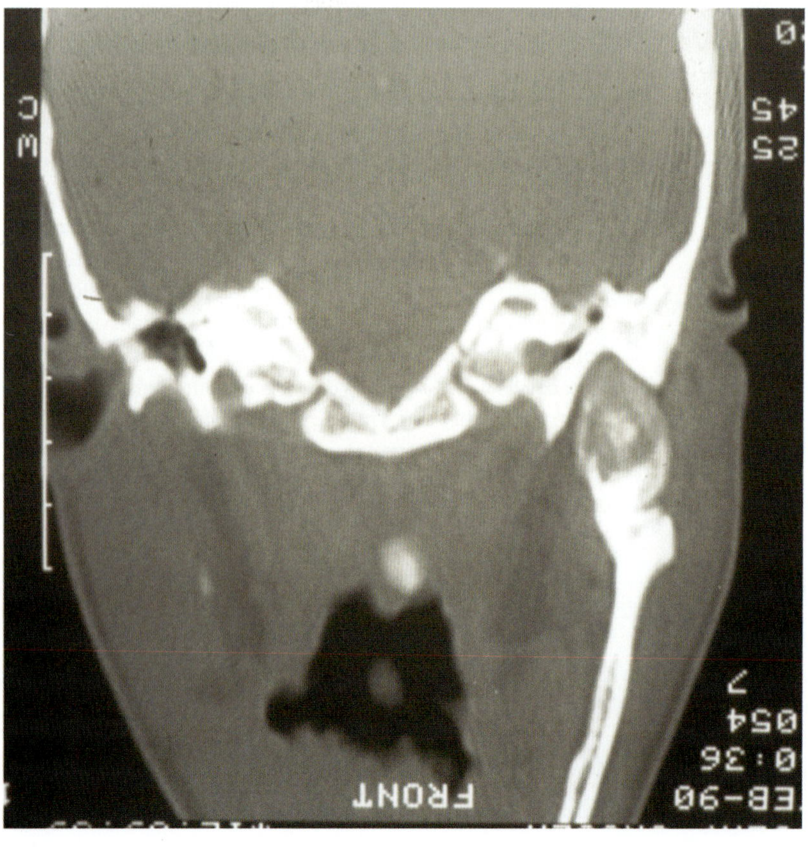

Abb. 13.2 Koronaler Schnitt eines CT durch das linke Kiefergelenk einer 28-jährigen Patientin. Osteochondrom, das sich auf der Gelenkfläche des Kondylus entwickelt hat. Die Wachstumszone des Tumors liegt der Fossa an, der Knochen entwickelt sich appositionell nach kaudal, sodass der noch erkennbare Kondylus sukzessive nach kaudal abgedrängt wird. [P660]

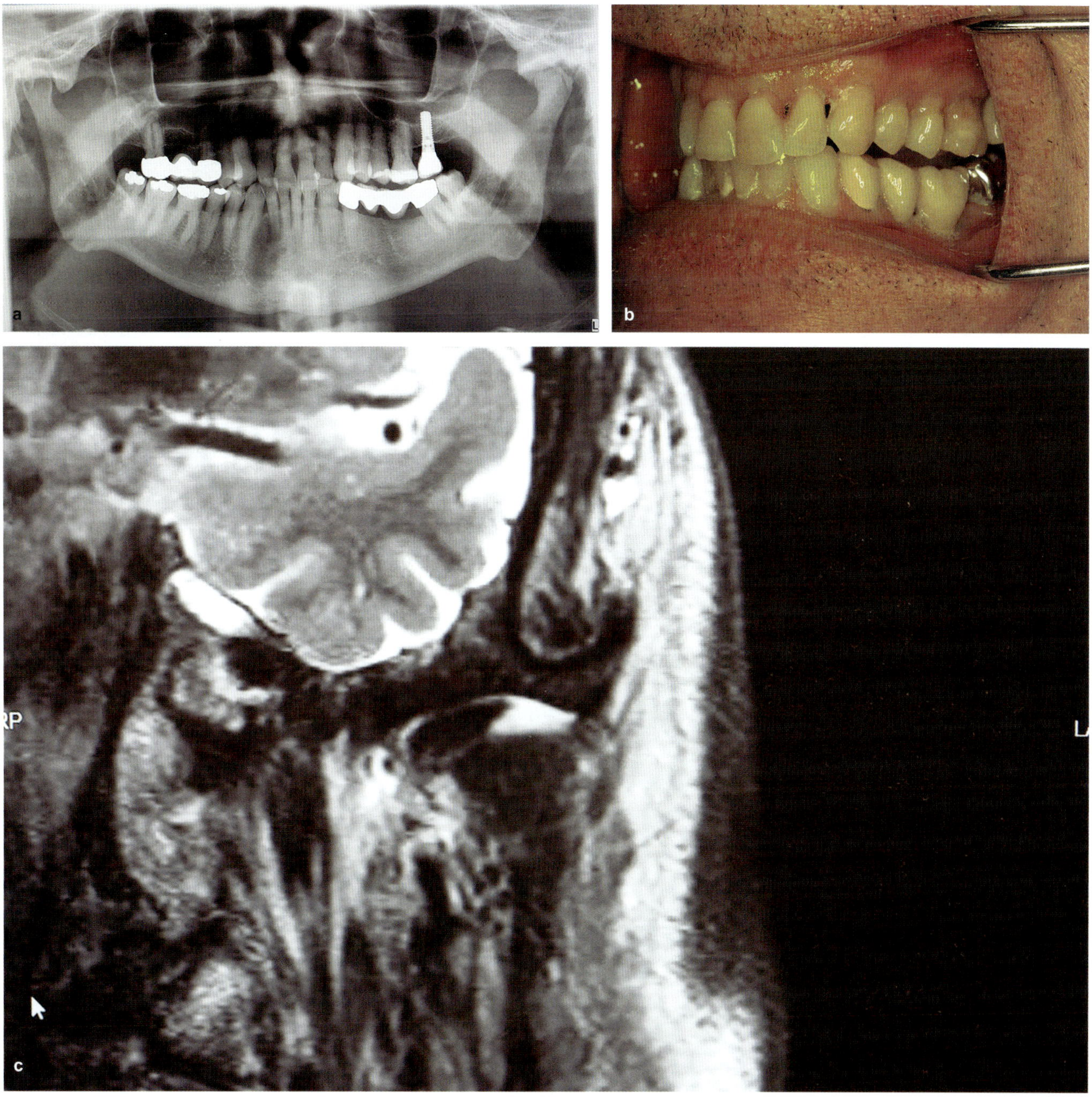

Abb. 13.3 a: OPT eines Patienten mit zunehmendem offenem Biss im linken Seitenzahnbereich. Zwischenzeitlich schon ein Versuch der Herstellung der Okklusion durch additive prothetische Maßnahmen, danach Rezidiv. Im linken Kiefergelenkbereich kranial röntgendichte Auflagerung im Kondyluskopfbereich.
b: Intraoraler Befund des Patienten. Seitliche Infraokklusion links von 2 mm. Durch zwischenzeitliche prothetische Maßnahmen war bis vor 6 Monaten eine abgestützte Okklusion vorhanden.
c: Koronaler Schnitt des MRT des Pat. durch das linke Kiefergelenk: Knochendichter, am medialen Kondyluskopf gestielter Aufsatz, der den Kondylus nach kaudal verlagert. Als Ausdruck eines Reizzustands zusätzlich Erguss im Gelenkspalt. Diagnose: Osteochondrom des linken Kondylus. Der seitlich offene Biss links erklärt sich durch die tumorbedingte Verdrängung des Kondylus nach kaudal. [P660]

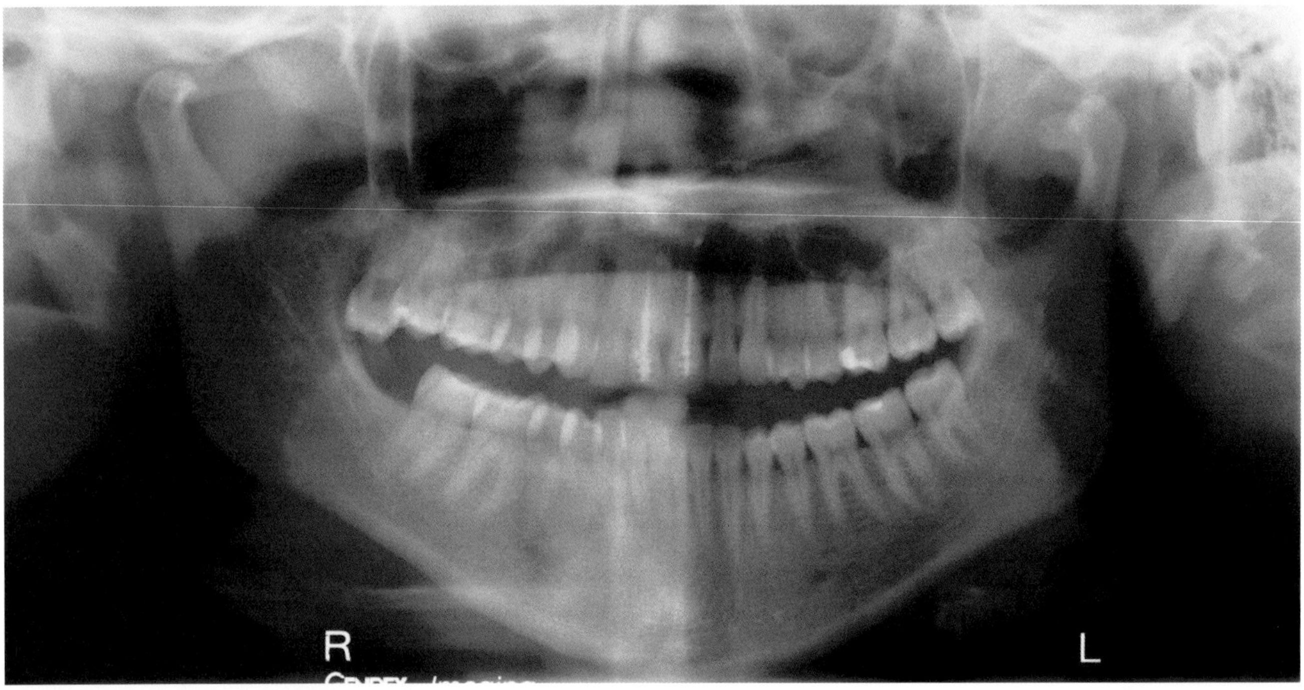

Abb. 13.4 Orthopantomogramm einer Patientin, bei der sich innerhalb von 3 Monaten ohne Schmerzsymptomatik ein seitlich offener Biss links entwickelte: gestielte, nach anterolateral gerichtete Knochenapposition am Gelenkkopf und Verlagerung des linken Kondylus nach kaudal. Diagnose: Osteochondrom. [P660]

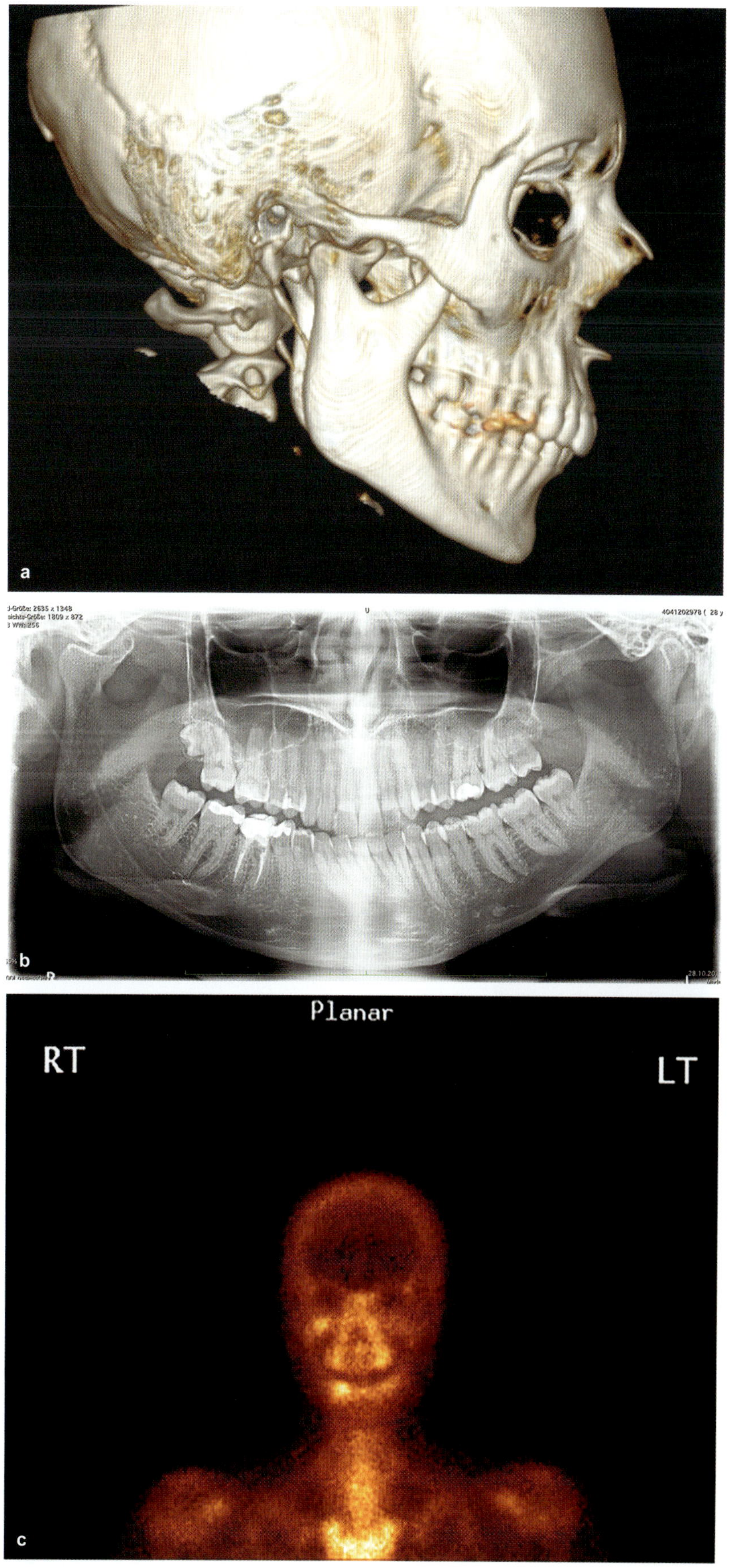

Abb. 13.5 a: 3D-CT einer 33-jährigen Patientin bei dem sich seit 4 Monaten eine langsam progrediente Okklusionsstörung entwickelte: Typisches appositionelles Wachstum eines Osteochondroms, das den rechten Kondylus aus der Fossa mandibularis drängt.
b: Orthopantomogramm der Patientin. Die Kondylusstruktur rechts ist weiter erkennbar, aufgesetzt ist eine nach anterior gerichtete Ausziehung des Kondylus: Osteochondrom.
c: Planare Projektion einer Knochenszintigrafie der Patientin. Deutliche Erhöhung der knöchernen Stoffwechselaktivität im rechten Kiefergelenkbereich aufgrund des Osteochondroms. Die zusätzlich erhöhte Aktivität im rechten Unterkieferbereich ist durch eine kürzliche, durch endodontische Maßnahmen behandelte chronische Entzündung des Zahns 46 bedingt (siehe Orthopantomogramm).
Die Knochenszintigrafie ist bei eindeutiger Morphologie in der Röntgendiagnostik nicht zu fordern. [P660]

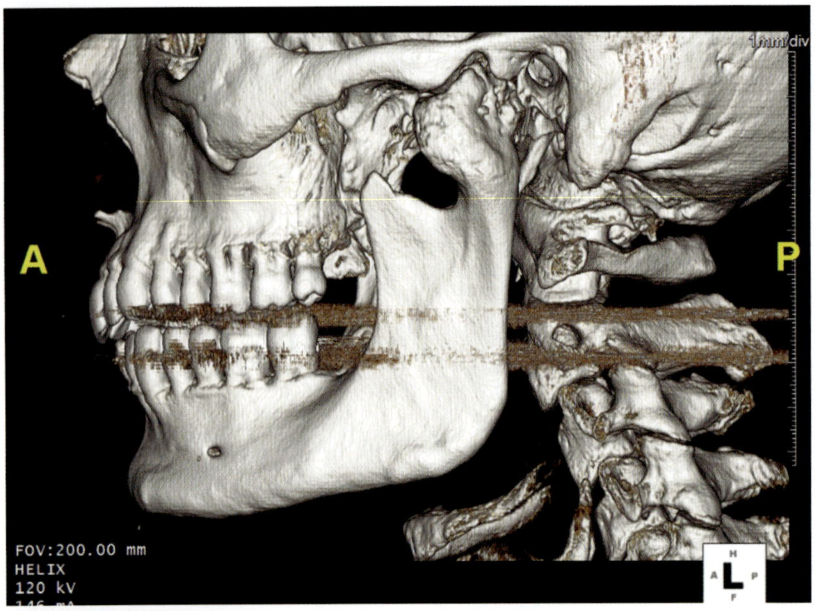

Abb. 13.6 3D-CT eines Osteochondroms des linken Kiefergelenks eines 38-jährigen Patienten, das zur seitlichen Bissöffnung links führte. Der Tumor hat sich hier von der lateralen Gelenkfläche des Kondylus entwickelt. [P660]

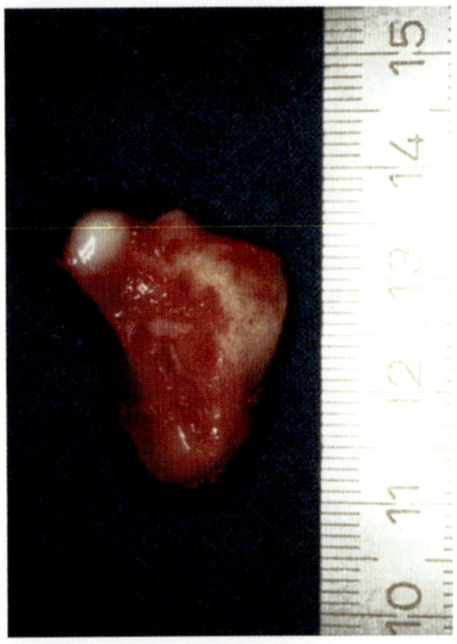

Abb. 13.7 Resektat eines Osteochondroms des Kiefergelenks mit der weichgewebigen Kambiumschicht am kranialen Ende des Resektats. [P660]

13.1.2 Osteom

Dieser Tumor ist ein Knochenauswuchs der Lamina corticalis; im Kiefergelenk sitzt er meist dem Kondylus auf und führt zur schmerzlosen Auftreibung des Knochens (De Souza et al. 2017). Oft wird er als **Zufallsbefund** entdeckt (➤ Abb. 13.8). Gelegentlich entsteht der Tumor auch aus der Kortikalis des Proc. coronoideus (Büttner 2010).

Solange keine Beeinträchtigung der Bewegung des Kondylus oder der Ästhetik durch besondere Größe zustande kommt, ist eine Entfernung nicht unbedingt erforderlich. Ansonsten erfolgt die lokale Resektion.

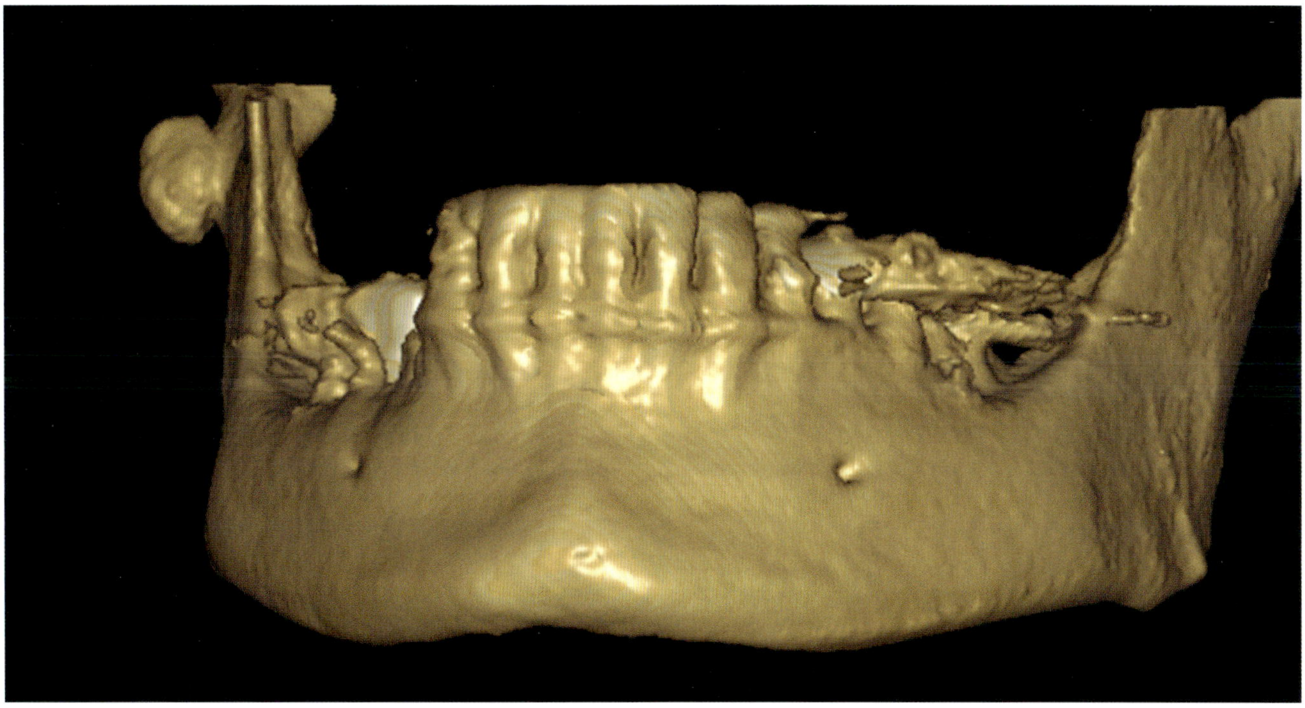

Abb. 13.8 Ausschnitt aus einer 3D-Reformatierung eines CT: knöcherner Auswuchs unterhalb des Gelenkkopfs rechts. Die Patientin klagt über eine schmerzlose Auftreibung präaurikulär rechts. Diagnose: Osteom. [P660]

13.1.3 Andere benigne Tumoren

Noch seltener auftretende benigne Tumoren sind:

- Myxom (Cinza et al. 2019)
- Ameloblastom
- Chondroider tenosynovialer Tumor (Biyani 2019)
- Chondroblastom (➤ Abb. 13.9)
- Osteoblastom (Emanuelsson et al. 2016); radioluzent mit eingestreuten Kalzifikationen
- Ossifizierendes Fibrom; bei diesem gilt auch in dieser Region die Maßgabe der radikalen Entfernung (Jiao et al. 2015)

Diagnostik

Neben der radiologischen Diagnostik bzgl. der Ausdehnung der Neoplasie ist in jedem Fall eine histologische Untersuchung nach Entfernung der Veränderung oder Probebiopsie bei ausgedehnten Veränderungen erforderlich. Die Neoplasien bedingen ihre lokale Entfernung in den für die jeweilige Entität geltenden Grenzen.

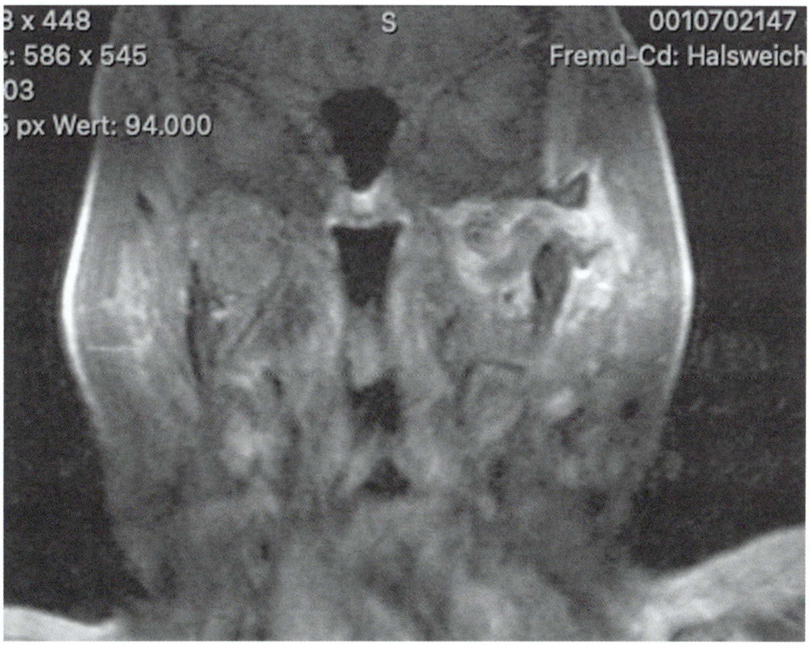

Abb. 13.9 Transversaler Schnitt eines MRT im Kiefergelenkbereich eines Patienten, der über zunehmende Dauerschmerzen links präaurikulär und relative Kieferklemme klagt. Im linken Kiefergelenk inhomogene Weichgewebestrukturen, den Gelenkbereich überschreitend. Histologische Diagnose: Chondroblastom. [P660]

13.2 Maligne Tumoren

13.2.1 Eigenständige maligne Tumoren

Eigenständige maligne Tumoren der Gelenkstrukturen sind Raritäten. Prinzipiell sind alle bekannten Tumoren der verschiedenen hart- und weichgewebigen Gelenkanteile möglich. Sie wachsen in der Regel langsam und haben jeweils eigene Charakteristiken in Bezug auf Diagnostik, Verlauf und Therapie.

Symptome

- Da klinische Symptome wie **Schmerzen, Auftreibung, okklusale Störungen** oder eine **Kieferklemme** erst ab einer gewissen Größe der Neubildung auftreten werden sie oft erst in einem fortgeschrittenen Stadium festgestellt.
- Röntgenologisch fallen sie teilweise durch extensive **Kalzifizierung** auf (Xia et al 2020). Andere führen zu **osteolytischen** Veränderungen (Bottini et al. 2017, Abboud et al. 2016). Gemeinsam ist ihnen, dass sie im fortgeschrittenen Stadium die **Schädelbasis arrodieren** können.

MERKE

Die Diagnose muss immer durch eine Probeexzision gesichert werden.

Wichtige Entitäten

Chondrosarkom Dies ist der häufigste maligne Tumor des Kiefergelenks (➤ Abb. 13.10). Er kann im frühen Stadium von einem Chondrom oder der viel häufigeren synovialen Chondromatose nur schwer zu unterscheiden sein. Die Therapie kann nur in einer radikalen Resektion, mit der Folge einer oft ausgedehnten Rekonstruktion bestehen. Wenn nicht im Gesunden reseziert wurde, wird eine postoperative Radiatio empfohlen (Almansoori et al. 2019).

Synovialsarkom, tenosynoviales Sarkom, Ewing-Sarkom, Fibrosarkom, Myelom Die Therapie besteht je nach Charakteristik dieser Tumoren in radikaler Resektion, Strahlentherapie und/oder Chemotherapie (➤ Abb. 13.11).

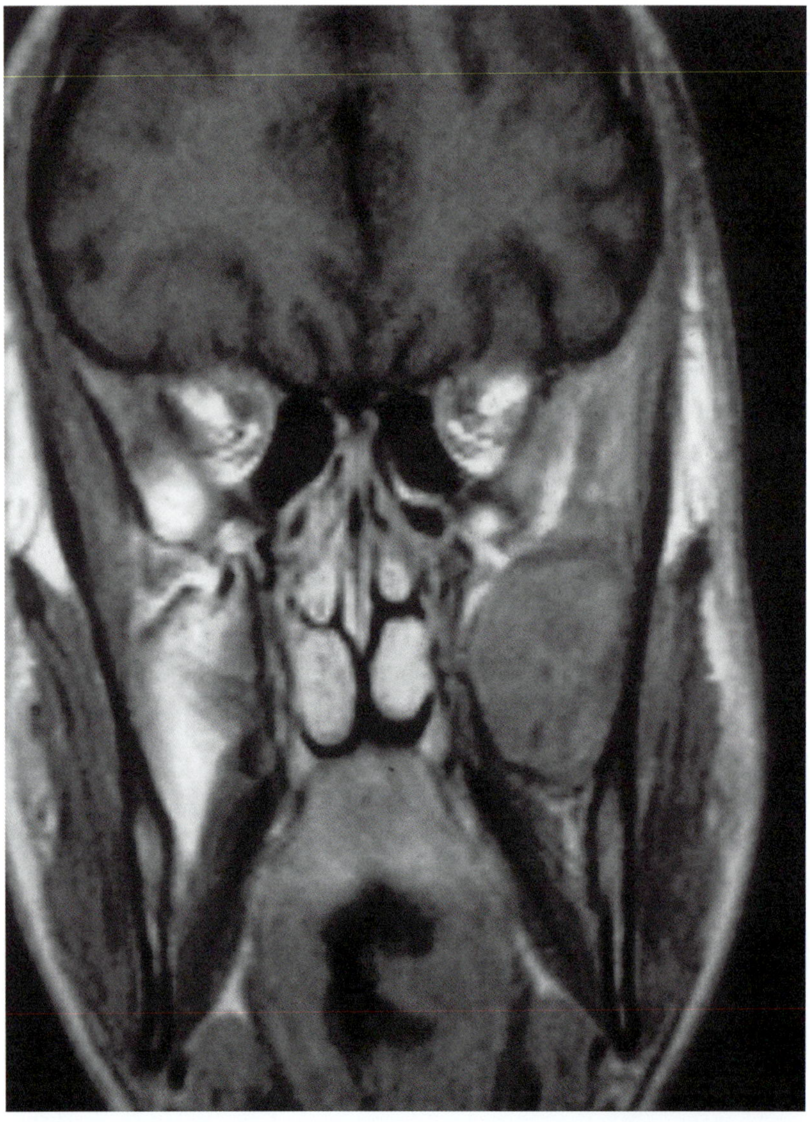

Abb. 13.10 Transversaler Schnitt eines MRT in der Ebene der Incisura semilunaris des Unterkiefers. Große, rundlich begrenzte Raumforderung mit Basis am Kondylus links. Histologischer Befund: Chondrosarkom. [P660]

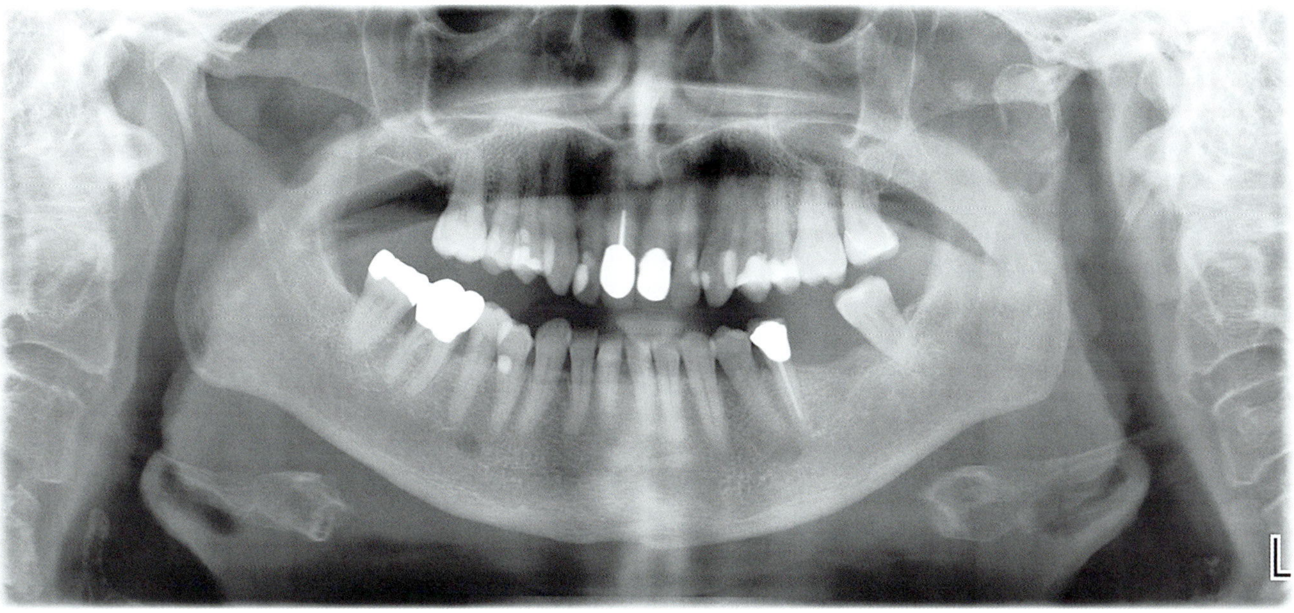

Abb. 13.11 Orthopantomogramm einer Patientin, die eine plötzliche, spontane Verschiebung des Unterkiefers nach rechts mit Okklusionsstörung bemerkt hatte, danach mäßige Schmerzen im linken Kiefergelenk bei Unterkieferbewegungen. Spontanfraktur subkondylär bei Osteolyse in diesem Bereich. Histologischer Befund: Plasmazelluläres Myelom. [P660]

13.2.2 Metastasen

Viel häufiger als eigenständige maligne Tumoren werden im Kiefergelenk Metastasen des Prostata-, Mamma-, Nieren-, oder Lungen-Karzinoms angetroffen (Aksoy et al. 2014, Guarda-Nardini et al. 2017). Meist liegt die Primärtherapie der Tumoren bereits Jahre zurück.

Die Metastasen im Kiefergelenkbereich bleiben lange unentdeckt, bis **Schmerzen**, eine **Kieferklemme** oder **Okklusionsstörungen** zur darstellenden Diagnostik Anlass geben. Typische Befunde sind dann **unregelmäßig begrenzte Osteolysen**, im Falle des Prostatakarzinoms auch Spiculae (Knochenzacken, ➤ Abb. 13.12).

Die Therapie ist vom Gesamtbefund und Tumorstadium abhängig. Wenn indiziert, kann eine radikale Resektion mit Rekonstruktion der Abstützung des Restunterkiefers einzeitig erwogen werden. Diese Situation wird als klassische Indikation zum alloplastischen Kiefergelenkersatz gesehen (➤ Abb. 13.13, ➤ Abb. 13.14, ➤ 3.3.2).

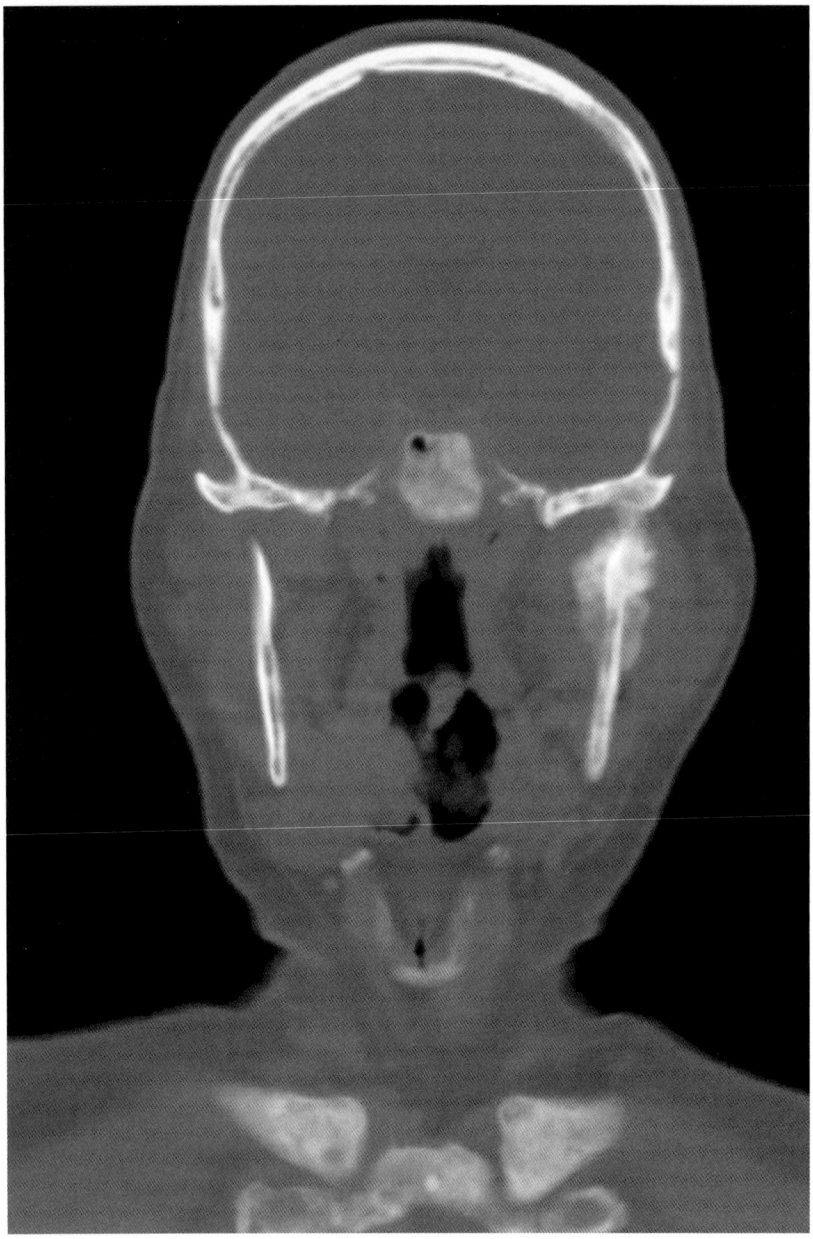

Abb. 13.12 Transversaler Schnitt durch das CT eines 72-jährigen Patienten mit Anamnese eines Prostatakarzinoms, das vor 6 Jahren operiert wurde. Typische Spiculae im vorderen Bereich des linken Kondylus, in die Incisura semilunaris und auf den Proc. muscularis übergreifend. Vorstellungsgrund waren Dauerschmerzen links präaurikulär und eine relative Kieferklemme. Histologische Diagnose: Metastase eines Prostatakarzinoms. [P660]

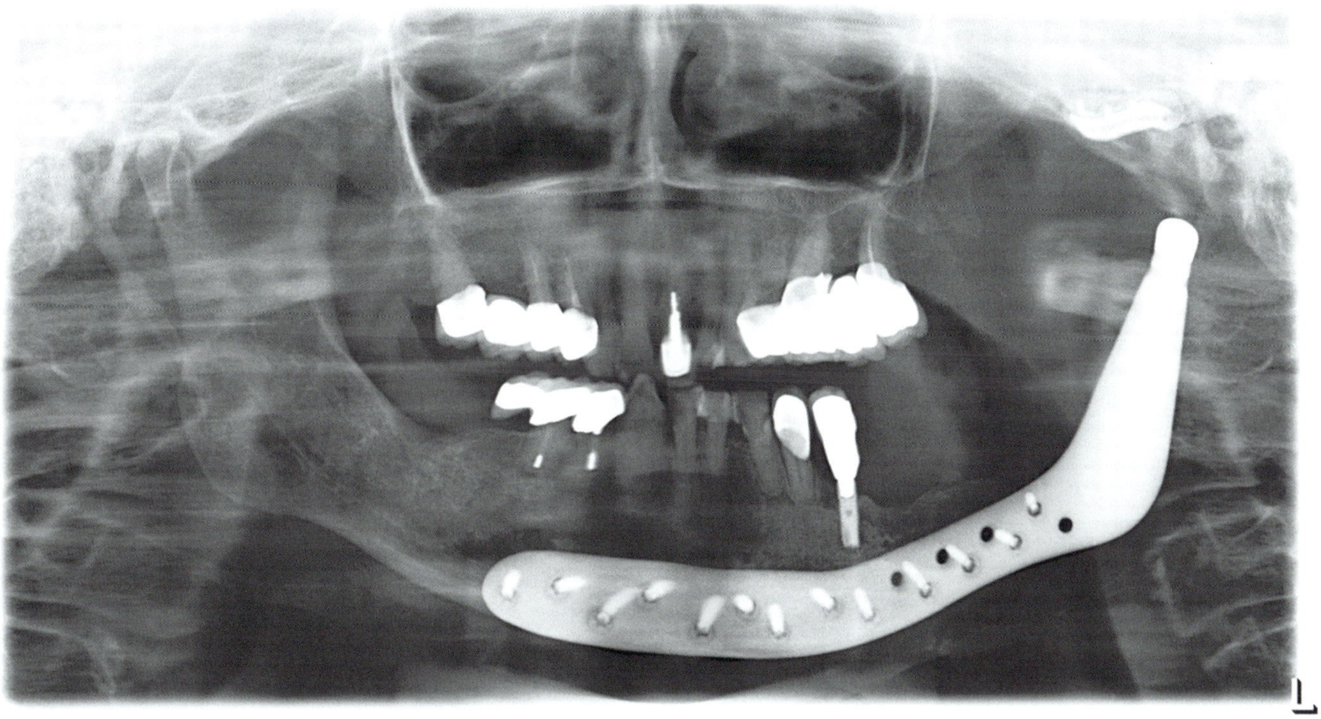

Abb. 13.13 OPT: Z.n. totalem Kiefergelenk- und Unterkieferersatz links mit einer individuellen langstreckigen alloplastischen totalen Prothese (TMJ Concepts) und nachfolgender Osteoplastik und Implantatersatz nach Unterkieferteilresektion und Exartikulation links wegen eines ausgedehnten Plattenepithel-Karzinoms mit Invasion des Kondylus. [P660]

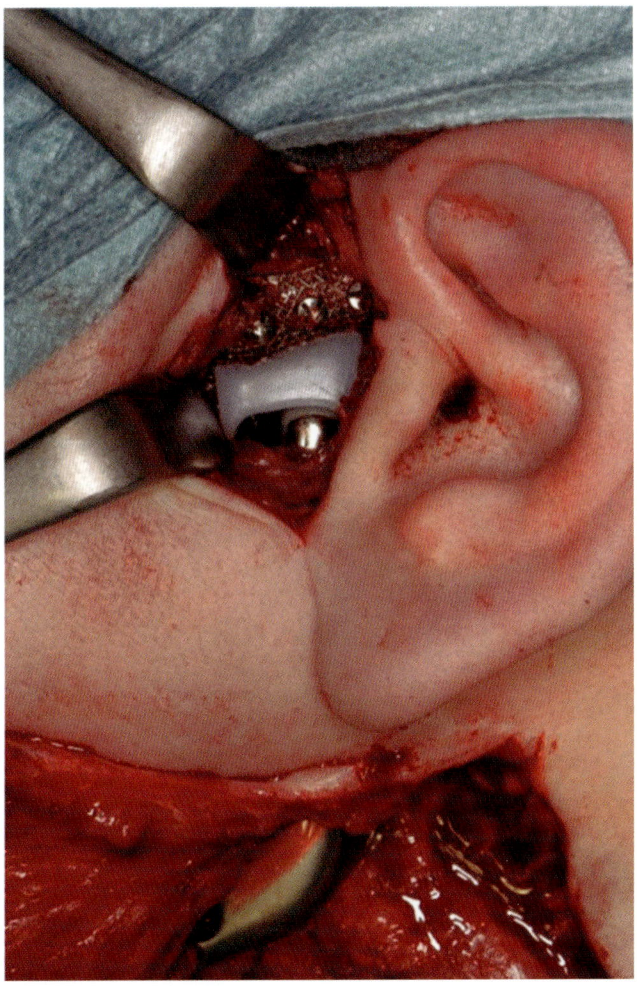

Abb. 13.14 Intraoperativer Situs mit Platzierung der individuellen Fossa- und Kondylus/Unterkiefer-Komponenten einer totalen alloplastischen erweiterten Gelenkrekonstruktion (TMJ Concepts, jetzt Stryker, Ventura, CA, USA). [P660]

13.3 Tumorähnliche Erkrankungen

- Sehr selten tritt die pigmentierte **synoviale villonoduläre Arthritis** im Kiefergelenk auf, deren Erscheinungsbild zunächst durchaus auf einen aggressiven Tumor schließen lässt (➤ 8.2.2).
- **Langerhans-Zell-Histiozytose** (Syn. Histiozytosis X, Eosinophiles Granulom) (➤ Abb. 13.15):
  - Diese kann als unifokales eosinophiles Granulom im Kondylus bei jungen Erwachsenen bis zum 30. Lebensjahr auftreten.
  - Typischerweise wird die darstellende Diagnostik wegen nicht funktionsabhängigen Schmerzen im Kiefergelenk angesetzt.
  - Als Therapiemöglichkeiten bestehen bei unifokalem Auftreten eine intraläsionale Kortikoidinjektion, Low-dose-Bestrahlung oder chirurgische Ausräumung des Befundes.
  - Bei multilokulärer Ausbreitung (Morbus Hand-Schüller-Christian, Morbus Abt-Letterer-Siwe) steht dagegen die Radiotherapie und/oder Chemotherapie im Vordergrund. Daraus ergibt sich, dass in jedem Verdachtsfall eine umfassende Labor- und radiologische Ganzkörperuntersuchung erforderlich ist.
- **Aggressive Fibromatose**, ➤ 13.1.1

MERKE
Extraartikuläre Tumoren können Kiefergelenk-Symptome, wie Kieferklemme oder Schmerzen hervorrufen. Dies muss bei der Diagnostik immer bedacht werden (➤ Abb.13.16).

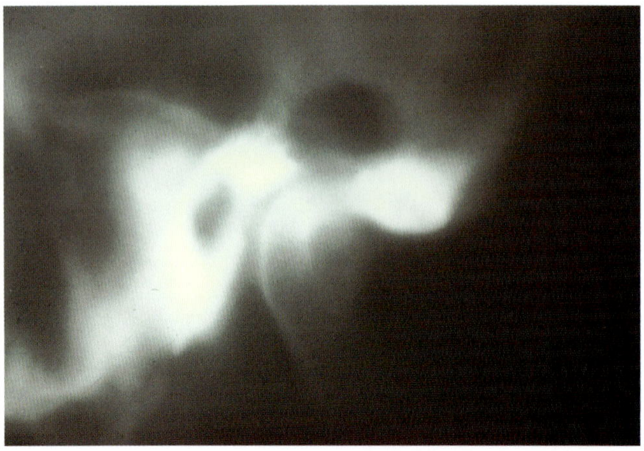

Abb. 13.15 Tomografie des rechten Kiefergelenks bei einer 23-jährigen Patientin mit mäßigen Dauerschmerzen im entsprechenden Bereich: Osteolyse der Temporalschuppe mit Arrosion des Fossabereichs. Histologie: Langerhans-Zell-Histiozytose. [P660]

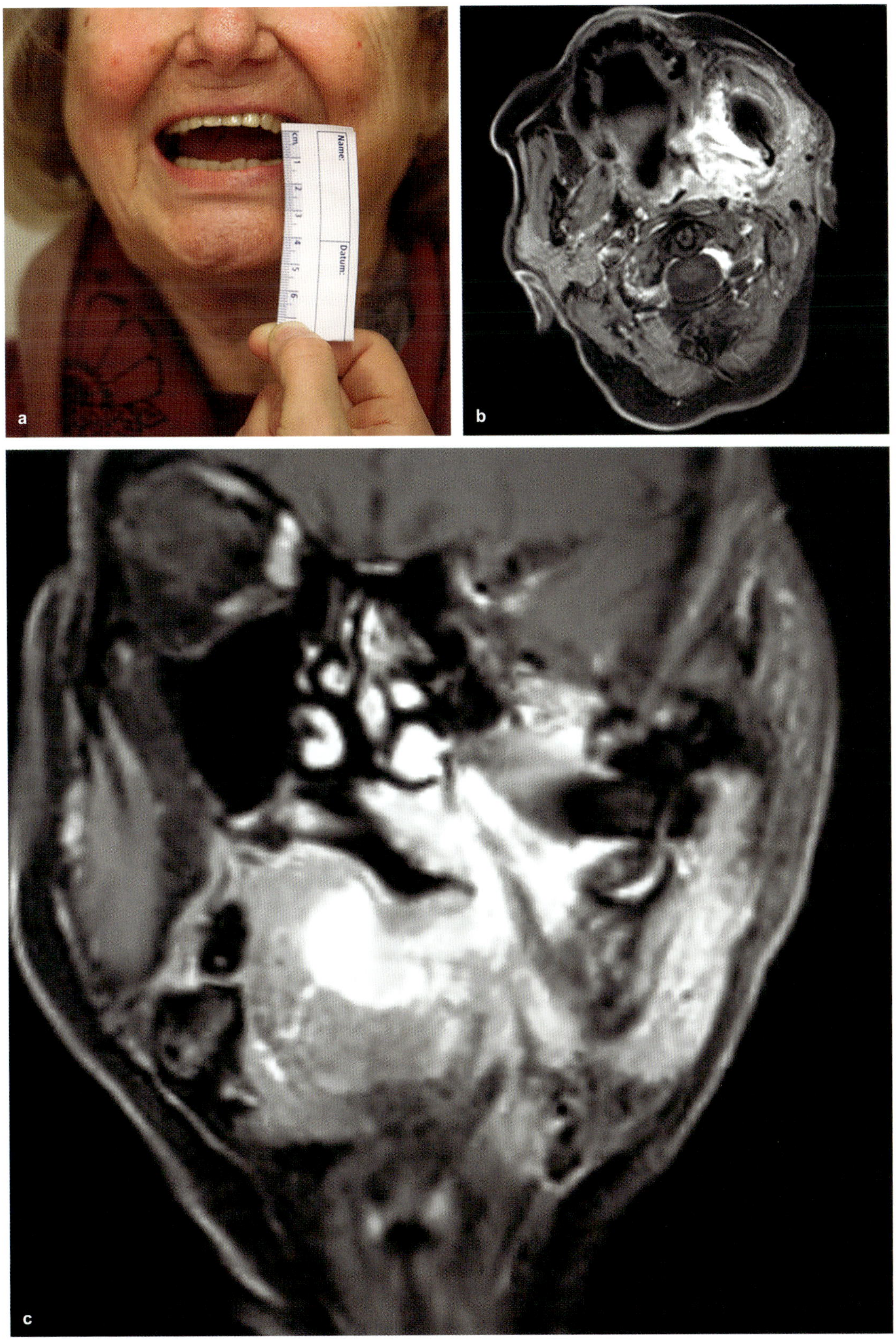

Abb. 13.16 a: Differenzialdiagnose einer zunehmenden Kieferklemme seit 8 Monaten bei der 76-jährigen Patientin, ohne Schmerzen: arthrogen oder nicht arthrogen? [P660]
b: Transversaler Schnitt durch das CT mit Kontrastverstärkung. Diagnose: ausgedehntes Hypopharynx-Karzinom links, angrenzend an die mediale Seite des Unterkiefers bis zum Gelenkbereich.
c: Frontaler Schnitt durch das CT. Die Kieferklemme ist durch Einmauerung des linken Ramus mandibulae durch den Tumor bedingt. Die Ebene ist nicht streng frontal, da die Patientin während der Aufnahme den Kopf nach rechts gedreht hatte.

KAPITEL

14 Zystische Läsionen

Rudolf Reich

Osteolytische Läsionen treten bei Tumoren und der chronischen Osteomyelitis auf. Zystische Strukturen der Kiefergelenkstrukturen sind auch aus anderer Ursache möglich. Zur Differenzierung ist meist eine DVT-, CT- oder MRT Untersuchung, teilweise aber auch die Histologie nach Aspirations- oder konventioneller Biopsie erforderlich.

Die Therapie unterscheidet sich nicht von derjenigen in anderer Lokalisation: Ausräumung des Zystenbalgs, periphere Ostektomie eines Knochensaums von mindestens 3 mm, ggf. Augmentation des Hohlraums. Bei ausgedehnten Zysten kann die mangelnde Erhaltbarkeit der Knochenwände zur Kondylektomie und Kiefergelenkrekonstruktion führen.

14.1 Einfache Knochenzyste

Die einfache (statische) Knochenzyste verursacht keine Beschwerden; es handelt sich stets um einen Zufallsbefund im Kondylus (Da Costa et al. 2018).

Die darstellende Diagnostik zeigt einen nicht gefüllten Hohlraum (➤ Abb. 14.1) ohne Umbauaktivität der knöchernen Begrenzung in der Kontrastdarstellung oder im Knochenszintigramm.

Im Zweifelsfall ist eine offene Revision, und bei stabilitätsgefährdender Größe der Zyste eine provozierte Einblutung, ggf. die Augmentation des Lumens erforderlich.

14.2 Keratozyste

Da die Keratozyste über lange Zeit keine Beschwerden verursacht, erfolgt die Diagnostik nach einem Zufallsbefund. Ist der Kondylus betroffen, steht die Osteolyse immer mit einer großen Zyste vom Unterkieferkörper und aufsteigenden Ast in Verbindung. Das DVT, CT oder MRT zeigt die typische Füllung des Hohlraums mit Flüssigkeit.

14.3 Synovialzyste

Der Läsion geht manchmal ein Kiefergelenktrauma voraus. Die Zyste entwickelt sich im Gelenkspalt aus der Synovia und kann sich mit der Zeit nach extraartikulär ausdehnen.

Die Synovialzyste verursacht nicht immer Schmerzen. Bei sehr großer Ausdehnung kann durch Druck auf den N. alveolaris inferior eine Gefühlsstörung im Ausbreitungsgebiet dieses Nerven (Vincent-Symptom) zustande kommen. Eventuell kann eine Fluktuation präaurikulär palpiert werden.

Meist handelt es sich um einen radiologischen Zufallsbefund bei einer Untersuchung des Schädels mit MRT oder Ultraschall. Dabei zeigt sich eine flüssigkeitsgefüllte Ausbuchtung des oberen oder unteren Gelenkspalts in verschiedener Richtung.

Die Diagnose wird letztlich histologisch durch Aspiration oder Probeexzision gestellt. Beweisend ist der Nachweis von Synoviozyten.

Therapeutisch wird die Zystektomie mit offenem Zugang zum Gelenk empfohlen, wenn Beschwerden ausgelöst werden.

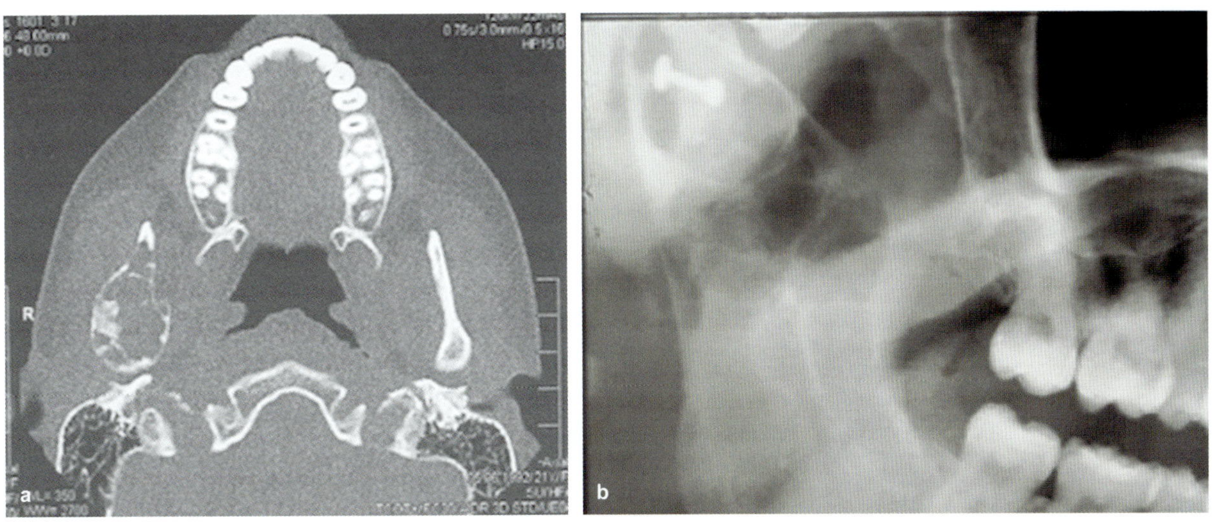

Abb. 14.1 a: Koronarer Schnitt durch das CT einer Patientin in der Ebene knapp unterhalb der Gelenkköpfe des Unterkiefers. Schmerzlose Auftreibung im Kiefergelenkbereich links. Nach probatorischer Eröffnung Hohlraum ohne epitheliale Auskleidung. Diagnose: statische Knochenzyste.
b: Ausschnitt des rechten aufsteigenden Astes des Unterkiefers aus dem OPT der Patientin. Ausgedehnter, gekammerter osteolytischer Prozess im Kondylus und kranialen Ramus mandibulae rechts. Artefakt durch Ohrpiercing. [P660]

CAVE

In der Literatur wird die Synovialzyste teilweise als Ganglion beschrieben; es handelt sich jedoch pathoanatomisch um zwei unterschiedliche Entitäten (Buckley et al. 2019).

14.4 Ganglion

Im Gegensatz zu anderen zystischen Läsionen kann das Ganglion erhebliche Schmerzphänomene auslösen und sogar eine Migräne oder aurikulotemporale Neuralgie vortäuschen (Aguilo-Seara und Runyan 2018).

Es handelt sich um relativ konsistente **Knoten,** die der Synovia oder den Strukturen der Gelenkkapsel anhängen und teilweise in den Gelenkspalt hineinreichen können. Oft ist der knotenartige Befund über dem Kiefergelenk tastbar und **auf Druck schmerzhaft**.

Am besten ist das Ganglion im MRT darzustellen. Die Entfernung des Ganglions beseitigt die Beschwerden, Rezidive sind nicht bekannt (➤ Abb. 14.2). Daher ist bei entsprechendem Befund die Resektion des Befundes mit anschließender Histologie gerechtfertigt; diese ergibt u. a. im Gegensatz zu den anderen zystischen Läsionen den Nachweis von Myofibroblasten (Segami und Nojima 2018).

Differenzialdiagnose

Zystische Prozesse, die sich primär außerhalb, aber in der Nähe des Kiefergelenks befinden, können durch Verdrängung des Kondylus oder Entzündung typische Kiefergelenksymptome hervorrufen (➤ Abb. 14.3).

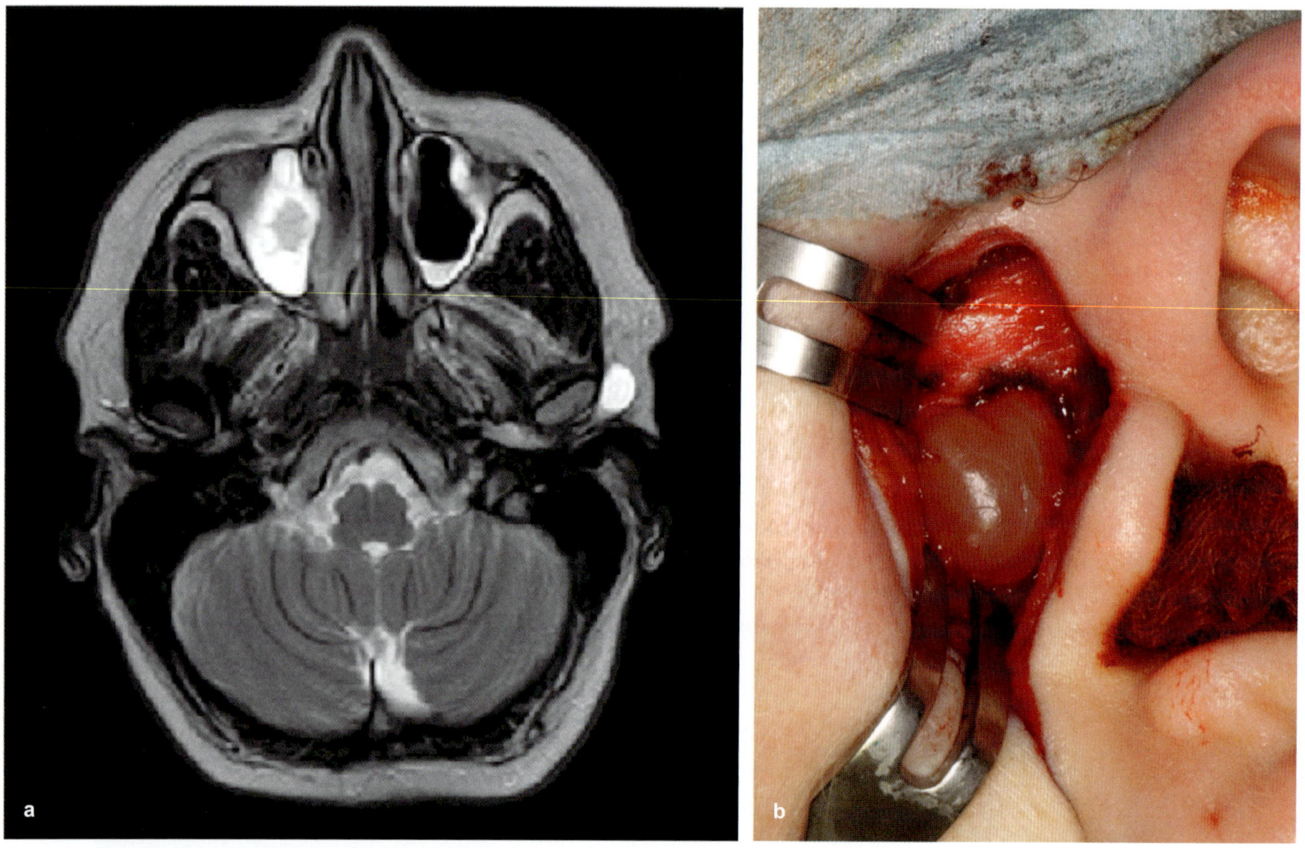

Abb. 14.2 Patientin mit Vorwölbung, heftigen Schmerzen bei bestimmten Unterkieferbewegungen und Druck präaurikulär links. [P660]
a: Transversaler Schnitt durch das MRT in der Ebene der Kiefergelenke. Befund: flüssigkeitsreiche, rundliche Struktur im Bereich der lateralen Begrenzung des linken Kiefergelenks. Histologische Diagnose: Ganglion. Nebenbefund: Chronische Sinusitis maxillaris rechts.
b: Intraoperativer Situs der Patientin vor Entfernung des Ganglions.

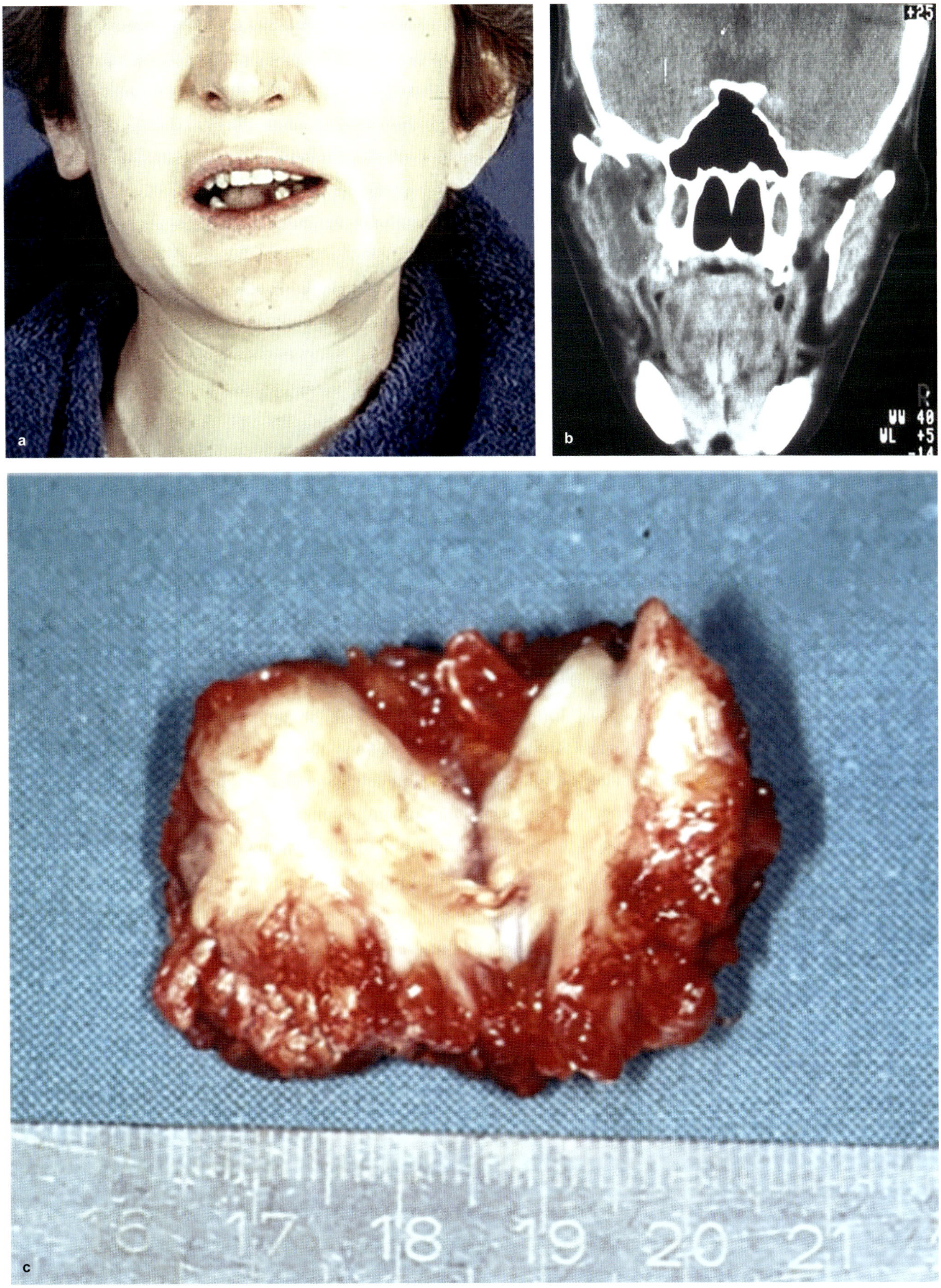

Abb. 14.3 a: Differenzialdiagnose zystischer Veränderungen des Kiefergelenks: Relative Kieferklemme einer 46-jährigen Patientin mit maximaler SKD von 9 mm mit zirkulär offenem Biss, sowie Schwellung und diffuse Schmerzen der rechten seitlichen Gesichtsregion, zunehmend seit 4 Monaten.
b: Koronaler Schnitt durch das CT der Patientin. Befund: retromaxilläre zystische Veränderung mit teilweiser Resorption des Kondylus rechts.
c: Nach Resektion der hühnereigroßen Zyste histologischer Befund: follikuläre Residualzyste, Z.n. operativer Entfernung des Weisheitszahns 18. [P660]

KAPITEL

15

Rudolf Reich

Extraartikulär bedingte Schmerzen im Kiefergelenkbereich: Styloid-Syndrom

Bei gleichzeitiger **Diskusverlagerung, schmerzhaften Hyperaktivität der Kaumuskulatur** oder **idiopathischen Schmerzsyndromen** des Gesichtsbereichs (Ziegeler et al. 2021) kommt das Styloid-Syndrom (Eagle-Syndrom) als wichtige Differenzialdiagnose in Frage.

Ätiologie

Ursache des Styloid-Syndroms ist eine Verknöcherung des Ligamentum stylohoideum aus unbekannter Ursache, sodass der **Proc. styloideus stark verlängert bzw. verdickt** erscheint. Diese Veränderung wird häufig als radiologischer Zufallsbefund ohne Beschwerdesymptomatik angetroffen. Beim Eagle-Syndrom führt sie offenbar zu Irritationen von Muskeln, Ansatzsehnen und den Nn. glossopharygeus, vagus und trigeminus in der Umgebung des Ligaments.

Die Veränderung kommt bei Frauen dreimal häufiger als beim männlichen Geschlecht vor.

Symptome (fakultativ)

- Diffuse Schmerzen sub- und präaurikulär im oberen seitlichen Halsbereich oder im Rachen oft, aber nicht zwingend bei und nach dem Sprechen und Essen
- Globusgefühl (intermittierend oder permanent)
- Dysphagie
- Bewegungsschmerz bei Drehung des Kopfs
- Intermittierende Gesichtsschmerzen
- Schmerzen im Kiefergelenkbereich, nicht in jedem Fall funktionsabhängig

Diagnostik

Da eine Verknöcherung des Ligamentum stylohyoideum nicht in jedem Fall zu Beschwerden führt, ist die klinische Untersuchung für die Diagnosestellung und vor allem die Indikationsstellung zu operativen Maßnahmen besonders wichtig.

- Klinische Hinweise für ein Styloid-Syndrom sind auf der betroffenen Seite:
  - **Druckschmerz,** evtl. Auslösung der beklagten Schmerzsymptomatik auf tiefe extraorale Palpation im seitlichen oberen Halsbereich und submandibulär unter dem Kieferwinkel, insbesondere beim Schlucken. Unter Umständen ist auch das verhärtete Ligamentum zu tasten und seine Umgebung schmerzhaft.
  - Druckschmerz bzw. Auslösung der Schmerzsymptomatik bei intraoraler Palpation des kaudalen Gaumenbogen-Ansatzes (Fossa tonsillaris).
- Zur Differenzierung der Ursache der Beschwerden kann eine lokale Infiltration von Lokalanästhetikum (diagnostische Lokalanästhesie des Kiefergelenks oder der Kaumuskulatur) zum Ausschluss sinnvoll sein.

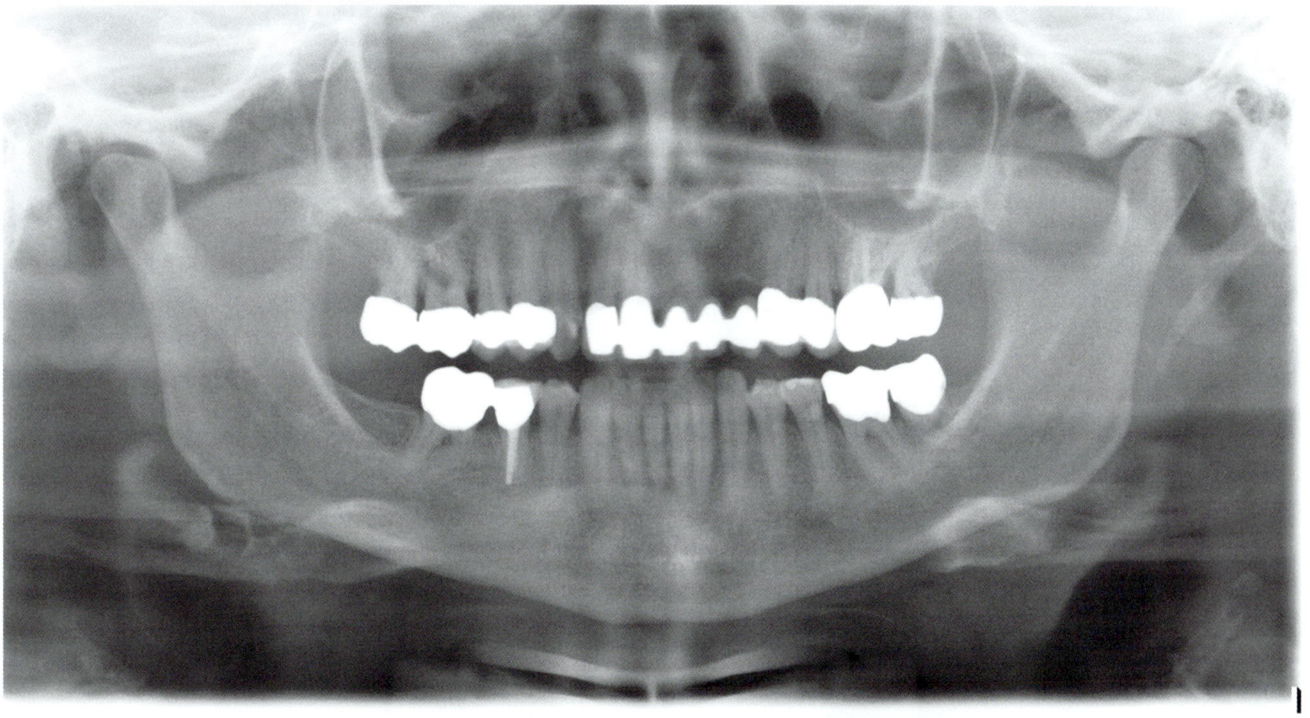

Abb. 15.1 Orthopantomogramm einer Patientin mit ausstrahlenden Schmerzen im linken Rachen- und Mundbodenbereich beim Schlucken: deutliche Verlängerung des Proc. styloideus links. Diagnose: Styloid-Syndrom links. [P660]

- Der Nachweis eines verlängerten Proc. styloideus gelingt meist schon im Orthopantomogramm; im Vorfeld der operativen Therapie kann eine dreidimensionale Darstellung mit der DVT-Technik oder einem CT erforderlich werden (➤ Abb. 15.1, ➤ Abb. 15.2).

Therapie

Die **Resektion** des verlängerten Proc.styloideus (➤ Abb. 15.3) möglichst nah an der Schädelbasis beseitigt die Beschwerden. Dazu stehen zwei Zugangswege offen:

- Extraoral von submandibulär; essenziell ist dabei die Schonung der direkt benachbarten V. jugularis interna
- Intraoral über die Eröffnung des unteren Gaumenbogens; die Vermeidung einer extraoralen Narbenbildung wird dabei mit einer verminderten Übersicht und Einsicht erkauft, was insbesondere wegen der notwendigen Schonung der Nachbarstrukturen (insbes. A. carotis externa, V. jugularis interna) relevant sein kann.

Sonderfall: V.-jugularis-interna-Kompressionssyndrom (Eagle-Jugularis-Syndrom)

Ätiologie und Symptome

Durch Einengung der V. jugularis interna zwischen einem anatomisch ungünstig ausgerichteten, ggf. verlängerten Proc. styloideus und dem Querfortsatz von C1 werden sehr selten diffuse Schmerzen ausgelöst, die die gesamte betroffene Gesichtshälfte einnehmen können. Die üblichen klinischen **Symptome des Proc.-styloideus-Syndroms** sind hier **verstärkt.** Zusätzlich können durch intrakranielle venöse Hypertension ausgelöste neurologische Symptome wie **Kopfschmerzen** und **Sehstörungen** auftreten (Dashti et al. 2012, Oushy et al. 2020).

Diagnostik

Notwendig ist eine CT-Untersuchung, die die Einengung des Raums zwischen dem Proc. styloideus und C1 bzw. der V. jugularis nachweist.
Eine MRT-Angiografie kann den verminderten Durchfluss der V. jugularis interna und bei bereits länger bestehenden Fällen kompensatorisch erweiterte Umgehungsgefäße darstellen.
Mit der Katheterangiografie kann ein Druckgradient in der V. jugularis interna festgestellt werden.

Therapie

Die Abtrennung des Ansatzes des Proc. styloideus nahe der Schädelbasis neben dem Foramen jugulare ist essenziell. Die Resektion kann wegen der Nähe des Proc. styloideus zur V. jugularis technisch anspruchsvoll sein. Sie beseitigt die Kompression und bei stimmiger Indikationsstellung die Beschwerden.

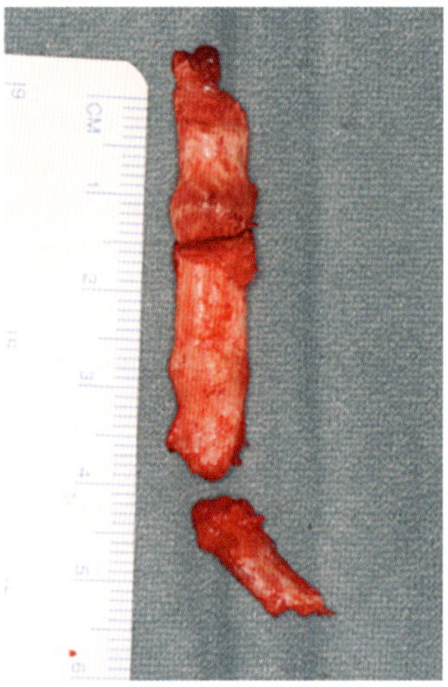

Abb. 15.3 Resektat des extrem ausgeprägten Styloids rechts von ➤ Abb. 15.2. [P660]

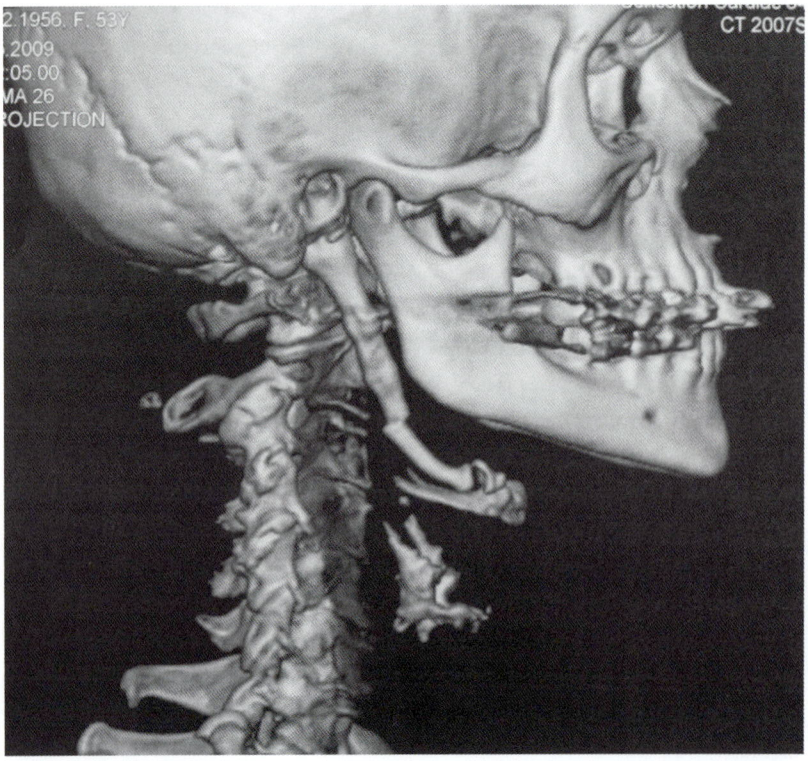

Abb. 15.2 3D-DT einer Patientin mit ausgeprägtem Styloid-Syndrom rechts: totale Verknöcherung des Ligamentum stylohyoideum rechts. [P660]

KAPITEL

16

Andreas Neff

Traumatologie des Kiefergelenks

Das Kiefergelenk liegt zwar relativ gut geschützt in der Fossa glenoidalis, trotzdem sind frakturbedingte Kiefergelenkverletzungen verhältnismäßig häufig. Mit etwa 25–30 % aller Unterkieferfrakturen stellen Frakturen des Kiefergelenkfortsatzes einschließlich des Gelenkkopfs (Syn.: Kapitulum, Gelenkwalze) die häufigsten Unterkieferfrakturen dar, die Tendenz ist aktuell eher zunehmend (Garciá-Guerrero et al. 2017; Hlawitschka & Eckelt 2002; Zrounba et al. 2014).

16.1 Weichgewebeverletzungen des Gelenks

16.1.1 Kontusion des Kiefergelenks

Symptome

- Druckschmerz und Schwellung (in der Regel mäßig ausgeprägt) im Gelenkbereich
- Gelenkbewegung schmerzhaft eingeschränkt
- Ipsilaterale Nonokklusion infolge eines intrakapsulären Ergusses
- Schonhaltung (→ **Bonnetsche Schonhaltung** mit Lateralverschiebung des Unterkiefers zur kontralateralen, gesunden Seite, um das betroffene Gelenk möglichst zu entlasten)
- Röntgenologisch kann sich der Gelenkspalt bei einem Erguss verbreitert darstellen.

Bei einer Kontusion wird die Gelenkkapsel zunächst nicht geschädigt. Es kann (seltener) zu Einblutungen in den Gelenkraum (Hämarthros) und die Gelenkkapsel kommen (Hirjak et al. 2018; ➤ Abb. 16.1). Gelenkknorpel und – falls vorhanden – Diskus werden gequetscht, Einrisse des Bandapparats sind bei sehr schweren Prellungen möglich.

Therapie

Die Therapie besteht in Entlastung (Aufbissschiene, weiche Kost) in Kombination mit einer analgetischen und antiphlogistischen Therapie und vorsichtigen Kieferöffnungsübungen. Bei ausgeprägtem Beschwerdebild kann im Einzelfall eine kurzfristige Immobilisierung (z. B. lockere Gummizüge über IMF-Schrauben) angezeigt sein.

Komplikationen

Obwohl bleibende Schäden nach Gelenkkontusionen zwar insgesamt selten sind, muss mit dem Auftreten folgender Probleme gerechnet werden:

- Exazerbation einer vorbestehenden kraniomandibulären Dysfunktion (CMD)
- Hypermobilität des Gelenks infolge Überdehnung des Kapselapparats (→ Neigung zur habituellen Luxation)

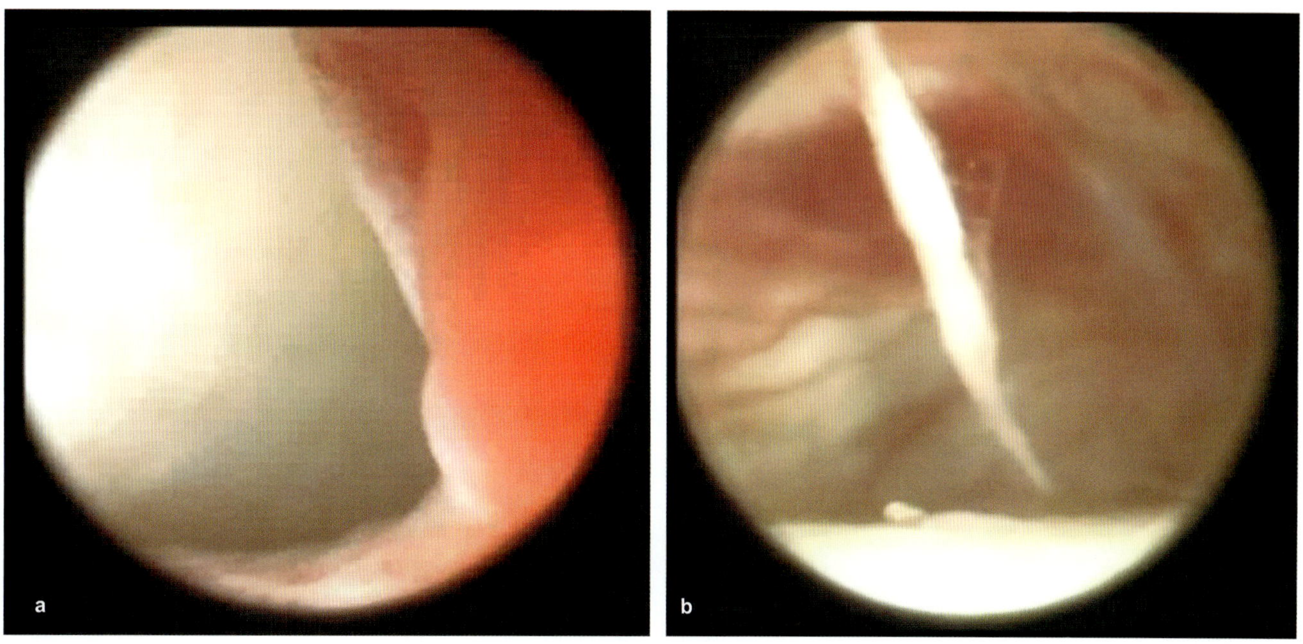

Abb. 16.1 Arthroskopischer Blick in den oberen Gelenkspalt einer ca. 3 Tage alten Gelenkkopffraktur. [P661]
a: Dorsaler Recessus mit geschwollenem und imbibiertem dorsalen Aufhängeband rechts und Blick auf die Eminentia articularis anterior.
b: Einblick in den anterioren Recessus, kranial mit synovialem Hämatom, ein Hämarthros findet sich auch bei Frakturen nur sehr selten.

- Besonders bei Kindern: Gefahr der Ankylosierung bei bindegewebiger Organisation des Gelenkergusses bzw. Narbenbildung und Wachstumsstörungen des Gesichtsskeletts

16.1.2 Distorsion des Kiefergelenks

Eine Gelenkdistorsion ist durch eine kurz dauernde Verschiebung der gelenkbildenden Teile über die physiologische Bewegungsfreiheit hinaus gekennzeichnet. Die Gelenkdistorsion führt zu einer Überdehnung der Gelenkkapsel und -bänder, wobei Einrisse in den Kapsel-Band-Apparat auftreten können. Einblutungen in den Gelenkraum und die Gelenkkapsel sowie das umgebende Gewebe sind somit zu erwarten. Im Rahmen einer Distorsion kann eine traumatische Diskusdislokation auftreten.

Falls im weiteren Verlauf die individuelle Adapationskapazität der diskoligamentären Strukturen auch unter normaler Belastung überschritten wird und progrediente regressive Veränderungen auftreten, kann sich im Verlauf von Jahren eine deformierende Arthropathie ausbilden. Es treten hier die für eine Arthrose typischen schwerwiegenden Funktionsstörungen auf (➤ 7.2).

Abgrenzung von Kontusion und Distorsion

Klinisch und röntgenologisch ist eine sichere Abgrenzung von Kontusion und Distorsion nicht möglich. Die Therapie entspricht der der Gelenkkontusion. Distorsionen heilen ebenfalls meist folgenlos ab, bleibende Schäden treten jedoch häufiger auf als nach Kontusionen.

16.2 Frakturen mit Gelenkbeteiligung

16.2.1 Formen

Frakturen des Gelenkfortsatzes

Frakturen des Gelenkfortsatzes (Proc. articularis) (➤ Abb. 16.2) sind meist Folge indirekter Krafteinwirkungen und treten als indirekte Biegungsbrüche (meist Gelenkfortsatzbasis und Gelenkhals) bei Frakturen der Symphysen oder Paramedianregion oder aber als Abscherfrakturen (meist Gelenkkopf) auf. Betroffen können dabei sein

- Der **Gelenkkopf** (Syn.: Capitulum, Caput mandibulae, Gelenkwalze, Gelenkköpfchen, Condylus)
- Der **Gelenkhals** (Collum mandibulae im engeren anatomischen Sinn)
- Die **Gelenkfortsatzbasis** (subkondylär), die ihrerseits in den **Unterkieferast** übergeht

Frakturen der Pfanne bzw. des Meatus acusticus

Weiterhin kann die Pfanne des Kiefergelenks (Fossa articularis) betroffen sein, die nach anterior von der kräftigen Eminentia articularis und nach dorsal vom knöchernen Gehörgang (Meatus acusticus internus) begrenzt wird. Der Meatus acusticus internus kann knöcherne Aussprengungen meist im lateralen Anteil sowie Einrisse im häutigen Gehörgang aufweisen (➤ Abb. 16.3). Klinisch imponieren hier Blutungen aus dem Gehörgang, die Therapie erfolgt in der Regel nicht-operativ über die Einlage von Salbenstreifen. Eine begleitende Trommelfellverletzung ist HNO-ärztlich abzuklären.

Eine (seltene) Sonderform einer Verletzung der Pfanne stellt die (seltene) **zentrale** Luxation des Proc. condylaris dar, eine meist traumatische bedingte Dislokation des Kiefergelenkkopfes nach intrakraniell unter Perforation der Gelenkpfanne bzw. der Schädelbasis.

Frakturen mit Luxation oder Dislokation

Frakturen mit Beteiligung der Gelenkregion werden neben der Einteilung nach Lokalisation des Weiteren grundlegend eingeteilt in Frakturen mit und ohne Luxation des gelenktragenden Anteils (➤ Abb. 16.4).

Im Gegensatz zu Frakturen mit Luxation bleibt bei Frakturen ohne Luxation (*engl.:* dislocation), die lediglich eine Dislokation (*engl.:* displacement) des distalen Fragments aufweisen (**dislozierte Frakturen**) (➤ Abb. 16.5), die physiologische Beziehung von Fossa, Diskus und Kondylus weitgehend in orthotoper oder ggf. dystoper Kondylusposition erhalten (Neff et al. 2014b, 2019). ➤ Abb. 16.6, ➤ Abb. 16.7.

Die **Luxationsfraktur** (*engl.:* dislocation fracture) stellt die schwerste Form einer Gelenkverletzung dar. Bei dieser Verletzung wird das proximale, gelenknahe (sog. kleine) Fragment abgesprengt, durchstößt ggf. die Gelenkkapsel und tritt dabei aus der Fossa glenoidalis vollständig als „echte Luxationsfraktur" (➤ Abb. 16.8) oder partiell (➤ Abb. 16.9) aus, unter Aufhebung der diskokondylären Relation. Die Blutversorgung des Gelenkkopfs über die Kapsel und den M. pterygoideus lateralis kann dabei schwer kompromittiert werden, insbesondere bei sog. „tiefen Frakturen", d. h. Gelenkfortsatzbasis- oder Unterkieferastfrakturen mit Luxation nach medial. Bleibt dagegen, z. B. bei „hohen" (gelenknahen) Frakturen, d. h. Gelenkhals- und -kopffrakturen, die diskokondyläre Relation zumindest partiell erhalten, liegen sog. Pseudoluxationsfrakturen vor (➤ Abb. 16.6).

In Orthopädie und Unfallchirurgie werden bei den Luxationsfrakturen des Haltungs- und Bewegungsapparats die begleitenden Kapsel-Band-Verletzungen neben den Frakturen der Gelenkflächen therapeutisch wie prognostisch bestimmend angesehen und stellen ihrerseits eine Indikation zur operativen Intervention dar. Im Rahmen der Reposition wird die exakte anatomische Rekonstruktion der Gelenkflächen angestrebt, um eine aktive, früh einsetzende Übungsbehandlung des verletzten Skelettabschnitts zu erlauben, wodurch Immobilisationsschäden vermieden werden (Tscherne & Trentz 1980). Da dagegen beim Kiefergelenk, speziell bei Frakturen mit direkter Gelenkbeteiligung oder bei gelenknahen Frakturen, vielfach noch rein konservative Therapiemaßnahmen zum Tragen kommen, ist in diesen Fällen eine Reposition des proximalen Fragments in anatomisch korrekter Position nicht möglich (Kolk et al. 2020). Als Therapieergebnis werden eine möglichst gute Okklusion und Kieferbewegung durch funktionelle Adaptation durch Remodelling angestrebt. Da das proximale Fragment durch den Zug des M. pterygoideus lateralis rotiert bzw. anguliert (meist nach anterior und/oder medial), wird eine knöcherne oder pseudarthrotische Heilung in Fehlstellung ggf. in Kauf genommen; s. a. ➤ Abb. 16.4. Die prinzipielle Möglichkeit bleibender posttraumatischer Funktionsstörungen muss dabei einkalkuliert werden.

Komplikation: Ankylose

Die am meisten gefürchtete Komplikation einer Fraktur mit Gelenkbeteiligung ist die Ankylose, die narbige Fixierung oder knöcherne Durchbauung der beiden gelenknahen Fragmente (➤ 12). Sie wird vor allem bei Kindern beobachtet. Neben einem direkten Knochenkontakt zwischen dem distalen Fragment und der Fossa infolge einer Verletzung des Kapselbandapparats mit Dislokation des Diskus, der insbesondere bei Begleitfrakturen der Mandibula auftreten kann (He et al. 2014; Laskin 1978), kommt dem progredienten posttraumatischen Funktionsverlust, speziell der Translationskomponente, wesentliche Bedeutung zu. Bildet sich infolge eines Traumas ein primär rotatorisches Bewegungsmuster aus, entsteht in vielen Fällen eine knöcherne Brücke lateral, analog zu einem Pfannendach eines Kugelgelenks. Medial besteht dagegen in dieser frühen Phase der Ankylose noch ein Gelenkspalt zwischen disloziertem Gelenkkopf und Pfanne, in dem auch der dislozierte Diskus liegt (Rasse 2009). Mit fortschreitender Ankylosierung kommt es dann zur progredienten knöchernen Fusion des gesamten Binnenraums und die Ankylose überschreitet häufig den Gelenkbereich (He et al. 2014). Traumatische Ursachen für die eher seltene extraartikulär bedingte Kieferklemme können Verwachsungen zwischen Jochbein/Jochbogen und Gelenkfortsatz bzw. Proc. muscularis sowie Vernarbungen oder Kalzifikationen der Kaumuskulatur sein (➤ 12).

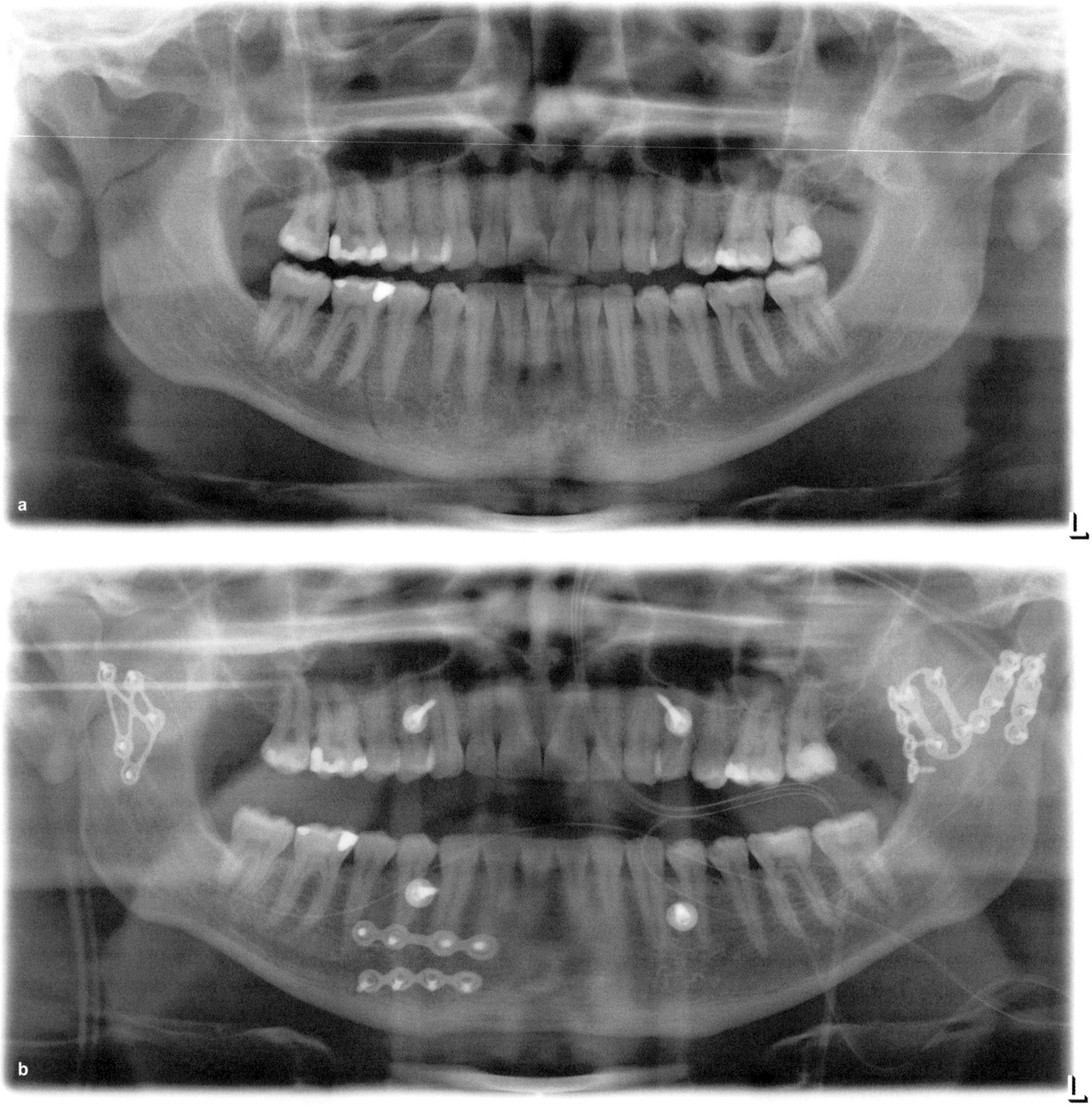

Abb. 16.2 a: Dreifache Unterkieferfraktur mit Gelenkfortsatzbasisfraktur beidseits, der linke Proc. muscularis ist ebenfalls frakturiert.
b: Nach operativer Versorgung mit Plattenosteosynthesen, links extraoraler und transoraler Zugang, rechts transorale Versorgung. [P661]

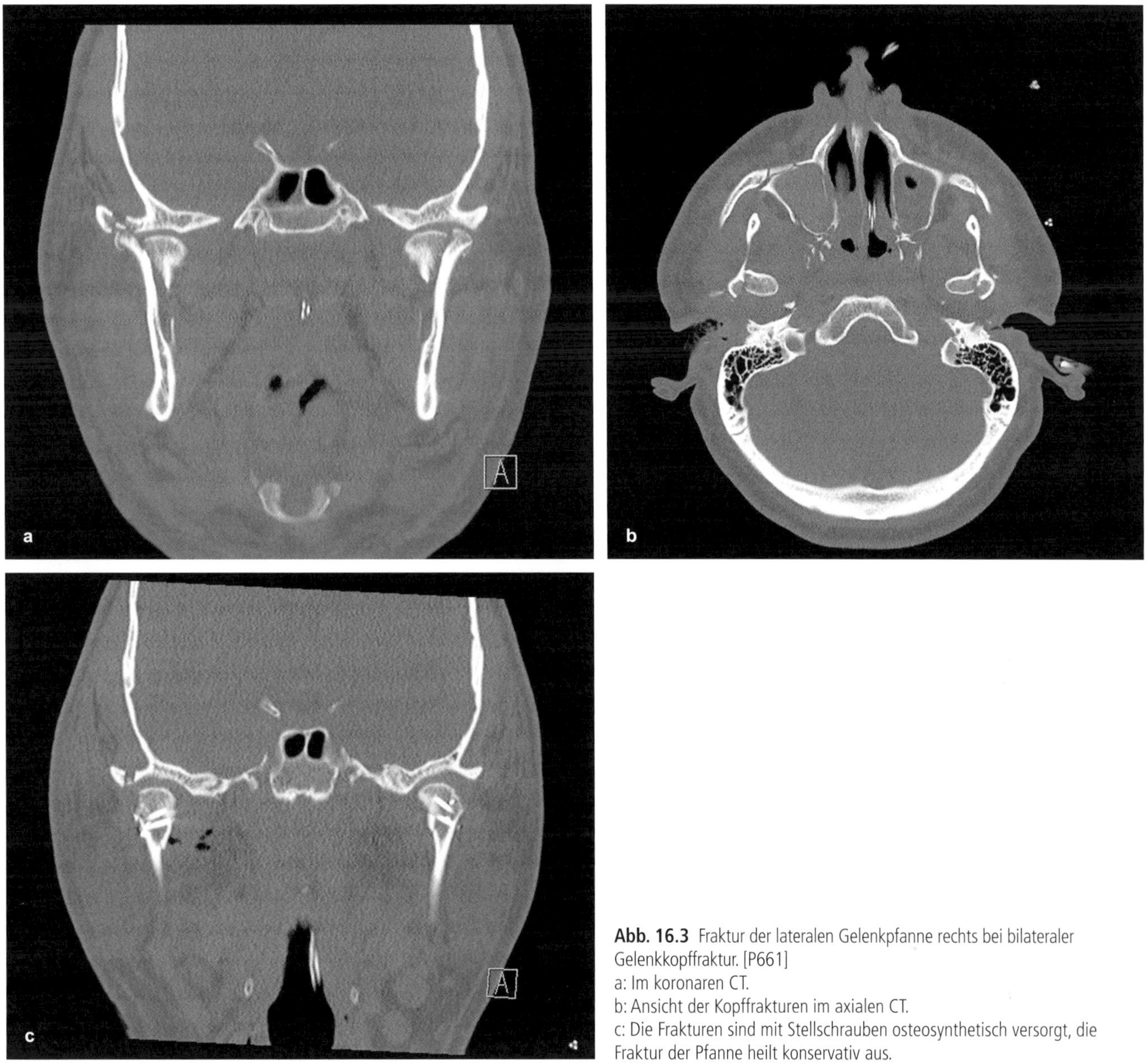

Abb. 16.3 Fraktur der lateralen Gelenkpfanne rechts bei bilateraler Gelenkkopffraktur. [P661]
a: Im koronaren CT.
b: Ansicht der Kopffrakturen im axialen CT.
c: Die Frakturen sind mit Stellschrauben osteosynthetisch versorgt, die Fraktur der Pfanne heilt konservativ aus.

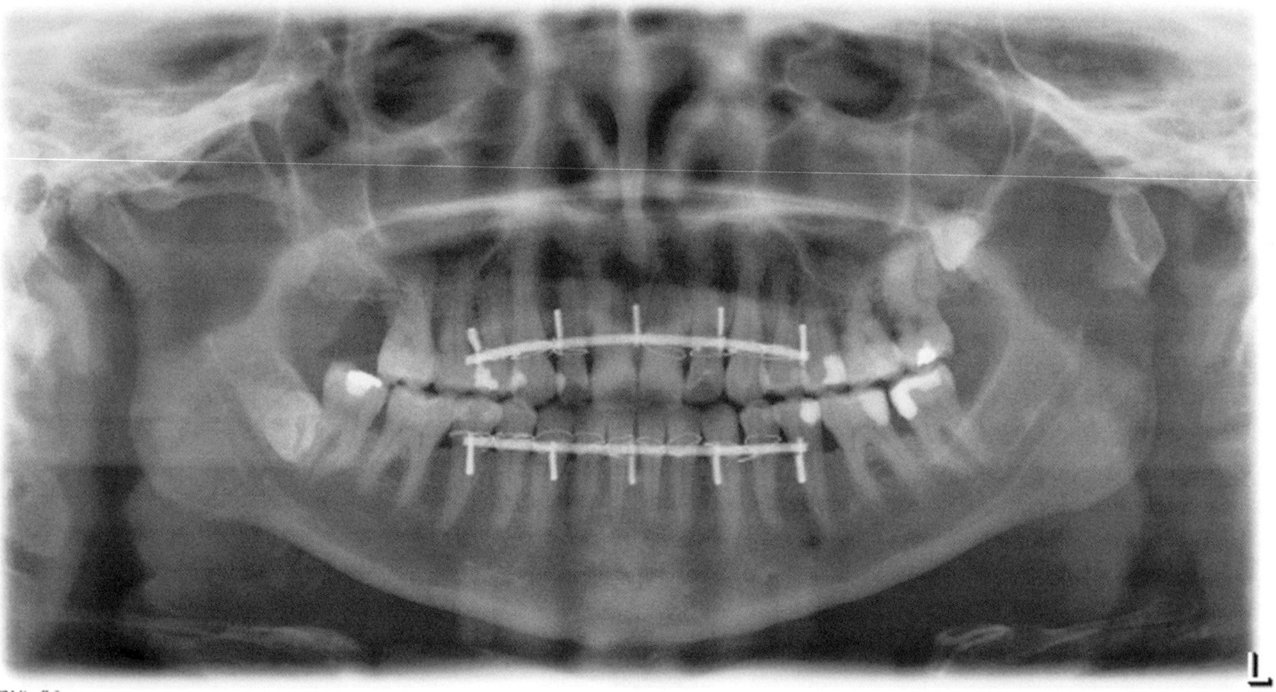

Abb. 16.4 Bilaterale halsnahe Gelenkfortsatzbasisfrakturen, links luxiert, rechts disloziert; die Versorgung erfolgte hier konservativ mit Schienungen im OK und UK und mandibulomaxillärer Immobilisation zur Okklusionseinstellung. [P661]

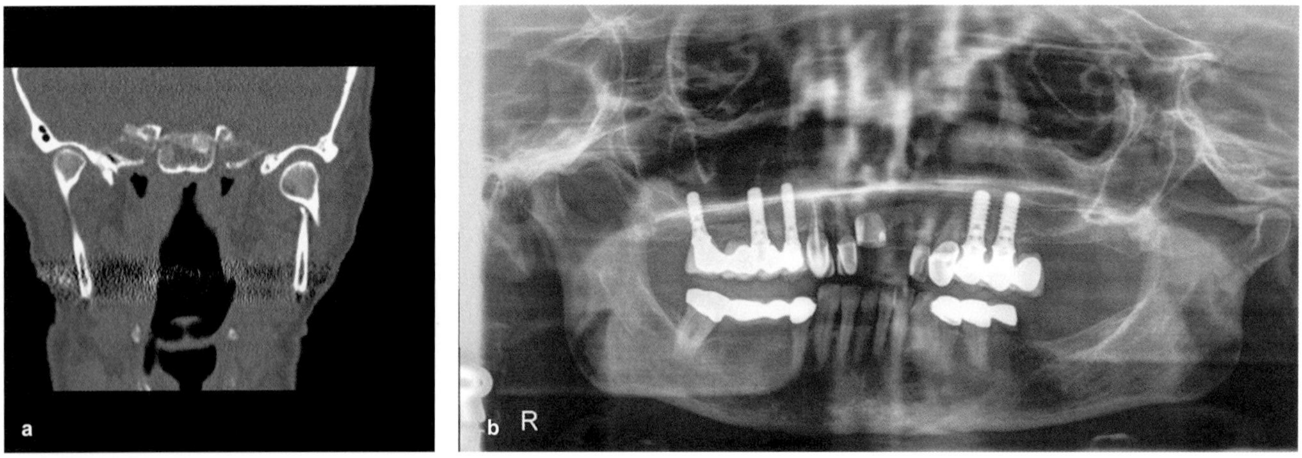

Abb. 16.5 Nach lateral dislozierte Fraktur der Gelenkfortsatzbasis links. [P661]
a: CT in koronarer Schichtung mit leicht anguliertem proximalen Fragment in grenzwertig orthotoper Position.
b: Fraktur im Orthopantomogramm (OPG).

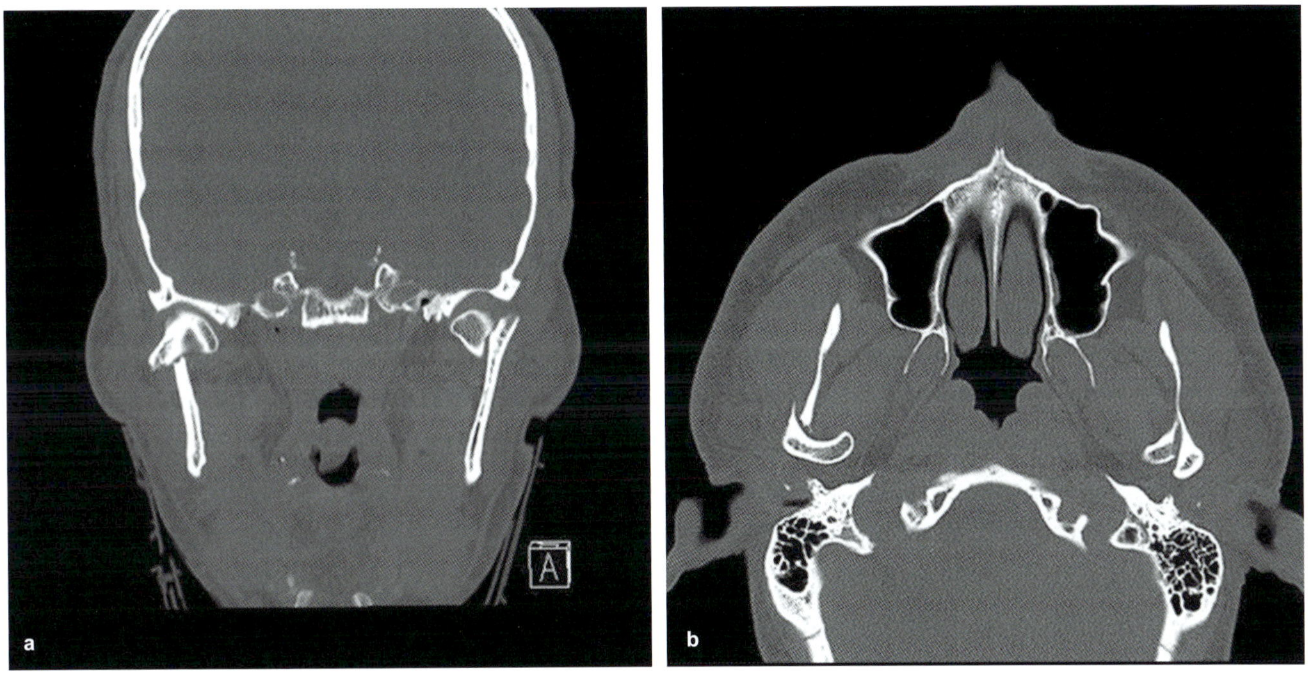

Abb. 16.6 Bilaterale Luxationsfrakturen, links mit Gelenkkopffraktur, rechts mit Fraktur der Gelenkfortsatzbasis (Luxation nach medial). [P661]
a: Im koronaren CT.
b: Im axialen CT.

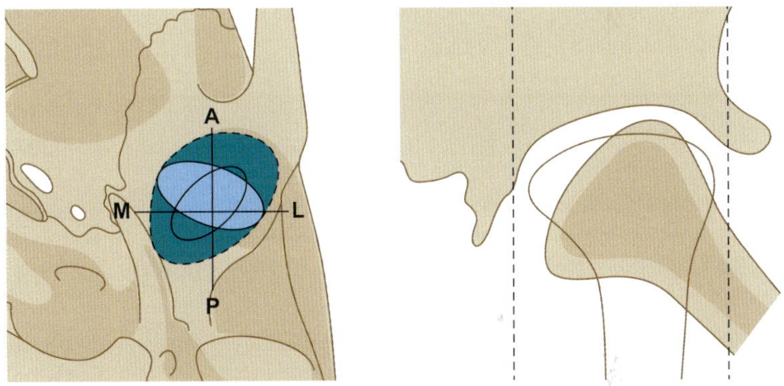

Abb. 16.7 Dystope Kondylusposition bei einer dislozierten Gelenkfortsatzfraktur (nach AOCOIAC, Neff et al. 2014b). [L231]

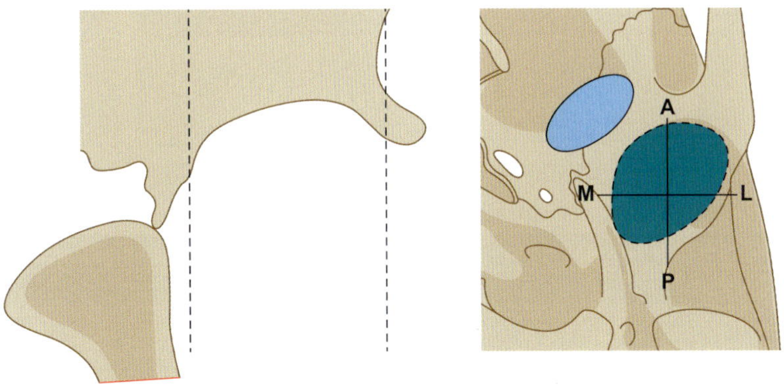

Abb. 16.8 Luxationsfraktur mit vollständigem Austritt des Gelenkkopfs aus der Pfanne (nach AOCOIAC, Neff et al. 2014b). [L231]

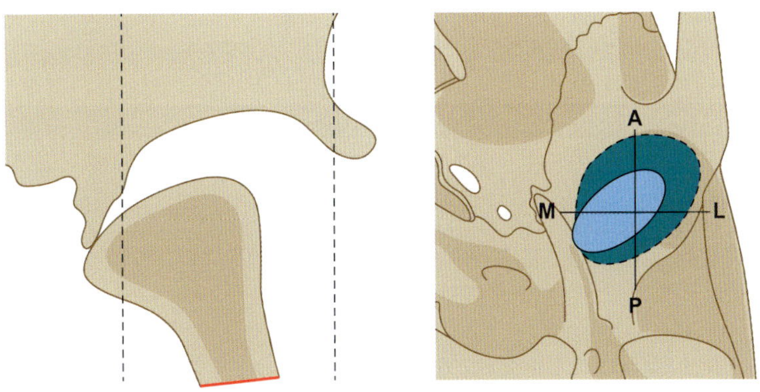

Abb. 16.9 Luxationsfraktur mit partiellem Austritt des Gelenkkopfs aus der Pfanne (nach AOCOIAC, Neff et al. 2014b). [L231]

16.2.2 Epidemiologie

In der Literatur wird (meist ohne trennscharfe/reproduzierbare anatomische Kriterien) für Erwachsene folgende Verteilung angegeben (Eckelt 2000; Garciá-Guerrero et al. 2017; Gassner et al. 2004; Rasse 2000; Thorén et al. 1998, Zrounba et al. 2014):

- 62 % „tiefe“, d. h. Frakturen der Gelenkfortsatzbasis
- 24 % „hohe“, d. h. Frakturen des Gelenkhalses
- 14 % Kapitulumfrakturen

Die Verteilung von uni- zu bilateralen Frakturen liegt bei etwa 4 : 1. Während aber noch Anfang der 1970er-Jahre der Anteil der Gelenkkopffrakturen mit maximal 3 % angegeben wurde, wird unter den verbesserten diagnostischen Bedingungen nach Einführung der Computertomografie die Diagnose einer Gelenkkopffraktur nunmehr bei etwa 10 % aller Mandibulafrakturen bzw. bei gut einem Drittel aller Gelenkfortsatzfrakturen gestellt. Für das Vorschulalter wird der Anteil der Gelenkfortsatzfrakturen sogar mit bis zu 75 % der Mandibulabrüche angegeben, Köpfchenfrakturen sind hier mit bis zu 60 % am häufigsten. Die Häufigkeit der Gelenkfortsatzbrüche nimmt mit zunehmendem Alter ab und fällt bis zum Abschluss der bleibenden Dentition auf etwa 50 %. Im Erwachsenenalter ist der Anteil der Gelenkfortsatzbasisfrakturen dann deutlich höher als derjenigen des Gelenkhalses (d. h. „Kollumfrakturen“ im engeren Sinn), je nach verwendeter anatomisch basierter Klassifikation wird das Verhältnis zwischen 4 : 1 und 3 : 1. angegeben (Neff et al. 2014b).

Terminologie: „Kollumfraktur“

Traditionell wird noch häufig der Terminus „Kollumfraktur“ im Sinne eines Pauschalbegriffs für alle Gelenkfortsatzfrakturen verwendet. Anatomisch korrekt bezeichnet Kollumfraktur aber die Gelenkhalsfraktur, also die seltenste Variante der Gelenkfortsatzfrakturen. Der Begriff ist infolge des unspezifischen Gebrauchs heute nicht mehr trennscharf und sollte für Klassifikationen nicht mehr verwendet werden (Neff et al., 2014b).

16.2.3 Klassifikation

Zur Klassifikation der Gelenkfortsatzfrakturen wurden zahlreiche Vorschläge gemacht (Dingman & Natvig 1964; Gilhuus-Moe 1964; He, Yang et al. 2009; Köhler 1951; Kozakiewicz 2019; Lindahl 1977; Loukota et al. 2005; Lund 1974; MacLennan 1969; Neff et al. 1999; Neff et al. 2014b; Spiessl & Schroll 1988; Ying et al. 2018; Wassmund 1927; Wassmund 1934), wobei die international unterschiedlichen Klassifikationen Vergleiche von Behandlungsergebnissen erschweren. Die Nomenklatur ist weiterhin weder einheitlich noch eindeutig (Loukota et al. 2005; MacLennan 1969; Neff et al. 2014b).

Da die multiplen, international publizierten und miteinander konkurrierenden Klassifikationen inzwischen nicht mehr überschaubar sind und die Nomenklatur (z. B. „Kollumfraktur“) nicht mehr trennscharf ist (➤ 16.2.2), wurde 2014 von einer Arbeitsgruppe der AO (Arbeitsgemeinschafft für Osteosynthesefragen) im Konsens mit der S. O. R. G. (Strasbourg Osteosynthesis Research Group; Europa) sowie IBRA (International Bone Research Association) ein **standardisierter Klassifikationsvorschlag** unterbreitet, der auf definierten und reproduzierbaren anatomischen Landmarken basiert und unter dem Ziel einer Vereinheitlichung der Nomenklatur nunmehr einheitlich verwendet werden sollte (Neff et al. 2014b, AOCOIAC; McLeod & Keenan, 2021).

Für eine Einteilung relevante Kriterien sind unter therapeutischen und prognostischen Gesichtspunkten (➤ Tab. 16.1):

- Die **Lokalisation** der Fraktur (Höhe und Verlauf der Bruchlinie, Beziehung zum Ansatzfeld des M. pterygoideus lateralis) → relevant für OP-Indikation, Wahl des Zugangs und Art der Versorgung
- Die **Dislokationsform** (Verschiebung der Fragmente mit Achsabweichung, Richtung und Vertikalverlust) → relevant für OP-Indikation und Wahl des Zugangs
- Die **Luxationsform** (Verschiebung von Gelenkkomponenten mit Richtung, Vertikalverlust und Auswirkung auf den diskoligamentären Apparat) → relevant für OP-Indikation und Wahl des Zugangs

Gelenkfortsatzbasis- und Gelenkhalsfrakturen: Die Grenze zwischen Gelenkfortsatzbasis und Gelenkhals ist anatomisch unscharf definiert, weshalb sich eine Unterscheidung anhand anatomischer Landmarken durchgesetzt hat (s.a. ➤ Abb. 16.10).

Tab. 16.1 Klassifikation nach AOCOIAC (Neff et al. 2014b) und klinische Relevanz

Einteilungskriterien	Konsequenz für operatives Vorgehen
Lokalisation	
Frakturen der Gelenkfortsatzbasis (*condylar base fracture*)	angulärer oder transoraler Zugang, 3D-Platten oder Doppelplatten (Standard)
Frakturen des Gelenkhalses (*condylar neck fracture*)	ggf. trans- oder anteparotidealer Zugang, für Standardplatten ggf. eingeschränkt geeignet
Frakturen des Gelenkkopfs (*condylar head fracture*)	prä- oder retroaurikulärer Zugang, Schrauben- oder Pinosteosynthese
Luxations-/Dislokationsform	
Frakturen ohne Dislokation	in der Regel nicht-operative Versorgung
Frakturen mit Dislokation (des proximalen Fragments nach lateral bzw. medial)	bei Okklusionstörung und/oder Funktionseinschränkung in der Regel operative Versorgung
Luxationsfrakturen (Gelenkkopf hat die Fossa articularis total verlassen, ein partielles Heraustreten wird dagegen den Dislokationen zugerechnet).	in der Regel Indikation zur operativen Versorgung

AOCOIAC: Arbeitsgemeinschaft für Osteosynthesefragen (Dokumentationssystem für Knochenfrakturen)

„Ein-Drittel-zu-zwei-Drittel-Regel"

Wesentliche Neuerung gegenüber der 2005 publizierten Einteilung der Hals- zu Basisfrakturen nach der „50:50-Regel" (orientiert an der „Loukota-Linie") (Loukota et al. 2005) ist jetzt eine „Ein-Drittel-zu-zwei-Drittel-Regel" zur Unterscheidung von Hals- und Basisfrakturen (Neff et al. 2014b).

Gelenkkopffrakturen werden in der AO-Klassifikation gemäß radiologischen Kriterien (➤ Abb. 16.11) unterschieden in Frakturen mit (innerhalb der lateralen Polzone, p) und ohne Höhenverlust (medial der Polzone, m). Die bisherige Unterteilung nach A, B und C-Frakturen (Loukota et al. 2010; Neff et al. 1999) ist jetzt eine präzisierende Unterklassifikation gemäß intraoperativem Situs (die Typen A und B entsprechen den diakapitulären Frakturen) (Rasse 2000).

Fragmentation:

- Fragmentaussprengungen oder „Trümmerungen" (korrekter: Major-Fragmentation) erschweren die Reposition und können im Falle einer Major-Fragmentation die biomechanische Stabilität einer operativen Versorgung in Frage stellen. Insbesondere Frakturen mit Major-Fragmentation gelten als prognostisch ungünstig (Hlawitschka & Eckelt, 2002).
- Bei Hals- und Basisfrakturen wird eine Fragmentaussprengung, die die strukturelle Integrität des dorsalen Stützpfeilers kompromittiert, als Major-Fragmentation definiert, während eine Aussprengung im Bereich der Incisura semilunaris als Minor-Fragmentation gewertet wird (s.a. ➤ Abb. 16.16).
- Bei Gelenkkopffrakturen wird eine Fraktur, bei der eine Kombination aus m- und p-Fraktur mit Dislokation der Fragmente vorliegt, als Major-Fragmentation (Typ p major) definiert, während die häufigen Fragmentaussprengungen (meist im Bereich des lateralen Polbereichs) als Minor-Fragmentation gewertet werden (Neff et al. 2014b).

16.2.4 Klinisches Bild (Symptomatik)

Symptome der Gelenkfortsatzbasis- und Gelenkhalsfraktur

Klinische Zeichen einseitige Fraktur:

- Bei Palpation keine Bewegung im Gelenk tastbar
- Okklusionsstörung (Frühkontakte/einseitig offener Biss; ➤ Abb. 16.12a)
- Mittellinienverschiebung zur Frakturseite
- Eingeschränkte Mundöffnung/Abweichung zur Frakturseite
- Schwellung
- Hämatom
- Einseitiger Druckschmerz
- Bei Luxationsfraktur palpatorisch leere Pfanne

Klinische Zeichen beidseitige Fraktur:

- Bei Palpation keine Bewegung in den Gelenken tastbar
- Okklusionsstörung (frontoffener Biss; ➤ Abb. 16.12b)
- Rückverlagerung Unterkiefer
- Eingeschränkte Mundöffnung
- Schwellung
- Hämatom
- Beidseitiger Druckschmerz
- Bei Luxationsfraktur(en) ggf. palpatorische leere Pfanne(n)

Symptome der Gelenkkopffraktur

Klinische Zeichen einseitige Fraktur, für beidseitige Frakturen dann analog jeweilige Klinik der Einzelfrakturen.

A: Fraktur medial der Polzone (kein Höhenverlust)

- Evtl. eingeschränkte Mundöffnung/evtl. Schonhaltung mit Abweichung zur Nicht-Frakturseite
- Schwellung
- Hämatom
- Einseitiger Druckschmerz
- Evtl. Blutung aus Gehörgang

B. Fraktur innerhalb der Polzone (i. d. R. mit Höhenverlust)

- Wie bei Hals- und Basisfrakturen
- Evtl. Blutung aus Gehörgang

16.2.5 Bildgebende Diagnostik

Indikation zur Bildgebung

Bei Vorliegen klinischer Zeichen ist eine röntgenologische Diagnostik zur Abklärung indiziert, dies gilt bei ausreichendem Anhalt auch für das Kindesalter!

- **Konventionelles Röntgen** (immer 2 Ebenen):
  - Panoramaschichtaufnahme,
  - Unterkiefer p.-a. (n. Clementschitsch) oder Schichtaufnahme Kiefergelenke p.-a.
- Dreidimensionale Darstellung:
  - **Computertomografie (CT)** (heute Goldstandard [➤ Abb. 16.13] mit Option der 3D-Visualierung [➤ Abb. 16.14]) bzw.
  - Digitale Volumentomografie (DVT)
  - Magnetresonanztomografie (diese bleibt in der Regel speziellen Fragestellungen, z. B. zur Diagnostik einer Dislokation des Discus articularis vorbehalten [➤ Abb. 16.15])

Standard: 3D

Zweidimensionale Panoramaschichtaufnahmen werden bei Unterkieferfrakturen mit eindeutiger Klinik zwar als ausreichend angesehen, die dreidimensionale Diagnostik (CT, DVT) gilt aber derzeit als Standard in der Traumatologie.

Befundung:

- Röntgenologische Zeichen von **Gelenkfortsatzbasis- und Gelenkhalsfrakturen**:
  - Fraktur ohne/mit Fragmentation Minor/Major (ggf. Stückfraktur, „Trümmerfraktur") (s. o.) (➤ Abb. 16.16)
  - Fraktur ohne/mit Dislokation bzw. ohne/mit Luxation (Versatz des proximalen („kleinen") Fragments nach medial oder lateral, anterior oder posterior)
  - Achsabknickung/Angulation des proximalen („kleinen") Fragments und Richtung
  - Ohne/mit Vertikalverlust
- Röntgenologische Zeichen bei **Gelenkkopffrakturen**:
  - Fraktur ohne/mit Dislokation bzw. ohne/mit Luxation (Versatz des proximalen [„kleinen"] Fragments nach anterior-medial-kaudal)
  - Fraktur medial oder innerhalb der lateralen Polzone
  - Ohne/mit Fragmentation (Minor, Major) ➤ Abb. 16.17
  - Ohne/mit Vertikalverlust

16

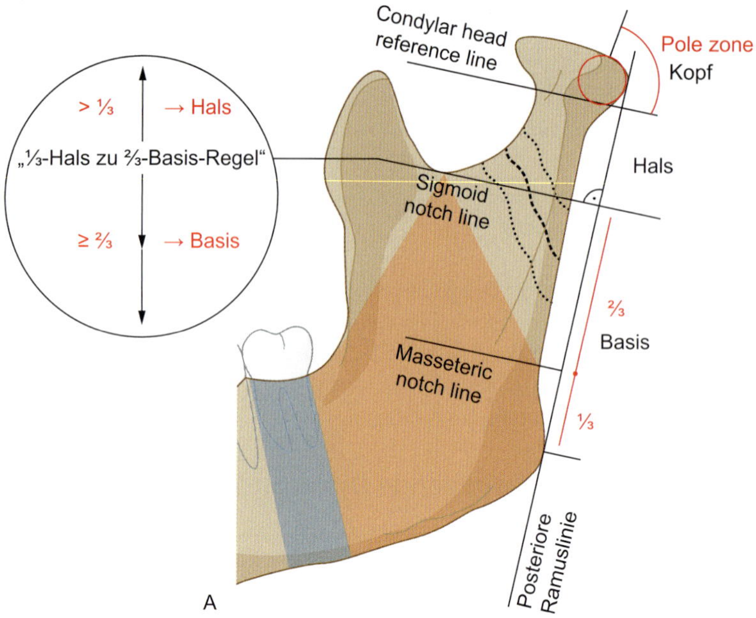

Abb. 16.10 Einteilung der Gelenkhalsfrakturen und Gelenkfortsatzbasisfrakturen (Neff et al. 2014b): Als Referenzlinie wird ein Lot festlegt, das in der Lateralansicht durch den tiefsten Punkt der Incisura semilunaris auf eine Tangente Gonion-Kollumhinterrand gefällt wird (Loukota-Linie bzw. A-Linie). Gelenkhalsfrakturen liegen gemäß AO-Klassifikation zu mehr als einem Drittel oberhalb der Loukota-Linie (früher 50:50-Regel nach Loukota et al. 2005). [L231]

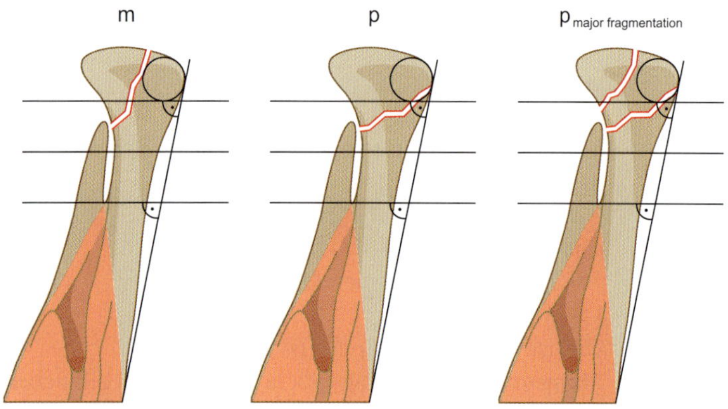

Abb. 16.11 Einteilung (von links nach rechts) der Gelenkkopffrakturen gemäß AO-Klassifikation: Fraktur m ohne Vertikalverlust, p mit Vertikalverlust; dislozierte Frakturkombinationen werden als Frakturen vom Typ p mit Major-Fragmentation klassifiziert. [P661/L231]

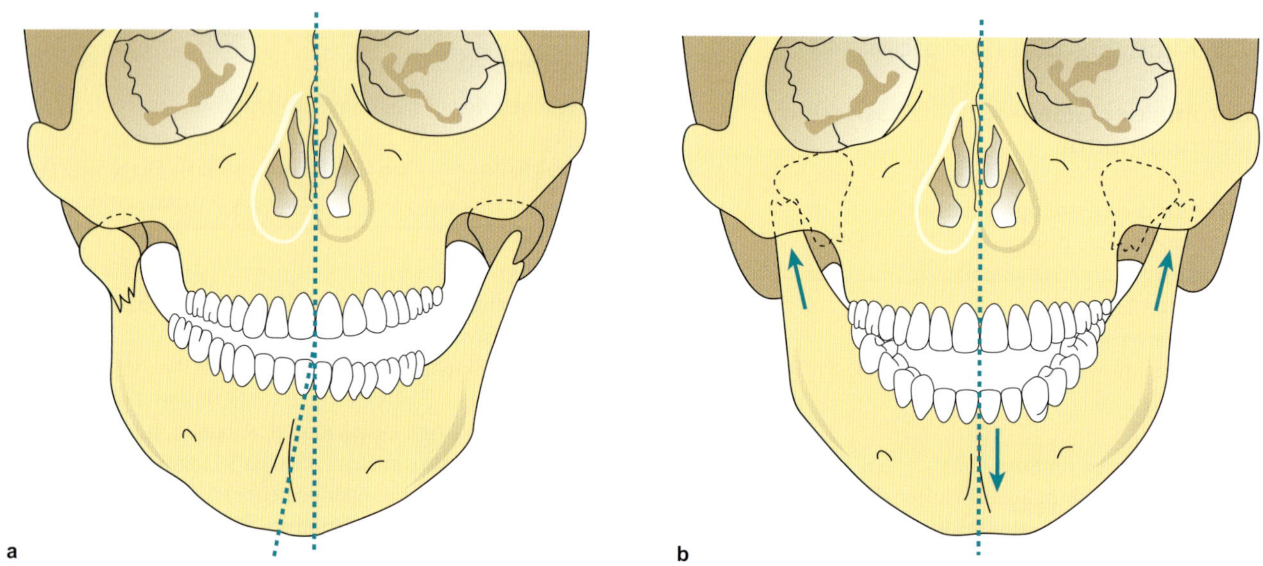

Abb. 16.12 a: Einseitige Gelenkfortsatzfraktur mit Vertikalverlust: Okklusionsstörung mit Frühkontakten ipsilateral und einseitig offenem Biss kontralateral. b: Beidseitige Gelenkfortsatzfraktur mit Vertikalverlust: Okklusionsstörung mit Frühkontakten bilateral posterior, Unterkieferrücklage und frontoffenem Biss. [P661/L231]

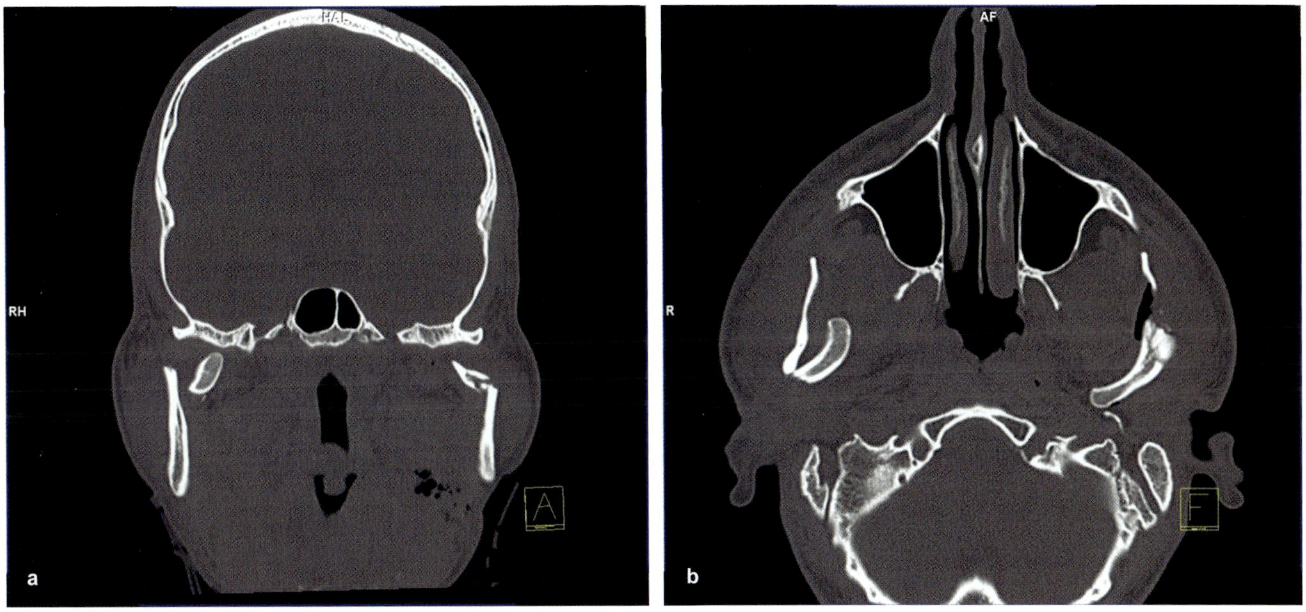

Abb. 16.13 Bilaterale Luxationsfraktur der Gelenkfortsatzbasis bei trifokaler Mandibulafraktur mit
a: Luxation des proximalen Fragments linksseitig nach posterior-medial und rechtsseitig nach anterior medial im koronaren CT
b: Im axialen CT [P661]

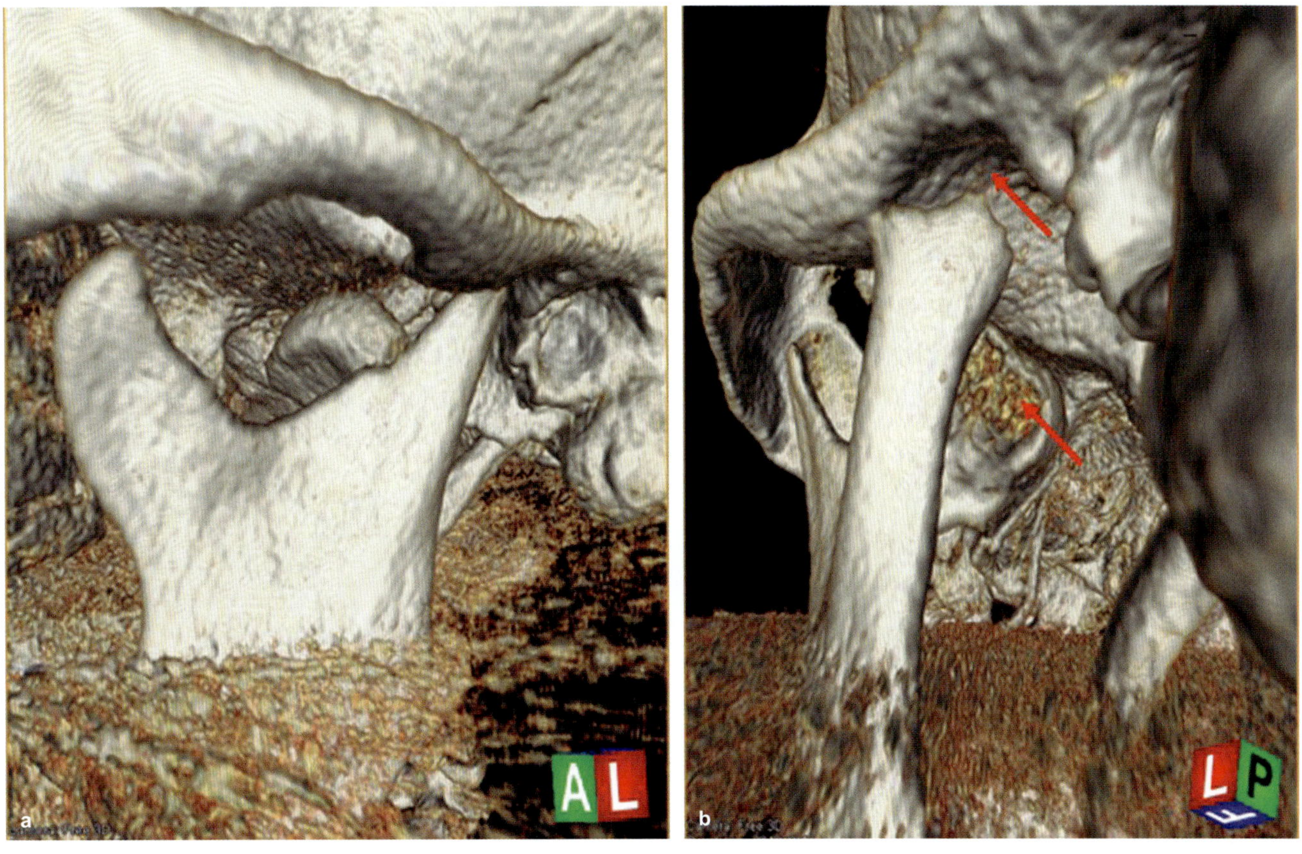

Abb. 16.14 Nach anterior medial dislozierte Gelenkkopffraktur links (Luxationsfraktur). [P661]
a: 3D-CT; Detailansicht von lateral.
b: 3D-CT; Detailansicht von dorsal.

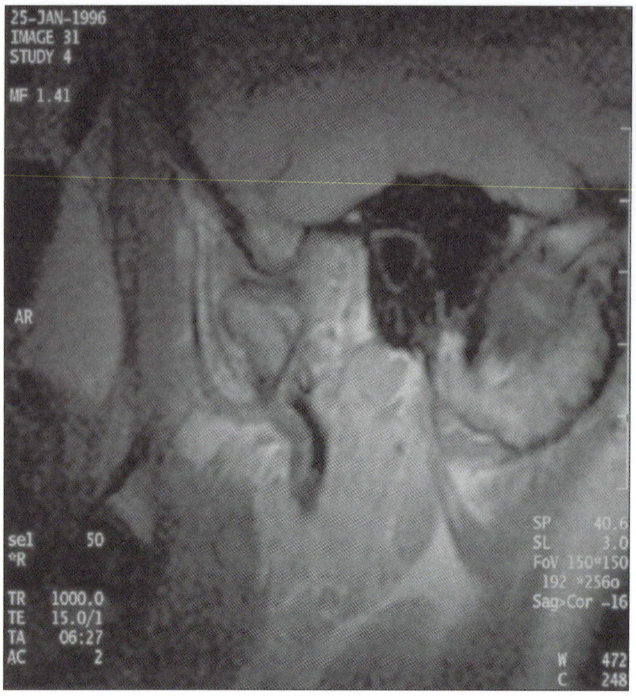

Abb. 16.15 Gelenkkopffraktur mit Dislokation des Köpfchens zusammen mit dem Diskus nach anterior medial unter Ausbildung einer Nearthrose mit der Eminentia articularis. [P661]

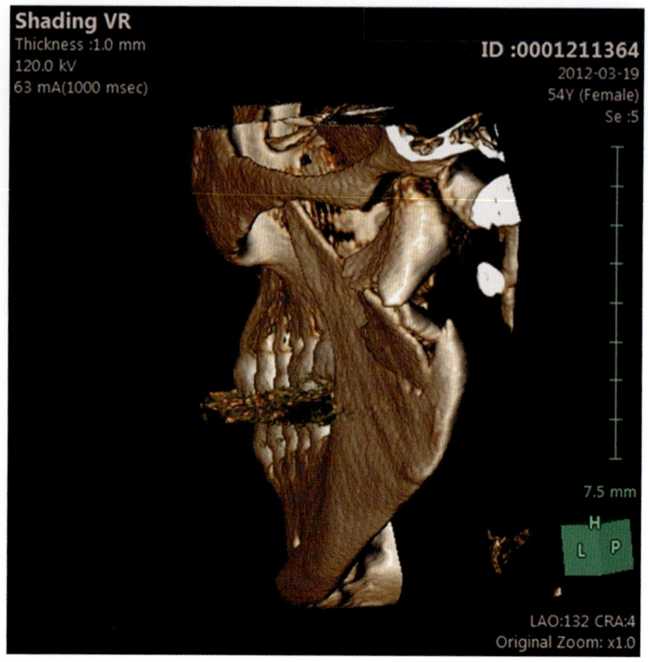

Abb. 16.16 3D-CT einer Gelenkfortsatzfraktur mit Major-Fragmentation: der Buttress der Gelenkfortsatzbasis links ist mehrfach fragmentiert. [P661]

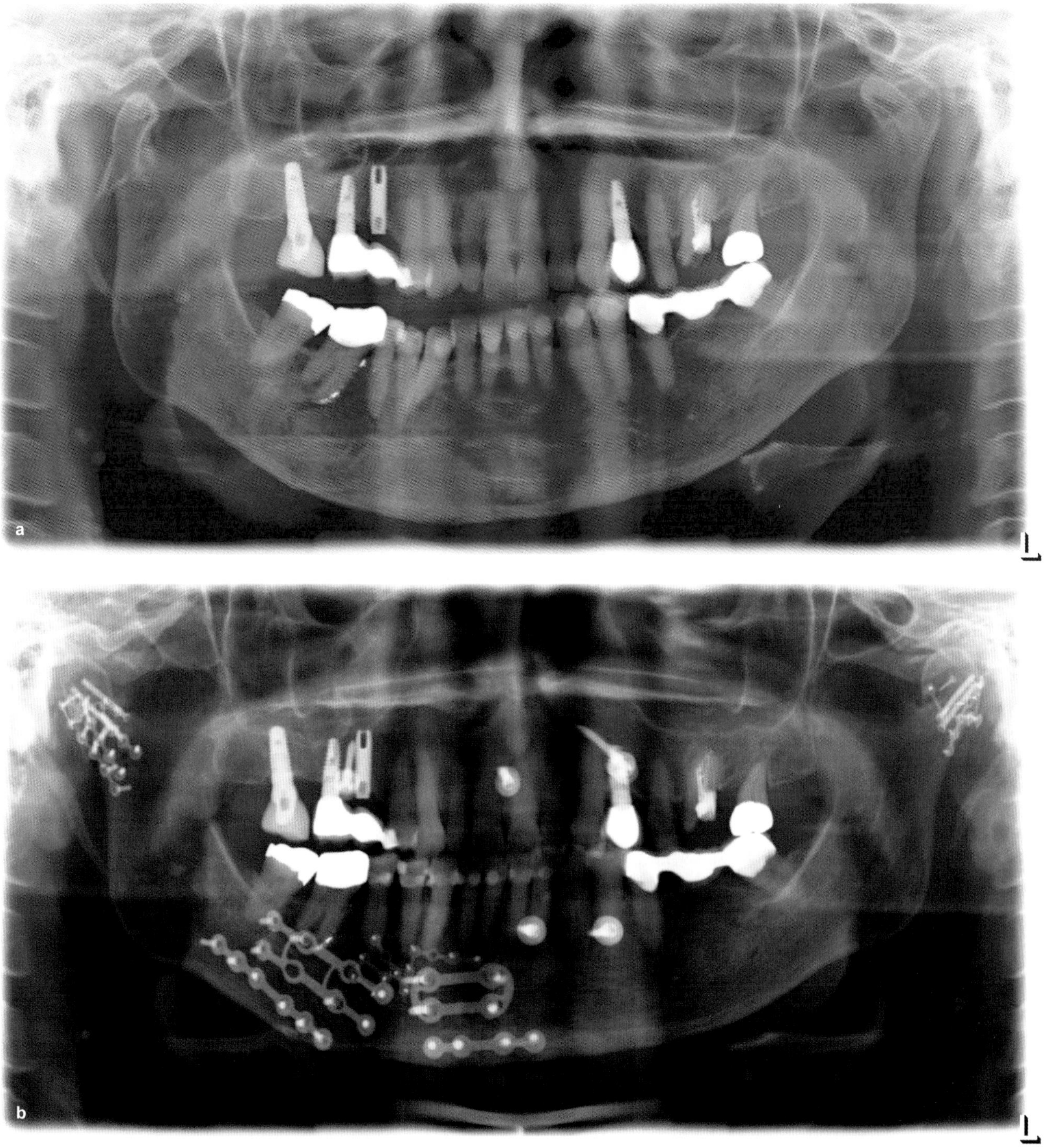

Abb. 16.17 Bilaterale Gelenkfortsatzfraktur mit vertikaler Gelenkhals- und Kopffraktur rechts und Major-fragmentierter Gelenkkopffraktur links. Während die Fragmentation im präoperativen OPG (a) kaum erkennbar ist, kommt diese im postoperativen OPG (b) zur Darstellung (grenzwertige Versorgbarkeit bei Major-Fragmentation). [P661]

16.3 Konservative Therapie

16.3.1 Konservative Therapie bei Erwachsenen

Allgemeine Prinzipien

Bei der konservativen (korrekter: nicht-chirurgischen) Therapie bei Erwachsenen werden Ober- und Unterkiefer geschient (alternativ IMF-Schrauben bei suffizienter dentaler Abstützung) und initial durch mandibulomaxilläre (Syn.: intermaxilläre) Fixation mittels straffer Gummizüge ruhiggestellt sowie anschließend über lockere elastische Gummizüge sukzessive mobilisiert, s.a. ➤ Abb. 16.4. Dies entspricht somit annähernd der konservativen Behandlung anderer Unterkieferfrakturen, wobei die Zeitdauer der (früher meist starren, d.h. Immobilisation unter Verdrahtung) mandibulomaxillären Fixation (MMF) kontinuierlich reduziert wurde (Eckelt 2000; Joos & Kleinheinz 1998; Kolk et al. 2020; Neff et al. 2007).

16

MERKE
Die pauschalierende Angabe eines für **alle** Gelenkfortsatzfrakturen verbindlichen Zeitraums ist allerdings nicht sinnvoll.

Die Dauer der straffen Ruhigstellung orientiert sich individuell an der Lokalisation (Kapselbeteiligung bzw. gelenknah vs. gelenkfern) und an der Frakturgeometrie bzw. dem Fragmentkontakt. Sie variiert daher zwischen Sofortmobilisation bzw. kurz dauernder Ruhigstellung bzw. elastischer Immobilisation über eine bis maximal 2 Wochen (meist 7–10 Tage) für gelenknahe bzw. luxierte Frakturen und etwa 3 bis zu 4(–6) Wochen für gelenkferne Frakturen (z. B. tiefe Basisfrakturen und UK-Astfrakturen) mit erhaltener Kondylus-Fossa-Relation.

Es gilt dabei die Grundregel, dass Immobilisationsschäden bei Frakturen mit Kapselbeteiligung durch möglichst frühzeitige Mobilisation vermieden werden sollen, zumal Adhäsionen und degenerative Schädigungen bereits nach kurzfristigen Immobilisationszeiten von 8–10 Tagen beschrieben wurden (Ito et al. 2018).

MERKE
Ein konservatives Vorgehen sollte bei nicht oder minimal dislozierter Fraktur oder Patienten mit deutlich erhöhtem OP-Risiko bzw. sehr schlechtem Allgemeinzustand präferiert werden.

Konservatives Vorgehen bei nicht oder minimal dislozierten Frakturen

- Flüssige/weiche Kost
- Schmerzmedikation
- Applikation von Kälte/abschwellende Maßnahmen
- Aktives Bewegungstraining (nach Beendigung der Ruhigstellungsphase, s. u.)
- Ggf. unterstützende Physiotherapie
- Ggf. intermaxilläre Fixation (IMF-Schrauben, Otten-Häkchen, Schienung) zur temporären Ruhigstellung (Drahtligaturen nach Ernst, Brackets etc. nur kurzfristig wegen Elongationsgefahr der Zähne)
- Röntgenologische Kontrolle im Verlauf (u. a. Ausschluss sekundäre Dislokation)

Prinzipien der Immobilisation

Terminologie: „Immobilisation"
Unter Immobilisation wird nach Rasse eine starre (absolute) Immobilisation (Rasse 2000) verstanden, üblicherweise wird heute eine Ruhigstellung über straffe und/oder lockere Gummizüge durchgeführt (elastische Immobilisation). Die Notwendigkeit und Dauer einer Immobilisation bzw. Ruhigstellung hängt dabei wesentlich von der Frakturlokalisation und der interfragmentären Abstützung ab.

- Je gelenkferner die Fraktur, desto länger kann grundsätzlich immobilisiert werden, wobei ab einen Zeitraum von mehr als 4–6 Wochen (in der Regel erforderlich für die Konsolidierung der Fraktur) mit Immobilisationsschäden zu rechnen ist.
- Nach einer (optionalen) Ruhigstellungsphase mit strafferen Gummizügen werden die Gummizüge sukzessive auf lockere Führungsgummis gewechselt.
- Frakturen mit direkter Gelenkbeteiligung sollten nur so kurzfristig wie nötig (Schmerzreduktion, Vermeidung einer sekundären Dislokation) ruhiggestellt werden; etwa 8–10 (14) Tage werden als Obergrenze angesehen.
- Rationale für die Immobilisationsdauer ist dabei, dass bei Frakturen mit unmittelbarer Gelenkbeteiligung ein höherer Binnenschaden zu erwarten ist (höhere Ankylosegefahr) als bei gelenkfernen Frakturen, die sich (z. B. bei Unterkieferastfrakturen) diesbezüglich wenig von Frakturen des Mandibulakörpers unterscheiden.

Konservatives Vorgehen bei dislozierten Frakturen

Hier gelten die o. g. Prinzipien analog:
- Die (optionalen) Schienungsmaßnahmen zielen dabei auf eine muskuläre Adaptation ab. Ziele sind die Einstellung einer möglichst ungestörten Okklusion sowie Wiederherstellung einer normalen Funktion.
- Bei dislozierten Frakturen wird dabei eine Heilung in Fehlstellung in Kauf genommen (➤ Abb. 16.18).

MERKE
Zeigt sich im Rahmen der Nachsorge, dass sich die Okklusion nicht zwangsfrei einstellen lässt, sollte eine operative Versorgung erwogen werden. Bei dislozierten gelenkfernen Frakturen sind auch verzögert durchgeführte Revisionen (ca. 6 Wochen bis 3 Monate nach Trauma) noch erfolgversprechend, solange die Gelenkbeweglichkeit nicht wesentlich eingeschränkt ist.

Konservatives Vorgehen bei Luxationsfrakturen, Pseudoluxationsfrakturen, Gelenkkopffrakturen

Hier steht die frühzeitige Mobilisation zur Vermeidung von frakturbedingten Folgeschäden (bindegewebige oder knöcherne Ankylose) bzw. Immobilisationsschäden infolge Verlust der Gelenkfunktion im Vordergrund:

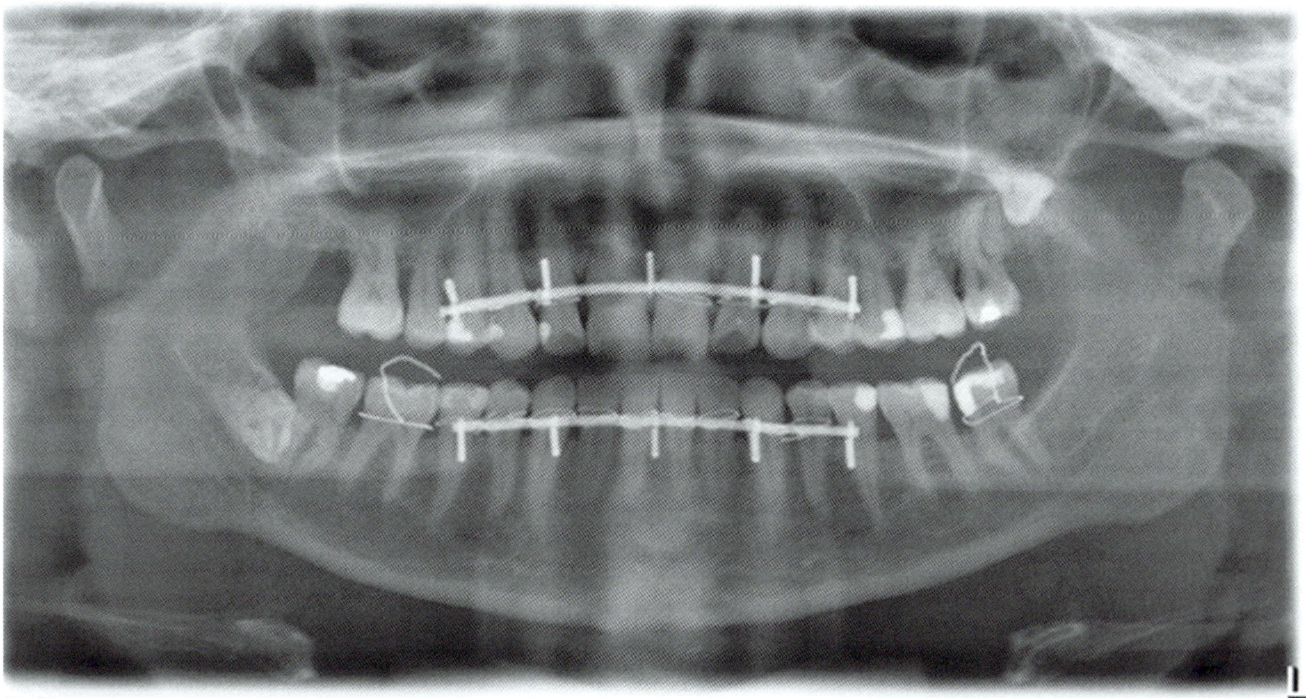

Abb. 16.18 Konservative Versorgung einer bilateralen Gelenkfortsatzfraktur (OPG: rechts Gelenkfortsatzbasis, links Luxationsfraktur des Gelenkhalses). Es wurde versucht, den Höhenverlust linksseitig über ein Hypomochlion auszugleichen (s. a. ➤ Abb. 16.4) (Ausheilung mit anterior offenem Biss). [P661]

- Die Phase der Immobilisation bzw. Ruhigstellung zielt hier lediglich auf die muskuläre Adaptation zur Vermeidung/Reduzierung von Okklusionsstörungen ab.
- Je gelenknaher die Fraktur, desto früher sollte mit der Funktionstherapie begonnen werden.

MERKE

Wenn sich die Okklusion in der Nachsorge nicht zwangsfrei einstellen lässt, ist frühzeitig eine operative Versorgung zu erwägen. Diese sollte möglichst innerhalb eines Zeitraums von 2 bis maximal 3 Wochen nach Trauma erfolgen, da sich ansonsten die Chance auf eine Restitution aufgrund einsetzender Adaptationsvorgänge deutlich verschlechtert und die Gefahr von Limitationen der Gelenkbeweglichkeit steigt. Bei der konservativen und operativen Therapie ist die Wiederherstellung des Bewegungsumfangs prioritär. Okklusionsstörungen werden bei konservativer Therapie dieser Frakturtypen eher in Kauf genommen, da diese im Gegensatz zu Limitationen der Mobilität durch sekundäre Korrekturen einfacher korrigiert werden können.

16.3.2 Konservative Therapie bei Kindern

Allgemeine Prinzipien

Die Art der Behandlung hängt wesentlich vom Alter des Kindes bzw. der Phase der Dentition sowie von der Lokalisation mit dem Vorliegen einer Dislokation/Luxation ab. Ausgeprägte Okklusionsstörungen mit dem Potenzial späterer Wachstumsstörungen werden vor allem nach Luxationsfrakturen bzw. stark dislozierten Frakturen gefunden.

- Da bei Kindern zumindest bis zum Alter von etwa 7–8 Jahren noch eine sehr gute Remodellationskapazität besteht, werden Frakturen ohne stärkere Okklusionsstörungen (speziell gelenknahe Frakturen) primär frühfunktionell konservativ behandelt (aktives Bewegungstraining, ggf. unter Einsatz funktionskieferorthopädischer Geräte) (➤ Abb. 16.19 und ➤ Abb. 16.20).
- Primäres Ziel ist die Wiederherstellung der physiologischen Funktion, Okklusionskorrekturen erfolgen ggf. sekundär kieferorthopädisch.
- Die Aktivatorbehandlung als alleinige Therapie dauert bei Frakturen des Kieferköpfchens in der Regel 3–6 Monate, längere Verläufe sind möglich. Ziel ist es dabei, den frakturbedingten Vertikalverlust durch einen möglichst kontinuierlichen Distraktionseffekt auf den Neokondylus bei gleichzeitiger kieferorthopädischer dentoalveolärer Kompensation auszugleichen.
- Bei Luxationsfrakturen und bei stark dislozierten Frakturen sollten dagegen auch im Kindesalter chirurgische Verfahren erwogen werden, da die funktionelle Matrix hier die Schädigung nicht ausreichend kompensieren kann.
- Für ältere Kinder gegen Ende der Wechselgebissphase (spätestens um das 12. Lebensjahr) gelten grundsätzlich die Grundprinzipien der Erwachsenentherapie, wegen der rascheren Bruchheilung können die Ruhigstellungszeiten reduziert werden.

Entscheidend: Training der Protrusion und Laterotrusion

Für die optimale Wiederherstellung der translatorischen Bewegungskomponenten besteht ein enges Zeitfenster von lediglich 4 bis maximal 6 Wochen (**Cave:** Ankylosegefahr!; s.a. ➤ Abb. 16.20). Während der Aktivatortherapie soll nicht nur die Kieferöffnung (Einsetzen und Herausnehmen des Aktivators mit vorwiegend rotatorischer Bewegungskomponente) trainiert, sondern aktiv und vorrangig die Protrusion und Laterotrusion beübt werden.

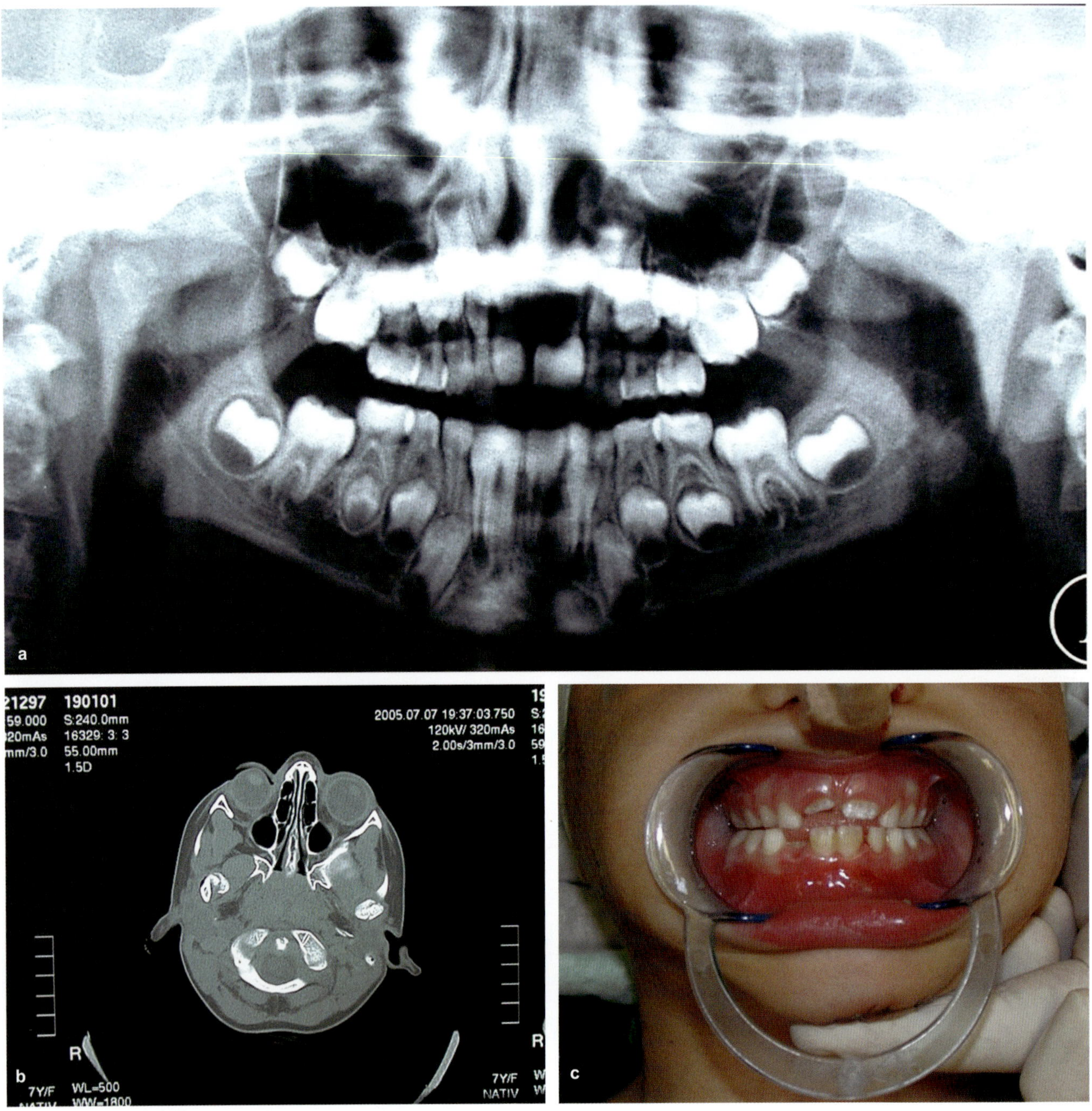

Abb. 16.19 Bilaterale Gelenkkopffraktur in der frühen Wechselgebissphase. [P661]
a: Im OPG kommen die Gelenkkopffrakturen nicht adäquat zur Darstellung.
b: CT axial mit links eingestauchter und rechts dislozierter Fraktur.
c: Im Rahmen der operativen Versorgung der Symphysenfraktur zeigt sich die Okklusion trotz der bilateralen Gelenkkopffrakturen ungestört, da die Gelenkfortsätze in dieser Entwicklungsphase noch nicht die Vertikaldimension bestimmen.

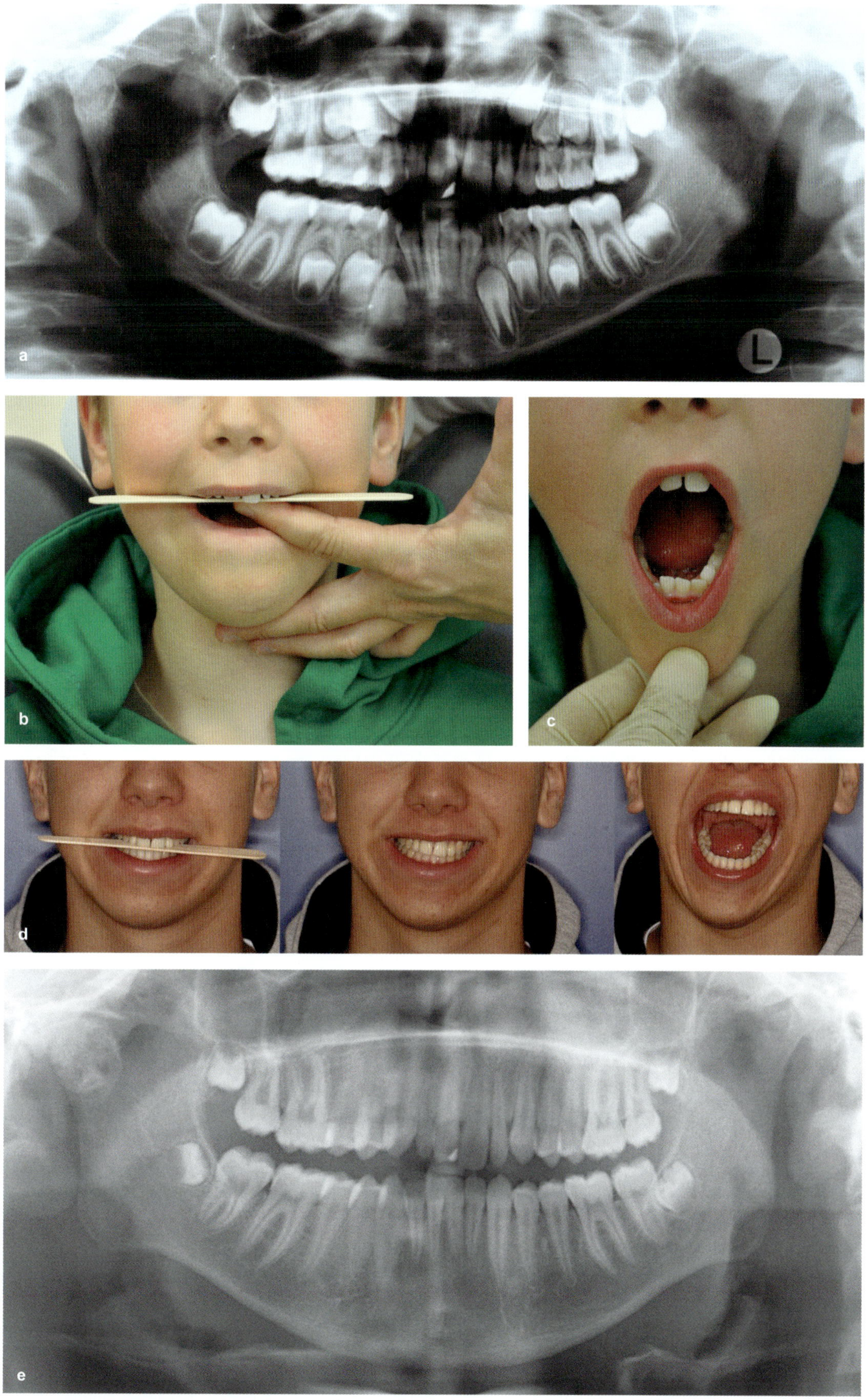

Abb. 16.20 Gelenkkopffraktur. [P661]
a: OPG nach konservativer Behandlung im Alter von 9 Jahren (Anfertigung der Aufnahme im Alter 10 Jahren).
b: Patient im Alter von 10 Jahren, die Kauebene ist noch weitgehend symmetrisch zur Bipupillarline (blauer Balken).
c: Fortsetzung: Die Kieferöffnung ist nicht eingeschränkt mit geringer Deflexion nach rechts bei rein rotatorischer Bewegung im rechten Gelenk.
d: Patient im Alter von 18 Jahren. Die Kauebene ist im Verlauf des weiteren Gesichtsschädelwachstums deutlich gekippt (Bilder links und Mitte), die maximale Schneidekantendistanz liegt bei unter 35 mm mit deutlicher Deflexion nach rechts (Bild rechts).
e: OPG angefertigt im Alter von 18 Jahren, das rechte Gelenk ist deutlich verplumpt (Ankylose).

16.4 Operative Therapie

16.4.1 Allgemeine Prinzipien

Ziel der operativen Therapie

Ziel der operativen Gelenkfortsatzbehandlung ist die exakte anatomische Reposition und Osteosynthese der Frakturfragmente durch ausreichenden, kraftschlüssigen Verbund, die zu einem guten morphologischen und funktionellen Behandlungsergebnis im Sinne einer Wiederherstellung der physiologischen Gelenkfunktion führen sollen. Eine zumindest übungsstabile Osteosynthese ermöglicht gerade bei Frakturen mit Gelenkbeteiligung eine für die Knochenheilung erforderliche Ruhigstellung der Fragmente und erlaubt gleichzeitig eine zur Aufrechterhaltung der Gelenkfunktion notwendige Übungstherapie.

Die operative Versorgung der Frakturen des Gelenkfortsatzes erfolgt heute im Regelfall mittels Osteosynthese entweder über extraorale Zugänge (ORIF: Open Reduction and Internal Fixation) oder über transorale Zugänge, die (optional) endoskopisch assistiert durchgeführt werden können (EA-RIF: Endoscopically Assisted Reduction and Internal Fixation) (➤ Abb. 16.21, ➤ Abb. 16.22).

Für die Gelenkfortsatzbasis- und basisnahe Gelenkhalsregion steht inzwischen neben den diversen Plattensystemen des Standardinstrumentariums ein vielfältiges, der anatomischen Variabilität der Gelenkfortsatzregion weitgehend angepasstes Sortiment spezieller Osteosynthesesysteme auf der Basis von dreidimensionalen (s.a. ➤ Abb. 16.21 ➤ Abb. 16.27) oder winkelstabilen Miniplatten (s.a. ➤ Abb. 16.22) zur Verfügung.

Im Gelenkkopfbereich kommen neben verschiedenen Titanschrauben (Kermer et al. 1998; Neff et al. 2004; Meng et al. 2010) (➤ Abb. 16.23) und kanülierten Zugschrauben (Pilling et al. 2006) auch resorbierbare Systeme wie PLLA-PGA-Pins in Sonic Welding Technik (Abdel-Galil & Loukota 2008; Schneider et al. 2012; McLeod & Saeed 2016) sowie neuerdings Magnesiumschrauben (Leonhardt et al. 2017) zum Einsatz. Mikroplatten und -schrauben (Neff et al. 2004) und resorbierbare Stifte aus Poly-p-Dioxanon (Kermer et al. 1998; Rasse 2000) erlauben unterstützend die Stabilisierung auch kleiner Knochenfragmente nach Reposition im Gelenkkopfbereich. Dadurch wird die Ernährung dieser Fragmente durch Diffusion auch in den Fällen weitgehend sichergestellt, in denen die ernährenden Weichteile entweder durch das Trauma oder anlässlich der Reposition abgelöst wurden.

Nach jahrzehntelang kontrovers geführter Diskussion hat sich heute die operative Versorgung dislozierter und luxierter Frakturen der Gelenkfortsatzbasis und meist auch des basisnahen Gelenkhalses weitgehend als Standard durchgesetzt. Da aber die operative Therapie speziell der gelenknahen Frakturen in Relation zur konservativen Therapie mit teilweise erheblichem Aufwand (z. B. Gelenkkopffrakturen und Frakturen mit Major-Fragmentation) in Relation zur konservativen Therapie verbunden und nicht frei von teilweise gravierenden Risiken (speziell Fazialisparesen) (Al Moraissi et al. 2018) ist, wird ihre Indikation weiterhin kontrovers diskutiert. Die Versorgung speziell gelenknaher Frakturen wird daher weiterhin uneinheitlich durchgeführt und erfolgt meist in spezialisierten Zentren.

16.4.2 Indikationen ORIF/EA-RIF

Absolute Indikationen zur operativen Therapie

Nach allgemein akzeptiertem Konsensus (Baker et al. 1998; Bos et al. 1999; Eckelt 2000; Rasse 2000, Zide & Kent 1983; Zide 2001; Neff et al. 2014a) ist die Indikation zur operativen Versorgung **absolut** gegeben bei Gelenkfortsatzfrakturen mit:

- Erheblicher Luxation (bzw. Verlust der Kondylus-Diskus-Fossa-Relation)
- Erheblicher Dislokation; uneinheitlich definiert, meist Angulation > 30° bzw. ≥ 45° und/oder Vertikalverlust > 4 mm (Joos & Kleinheinz 1998; Zide & Kent 1983) bzw. 5–6 mm (Eckelt 2000)
- Erheblicher Diastase der Bruchflächen und Interposition von Weichgewebe (Folge wäre eine Non-Union bzw. Pseudarthrose)
- Nicht einstellbarer Okklusion unter konservativer Therapie (Joos & Kleinheinz 1998; Zide & Kent 1983)

Weitere Indikationen, die aktuell zunehmend auch als absolut angesehen werden, sind:

- Gleichzeitiges Vorliegen von Mittelgesichtsfrakturen, wenn die vertikale Abstützung über die Kiefergelenke und/oder die Stützzonen nicht sichergestellt ist (Eckelt 2000; Hlawitschka et al. 2005; Kolk et al. 2000; Neff et al. 2005); (➤ Abb. 16.24)
- Medizinische Gründe, die gegen eine mandibulomaxilläre Immobilisation (bzw. Durchführung einer konservativen Therapie) sprechen (Zide & Kent 1983)
- Bilaterale Gelenkfortsatzfrakturen des zahnlosen (Zide & Kent 1983) sowie des bezahnten und teilbezahnten Unterkiefers (Neff et al. 2014a). (s.a. ➤ Abb. 16.23).
- Vorliegen weiterer Frakturen, besonders des unbezahnten oder mangelhaft bezahnten Unterkiefers (Eckelt 2000; Neff et al., 2007)

Operative vs. konservative Therapie

Befürworter der operativen Therapie sehen inzwischen die Indikation zur operativen Versorgung, unabhängig von der Frakturlokalisation, grundsätzlich bereits gegeben bei Instabilität der Vertikaldimension (Höhenverlust, insbesondere bei fehlenden Stützzonen [Kolk et al. 2020]) und bei dislozierten Frakturen. Liegen dagegen objektiv und subjektiv keine relevanten Okklusionsstörungen bei gering ausgeprägtem Beschwerdebild und akzeptablem Bewegungsumfang (v. a. Protrusion und Laterotrusion) vor, kann konservativ mit frühfunktioneller Übungstherapie vorgegangen werden (Brandt & Haug 2003; Zide 2001). Vor- und Nachteile/Risiken der operativen vs. konservativen Therapie sind dabei im individuellen Fall in Absprache mit dem Patienten abzuwägen.

Relative Indikationen zur operativen Therapie

- Unilaterale Frakturen bei erhaltener okklusaler Abstützung (suffiziente Stützzonen), speziell bei jüngeren (< 25 Jahre) oder unbezahnten/teilbezahnten Patienten, bei denen eine prothetische Okklusionskorrektur mit vertretbarem Aufwand möglich ist (Kolk et al. 2020)
- Gelenknahe Frakturen (Kopffrakturen und gelenknahe Halsfrakturen), deren adäquate Versorgung nicht gewährleistet ist, insbesondere bei Mehrfachfragmentierung

Aktuelle Studien zur operativen Therapie

Während noch 1997 für Kapitulumfrakturen gemäß Konsensuskonferenz eine absolute Indikation für eine konservative Versorgung gesehen wurde und Frakturen mit Major-Fragmentation lange als technisch nicht versorgbar galten, liegen inzwischen hinreichend Ergebnisse über osteosynthetisch versorgte dislozierte Gelenkkopffrakturen vor (Chrcanovic 2012; He & Yang et al. 2009; Hlawitschka et al. 2005; Kermer et al. 1998; Kolk & Neff 2015; Kolk et al. 2020; McLeod & Saeed 2016; Neff et al. 1999; Neff et al. 2005; Skroch et al. 2020; Smolka et al. 2018; Umstadt et al. 2000; Ying et al. 2019; Zhang et al. 2019), die für eine operative Behandlung bei Frakturen dieser Gruppe mit Vertikalverlust sprechen.

Nach konservativer Therapie ist insbesondere nach Mehrfragmentfrakturen eine hohe Rate ungünstiger funktioneller Ergebnisse auffällig. So fanden sich nach konservativer Behandlung dislozierter Walzenfrakturen Okklusionsstörungen in 35–40 %. Die Rate höhergradiger bis schwerer Dysfunktionen gemäß Helkimo-Index (Agerberg & Helkimo 1987) wird mit 33–47 % (Hlawitschka & Eckelt 2002; Neff et al. 2002; Platz & Müller-Schelken 1979) angegeben.

Im Gegensatz dazu kann eine operative Versorgung gemäß den bisher vorliegenden Daten Okklusionsstörungen zuverlässig vermeiden; sie schneidet sowohl hinsichtlich der Funktion als auch des dysfunktionalen Profils insbesondere bei Patienten ohne gesicherte okklusale Abstützung deutlich besser ab (Hlawitschka et al. 2005; Kolk et al. 2020; Kolk & Neff 2015; Neff et al. 2002; Neff et al. 2005; Umstadt et al. 2000). Allerdings wird die operative Versorgung dieser häufig mehrfachfragmentierten Gelenkkopffrakturen derzeit wegen des nicht unerheblichen Aufwands und der notwendigen speziellen Expertise routinemäßig nur an spezialisierten Zentren durchgeführt.

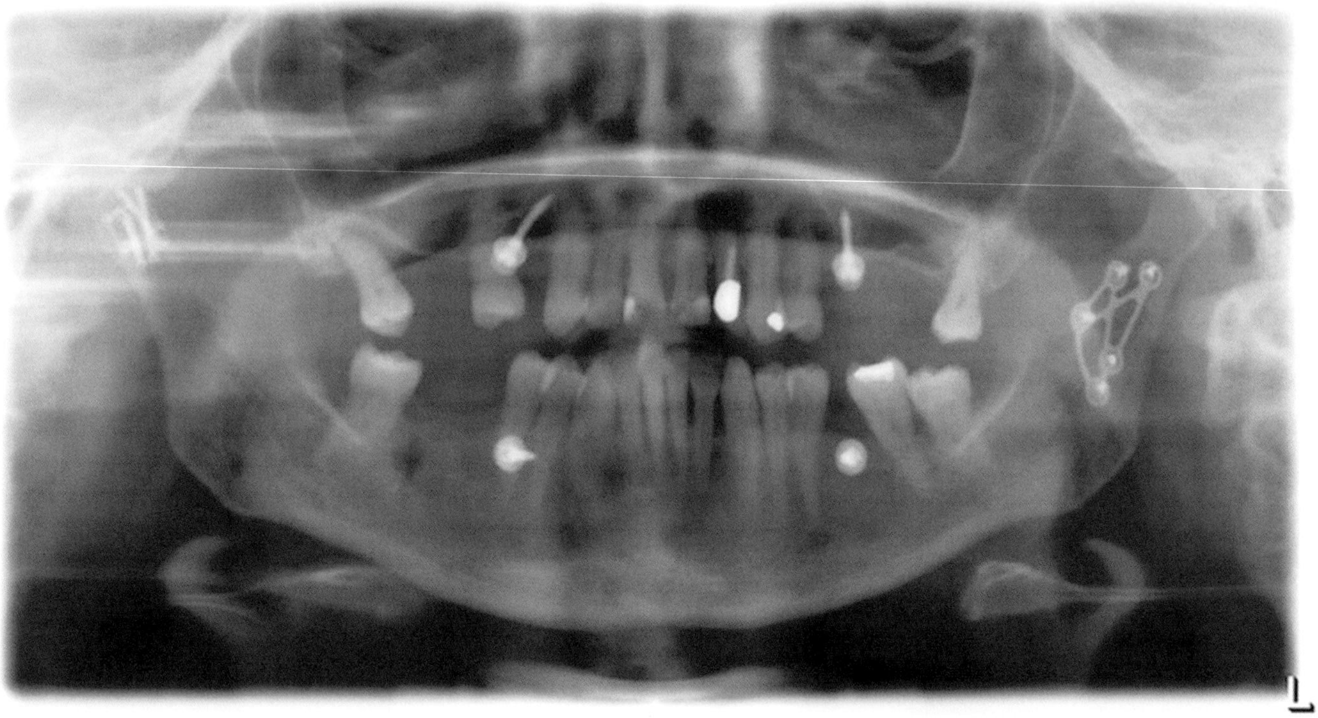

Abb. 16.21 Doppelseitige Gelenkfortsatzfraktur. Die Gelenkfortsatzbasisfraktur links wurde mittels einer dreidimensionalen Gitterplatte versorgt, die Gelenkkopffraktur rechts mit einer Kombination aus Stellschrauben und Mikroplatten. [P661]

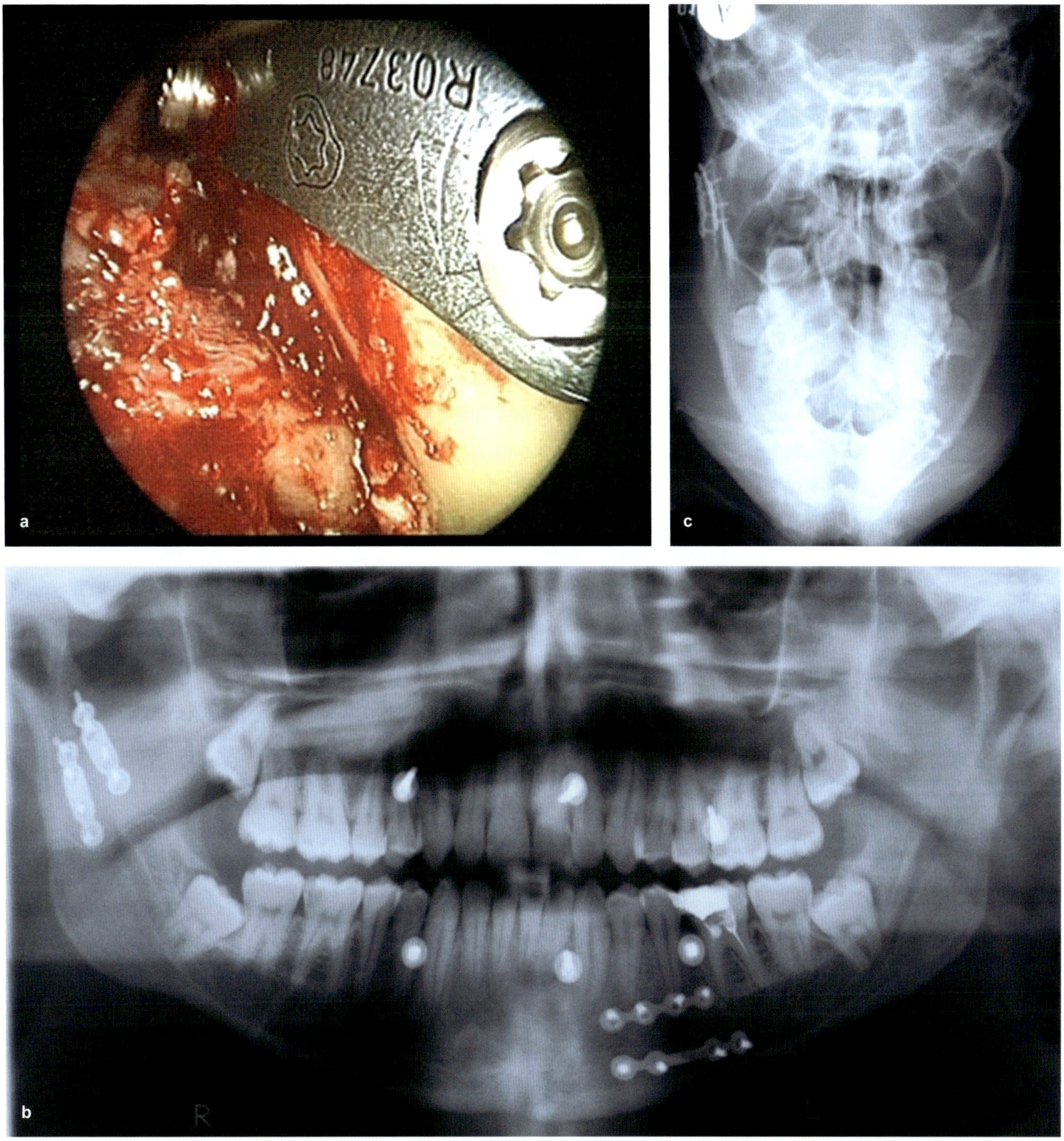

Abb. 16.22 Transoral endoskopisch gestützte Versorgung einer Gelenkfortsatzbasisfraktur rechts. [P661]
a: Lage der dorsalen Platte vor Fixierung der Lockingschrauben.
b: Postoperative Stellungskontrolle im OPG (Gelenkfortsatzbasis rechts, paramediane Fraktur links).
c: Postoperative Stellungskontrolle in der zweiten Ebene (Clementschitsch).

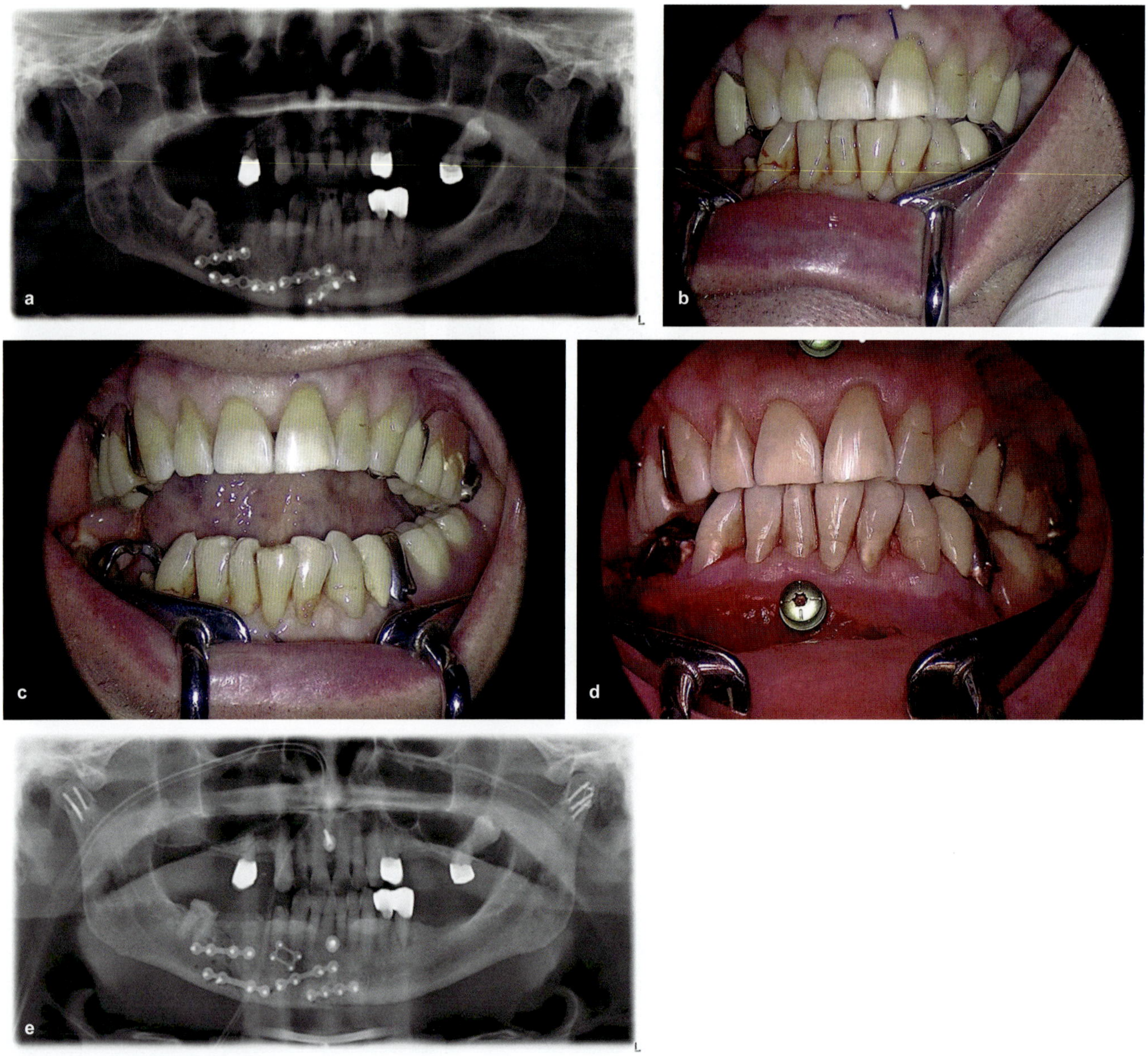

Abb. 16.23 Trifokale Unterkieferfraktur mit mehrfach fragmentierter Korpusfraktur rechts (alio loco versorgt) und Gelenkkopffrakturen beidseits.
a: Präoperatives OPG. [P661]
b: Ohne Prothesen scheint die Okklusion im Frontbereich nicht wesentlich gestört zu sein.
c: Erst nach Einsetzen der Prothese im Unterkiefer zeigt sich das Vorliegen eines massiven posterioren Höhenverlusts mit entsprechender Okklusionsstörung.
d: Ungestörte Okklusion bei OP-Ende nach Versorgung der Gelenkkopffrakturen.
e: Postoperatives OPG.

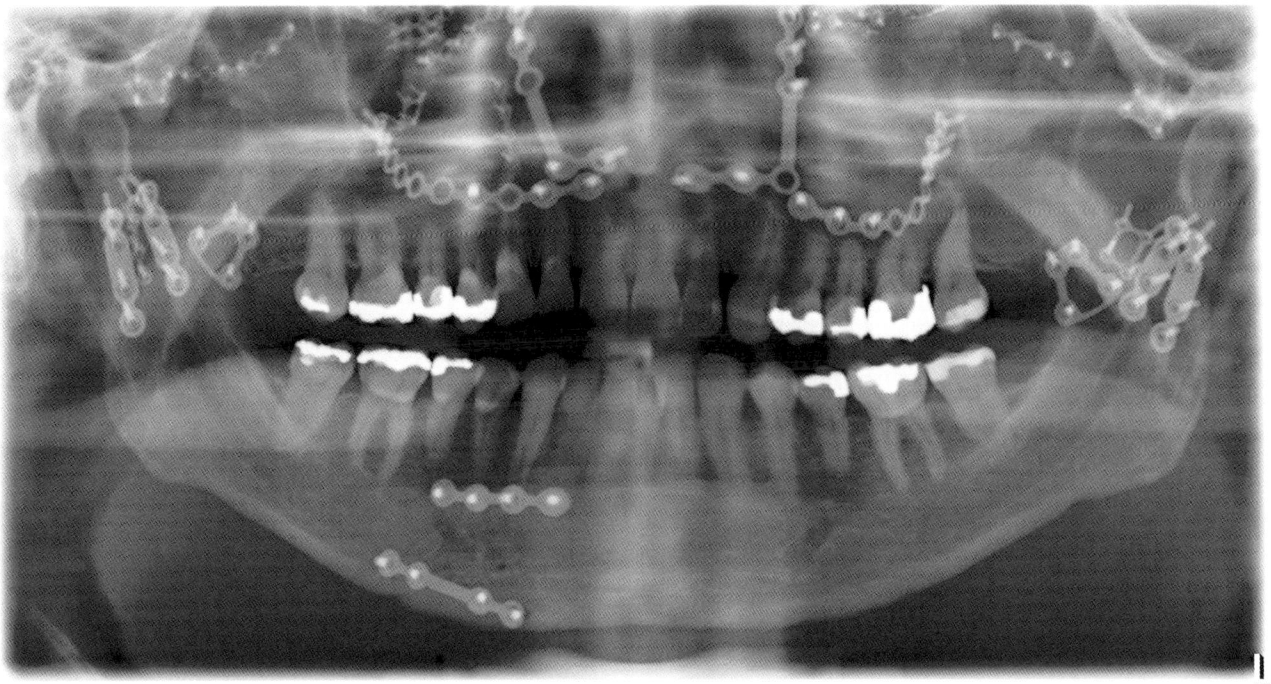

Abb. 16.24 Gelenkfortsatzbasisfrakturen beidseits bei panfazialer Fraktur; es legen bilaterale Frakturen des Proc. muscularis vor, des Weiteren eine Fraktur im Bereich der Incisura semilunaris links, die somit eine Minor-Fragmentation linksseitig begründet. [P661]

16.4.3 Biomechanische Grundprinzipien ORIF/EA-RIF

Frakturen der Gelenkfortsatzbasis und des Gelenkhalses

Der Gelenkfortsatz unterliegt hohen biomechanischen Anforderungen. Eine Osteosynthese muss also sowohl Zug- und Druckspannungen als auch Torsionskräfte neutralisieren können.

Als stabile Osteosyntheseverfahren für die **Gelenkfortsatzbasis und den basisnahen Halsbereich** kommen daher bevorzugt zum Einsatz:

- Doppelte Miniplatten (ggf. verstärkt und/oder winkelstabil) (➤ Abb. 16.25)
- Speziell für den Gelenkfortsatz entwickelte 3D-Platten (➤ Abb. 16.26) verschiedener Designs (z. B. Trapezoidplatte, Rhomboidplatte, Lambdaplatte, Deltaplatte usw.; ➤ Abb. 16.27)

Als unter biomechanischen und operativen Gesichtspunkten problematisch gilt aktuell der **gelenknahe Halsbereich**. Die o. g. dreidimensionalen Spezialplatten können dort aufgrund des eingeschränkten knöchernen Platzangebots nicht bzw. nur eingeschränkt eingesetzt werden oder sie interferieren mit der Gelenkkapsel, was sich negativ auf die Funktionalität des Gelenks auswirken würde. In diesen Fällen muss im Sinne eines Kompromisses auf grazilere Plattensysteme ausgewichen werden, wobei deren dreidimensionale Anordnung der Neutralisierung der in diesem Bereich hohen Zug-, Druck- und Torsionskräfte Rechnung tragen muss (Neff 2019).

Frakturen des Gelenkkopfs

Für Frakturen des **Gelenkkopfs** haben sich unter biomechanischen und klinisch-funktionellen Gesichtspunkten die Schraubenosteosynthesen bewährt. Sie können heute neben den Pin-Systemen als Standard angesehen werden:

- Lasttragende Titanschrauben verschiedener Designs und Stärken (1,5–2,0 mm) und Anzahl (1–2 Schrauben mit 2,0 mm Durchmesser, 2–3 für Schrauben mit Durchmessern von 1,5–1,8 mm) (Kermer et al. 1998; Neff et al. 1999, Neff et al. 2004; Neff et al. 2005; Meng et al. 2010)
- Kanülierte Zugschrauben (2,3–2,4 mm) (Pilling et al. 2006)
- Resorbierbare PLLA-PGA-Pins nach dem Sonic Welding Prinzip (Abdel-Galil & Loukota 2008; McLeod & Saeed 2016; Schneider et al. 2012)
- Magnesiumschrauben (Leonhardt et al. 2017)

Adjuvant kommen Mikroplatten bzw. -schrauben (Neff et al. 2004; ➤ Abb.16.28) oder resorbierbare Stifte aus Poly-p-Dioxanon (Kermer et al. 1998; Rasse 2000) als Torsionsmeider und zur Stabilisierung kleiner Knochenfragmente im Gelenkkopfbereich zum Einsatz. Plattensysteme, die im Gelenkkopfbereich primär lasttragend sind, sind dagegen aus biomechanischen (Instabilität) und funktionellen Gründen (Narbeninduktion) für diese Indikation weniger geeignet (Neff et al. 2005). Auch resorbierbare PLLA-PGA-Schrauben, die ein Vorschneiden erfordern (Umstadt et al. 2000; Neff et al. 2005), haben sich nicht bewährt. Hier hat sich das in diversen technischen Bereichen etablierte Sonic Welding-Verfahren durchgesetzt.

MERKE

Bei Gelenkfortsatzfrakturen gilt der Grundsatz, dass die Auswahl der Osteosynthese auf den Zugang abgestimmt sein sollte und vice versa.

Biomechanik und Mobilisation

Die hohe anatomische Variabilität des Gelenkfortsatzbereichs erfordert eine auf die individuelle anatomische Situation abgestimmte Auswahl des jeweils am besten geeigneten Osteosynthesesystems. Nur bei Übungsstabilität kann eine möglichst frühzeitige Mobilisation der Gelenkfortsatzfrakturen erfolgen. Hierdurch sollen immobilisationsbedingte Vernarbungen minimiert werden, die die postoperative Gelenkfunktion ungünstig beeinflussen können (Eckelt 2000; Kolk & Neff 2015; Kolk et al. 2020; Neff et al. 1999; Rasse 2000; Skroch et al. 2020).

CAVE

Materiallockerungen oder gar Materialbrüche sind durch Auswahl adäquater (d. h. ausreichend stabiler und der Frakturlokalisation und speziellen Biomechanik angepasster) Osteosynthesesysteme zu vermeiden, da sonst ein hohes Potenzial für das Auftreten von Pseudarthrosen bis hin zum vollständigen Verlust der Gelenkfunktion besteht (He et al. 2014; Neff 2019; Neff & Jung 2019).

16.4.4 Zugänge zum Processus articularis

MERKE

Gleichwertig zur Forderung nach biomechanischer Stabilität gilt als Grundprinzip für die Zugänge, dass der N. facialis nicht durch starken Hakenzug (z. B. zu kleine Zugänge) und/oder exzessive Darstellung gefährdet werden darf.

Zugänge zur Gelenkfortsatzbasis

- Transoraler Zugang → nach lateral dislozierte Basisfrakturen
- Spektrum der extraoralen Zugänge → speziell Mehrfragmentfrakturen, Luxationsfrakturen und nach medial dislozierte Basisfrakturen

Risiko der Fazialisläsion

Unter dem Gesichtspunkt des geringsten Risikos für den N. facialis sowie guter Übersicht schneidet bei den extraoralen Zugängen der anguläre (Syn.: hoch submandibuläre bzw. transmassetär-subparotideale) Zugang (Rate der temporären Fazialisläsionen unter 1 %) vor dem ante- und transparotidealen Zugang (hier retromandibuläre Inzisionen mit temporären Fazialisläsionsraten um 4–6 %) mit Abstand am günstigsten ab (Al Moraissi et al. 2018; Hirjak et al. 2021). Der klassische retromandibuläre (subparotideale) Zugang weist in der Literatur eine deutlich höhere Fazialisläsionsrate auf und erlaubt in der Regel keine ausreichende Visualisierung der Incisura semilunaris (*sigmoid notch*).

Bei intraoralem Zugang kann durch endoskopische Kontrolle (EA-RIF: Endoscopically Assisted Reduction and Internal Fixation) die exakte Reposition der Fragmente besser kontrolliert und damit die Qualität des Osteosyntheseverfahrens optimiert werden; für den intraoralen Einsatz kommen außerdem Winkelbohrer und -schraubendreher (90°) oder ggf. transbukkale Trokare zum Einsatz (s.a. ➤ Abb. 16.22).

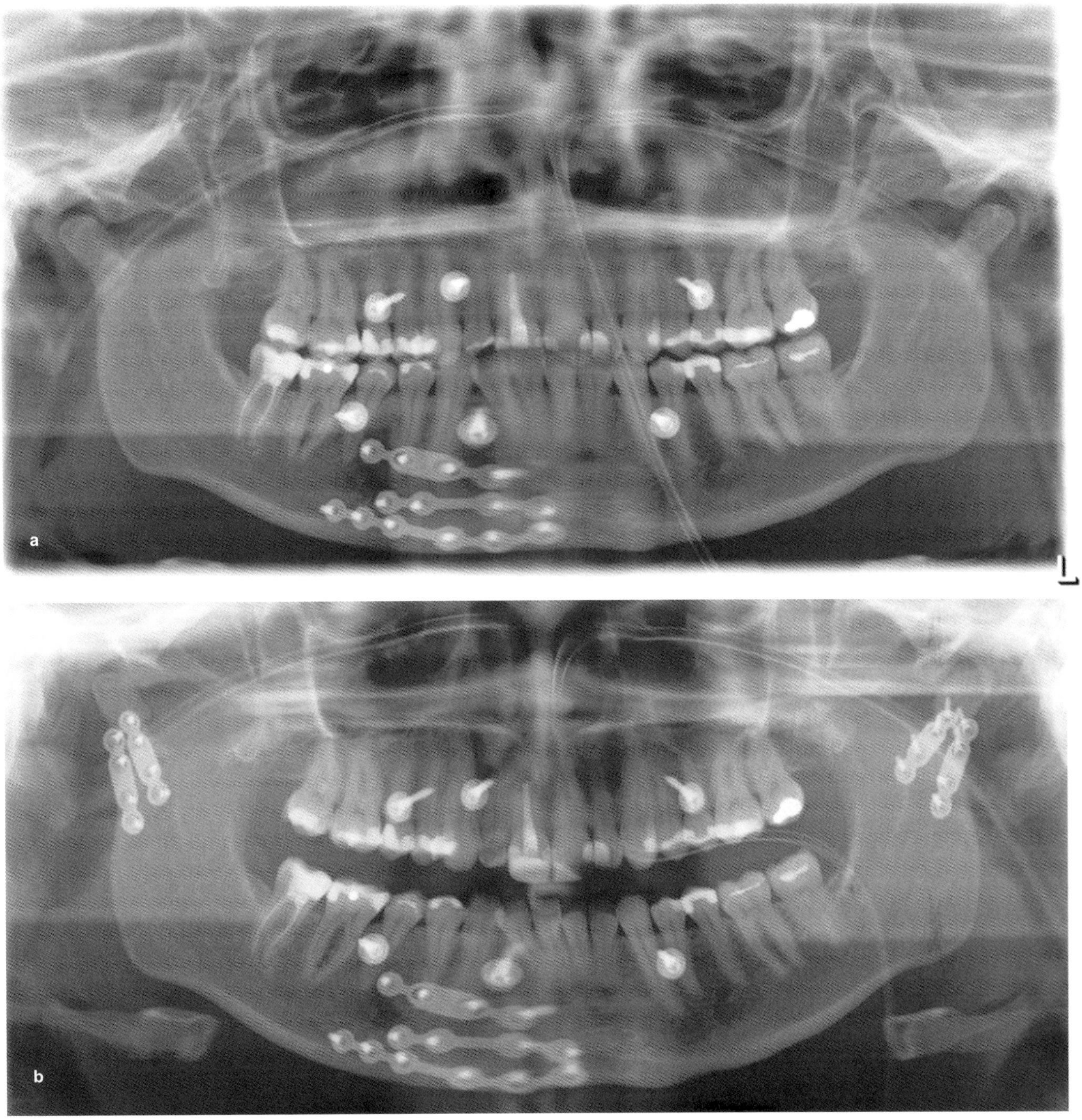

Abb. 16.25 Trifokale Fraktur. [P661]

a: OPG: Bilateral dislozierte Frakturen des basisnahen Gelenkhalses und bereits versorgte paramediane Fraktur rechts.

b: OPG: Wiederherstellung der Vertikaldimension der bilateralen Gelenkhalsfrakturen nach operativer Versorgung jeweils mit doppelter Miniplattenosteosynthese winkelstabil.

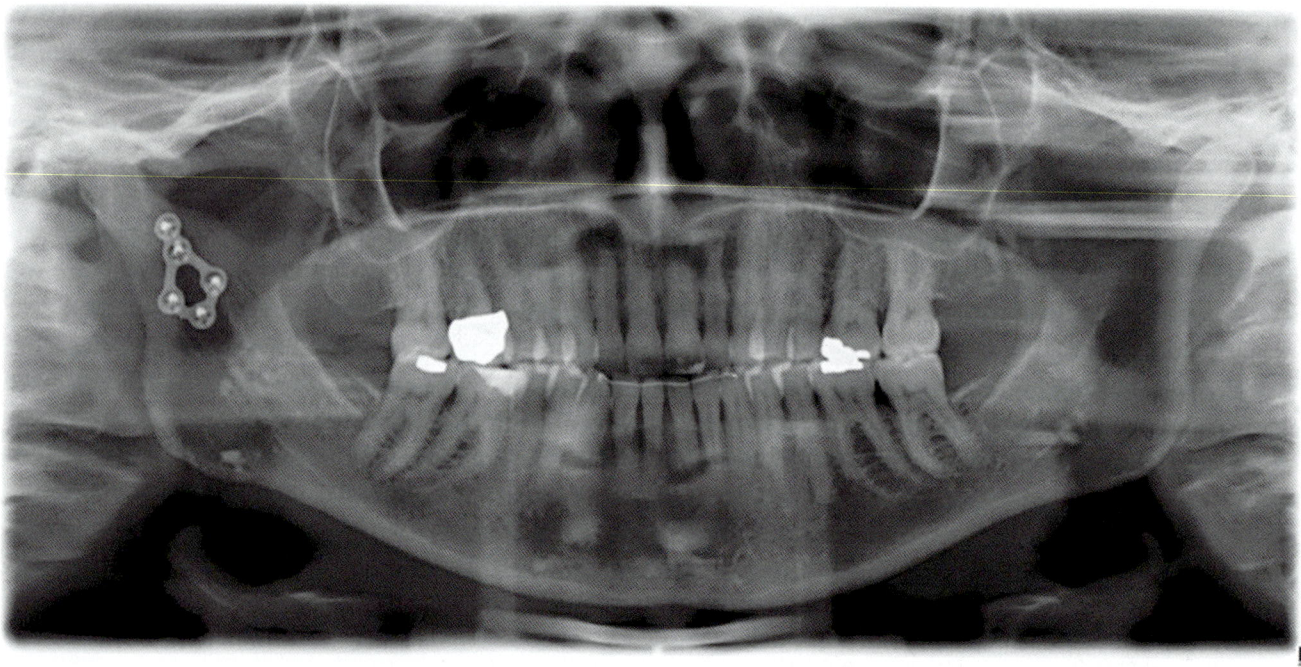

Abb. 16.26 Gelenkfortsatzbasisfraktur rechts, mit einer rhomboid konfigurierten 3D-Platte versorgt. [P661]

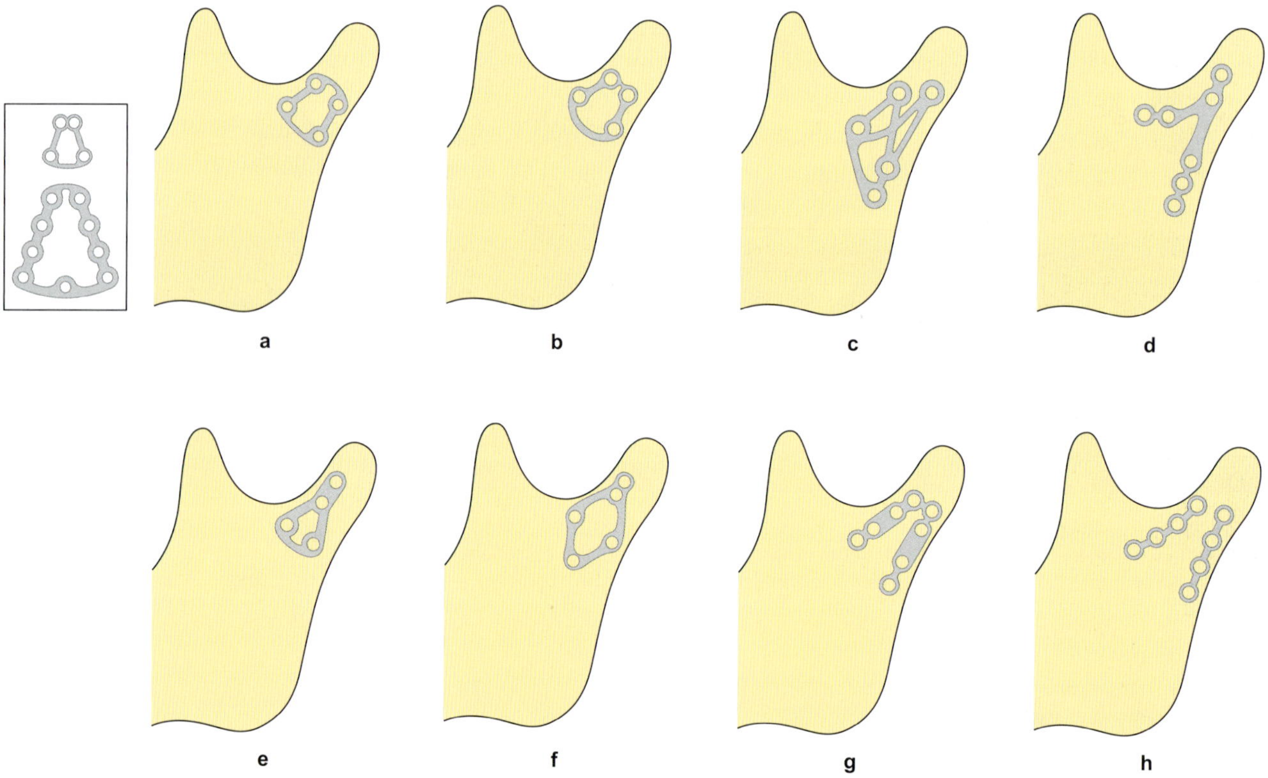

Abb. 16.27 Übersicht über verschiedene dreidimensionale Spezialplatten zur Versorgung von Frakturen des Gelenkfortsatzes (Basis und basisnaher Hals). [P661/L231]

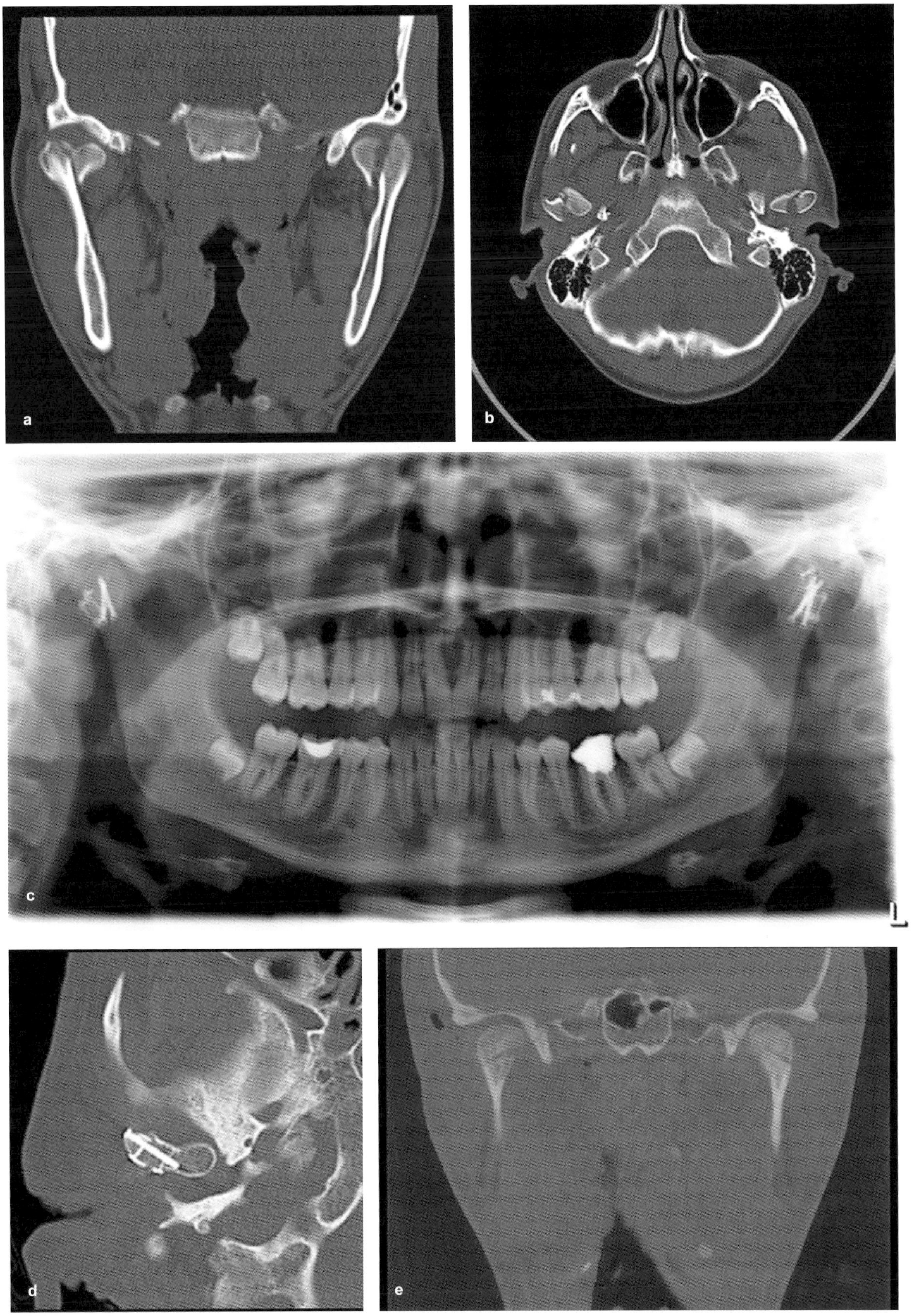

Abb. 16.28 Bilaterale Kopffraktur. [P661]
a: CT in koronarer Schichtung.
b: CT in axialer Schichtung.
c: Postoperative Stellungskontrolle (OPG) nach Osteosynthese mit Stellschrauben und Mikroplatten beidseits.
d: Detailausschnitt eines CT axial zur Kontrolle der Lage der Schrauben im Gelenkkopf.
e: Das Kontroll-CT nach Materialentfernung zeigt die Köpfchen in korrekter anatomischer Stellung. Die ehemaligen Schraubenkanäle lassen die ehemalige Lage der Schrauben in der koronaren Schichtung erkennen.

Zugänge zur Gelenkhalsregion

Grundsätzlich wie bei Basisfrakturen, allerdings werden hier wegen des für die Osteosynthese günstigeren direkten Zugangs neben dem angulären/transmassetär-subparotidealen Zugang (hier speziell bei Einsatz von 3D-Platten, da im kleinen Fragment in der Regel nur zwei Schrauben platziert werden müssen) häufiger auch **ante- oder transparotideale** Zugänge verwendet. Damit ist eine direkte Darstellung des Frakturspalts möglich. Unter biomechanischen Gesichtspunkten bieten insbesondere die transparotidealen Zugänge außerdem die günstige Option, den Dorsalrand des Gelenkhalses zu belegen, wobei das Risiko für temporäre Ausfälle gegenüber dem anteparotidealen Zugang mit ca. 6 vs. 4 % nur geringfügig erhöht ist (Al Moraissi et al. 2018). Bei hohen Gelenkhalsfrakturen können auch prä- oder retroaurikuläre Zugänge indiziert sein, während deren Einsatz bei Basisfrakturen zu einer nicht akzeptablen Rate an Fazialisparesen führt.

Zugänge zur Gelenkkopfregion

Für die Versorgung von Gelenkkopffrakturen kommen der **präaurikuläre** sowie der **retroaurikuläre** Zugang zum Einsatz (➤ 3.3.1). Die Rate an temporären Fazialisausfällen wird gemäß systematischem Review für den präaurikulären Zugang mit einer Temporalextension mit ca. 8,5 % (permanent 0,5 %) angegeben (alle Indikationen) (Al Moraissi et al. 2018). Zugänge ohne Extension sind dagegen mit einem deutlich höheren Risiko behaftet (16 % temporär, 4,2 % permanente Läsionen) und sollten daher zumindest in der Traumatologie nicht verwendet werden.

Für den retroaurikulären Zugang liegt die Rate temporärer Ausfälle (hier vorwiegend in der Traumatologie) bei unter 5–6 %, permanente Paresen wurden mit 0,2 % angegeben (Al Moraissi et al. 2018). In der Traumatologie bietet der retroaurikuläre Zugang außerdem den Vorteil eines direkteren Zugangs auf die Frakturregion über den dorsalen Rezessus, was die Manipulation des proximalen („kleinen") Fragments bei der Osteosynthese erleichtert (Neff 2019) (➤ Abb. 16.29).

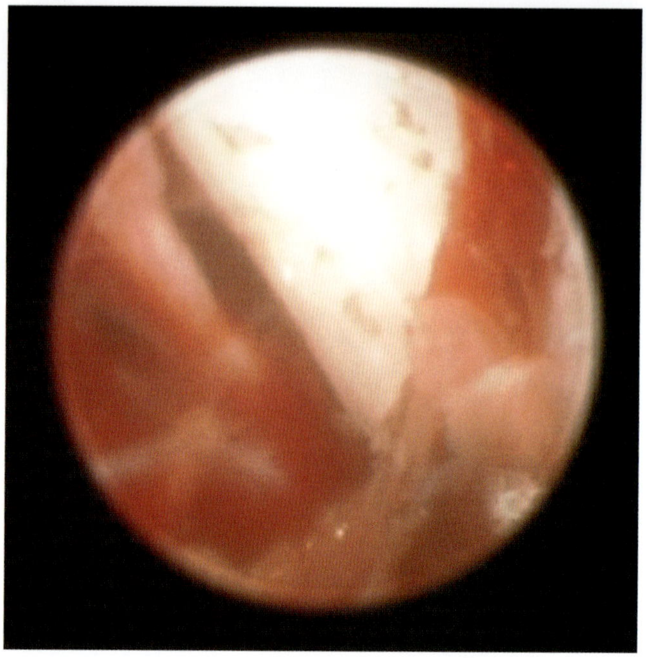

Abb. 16.29 Endoskopische Visualisierung des dorsalen Recessus mit dorsomedialem Frakturspalt einer gering dislozierten Gelenkkopffraktur. Im Frakturspalt zeigt sich das Bruchspalthämatom. [P661]

MERKE

Der Operateur sollte **mindestens** zwei Zugänge durchführen können, um tiefe und hohe Frakturen versorgen zu können. Um das Risiko für den N. facialis zu minimieren, sollten idealerweise
a) der intraorale,
b) der anguläre,
c) der trans- oder anteparotideale sowie
d) der prä- oder retroaurikuläre Zugang beherrscht werden.
Je breiter das operative Spektrum ist, umso individueller kann der für die jeweilige Fraktur optimale Zugang gewählt werden. Falls erforderlich, kann dann auf eine geeignete Kombination von Zugängen ausgewichen werden.

16.4.5 ORIF/EA-RIF bei Gelenkfortsatzbasisfrakturen

Osteosynthesematerial

Für die Versorgung der Gelenkfortsatzbasisfrakturen stehen neben den Standard- inzwischen multiple dreidimensional konfigurierte Spezialplatten zur Verfügung, die speziell für den transoralen und/oder angulären/hoch submandibulären Zugang entwickelt wurden (s.a. ➤ Abb. 16.27). Die Platten können dabei zur Reposition genutzt werden. Daneben kommen Standardminiplatten oder deren Modifikationen (z.B. winkelstabile Systeme) zum Einsatz (➤ Abb. 16.30).

Spezielles Instrumentarium bei EA-RIF

➤ Abb. 16.31, s.a. ➤ Abb. 16.22

Je nach Zugang und verwendetem Osteosynthesematerial werden dabei diverse Standard- sowie Spezialinstrumente für die Reposition eingesetzt.

Beim intraoralen Zugang erfolgt das Einbringen der Schrauben in der Regel mittels **Winkel-Bohrer und -Schraubendreher** (90°). Der Einsatz eines meist dafür verwendeten 30°-Endoskops erlaubt eine Kontrolle der Reposition (EA-RIF) und ist daher besonders bei instabiler Reposition (aufgrund der Anatomie häufig wegen geringer interfragmentärer Abstützung) und bei halsnahen Basisfrakturen zu empfehlen. Tiefe Basis- und Astfrakturen mit guter interfragmentärer Abstützung können ggf. auch ohne Einsatz des Endoskops adäquat reponiert werden (Kanno et al. 2011).

16.4.6 ORIF/EA-RIF bei Gelenkhalsfrakturen

Halsfrakturen, insbesondere mit Luxation oder Dislokation nach medial sind über transorale Zugänge meist anspruchsvoll zu versorgen; hier erlauben die extraoralen Zugänge eine bessere Übersicht mit exakter Fragmentreposition.

- Für die Versorgung kommen wieder die für die extraoralen Zugänge konzipierten Spezialplatten oder die doppelte Miniplattenosteosynthese mit Modifikationen zum Einsatz (s.a. ➤ Abb. 16.25, ➤ 16.26, ➤ Abb. 16.27).
- Bei Verwendung des angulären/hoch submandibulären Zugangs ist zu beachten, dass die Schrauben mit zunehmender Höhe der Fraktur nicht mehr orthogonal appliziert werden können. Deshalb bietet in diesen Fällen bei den Gelenkhalsfrakturen der ante- oder transparotideale Zugang unter biomechanischen Aspekten Vorteile (Möglichkeit, den posterioren Ramus zu belegen, speziell beim transparotidealen Zugang, ➤ 16.4.4).

Praktische Tipps

Bei der Wahl des Zugangs und der Wahl des Osteosynthesesystems sollte darauf geachtet werden, dass das verfügbare Knochenangebot im individuellen Fall optimal ausgenutzt werden kann. So sollte z. B. bei Doppelplatten eine Platte am Hinterrand (möglichst von posterior) sowie eine zweite Platte in Richtung auf die Inzisur appliziert werden, um eine optimale biomechanische dreidimensionale Stabilität der Versorgung zu gewährleisten. Bei Verwendung von 3D-Platten, die in der Regel lediglich von lateral appliziert werden können, ist besonders darauf zu achten, dass eine sorgfältige Plattenadaptation erfolgt. Inkongruenzen zwischen Platte und Knochen können zu einer primär lasttragenden Versorgung aufgrund Dislokation der Fragmente führen.

16.4.7 ORIF bei Gelenkkopffrakturen

Die Reposition und Osteosynthese erfolgen über einen präaurikulären oder retroaurikulären Zugang. Bei Mehretagenfrakturen kann zusätzlich ein antero-/transparotidealer oder angulärer Zugang etc. erforderlich werden.

- Auch wenn derzeit die Osteosynthese mittels Schrauben bzw. Pins als Verfahren der Wahl gilt (➤ 16.4.3), bleibt derzeit abzuwarten, welches der genannten Verfahren bzw. welche Osteosynthesematerialien sich für diesen Indikationsbereich langfristig durchsetzen werden.
- Zu bedenken ist in diesem Zusammenhang, dass ein hoher Anteil der Gelenkkopffrakturen eine Mehrfachfragmentierung aufweist (> 50 %) und das gewählte Osteosynthesesystem auch mit den anatomischen und biomechanischen Anforderungen bei Mehrfachfragmentierung kompatibel sein muss.
- Offen bleibt derzeit auch die Frage, inwieweit die bis dato in kleineren Fallserien publizierten resorbierbaren Materialien hinsichtlich funktioneller Ergebnisse den Titanmaterialien ebenbürtig sind. Versorgungen mit Titanschrauben sind zwar bezüglich der postoperativen Funktion gut dokumentiert (Neff et al. 2005; Kolk & Neff 2015; Kolk et al. 2020), unter dem Gesichtspunkt postoperativer Umbauvorgänge des Gelenkkopfs wird aber eine Materialentfernung empfohlen, die einen zweiten Eingriff mit entsprechendem OP-Risiko erforderlich macht (Neff 2019; Skroch et al. 2020; Johner et. al. 2021).

➤ Abb. 16.33.

Info

Entscheidender Schritt der Versorgung ist die exakte anatomische Reposition, die eine vollständige (**maximale** Gabe von Relaxanzien ggf. im Off-Label-Use!) Relaxierung des M. pterygoideus lateralis erfordert. Um während der Osteosynthese eine Dislokation zu vermeiden, kommen zur temporären Fixation entweder Kirschnerdrähte (kanülierte Zugschrauben), Hilfsschrauben (sog. Meng-Schraube mit Draht zur intraoperativen Fragmentadaptation), Mikroplatten o. Ä. zum Einsatz.

Spezielle funktionelle Aspekte bei Gelenkkopffrakturen

Bei der operativen Versorgung der Frakturen des Gelenkkopfs sind zu beachten:

- Ausreichende Stabilität der Versorgung für ein umgehendes Funktionstraining, wobei die Osteosynthese primär lasttragend ist (Zug des M. pterygoideus lateralis)
- Atraumatische Präparation unter bestmöglicher Schonung der funktionell wichtigen Strukturen (d. h. kein aggressives Stripping der Kapsel- und Bandstrukturen!) (➤ Abb. 16.32)
- Interferenz des Osteosynthesematerials mit intraartikulären Strukturen vermeiden. Das Material darf keinesfalls mit den artikulierenden Gelenkflächen interferieren (→ Diskusadhäsion mit Folge Diskusperforation und Osteoarthrose) (➤ Abb. 16.33).

➤ Abb. 16.35.

MERKE

Ziel der Osteosynthese von Gelenkkopffrakturen muss es sein, eine möglichst ungestörte anatomische und funktionelle Wiederherstellung der prätraumatischen Situation zu erreichen. Aus diesem Grund kommt hier dem Weichgewebsmanagement der intra- und periartikulären Gewebe ebenso wie einer intensiven postoperativen aktiven Übungstherapie entscheidende Bedeutung zu.

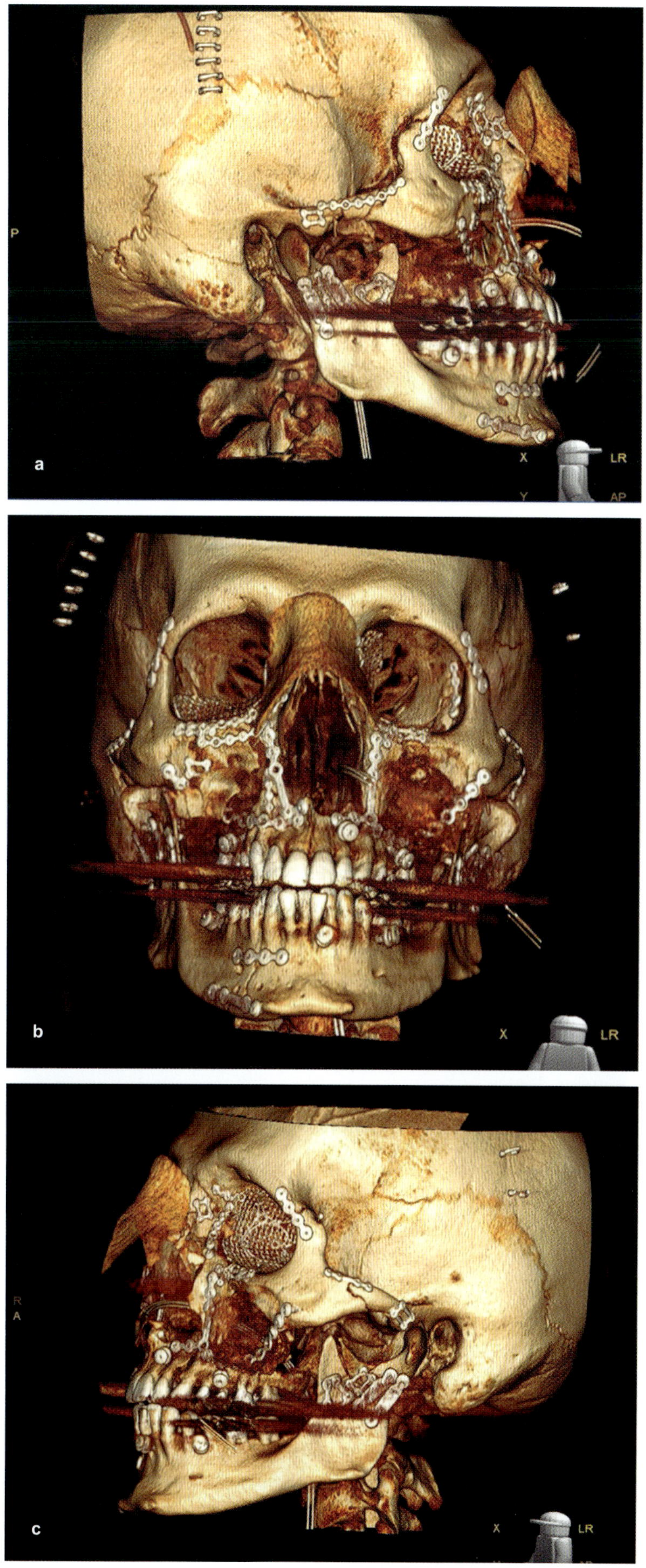

Abb. 16.30 Panfaziales Trauma mit bilateralen Gelenkfortsatzfrakturen (bilaterale Basisfraktur). [P661]
a: Ansicht von lateral rechts mit begleitender Fraktur des Proc. muscularis.
b: Ansicht von anterior zeigt die Frakturen des zentrolateralen und zentralen Mittelgesichts mit NOE-Beteiligung (NOE: naso-orbito-ethmoidaler Komplex) sowie die Paramedianfraktur rechts.
c: Ansicht von lateral links mit Minor-Fragmentation bei Aussprengung im Bereich der Inzisur und begleitender Fraktur des Proc. muscularis.

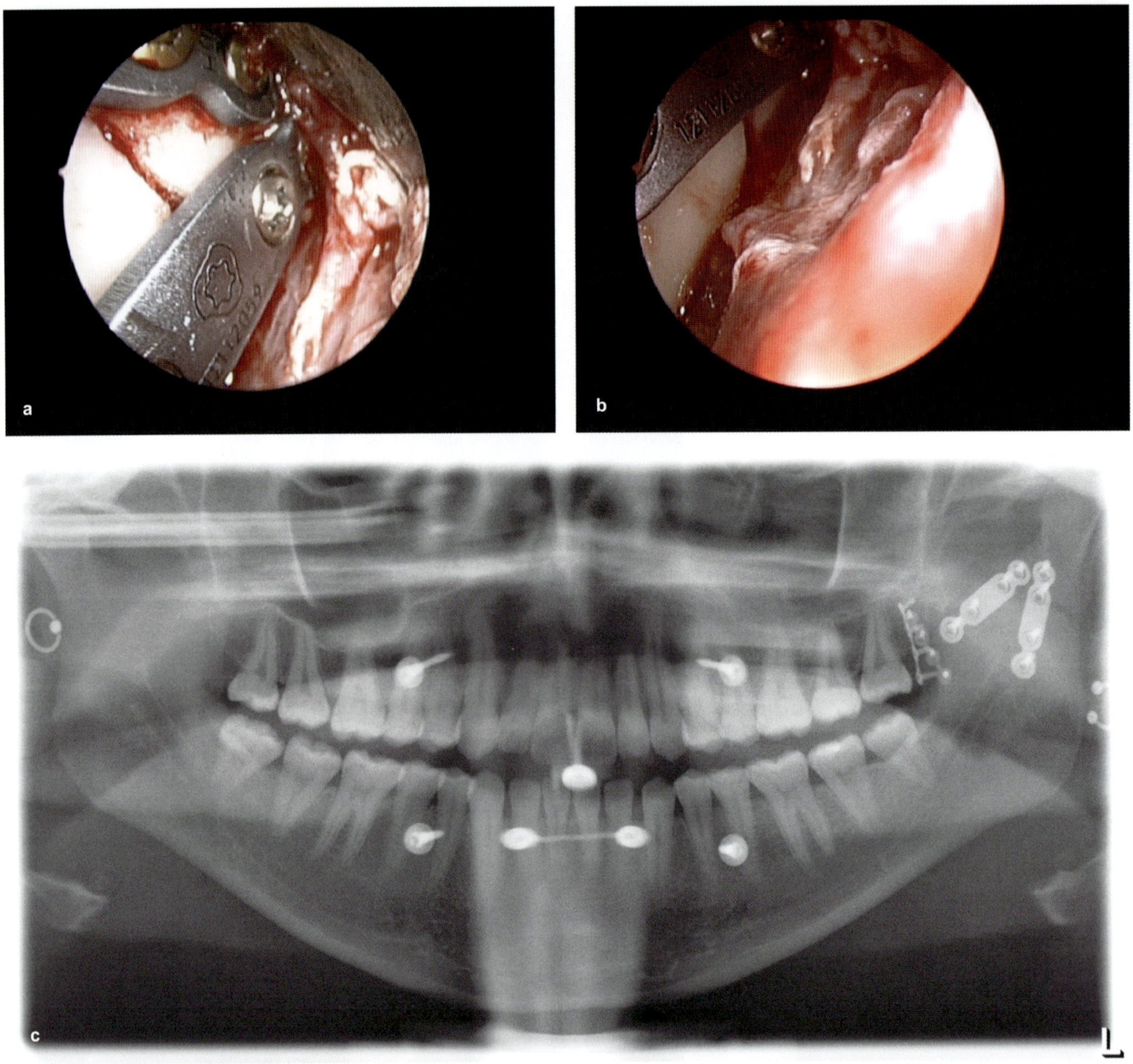

Abb. 16.31 Endoskopisch assistierte Versorgung (EA-RIF) einer linksseitigen, nach lateral dislozierten Gelenkfortsatzbasisfraktur mit begleitender Fraktur des Proc. muscularis. [P661]

a: Intraoperative endoskopische Kontrolle nach Plattenosteosynthese mit zwei winkelstabilen Kondylenplatten und

b: Visualisierung des Frakturspalts und der Fragmentstellung am Dorsalrand.

c: Postoperative Kontrolle. Im Orthopantomogramm zeigt sich der deutliche Abstand der Plattenposition zum Dorsalrand; die Fraktur des Proc. muscularis wurde mit zwei miniaturisierten Platten versorgt.

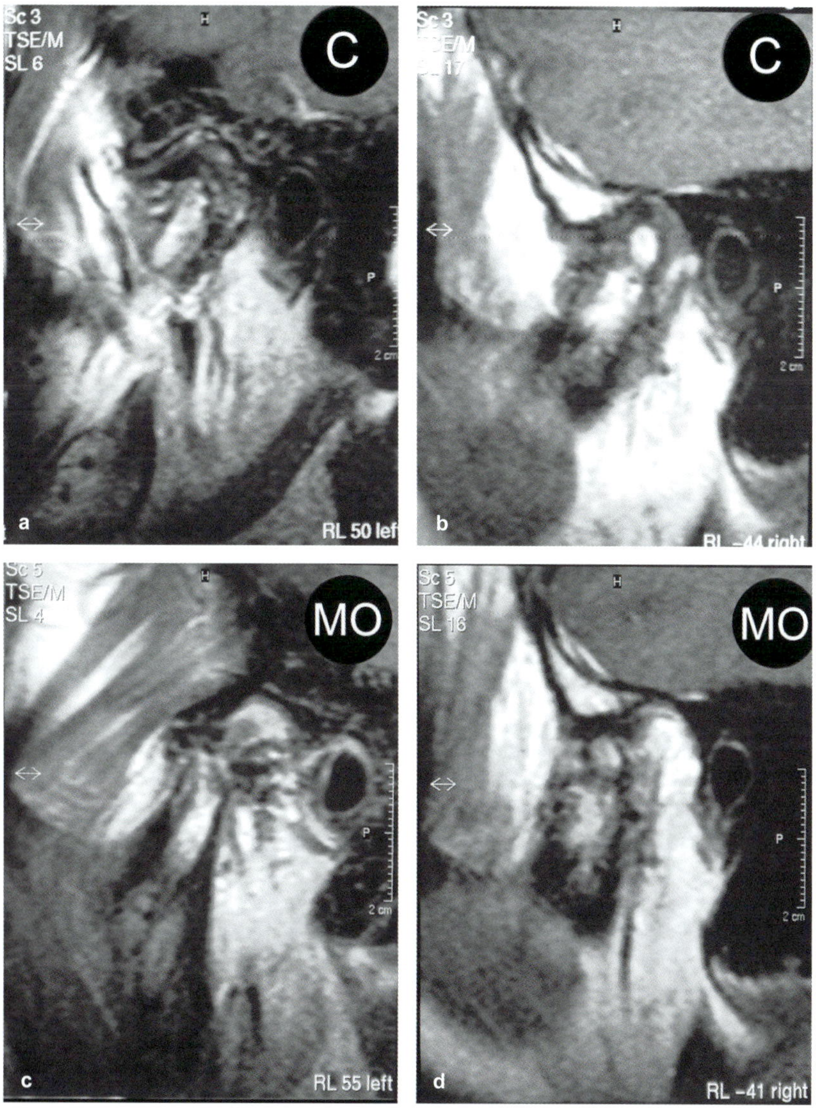

Abb. 16.32 Beurteilung der Diskusfunktion nach operativer Versorgung einer doppelseitigen Gelenkkopffraktur mit regelrechter Diskusposition und -beweglichkeit. [P661]
a: Mundgeschlossene Position links (C = closed).
b: Mundgeschlossene Position rechts (C = closed).
c: Mundoffene Position links (MO = mouth open).
d: Mundoffene Position rechts (MO = mouth open).

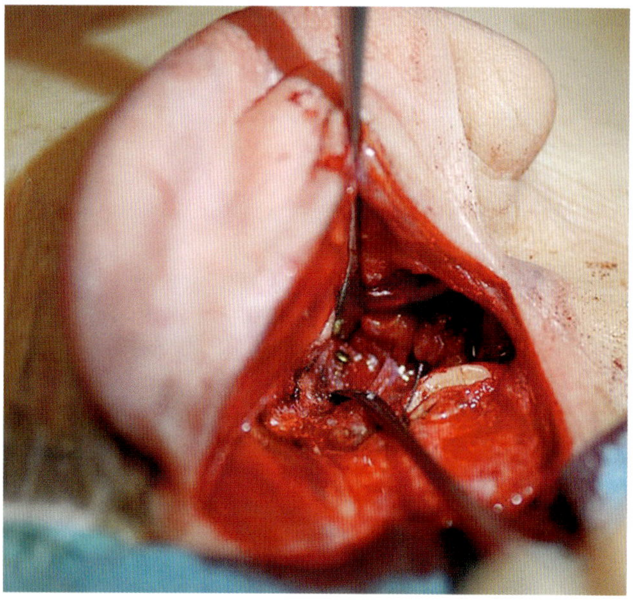

Abb. 16.33 Schraubenüberstände bei Materialentfernung ca. 4 Monate nach operativer Versorgung einer Gelenkkopffraktur infolge postoperativer adaptiver Umbauvorgänge des Gelenkkopfs. [P661]

16.4.8 Metallentfernung bei Gelenkfortsatzfrakturen

Die Metallentfernung im Bereich des Gelenkfortsatzes wird kontrovers diskutiert. Während international in der MKG-Chirurgie die Metallentfernungen im Bereich des Gelenkfortsatzes sehr zurückhaltend praktiziert werden, wird in der Orthopädie und Unfallchirurgie die Entfernung insbesondere von intraartikulär eingebrachtem Osteosynthesematerial empfohlen. Seit Längerem finden sich daher Empfehlungen (Neff 2005 ff.), die Entfernung von nicht resorbierbarem Osteosynthesematerials bei Gelenkkopffrakturen durchzuführen. Aufgrund von z. B. Stress-Shielding-Effekten kommt es bereits innerhalb weniger Monate nach OP zu Remodellationsvorgängen, die zu einem Freiliegen des Osteosynthesematerials führen können (Skroch et al. 2020; Johner et al. 2021) (➤ Abb. 16.33). Grundsätzlich gilt allerdings, dass das Risiko für den N. facialis bei Materialentfernung aufgrund der Vernarbungen gegenüber dem Ersteingriff erhöht ist und gegen das Risiko materialbedingter Spätschäden im Gelenk bzw. in Gelenknähe abgewogen werden muss

16.4.9 Komplikationen

- Allgemeine Komplikationen:
  - Nachblutung
  - Hämatom
  - Wundinfektion, ggf. mit Spätfolge Osteomyelitis
- Spezielle mit dem Zugang assoziierte Komplikationen:
  - Nervenläsion z. B. N. facialis (temporär und permanent) (➤ 16.4.4) oder Äste des N. trigeminus (Parästhesien, Hypästhesien, Dysästhesien, Anästhesien)
  - Ästhetisch auffällige Narben
  - Speichelfistel
  - Limitationen durch Narbenbildung bis hin zur Ankylose
- Spezielle mit der Osteosynthese assoziierte Komplikationen:
  - Pseudarthrose (bis hin zum Verlust der Gelenkfunktion) (➤ Abb. 16.34)
  - Internal Derangement (Diskusfunktionsstörungen und progressive Arthrose) (➤ Abb. 16.35)
  - Limitationen bis hin zur Ankylose bei Materiallockerung/Plattenbruch (➤ Abb. 16.36)

MERKE

Speziell bei Frakturen mit direkter Gelenkbeteiligung ist die Compliance des Patienten ein weiterer entscheidender Faktor für das funktionelle Ergebnis (**Cave:** Limitationen bis hin zur Ankylose!). Der Nachsorge (engmaschiges Recall!) kommt daher speziell bei direkter Gelenkbeteiligung eine vorrangige Bedeutung zu. Das Zeitfenster für eine Wiederherstellung der Funktion beträgt nur wenige Wochen (Beginn irreversibler Narbenbildung bereits nach 3 Wochen!).
Ziel einer adäquaten Nachsorge ist die absehbare Wiederherstellung des Funktionsumfangs innerhalb eines Zeitraums von ca. 6 Wochen nach Trauma bzw. Versorgung.

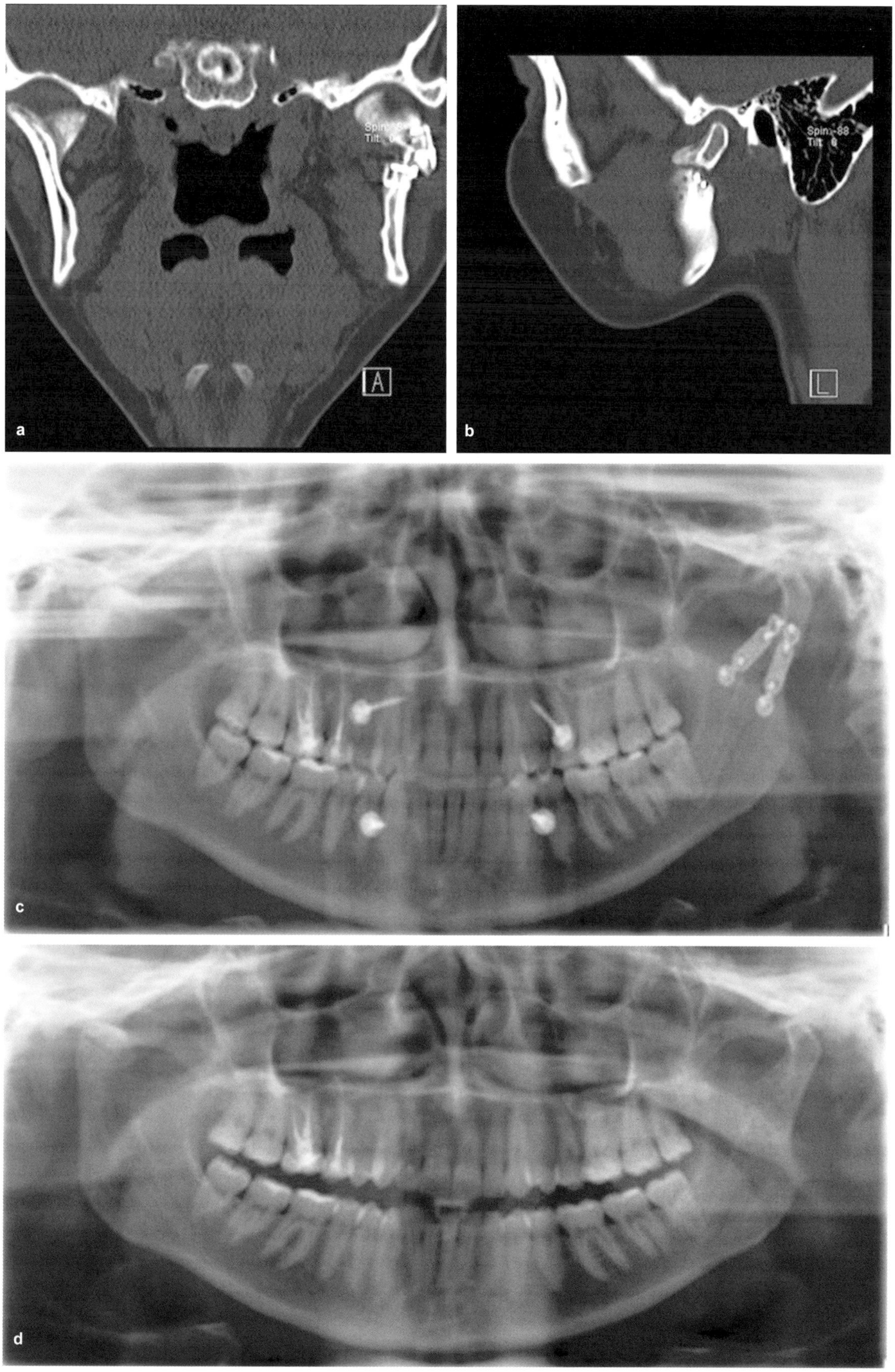

Abb. 16.34 Osteosyntheseversagen bei bilateraler Gelenkfortsatzfraktur (links halsnahe Basisfraktur, rechts Gelenkkopffraktur Typ p). [P661]
a: CT koronare Schichtung. Die Osteosynthese der Basisfraktur ist disloziert unter Ausbildung einer Pseudarthrose, die konservativ versorgte Kopffraktur rechts ist in Fehlstellung konsolidiert.
b: Das CT in sagittaler Schichtung zeigt die Pseudarthrose im Bereich des ehemaligen Bruchspalts.
c: OPG nach Reosteosynthese mit winkelstabilen Platten nach Pseudarthrosenresektion und Augmentation mit autologer Beckenkammspongiosa.
d: OPG nach Metallentfernung zeigt den in korrekter Position konsolidierten Gelenkfortsatz.

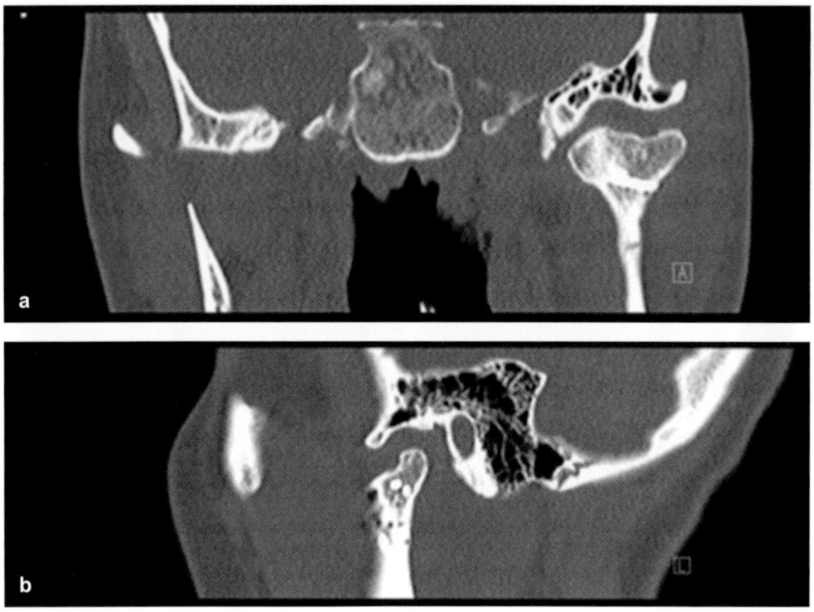

Abb. 16.35 Arthrosis deformans nach operativer Versorgung einer Gelenkkopffraktur links. [P661]
a: CT in koronarer Schichtung. Infolge narbiger Fusion des Diskus mit der artikulierenden Gelenkfläche ist es zu einem schüsselförmigen Einbruch der Kondylenfläche und Diskusdestruktion gekommen.
b: Das CT in sagittaler Schichtung zeigt die Anzeichen einer bereits fortgeschrittenen Gelenkabflachung in Sinne der Anpassung an den Verlust der Pufferfunktion des Diskus. Die CT-Untersuchung erfolgte nach verzögert durchgeführter Teilmaterialentfernung (ca. 2,5 Jahre nach operativer Versorgung), das bereits osseointegrierte Metall konnte nur noch zum Teil entfernt werden.

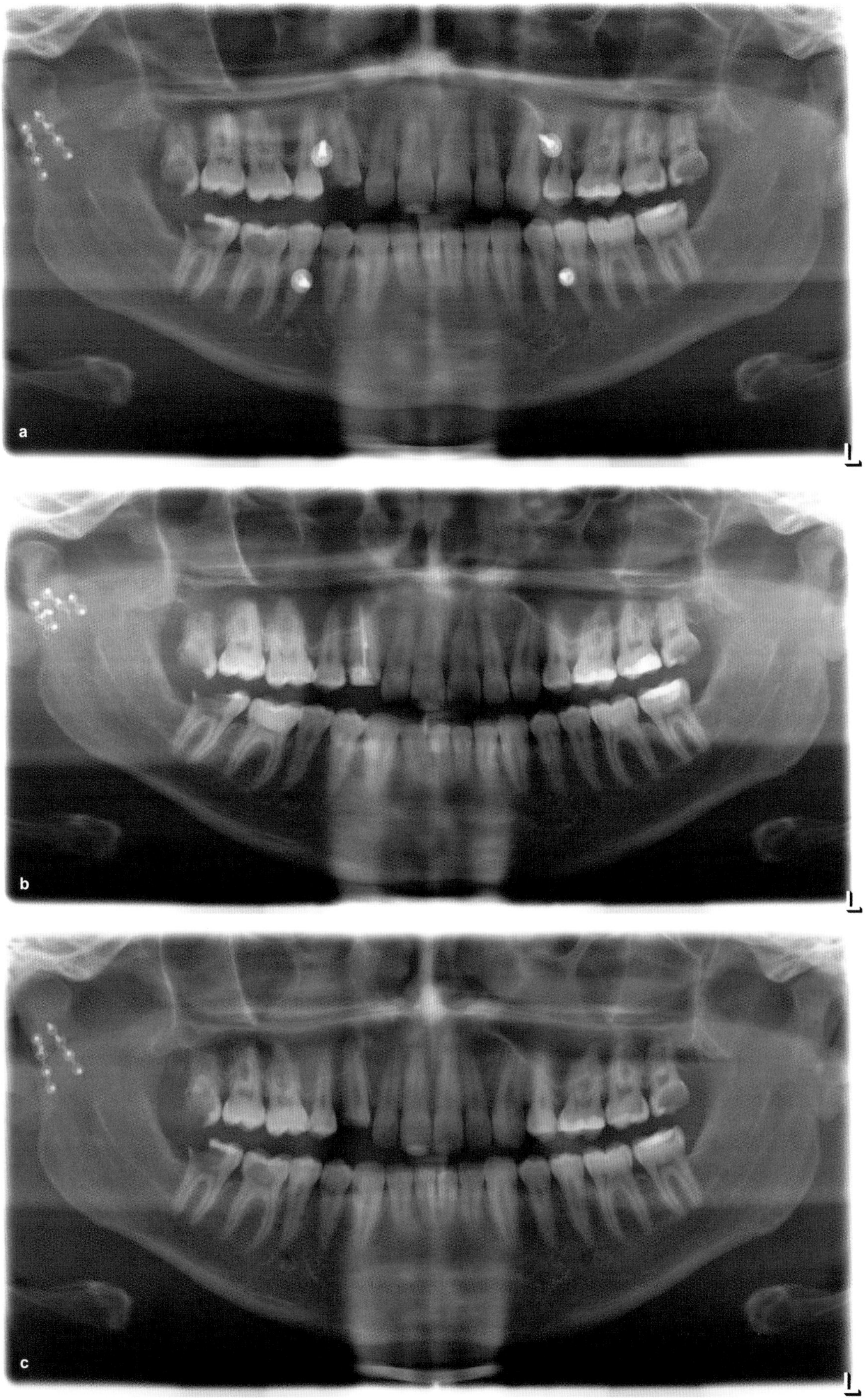

Abb. 16.36 a: Postoperatives OPG einer biomechanisch nicht ausreichend stabilen Versorgung einer Fraktur im Übergangsbereich der Gelenkfortsatzbasis zum Gelenkhals mit 2 miniaturisierten Platten (System 1,5 mm).
b: Auf dem Kontroll-OPG nach ca. 3 Wochen weist die Osteosynthese noch keine Fraktur auf, ist bei inkongruenter Reposition (siehe Stufe am Hinterrand des Ramus) jedoch primär lasttragend.
c: Ca. 4 Monate nach Versorgung zeigen sich die Platten frakturiert, der proximale Gelenkfortsatz ist mit Höhenverlust gesintert. [P661]

KAPITEL

17

Andreas Neff

Fallserien Traumatologie

Das vorliegende Kapitel ist als Ergänzung des vorausgehenden Traumatologiekapitels konzipiert. Die in Kapitel 16 exemplarisch dargestellten Fälle werden hier als komplette Fallserien operativer oder konservativer Versorgungen dargestellt, gegebenenfalls einschließlich durchgeführter Entfernung der eingebrachten Osteosynthesematerialien. Die Kenntnis der Ausgangs- und Endbefunde soll es erleichtern, die Möglichkeiten der mit den verschiedenen Verfahren bei den jeweiligen Frakturlokalisationen erreichbaren Versorgungen und deren Resultate einzuschätzen. Allerdings dürfen die Ergebnisse nach operativer oder konservativer Versorgung von Frakturen des Gelenkfortsatzes keinesfalls nur anhand der Röntgenbefunde beurteilt werden. Wie in Kapitel 16 ausgeführt, kann eine konservative Versorgung bei dislozierten und/oder luxierten Frakturen nur eine Konsolidierung in anatomischer Fehlstellung erreichen. Insofern steht hier das Ziel einer möglichst vollständigen Wiederherstellung der Funktion mit einer nach Möglichkeit nicht oder nur geringfügig gestörten Okklusion im Vordergrund der konservativen Behandlung. Diese Ziele gelten aber ebenso uneingeschränkt für die operative Therapie. Wesentliche Faktoren für eine erfolgreiche Versorgung sind hier aus operativer Sicht neben der Beachtung biomechanischer Grundsätze ein möglichst atraumatischer Umgang mit den Weichgeweben, um Komplikationen wie Nervschädigungen, aber auch narbenbedingte Limitationen zu vermeiden. Ein gutes funktionelles Ergebnis erfordert speziell bei gelenknahen Frakturen früh einsetzende und konsequent durchgeführte Bewegungsübungen. Sowohl nach konservativer als auch operativer Therapie ist somit eine gute Adhärenz der Patienten für die Wiederherstellung eines möglichst physiologischen Bewegungsumfangs unabdingbar und entscheidet letztendlich über den langfristigen Erfolg des jeweiligen Verfahrens.

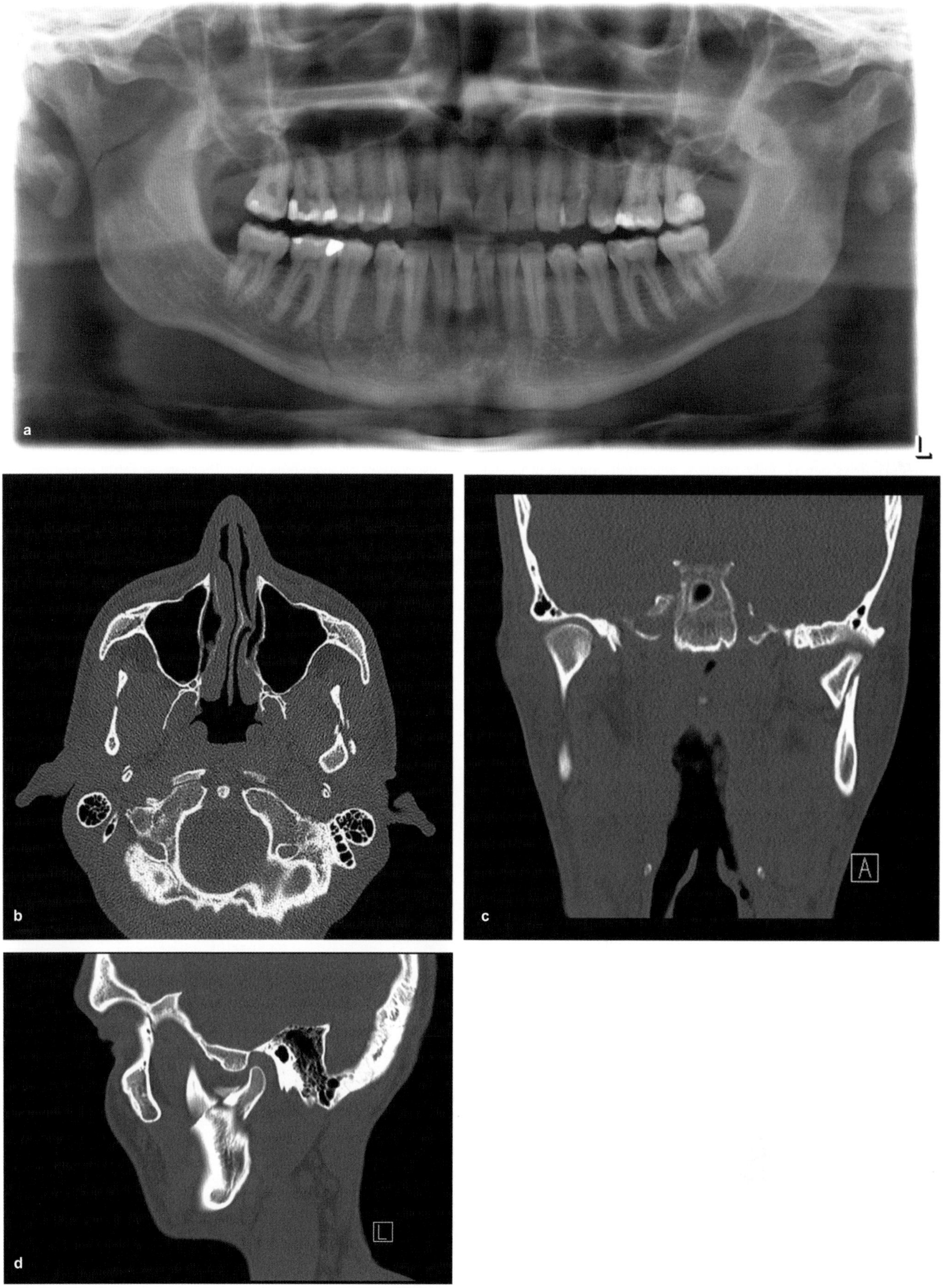
a
b
c
A
d
L

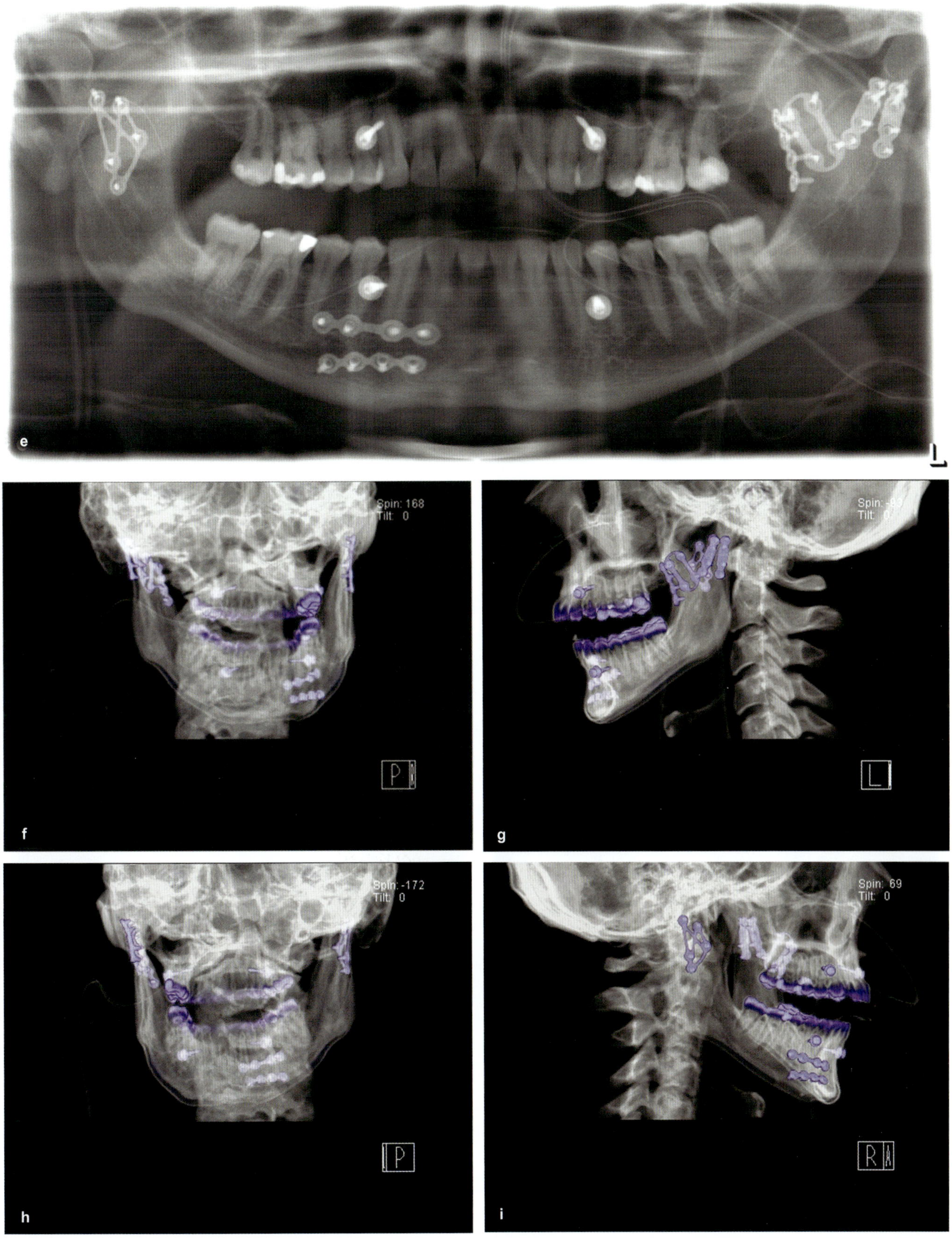

Abb. 17.1 Trifokale Unterkieferfraktur mit Gelenkfortsatzbasisfraktur beidseits, Fraktur des Proc. muscularis und Korpusfraktur in der anterioren Transitionszone rechts (sog. Paramedianfraktur). [P661] Siehe auch ➤ Abb. 16.2.

a: Im präoperativen Orthopantomogramm.

b: Präoperativer Versatz der Gelenkfortsatzbasisfraktur links nach medial-anterior im axialen und c: koronaren CT.

d: Das sagittale CT zeigt eine Aussprengung im Bereich der Incisura semilunaris und eine Fraktur des Proc. muscularis links.

e: Orthopantomogramm nach operativer Versorgung mit Miniplattenosteosynthesen (Gelenkfortsatzbasis links mit zwei winkelstabilen Kondylenplatten, Proc. condylaris links mit 3D-Platte und 4-Loch-Miniplatte, Gelenkfortsatzbasis rechts mit 3D-Gitterplatte, Unterkieferkorpusfraktur in der anterioren Transitionszone rechts mit zwei 4-Loch-Miniplatten. Es liegen noch die intermaxillären/mandibulomaxillären Fixationsschrauben zur intraoperativen Okklusionseinstellung.

f. Lage der Osteosyntheseplatten in der 3D-CT-Darstellung zur Darstellung des rechten Gelenkfortsatzes in leicht schräger Ansicht anterior-posterior;

g: Von lateral links. h: Von anterior. i: Von lateral rechts.

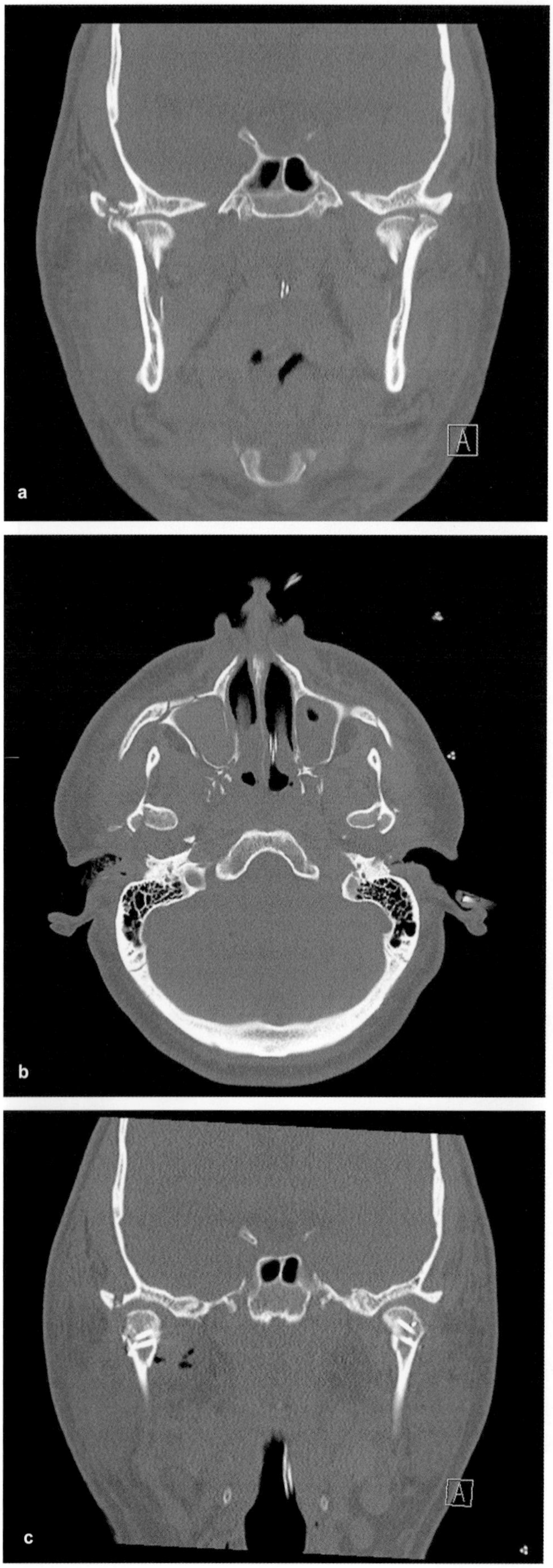

Abb. 17.2 Bilaterale Gelenkkopffraktur mit Beteiligung der Gelenkpfanne rechts. Siehe auch ➤ Abb. 16.3. [P661]
a: Im koronaren CT zeigt sich ein Kontakt des distalen Fragments Stumpf des Proc. condylaris mit der lateralen Pfanne.
b: Im axialen CT kommt der Versatz der Gelenkköpfe nach anterior-medial zur Darstellung, nebenbefundlich zeigt sich eine Fraktur des anterioren Jochbogenansatzes.
c: Erst nach operativer Reposition lässt sich das Ausmaß des frakturbedingten vertikalen Höhenverlust beurteilen, bei den Frakturen handelt es sich demnach um einen Frakturtyp p mit Höhenverlust beidseits (vom Subtyp B links und Subtyp C rechts).

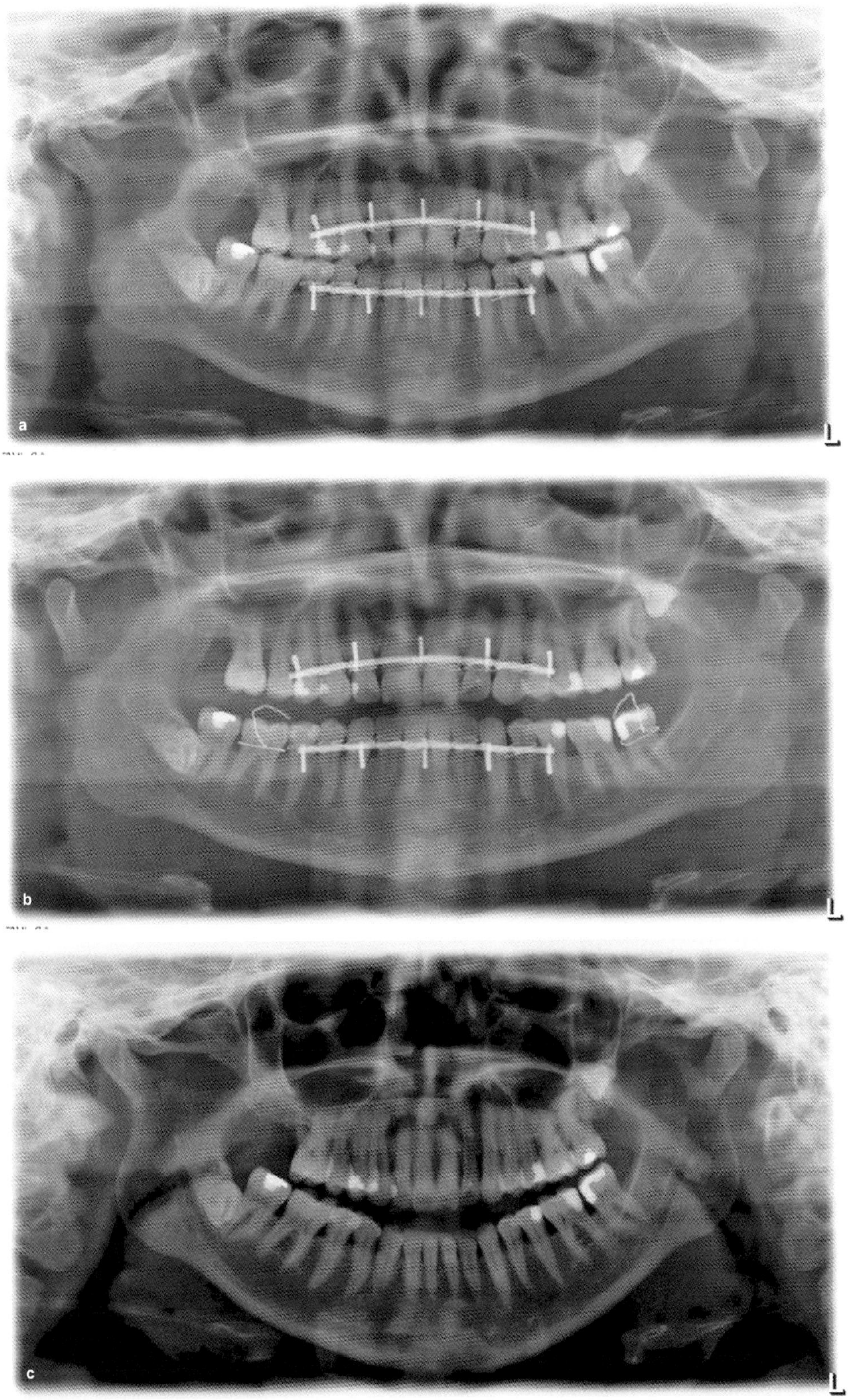

Abb. 17.3 Fallbeispiel einer in Fehlstellung mit anterior offenem Biss verheilten bilateralen Gelenkfortsatzbasisfraktur nach konservativer Therapie einer dreifachen Unterkieferfraktur. Siehe auch ➤ Abb. 16.4. [P661]

a: Im Orthopantomogramm zeigt sich eine Luxationsfraktur der linken Gelenkfortsatzbasis, eine dislozierte und leicht angulierte Gelenkfortsatzbasisfraktur rechts, des Weiteren eine nicht dislozierte Unterkieferastfraktur in der posterioren Transitionszone (Kieferwinkelfraktur) mit retiniertem und horizontal verlagertem Zahn 48 im Bruchspalt; nach Schienung zeigt sich unter straffer Ruhigstellung über Gummizüge eine soweit erkennbar gut eingestellte Okklusion.

b: Ein im Verlauf angefertigtes Orthopantomogramm zeigt ein im Molarenbereich beidseits eingebundenes Hypomochlion (siehe Drahtschlingen um Zähne 37 und 46), die eingegliedert wurden, um einen nach Lösen der Gummizüge noch vorliegenden anterior offenen Biss mittels Distraktion über die Hypomochlia zu kompensieren.

c: Im Orthopantomogramm nach Entfernung der Schienung projiziert sich der linke Gelenkkopf jetzt auf die Pfanne, beide Gelenkfortsätze sind im OPG aber nach dorsal anguliert (was projektionsbedingt einer Angulation nach anterior-medial entspricht), mit konsekutiv anterior offenem Biss und Frühkontakten im Molarenbereich beidseits.

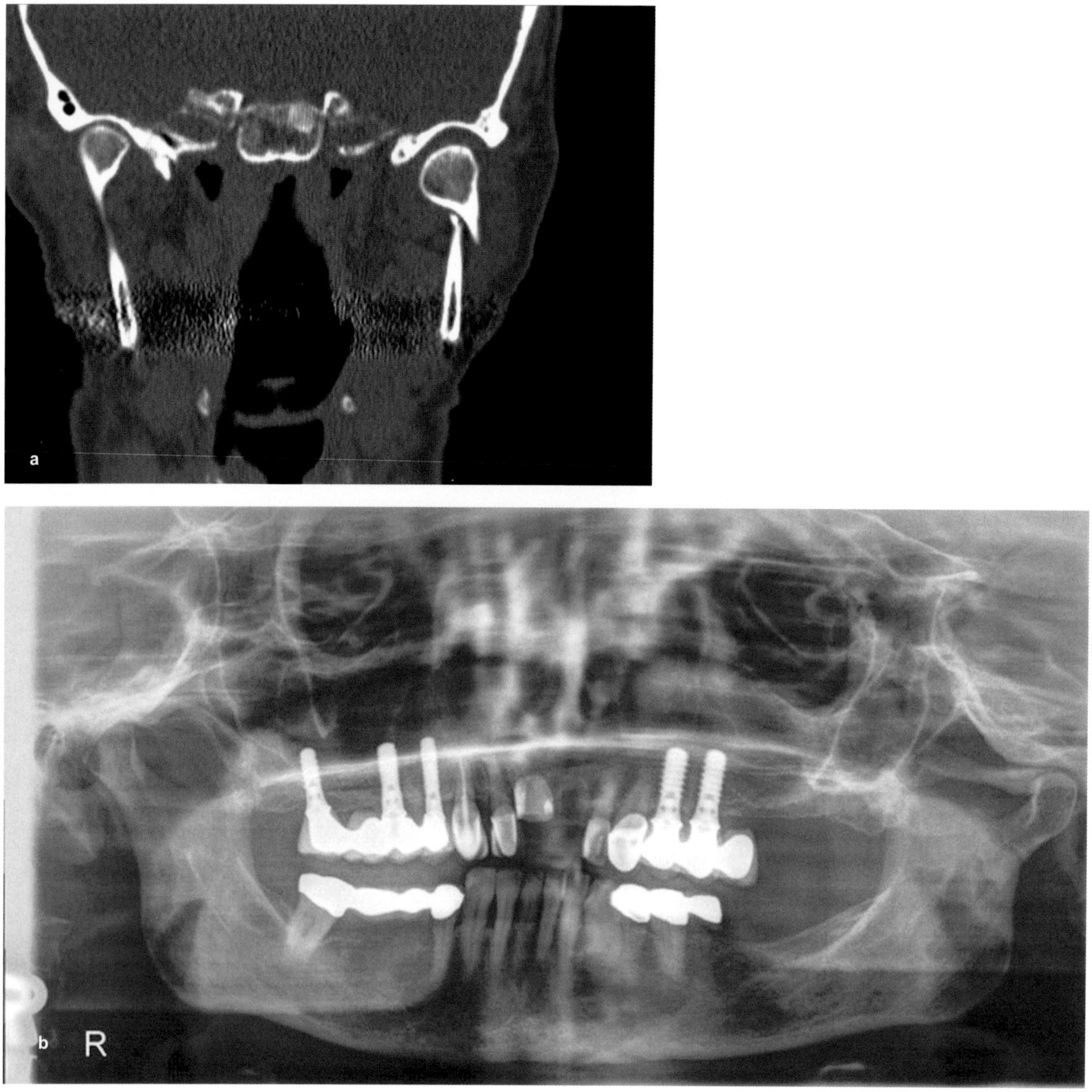

Abb. 17.4 Unilaterale Gelenkfortsatzbasisfraktur links. Siehe auch ➤ Abb. 16.5. [P661]
a: Im koronaren CT nach lateral disloziertes proximales Fragment, der Gelenkkopf steht dadurch in dystoper Position in der Pfanne.
b: Im Orthopantomogramm zeigt sich die Gelenkfortsatzbasisfraktur mit deutlicher Höhenverkürzung der Vertikalen bei fehlender posteriorer Stützzone im linken Unterkieferseitenzahnbereich.
c: Postoperatives Orthopantomogramm nach Doppelplattung mit winkelstabilen Kondylenplatten über einen transoralen Zugang. Man beachte die leichte Stufenbildung am Dorsalrand des Ramus bei biomechanisch suboptimaler Plattenpositionierung aufgrund eingeschränkter Zugänglichkeit und Kontrolle des Dorsalrands (vergleiche dazu ➤ Abb. 17.5d).

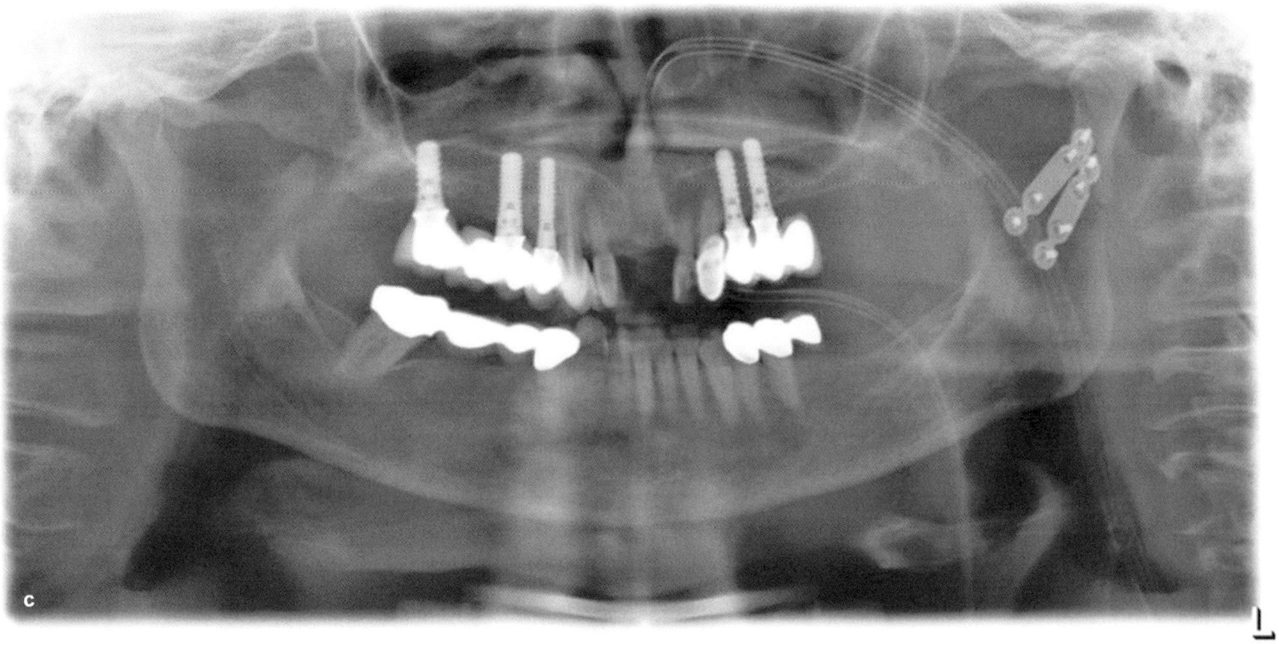
c

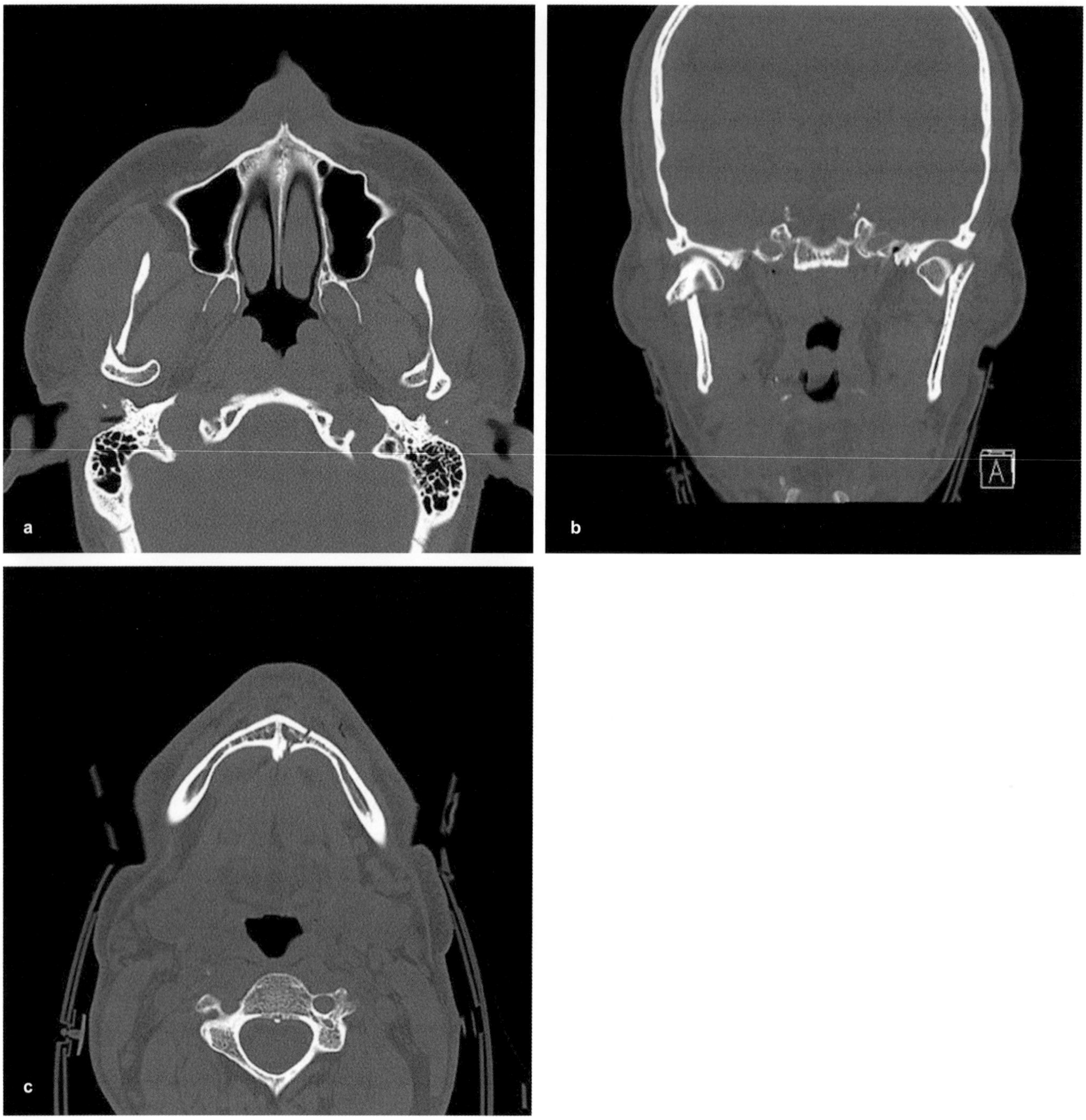

Abb. 17.5 Bilaterale Gelenkfortsatzfraktur bei trifokaler Mandibulafraktur. Siehe auch ➢ Abb. 16.6. [P661]
a: Nach lateral dislozierte Gelenkfortsatzfraktur rechts und Gelenkkopffraktur links im axialen CT und
b: im coronaren CT; hier zeigt sich eine Gelenkkopffraktur mit Höhenverlust links und eine Basisfraktur mit ca. 45° Angulation im Sinne einer Pseudoluxation.
c: Im axialen CT kommt des Weiteren eine gering dislozierte Symphysenfraktur paramedian links zur Darstellung.
d: Postoperatives Orthopantomogramm nach Osteosynthese mit drei Stellschrauben und Mikroplatte für die Gelenkkopffraktur links sowie doppelten winkelstabilen Kondylenplatten für die Basisfraktur links, hier über einen extraoralen Zugang (man beachte die unter biomechanischen Gesichtspunkten optimale Lage des Osteosynthesematerials). Versorgung der Symphysenfraktur paramedian links mit zwei Miniplatten über transoralen Zugang.
e: In der postoperativen Clementschitsch-Aufnahme achsengerechte Aufrichtung der Gelenkfortsatzfrakturen beidseits.

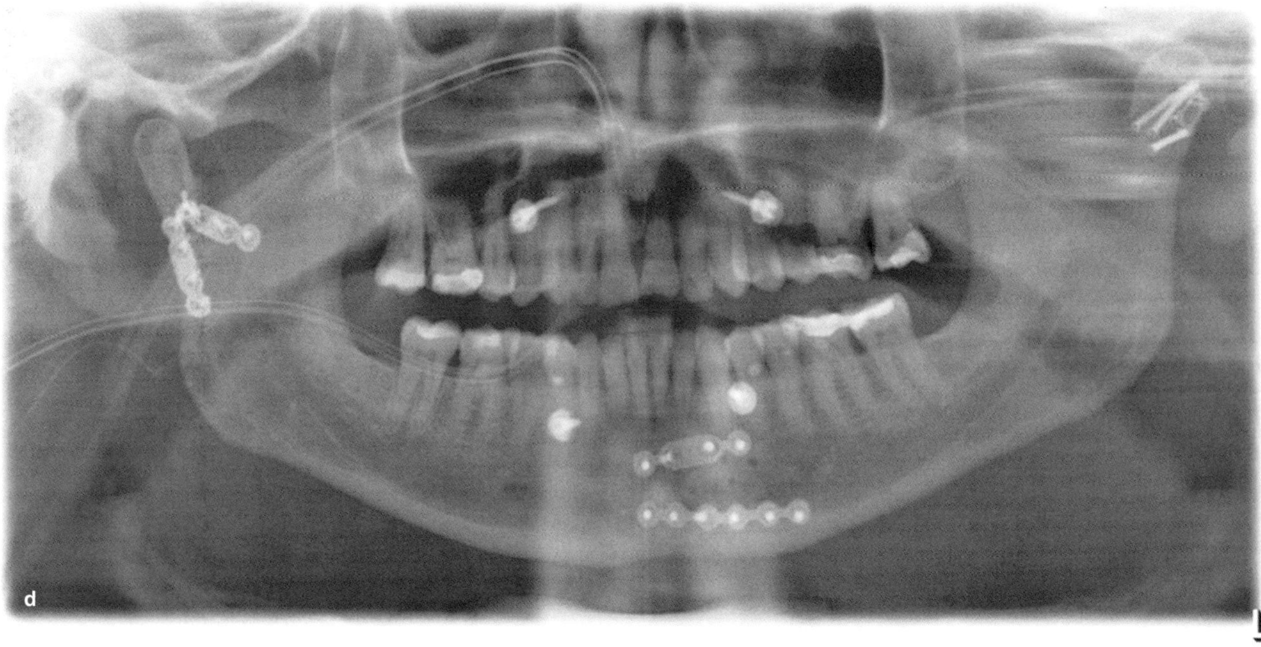
d

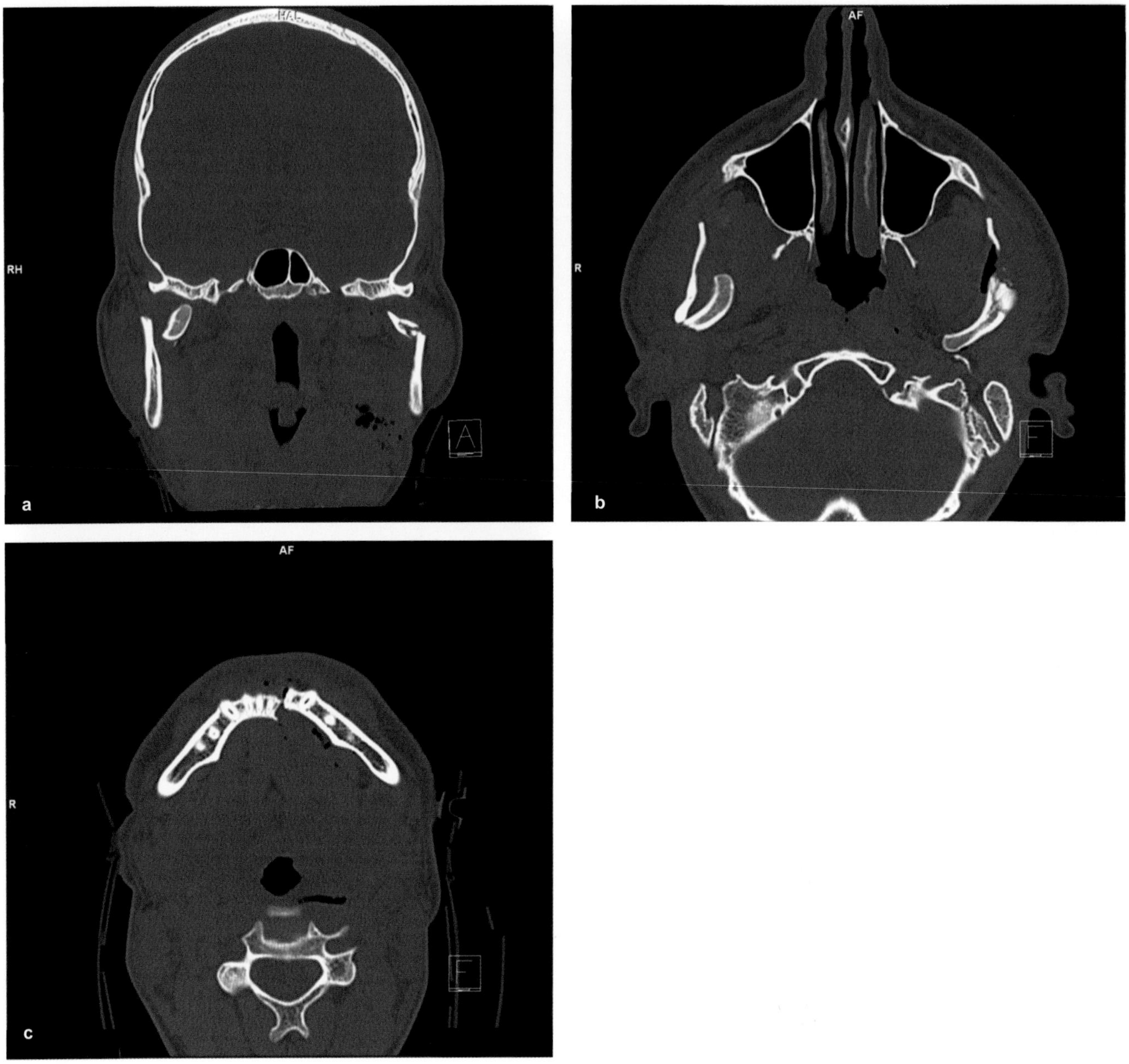

Abb. 17.6 Bilaterale Luxationsfraktur der Gelenkfortsatzbasis bei trifokaler Mandibulafraktur. Siehe auch ➤ Abb. 16.12. [P661]
a: Luxation des proximalen Fragments linksseitig nach posterior-medial und rechtsseitig nach anterior im koronaren CT.
b: Im axialen CT.
c: Im axialen CT zeigt sich eine begleitende dislozierte Symphysenfraktur linksbetont.
d: Postoperatives Orthopantomogramm nach Osteosynthese mit doppelten winkelstabilen Kondylenplatten für die Basisfrakturen beidseits (transparotidale Zugänge) und doppelter Miniplattenosteosynthese für die Symphysenfraktur mit Auslauf in die linke anteriore Transitionszone.
e: In der postoperativen Clementschitsch-Aufnahme achsengerechte Stellung der Gelenkfortsätze.

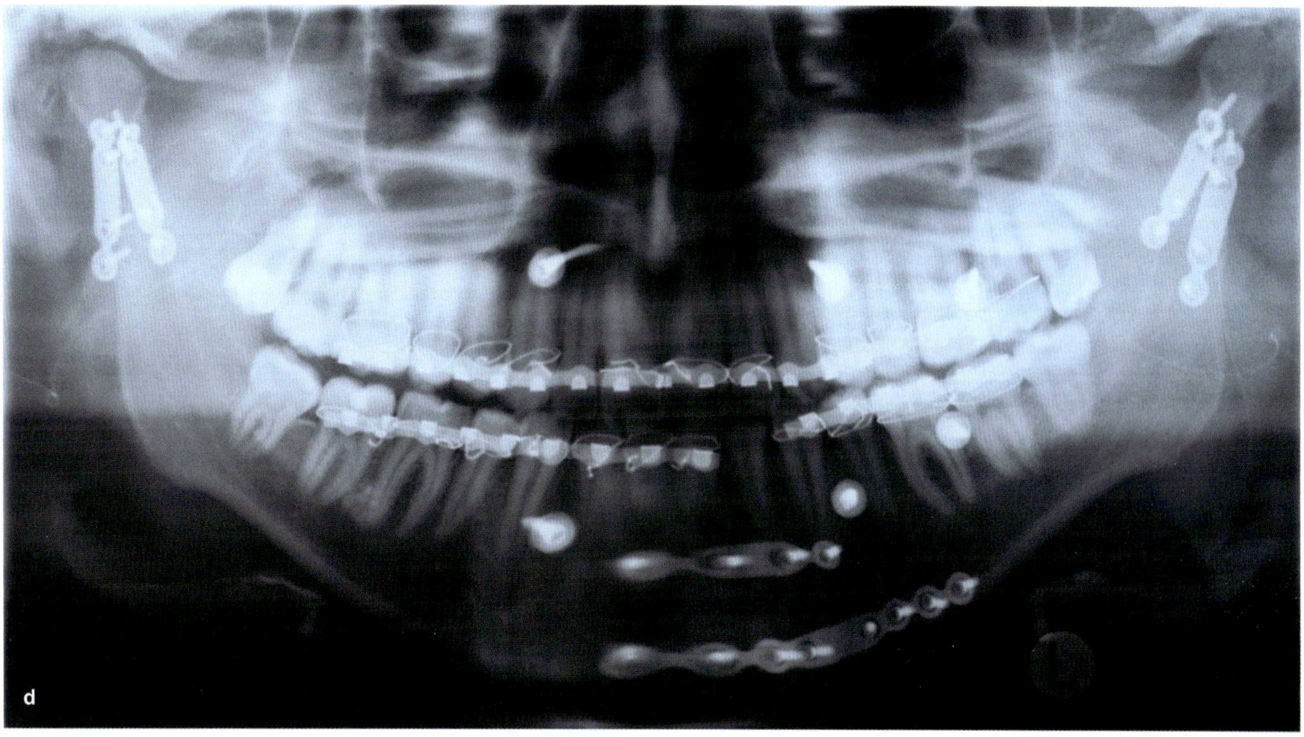

d

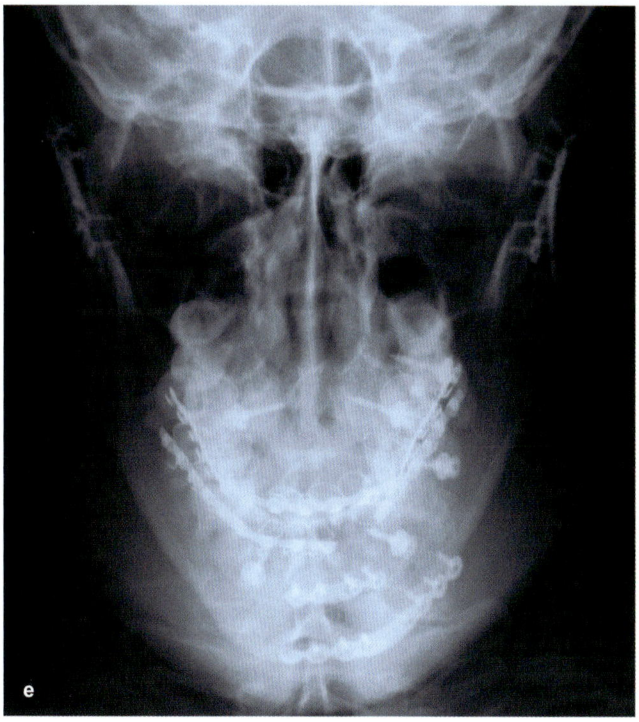

e

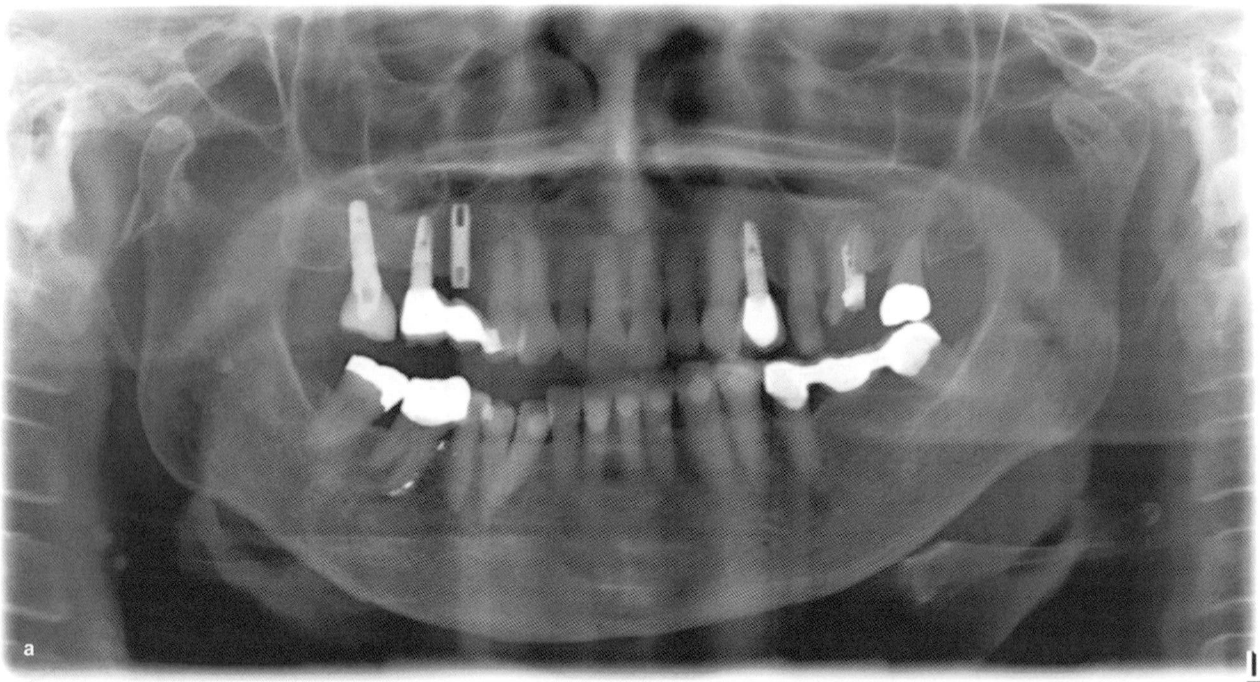

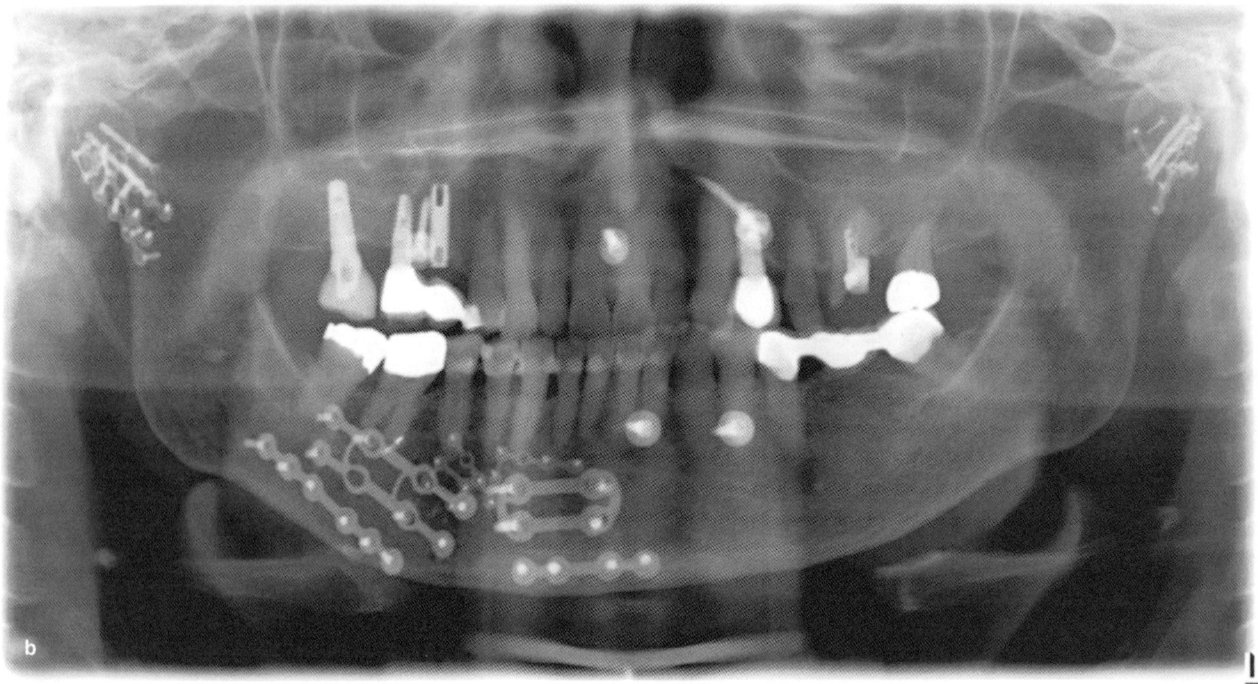

Abb. 17.7 a-d Trifokale Unterkieferfraktur mit Major-Fragmentation des Korpus mit Überschreitung der anterioren Transitionszone in den Symphysenbereich, vertikaler hoher Halsfraktur mit Mehrfachfragmentation des rechten Gelenkkopfs (Major Fragmentation) und Major fragmentierte Gelenkkopffraktur links, beidseits mit Höhenverlust. Siehe auch ➤ Abb. 16.16. [P661]

a: Im präoperativen Orthopantomogramm

b: Im postoperativen OPG nach Versorgung mit multiplen Miniplatten einschließlich 3D-Platten zur Versorgung der Korpus- und Symphysenfrakturen, Kombination von Mikroplatten und Stellschrauben zur Versorgung der Gelenkkopffraktur Typ p major links und Kombination von miniaturisierten Platten und Stellschrauben zur Versorgung der Major fragmentierten vertikalen Gelenkhals- und Gelenkkopffraktur und Gelenkkopffraktur rechts.

c: Im Orthopantomogramm nach Entfernung des Osteosynthesematerials; die Frakturen sind in achsengerechter Position verheilt, die im Rahmen des Traumas luxierten Zähne 44 und 45 im Bereich der Major fragmentierten Korpusfraktur waren nicht erhaltungsfähig; im Bereich des rechten Gelenkhalses zeigt sich noch eine inkomplette Durchbauung und ein verbliebenes Schraubengewinde (osseointegriert), linksseitig zeigt sich ein verbliebenes Mikrobohrergewinde.

d: Im Orthopantomogramm zwei Jahre nach Traumaversorgung jetzt vollständige knöcherne Durchbauung des Gelenkhalses rechts, der linke Gelenkkopf erscheint abgeflacht im Sinne einer adaptierten degenerativen Gelenkveränderung.

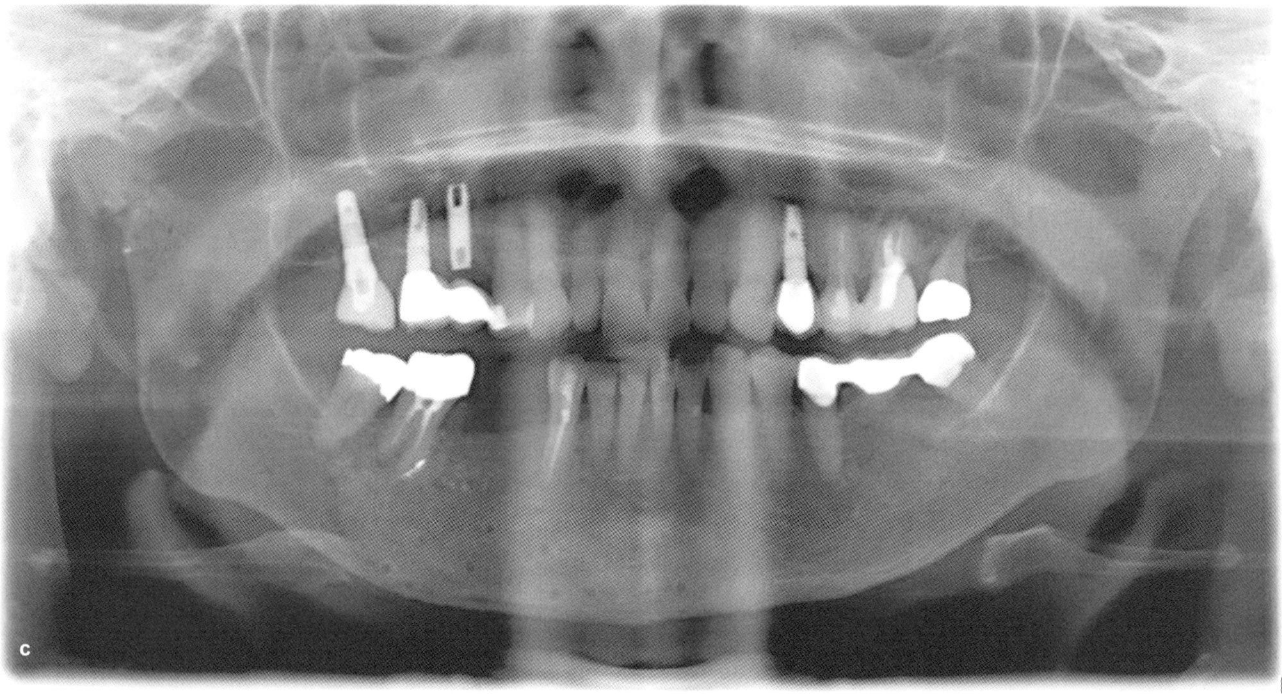

c

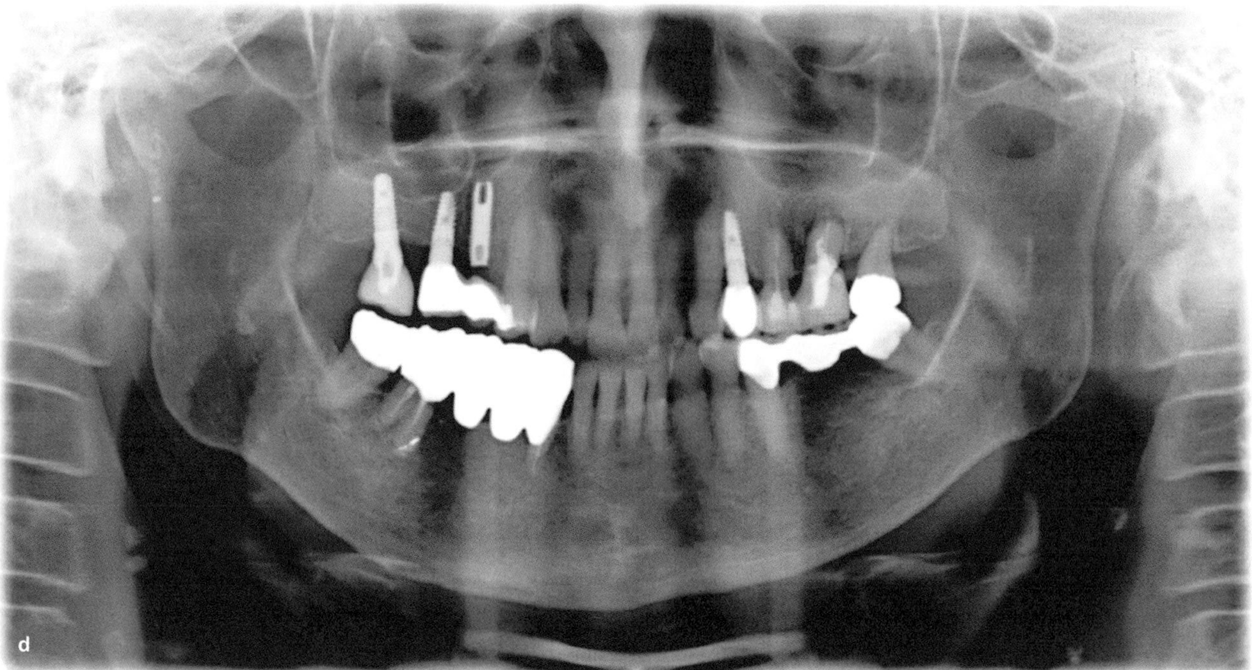

d

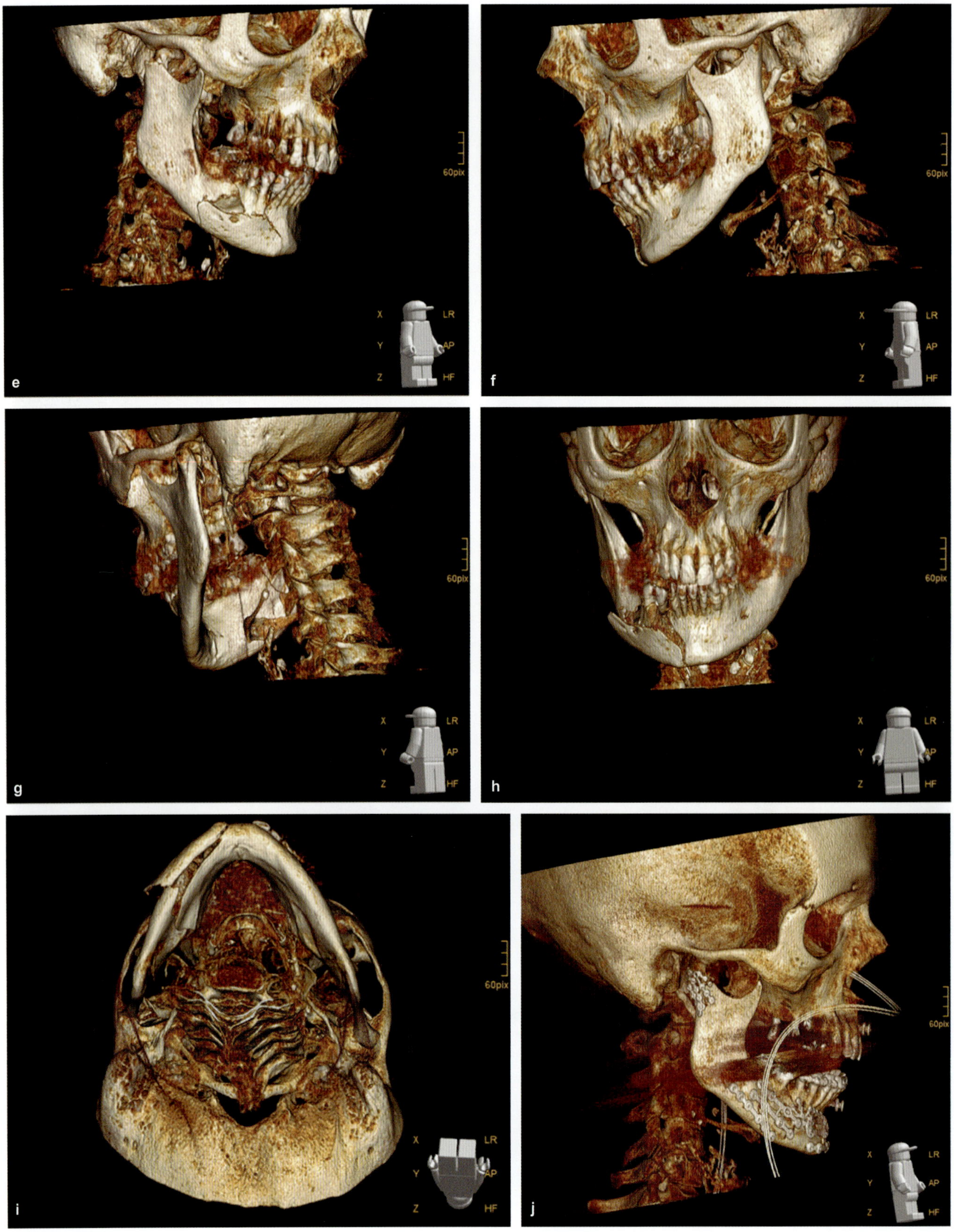
e
f
g
h
i
j
60pix
X
Y
Z
LR
AP
HF

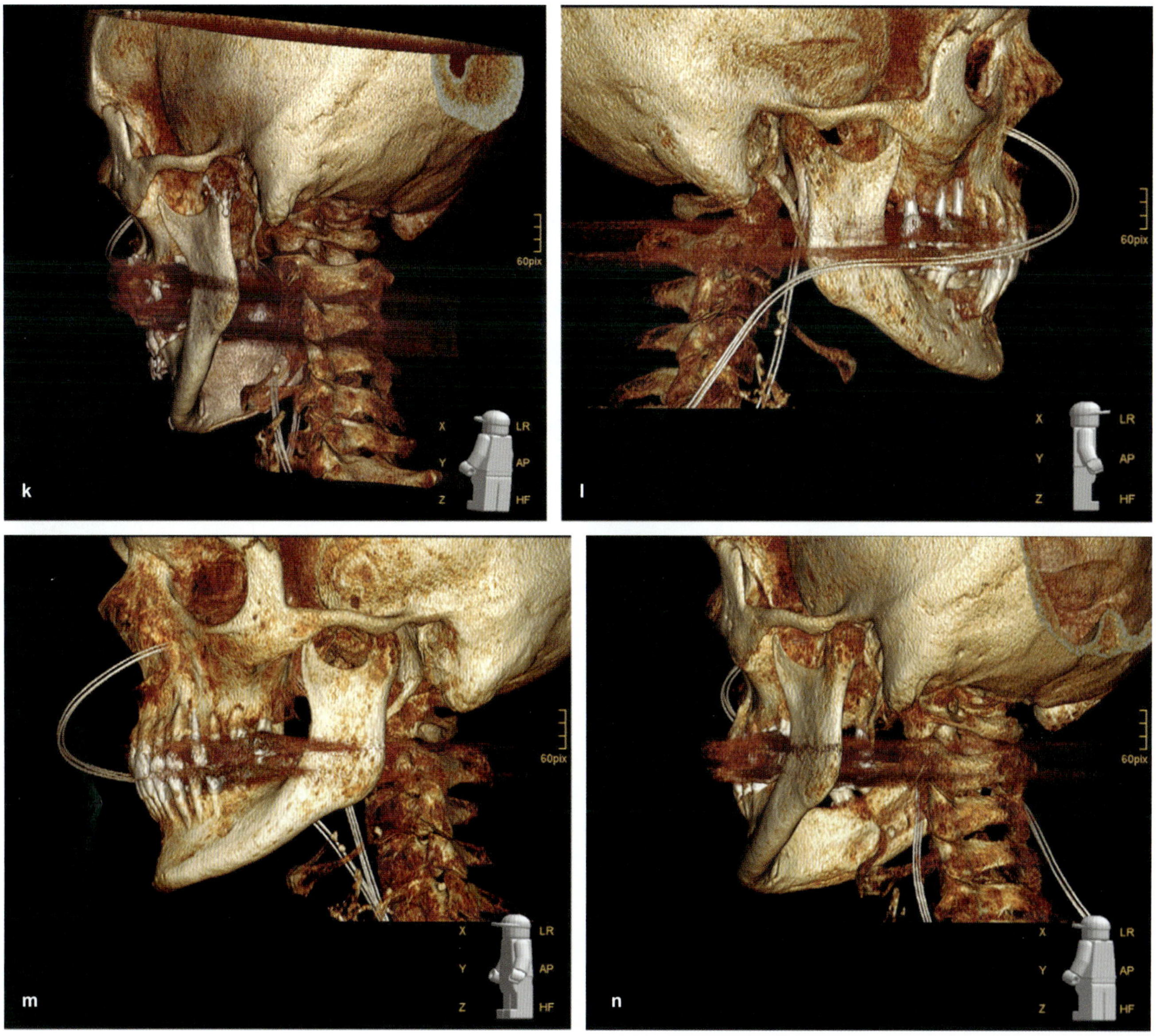

Abb. 17.7 e-n

Trifokale Unterkieferfraktur aus Bildserie 7 mit präoperativen Ansichten (e–i) in der der 3D-Computertomografie. [P661]

e: Von lateral rechts.

f: Von lateral links.

g: Von schräg-posterior links.

h: Von anterior.

i: Von kaudal.

j–k: postoperative Ansicht nach Osteosynthese der Major fragmentierten Frakturen mit direkter Gelenkbeteiligung mittels Platten und Stellschrauben in der Ansicht (j) von lateral rechts und (k) von schräg-dorsal links.

l–n: zeigen die in korrekter Position verheilten Frakturen unmittelbar nach Entfernung des Osteosynthesematerials in den Ansichten von (l) lateral rechts, (m) lateral links und von (n) schräg-lateral links.

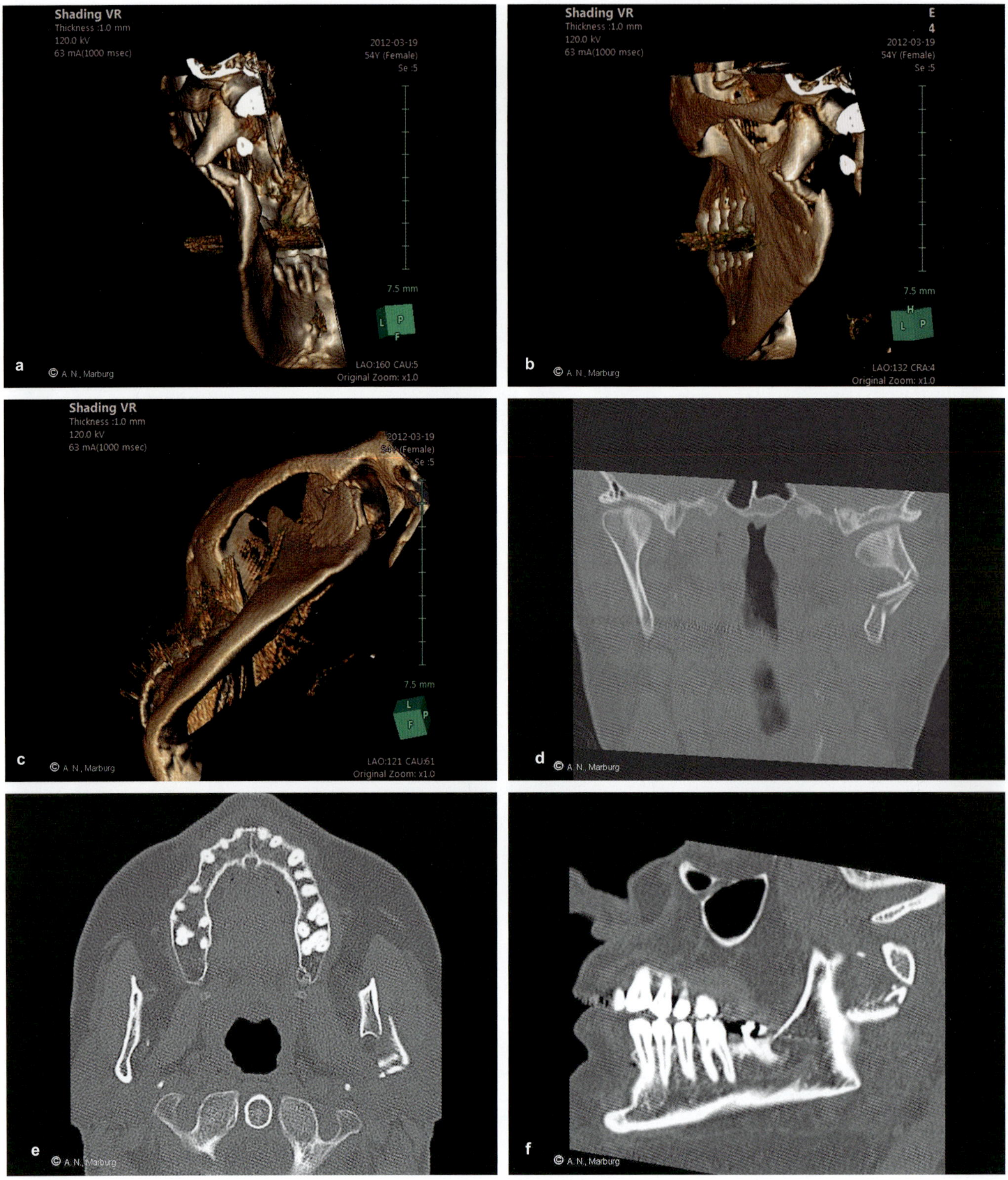

Abb. 17.8 Major Fragmentation („Trümmerfraktur") des linken Gelenkfortsatzes und Unterkieferasts mit Kompromittierung des Stützpfeilers (Buttress) am Dorsalrand des Gelenkfortsatzes bzw. Ramus bei Mehretagenfraktur. Siehe auch ➢ Abb. 16.15. [P661]

a–b: Mit präoperativer Ansicht im 3D-CT (a) von posterior, (b) von schräg-posterior.

c: Von lateral-kaudal.

d–e: Präoperative Abbildungen mit zweidimensionaler Ansicht der nach lateral dislozierten und abgeknickten Mehretagenfraktur, (d) im koronaren CT, (e) im axialen CT, (f) im sagittalen CT.

g–i: Mit Orthopantomogrammen, (g) nach operativer Versorgung mittels multipler Plattenosteosynthesen (angulärer und transparotidaler Zugang), (h) regelrecht verheilt nach Materialentfernung, (i) im koronaren CT nach Materialentfernung zeigt sich der Gelenkkopf regelrecht konfiguriert in orthotoper Position in der Pfanne.

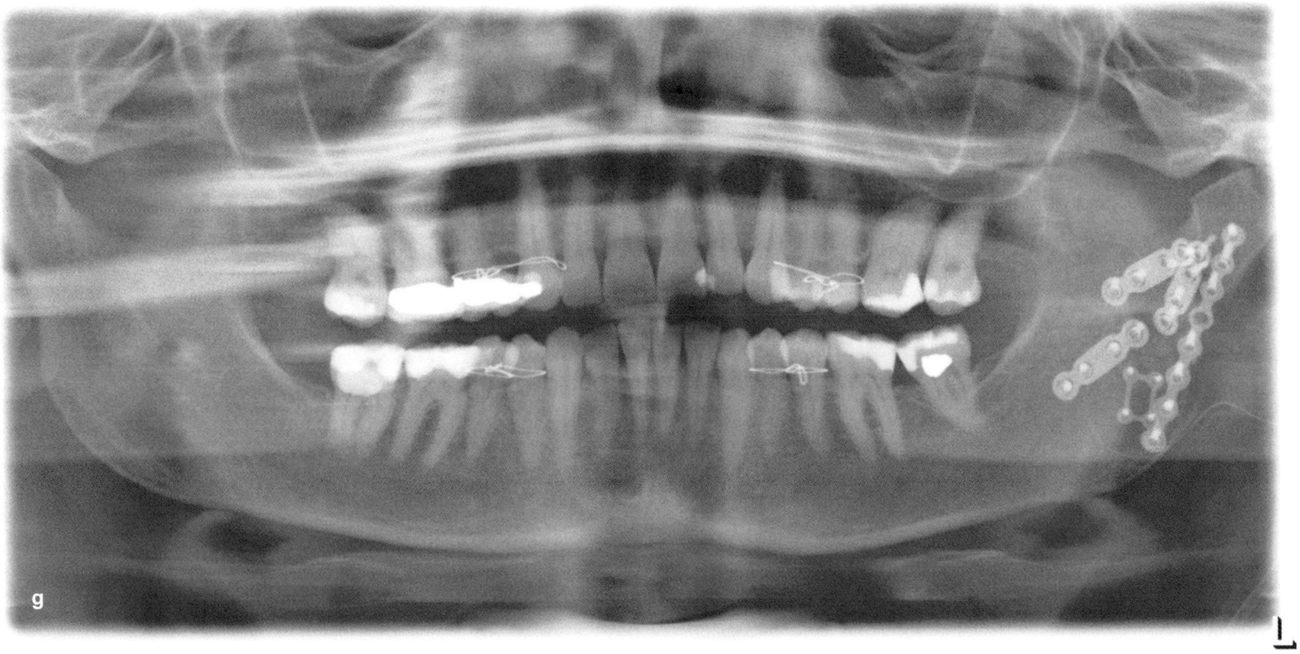

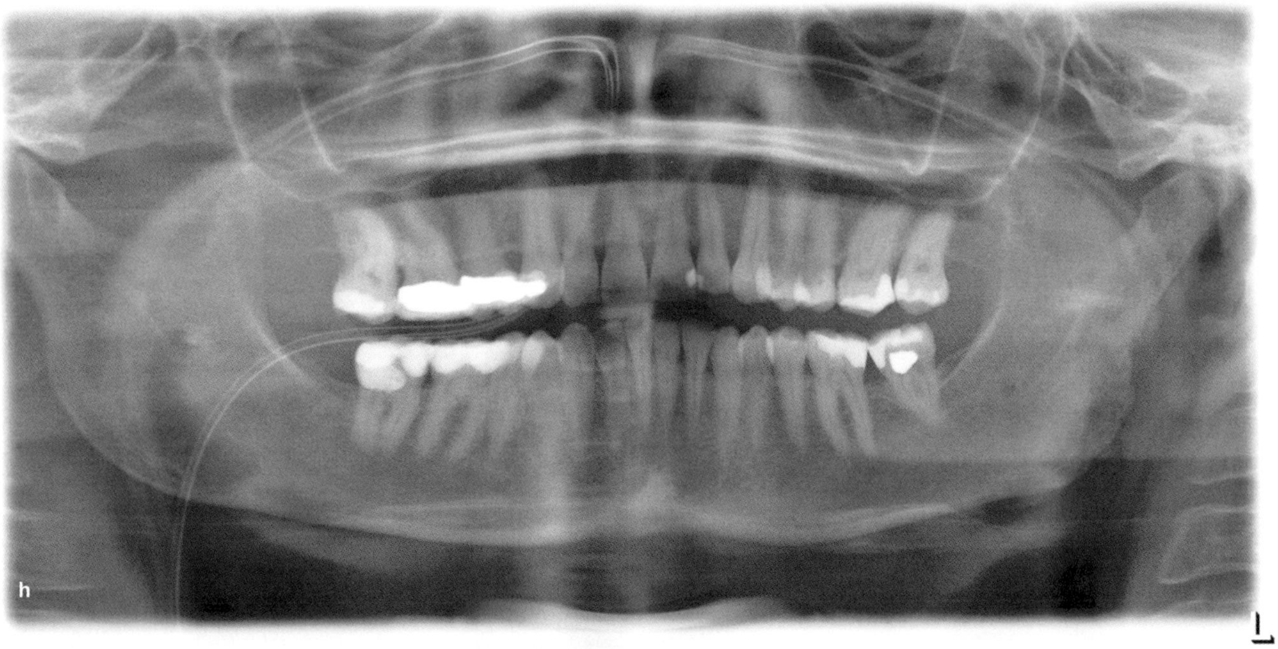

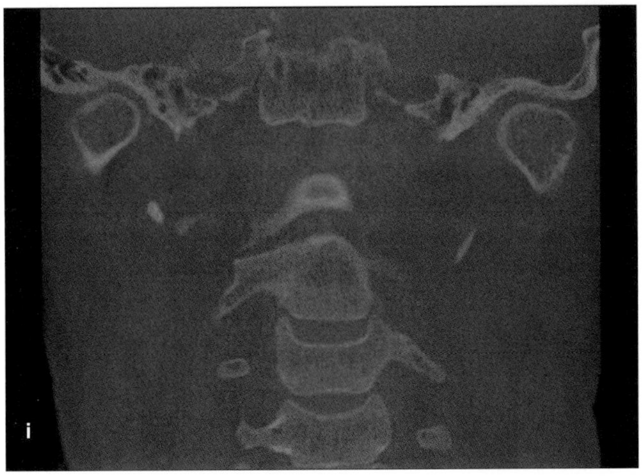

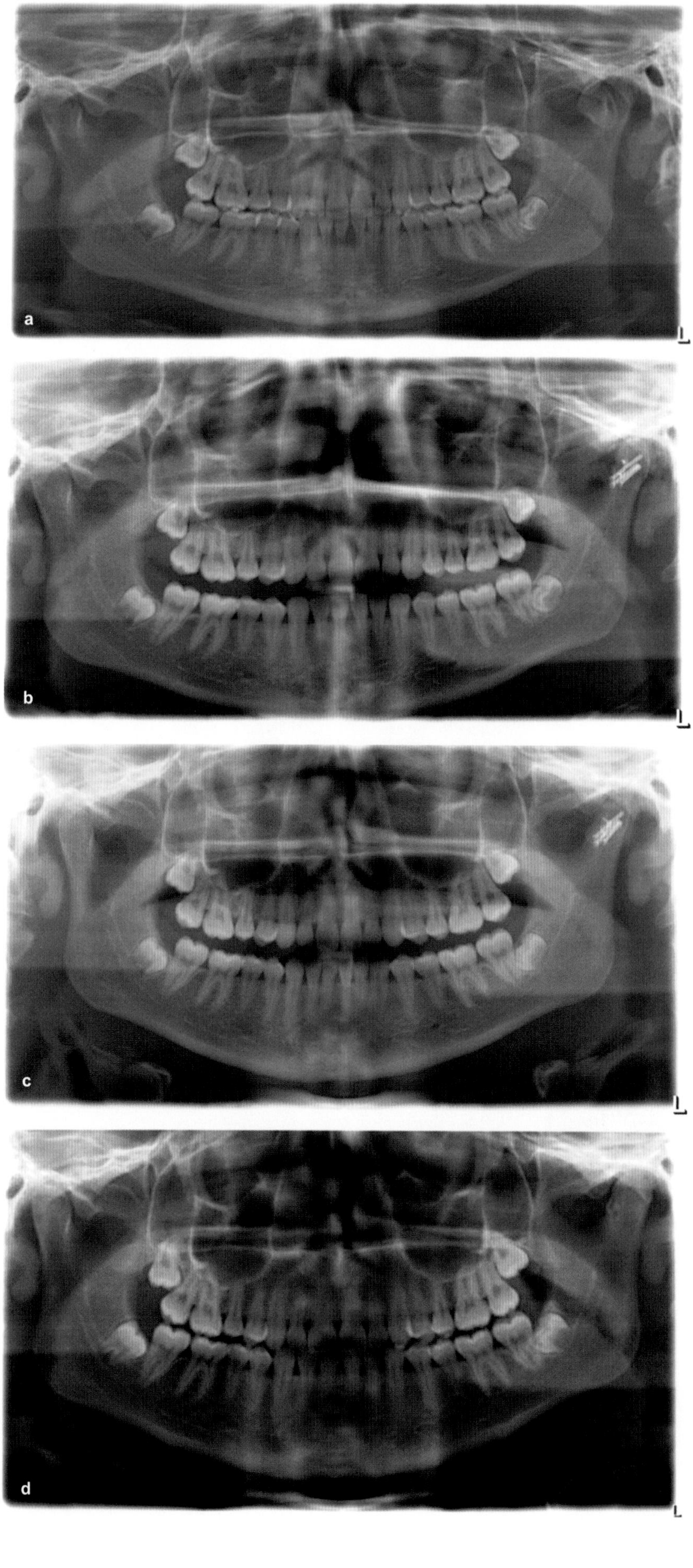

Abb. 17.9 a–i Gelenkkopffraktur Typ p (mit Höhenverlust und Minor Fragmentierung Abbildungen. a–d:) Orthopantomogramme. [P661]
a: Präoperativ und b: unmittelbar postoperativ nach Versorgung durch drei Stellschrauben und einer 2-Loch Mikroplatte, ein kleines anteriores Kopffragment ist weiterhin nach anterior disloziert.
c: In der Verlaufskontrolle zeigt sich eine zunehmende Konsolidierung des Fragments.
d: Nach Materialentfernung konstante Stabilität der Vertikaldimension, der Gelenkhals erscheint im Seitenvergleich verbreitert.
e–i: Computertomografien (e) axiales CT präoperativ mit ausgesprengtem anterior-lateralem Fragment bei mehrfragmentärer Gelenkkopffraktur, (f) 3D-CT in der präoperativen Ansicht von lateral-kaudal, (g) Lagekontrolle der Stellschrauben (hier mit korrekter zentraler Lage) des osteosynthetisch fixierten Gelenkkopfs im axialen CT, (h) 3D-CT mit Ansicht von schräg-dorsal, der laterale Pol ist durch eine 2-Loch-Mikroplatte fixiert, (i) im axialen CT zeigt sich der Gelenkkopf nach Metallentfernung im Seitenvergleich etwas verplumpt mit geringfügiger Höhenminderung um knapp Kortikalisbreite.

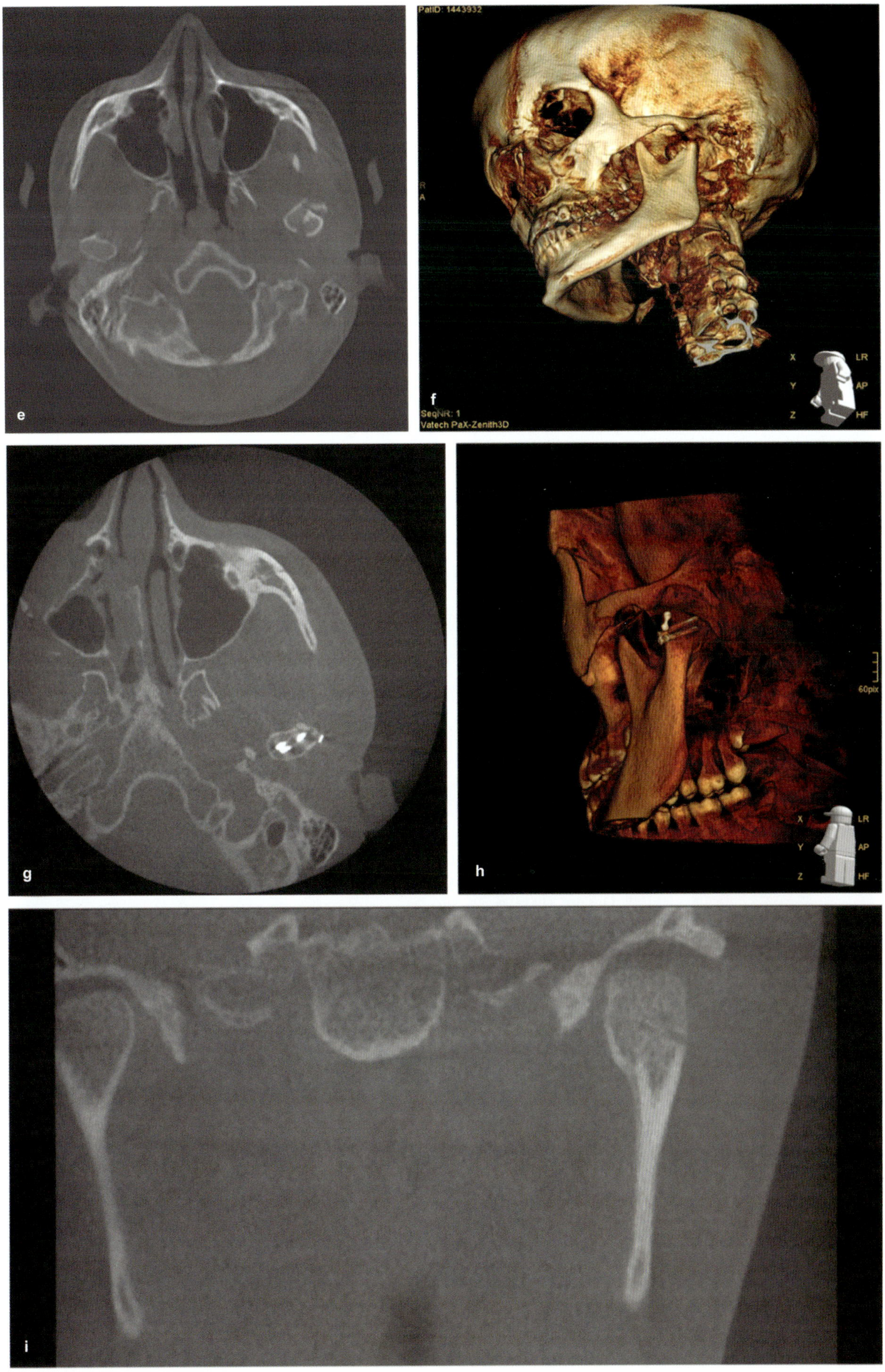
e
PatID: 1443932
f
SeqNR: 1
Vatech PaX-Zenith3D
X LR
Y AP
Z HF
g
h
60pix
X LR
Y AP
Z HF
i

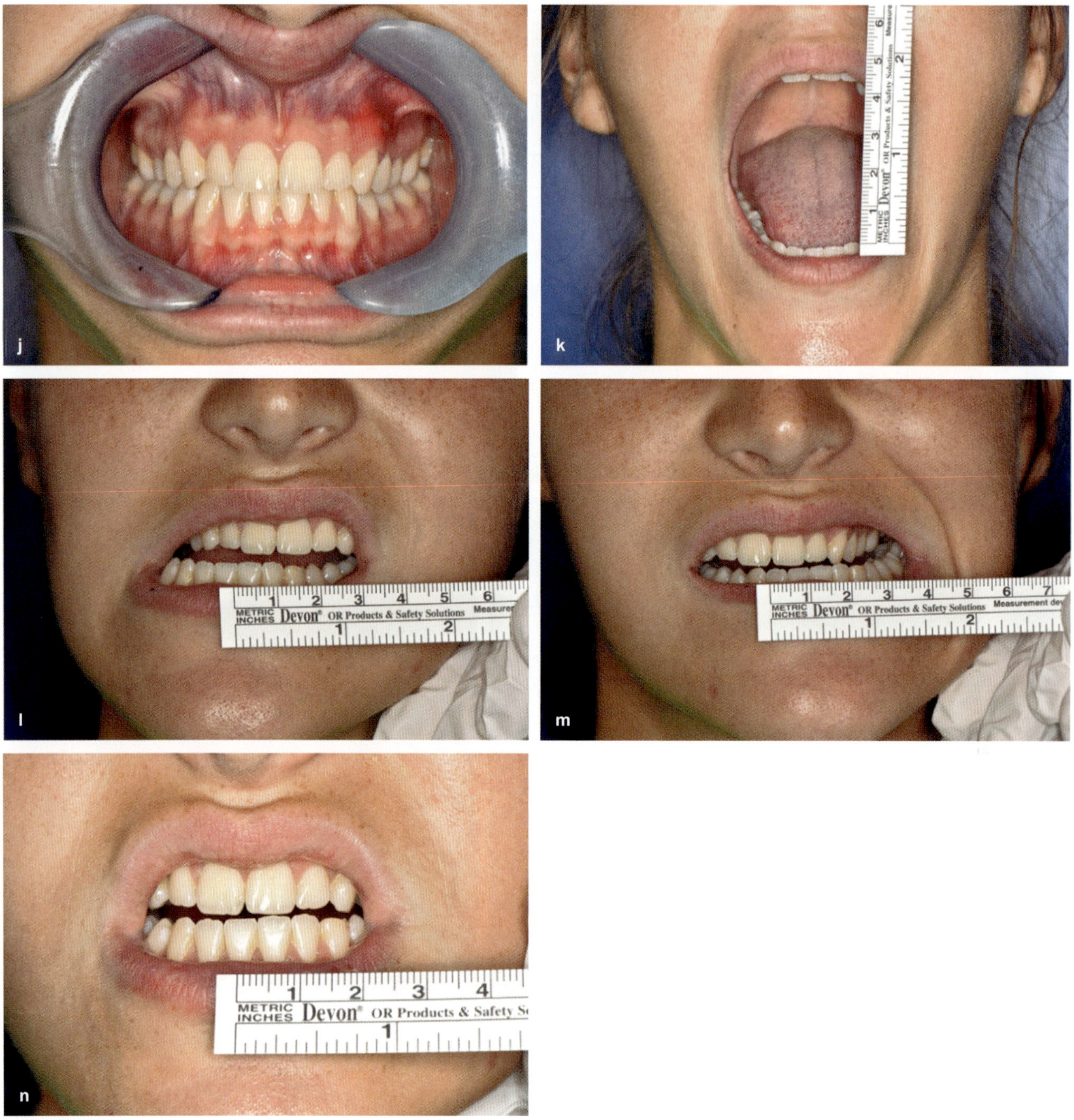

Abb. 17.9 j–n Gelenkkopffraktur Typ p, Fortsetzung zu Abb. 17.9 a–e. [P661]
j: Okklusion 24 Monate nach Trauma.
k: Maximale Kieferöffnung (45 mm, ohne Deflexion).
l: Laterotrusion der Frakturseite (9 mm).
m: Laterotrusion der Nicht-Frakturseite (10 mm).
n: Protrusion mit geringer Seitabweichung zur frakturierten Seite.

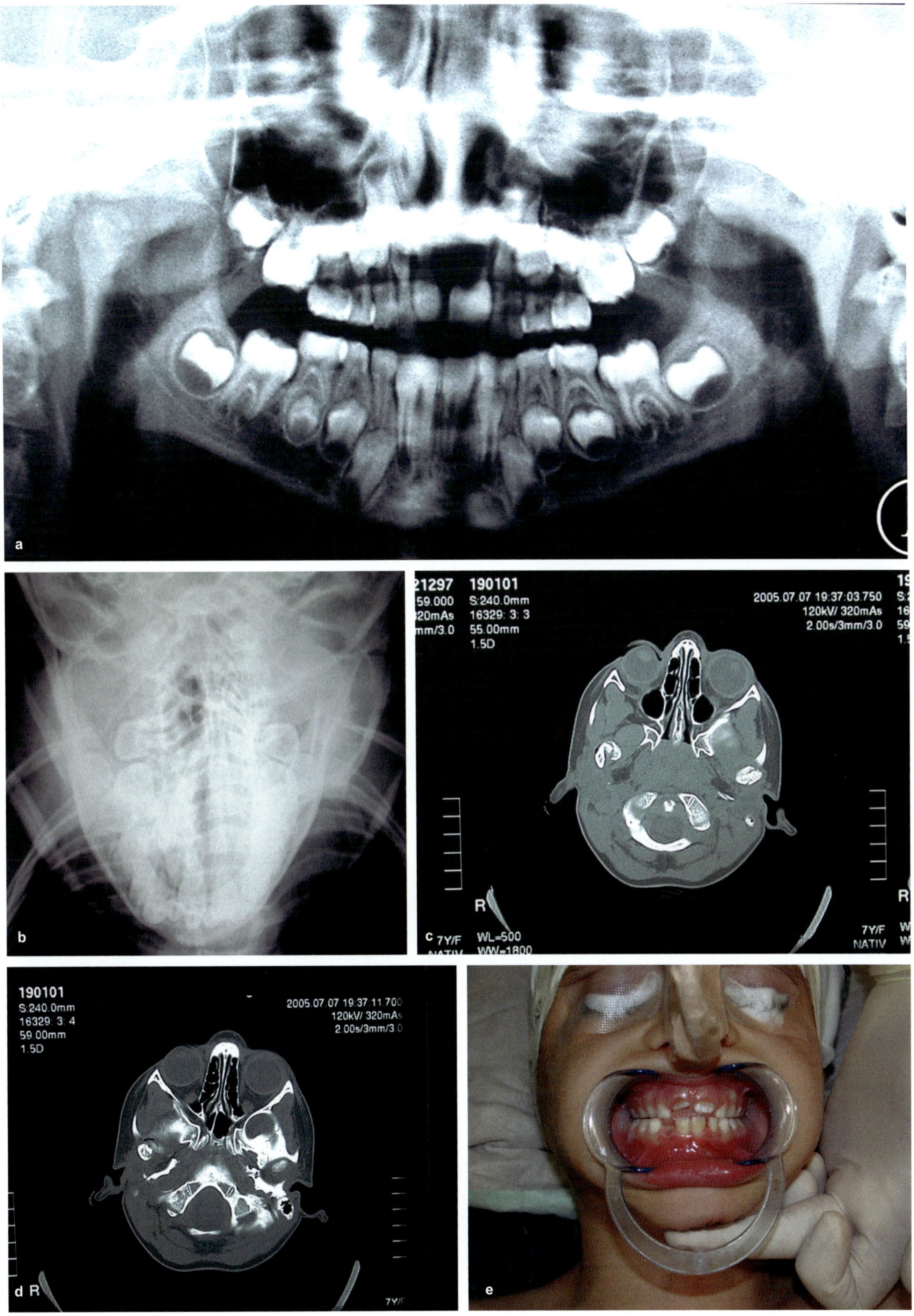
a
b
190101
S:240.0mm
16329: 3: 3
55.00mm
1.5D
2005.07.07 19:37:03.750
120kV/ 320mAs
2.00s/3mm/3.0
R
c 7Y/F
WL=500
WW=1800
7Y/F
NATIV
190101
S:240.0mm
16329: 3: 4
59.00mm
1.5D
2005.07.07 19:37:11.700
120kV/ 320mAs
2.00s/3mm/3.0
d R
7Y/F
e

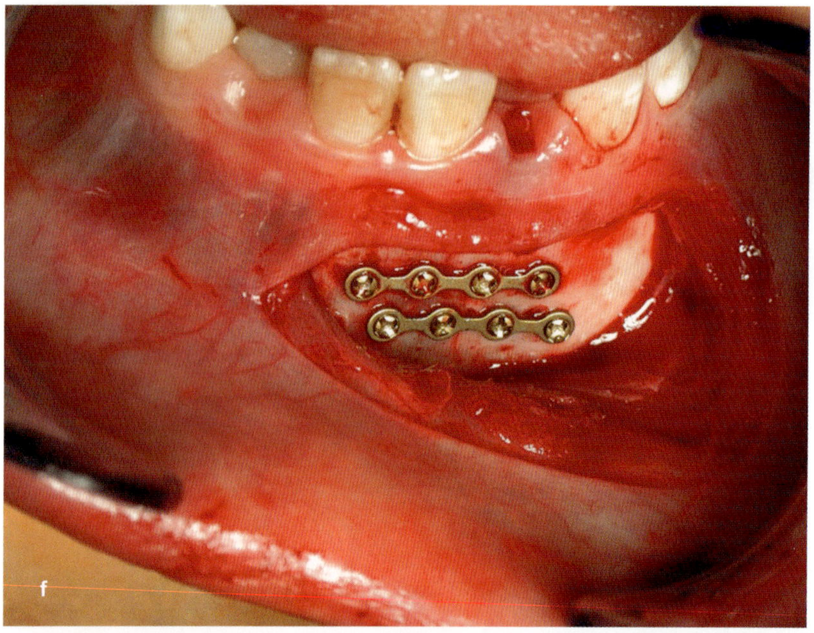

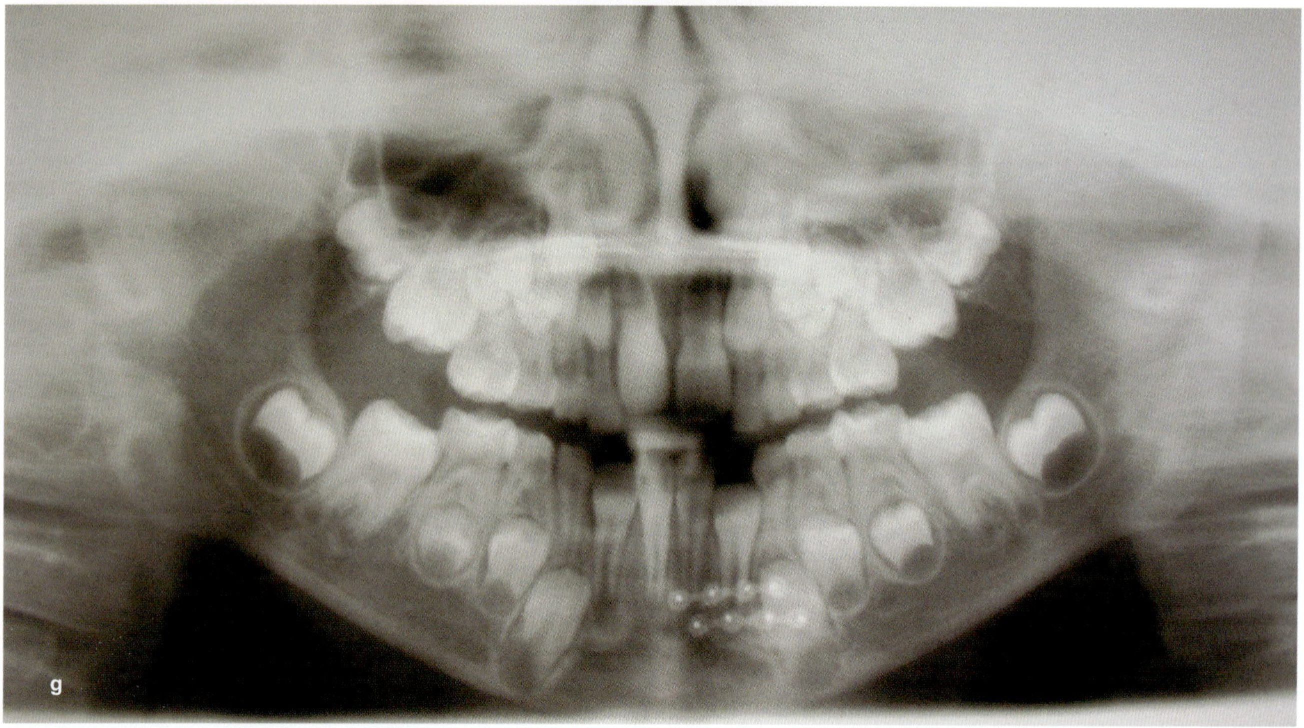

Abb. 17.10 Dreifache Unterkieferfraktur mit Gelenkkopffrakturen beidseits und Symphysenfraktur linksbetont bei einem Kind in der initialen Wechselgebissphase. Siehe auch ➤ Abb. 16.18. [P661]

a: Im Orthopantomogramm und b: in der Clementschitsch-Aufnahme kommen die Gelenkkopffrakturen nicht adäquat zur Darstellung.

In der axialen CT-Aufnahme können die Frakturen als (c) linksseitig disloziert, in (d) rechtsseitig imprimiert diagnostiziert werden.

e: Im Rahmen der operativen Versorgung der Symphysenfraktur zeigt sich die Okklusion trotz der bilateralen Gelenkkopffrakturen ungestört, da die Gelenkfortsätze in dieser Entwicklungsphase noch nicht die Vertikaldimension bestimmen.

f: Osteosynthese der Symphysenfraktur mit miniaturisierten Patten, intraoperativer Situs.

g: Postoperative Kontrolle mittels Orthopantomogramm.

h: Eingegliederter Aktivator zum Training der Kieferöffnung.

i: Kontrolle der Kieferöffnung (25 mm) im Verlauf.

j: Weiterhin ungestörte Okklusion im Verlauf.

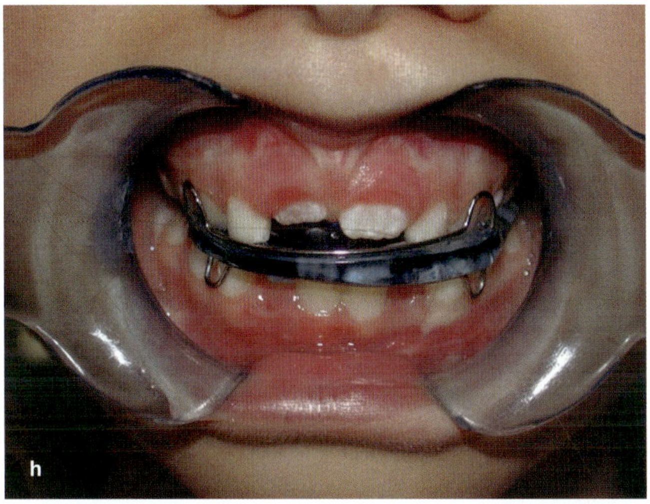

h

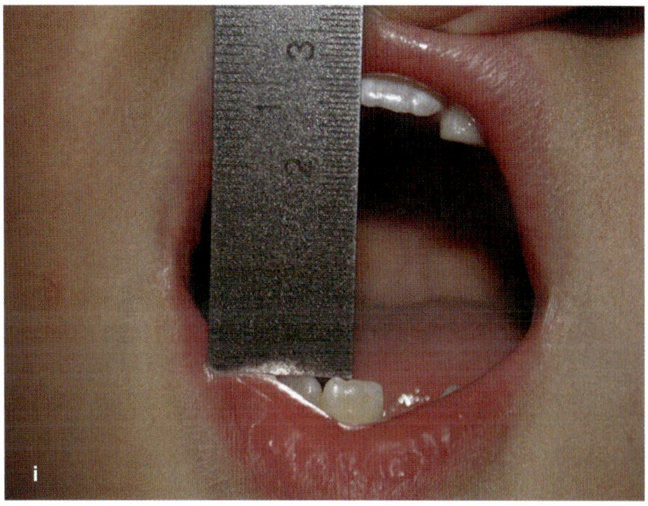

i

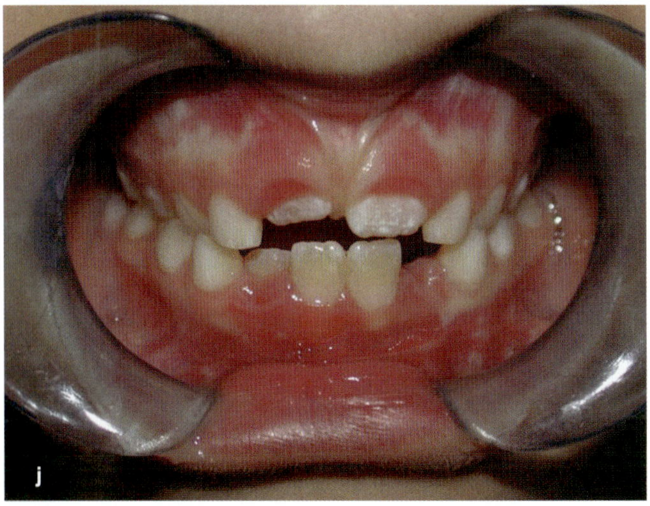

j

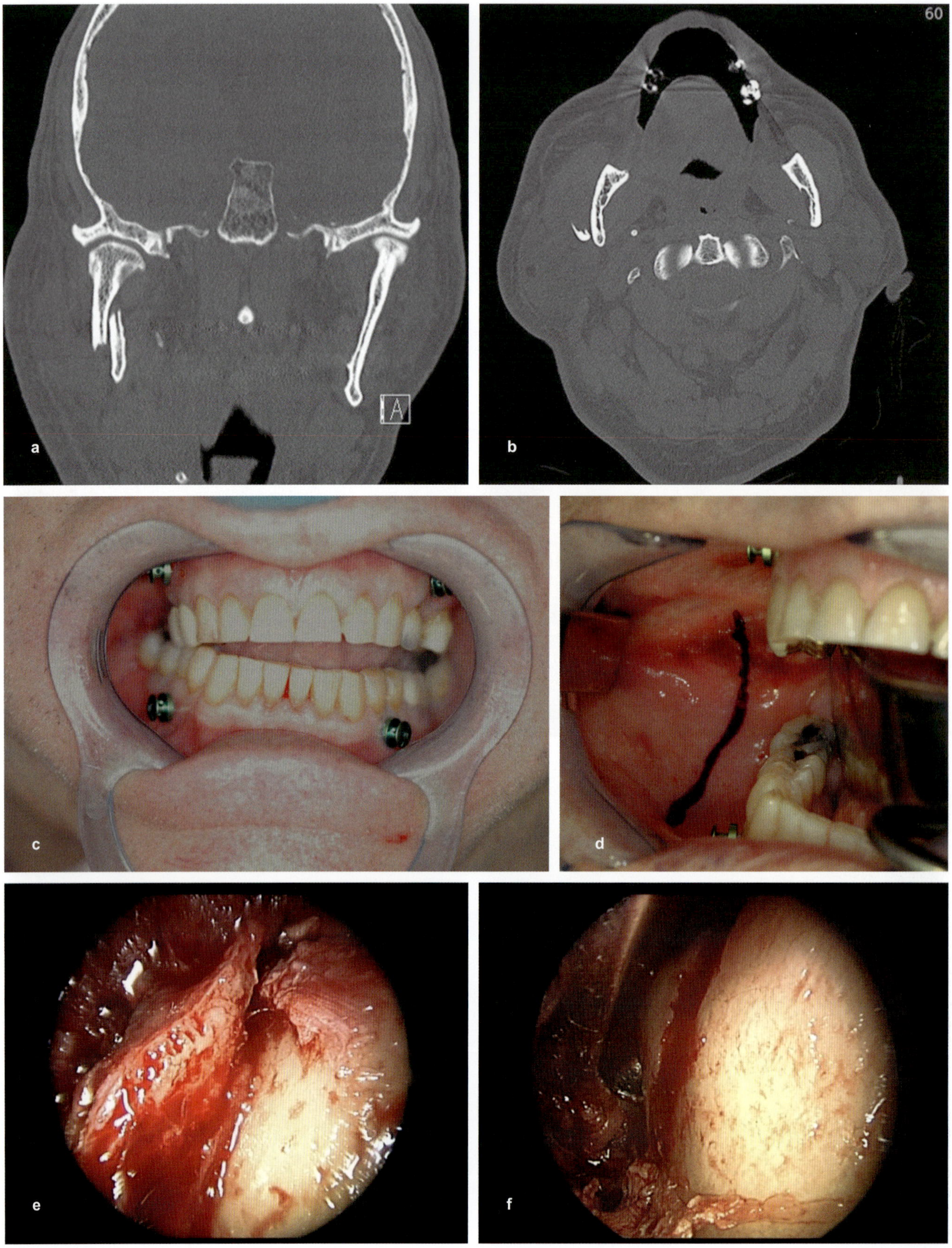
60
A
a
b
c
d
e
f

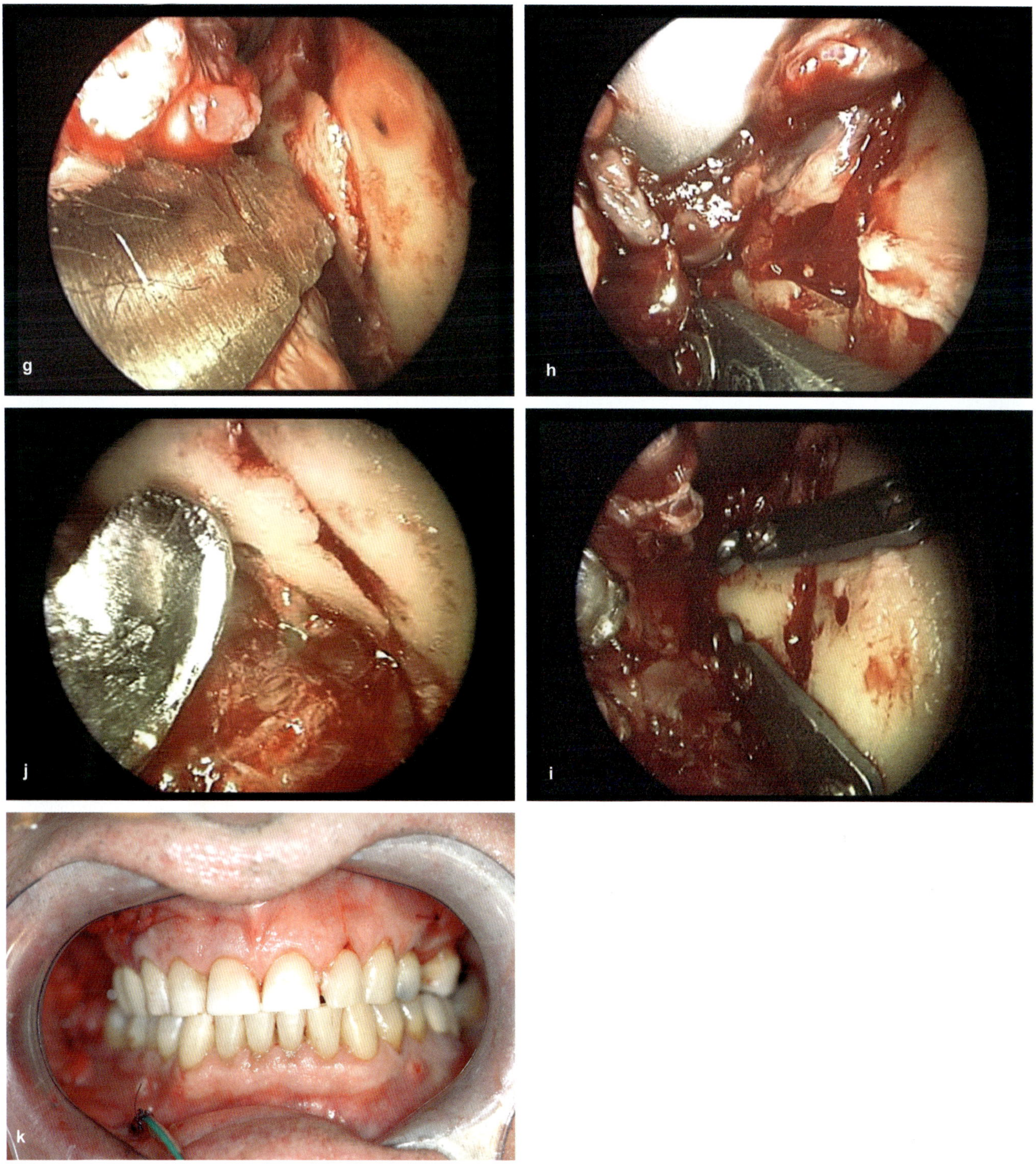

Abb. 17.11 Endoskopisch assistierte Versorgung (EA-RIF) einer rechtsseitigen Gelenkfortsatzbasisfraktur. Siehe auch ➤ Abb. 16.30. [P661]
a: Im koronaren CT mit deutlicher Höhenminderung bei lateralem Versatz des proximalen Fragments und weitgehend orthotoper Stellung des Gelenkkopfs in der Pfanne.
b: Axiales CT.
c: Intraoperative Okklusion mit ausgeprägtem Frühkontakt im ipsilateralen Molarenbereich und Zurückfallen („drop back") der Mandibula.
d: Anzeichnen der intraoralen Schnittführung.
e: Endoskopische Darstellung der Fraktur.
f: Frakturspalt nahe am Dorsalrand des UK-Astes nach Reposition des proximalen Fragments.
g: Darstellung der Inzisur, hier mit einem kleinen Defekt infolge einer Fragmentaussprengung.
h: Fixation einer Platte (hier winkelstabile Kondylenplatte) inzisurnahe.
i: Kontrolle der Fragmentadaptation nahe des Dorsalrands.
j: Anbringen einer zweiten Platte am Dorsalrand; die beiden Platten sind zu diesem Zeitpunkt noch nicht vollständig belegt, um noch Positionskorrekturen vornehmen zu können; die vollständige Belegung erfolgt dann nach Überprüfung der korrekten Stellung.
k: Korrekte Okklusion bei OP-Ende.

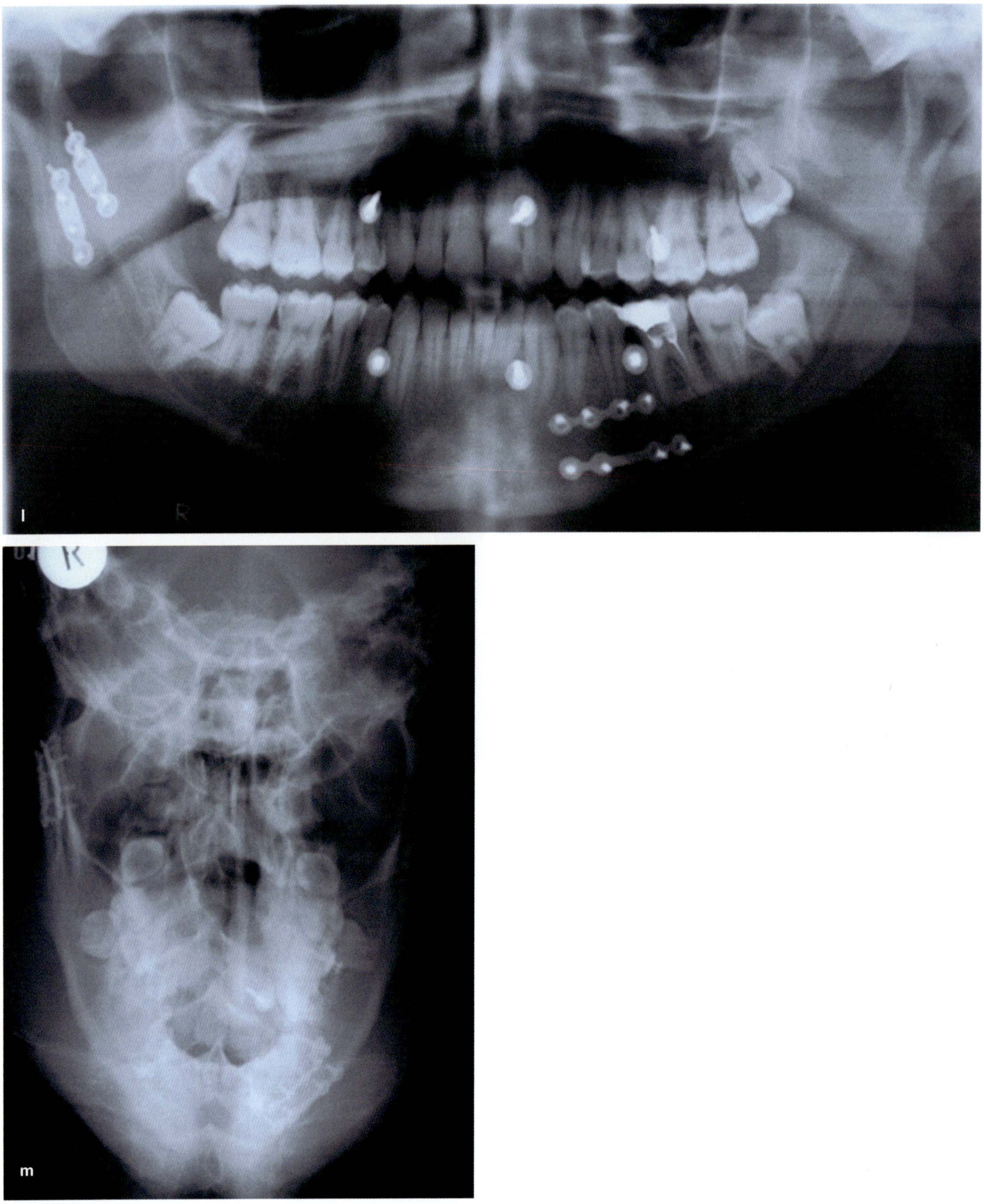

Abb. 17.11 Endoskopisch assistierte Versorgung (EA-RIF) einer rechtsseitigen Gelenkfortsatzbasisfraktur. Siehe auch ➤ Abb. 16.30. [P661]
l: Postoperative Stellungskontrolle im OPG: Man beachte speziell den Abstand der dorsalen Platte vom Hinterrand des rechten Ramus im Vergleich zur endoskopischen Visualisierung in ➤ Abb. 11 j (nebenbefundlich mit zwei Miniplatten versorgte Unterkieferkorpusfraktur links).
m: In der Clementschitsch-Aufnahme achsengerechte postoperative Stellung des rechten Gelenkfortsatzes.

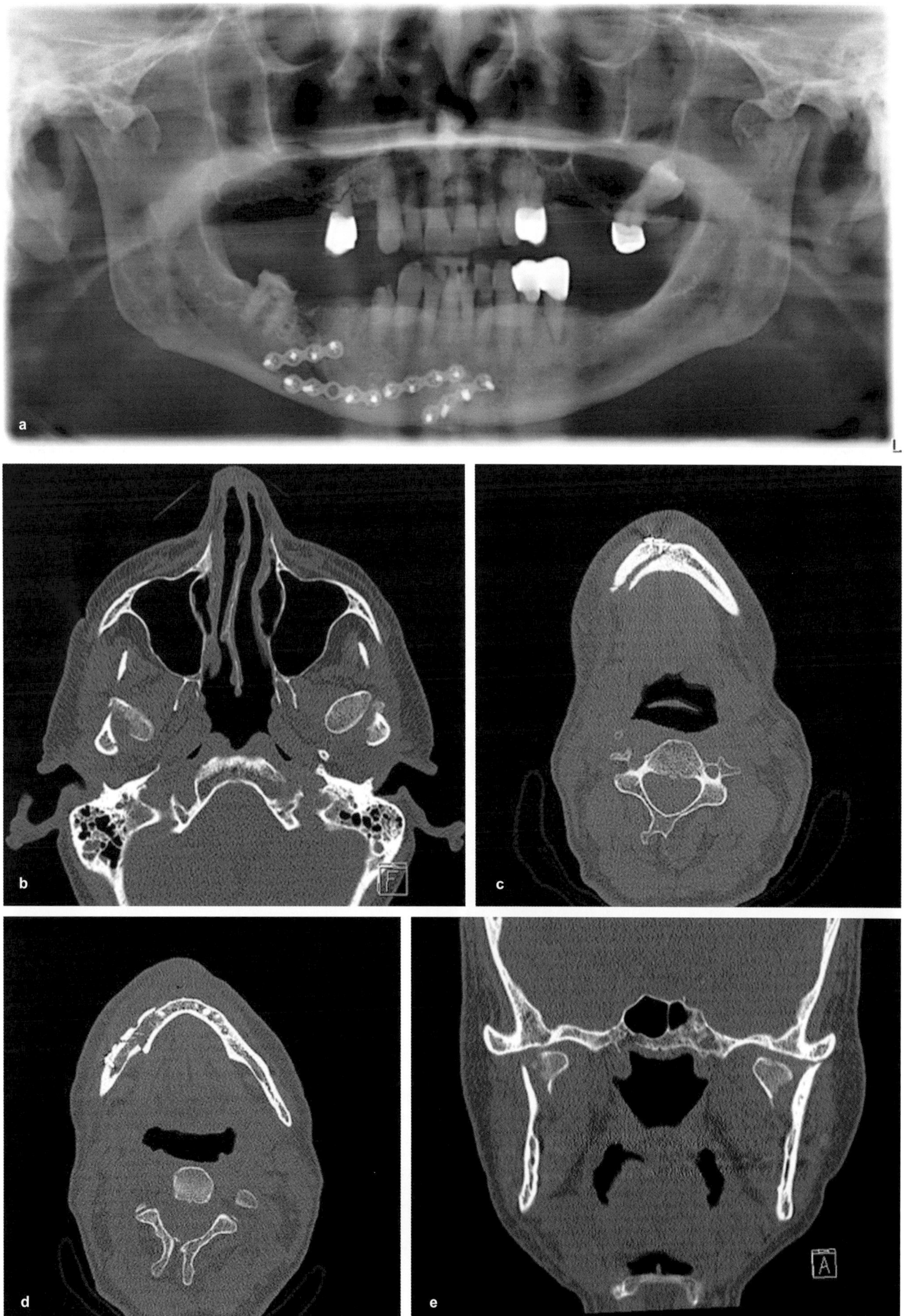

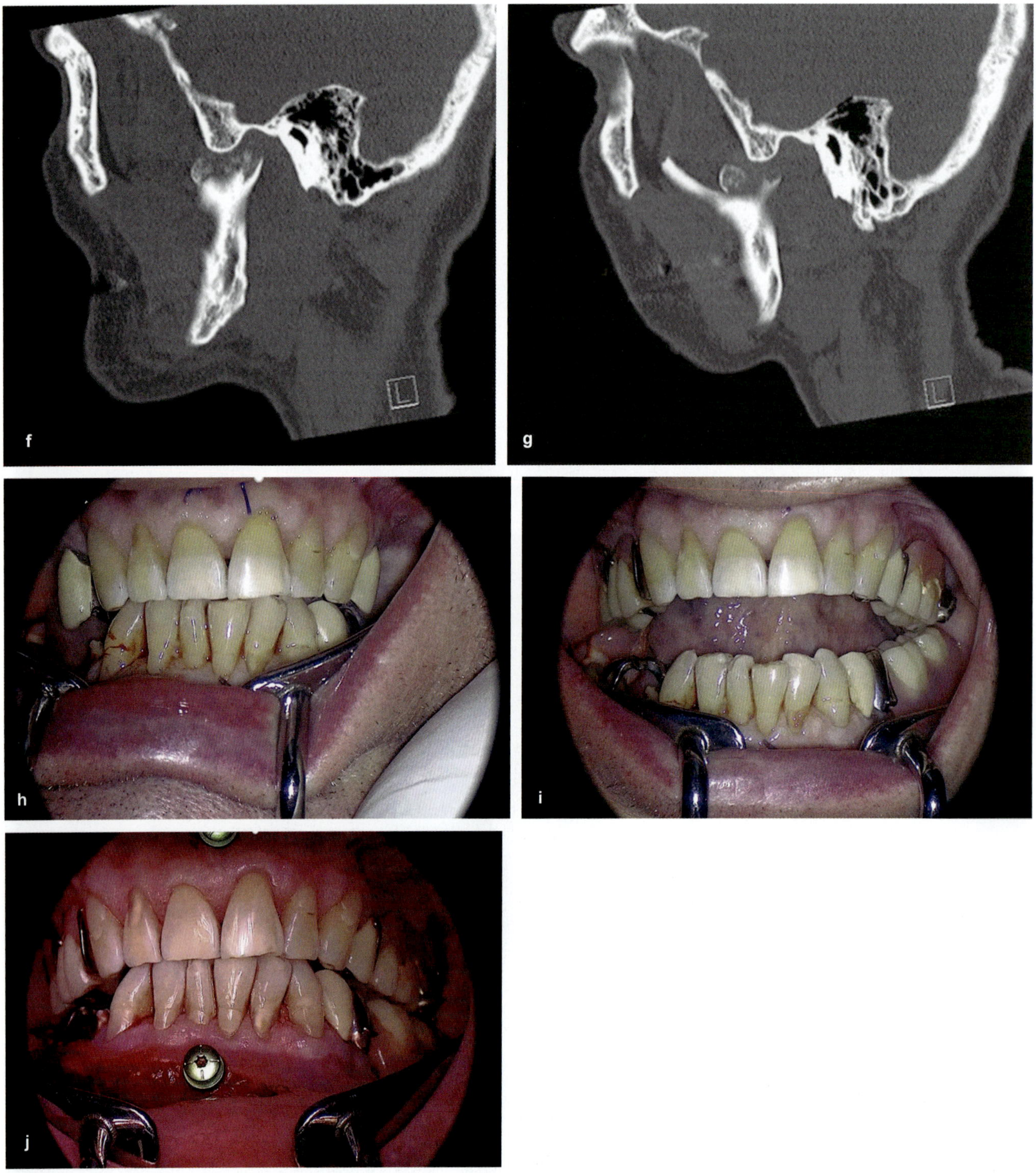

Abb. 17.12 Dreifache Unterkieferfraktur mit Gelenkkopffrakturen mit Höhenminderung beidseits und Korpusfraktur rechts mit Überschreiten der vorderen Transitionszone bis in den Symphysenbereich. [P661]

a: Alio loco mit drei Miniplatten versorgte Korpus und Symphysenfraktur rechts im Orthopantomogramm.

b: Die Gelenkkopffrakturen beidseits im axialen CT, rechts mit lateral ausgesprengtem Fragment.

c: Die Symphyse zeigt im axialen CT eine deutliche Klaffung lingual mit Aufweitung des Mandibulabogens („flaring").

d: Mit Versatz im Korpusbereich um mehr als Kortikalisbreite.

e: Konsekutiver Kontakt des Gelenkhalses mit der lateralen Pfanne bei Typ p Frakturen mit Höhenminderung beidseits im koronaren CT.

f: Im sagittalen CT der linken Seite stellt sich die Mehrfachfragmentierung des linken Gelenkkopfs dar.

g: Rechtsseitig im sagittalen CT Verlagerung des Gelenkkopffragments nach anterior medial.

h: Intraoperative Beurteilung der Okklusion zeigt diese bei posteriorem Stützzonenverlust im Ober- und Unterkiefer, scheinbar habituell.

i: Erst nach Einsetzen der Prothesen wird der ausgeprägte Höhenverlust mit einem dann massiv offenen Biss erkennbar.

j: Korrekte Okklusionssituation nach operativer Versorgung der dreifachen Unterkieferfraktur.

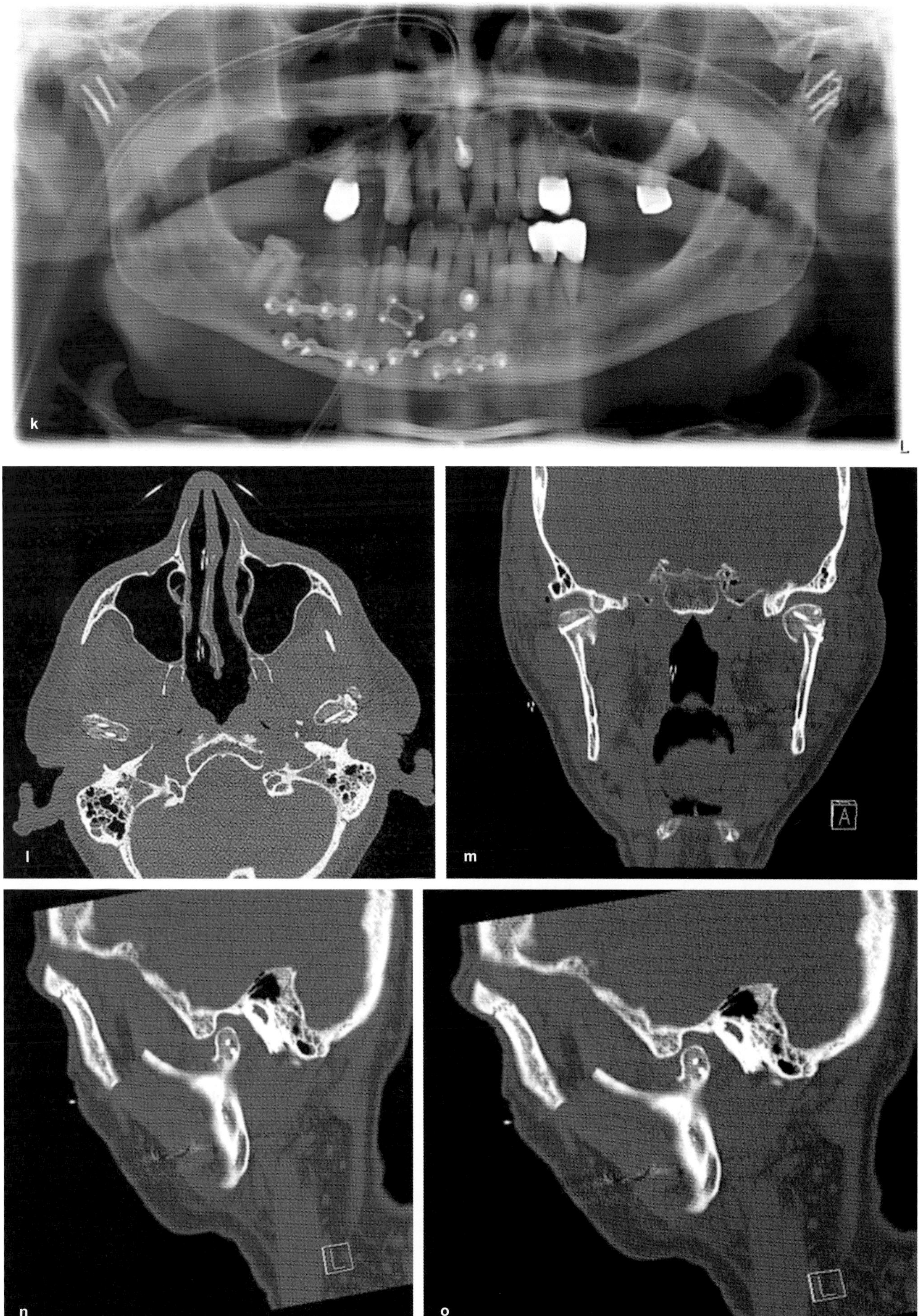

Abb. 17.12 (Fortsetzung): Dreifache Unterkieferfraktur mit Gelenkkopffrakturen mit Höhenminderung beidseits und Korpusfraktur rechts mit Überschreiten der vorderen Transitionszone bis in den Symphysenbereich. [P661]
k: Postoperatives Orthopantomogramm nach Osteosynthese der bilateralen Gelenkkopffrakturen mit jeweils drei Stellschrauben und zusätzlicher Stabilisierung mit einer Rechteck-Mikroplatte bei Mehrfachfragmentierung links. Die alio loco eingebrachten Osteosynthesen im Korpus-und Symphysenbereich wurden zu Beginn des Eingriffs entfernt und nach Versorgung der Gelenkkopffrakturen in optimierter Stellung erneuert (Umwandlung einer Dreifachfraktur in eine Einfachfraktur).
l: Postoperative Lagekontrolle der Stellschrauben im axialen CT.
m: Im koronaren CT.
n: Im sagittalen CT linksseitig.
o: Im sagittalen CT rechtsseitig.

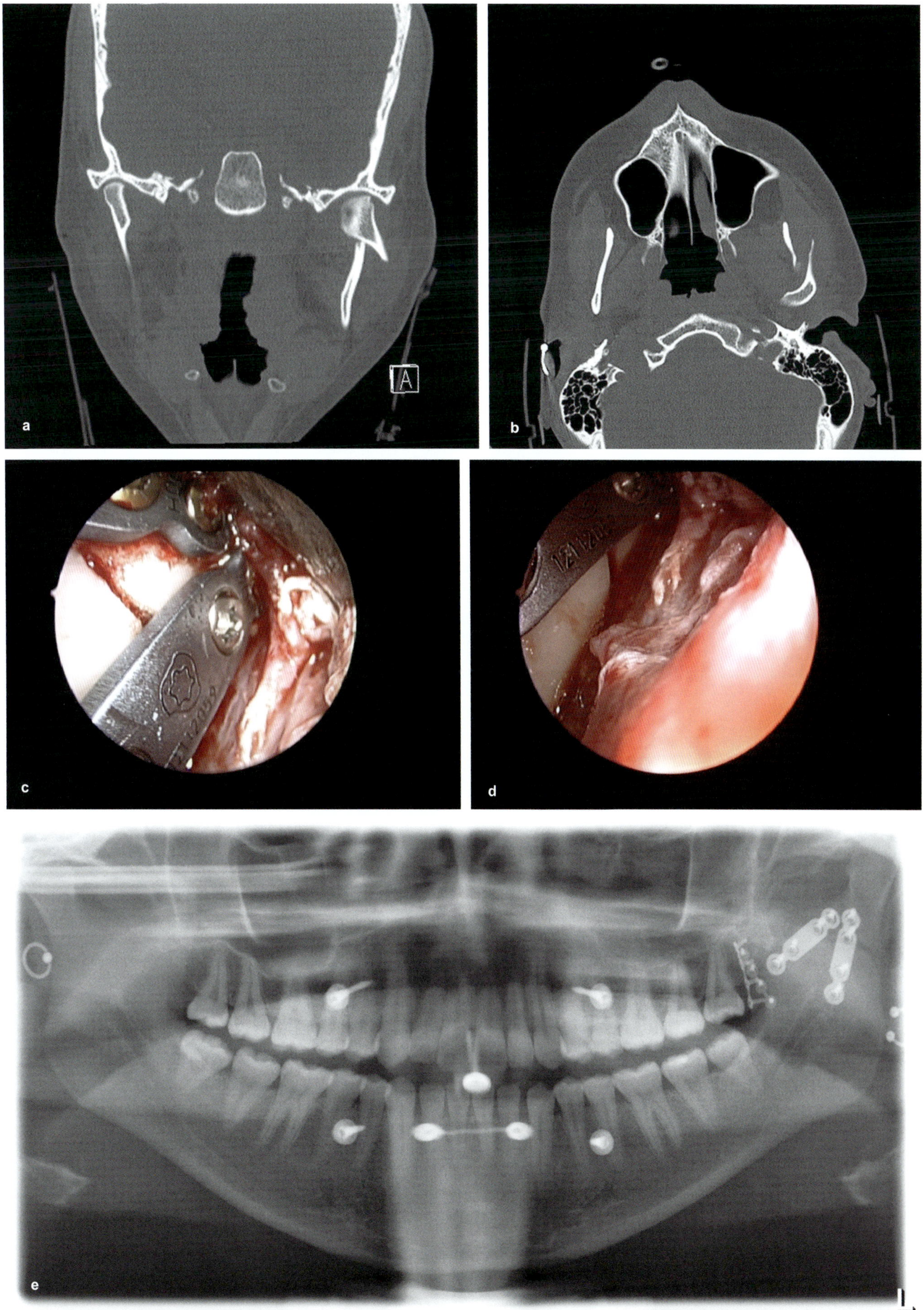

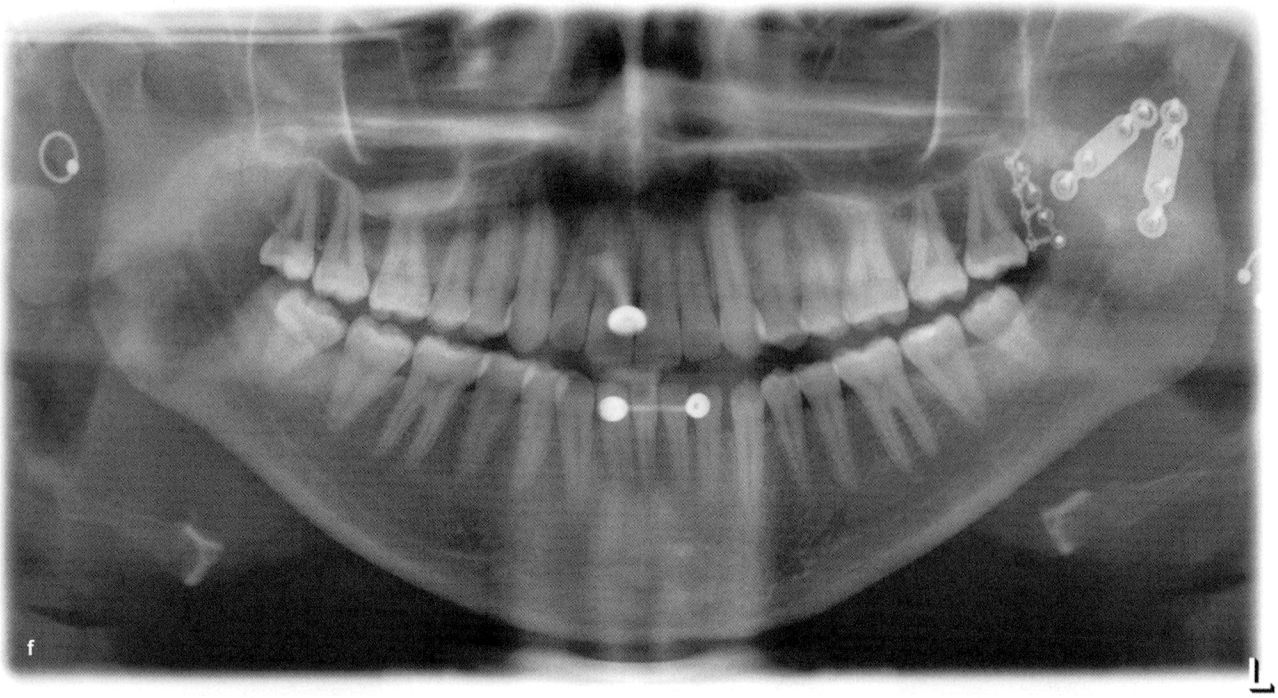

Abb. 17.13 Endoskopisch assistierte Versorgung (EA-RIF) einer linksseitigen, nach lateral dislozierten Gelenkfortsatzbasisfraktur mit begleitender Fraktur des Proc. muscularis. Siehe auch ➤ Abb. 16.31. [P661]
a: Mit ca. 45° Angulation des Gelenkkopfs in dystoper Position im koronaren CT.
b: Im axialen CT.
c: Intraoperative endoskopische Kontrolle nach Plattenosteosynthese mit zwei winkelstabilen Kondylenplatten.
d: Visualisierung des Frakturspalts und der Fragmentstellung am Dorsalrand.
e: Postoperative Kontrolle, im Orthopantomogramm zeigt sich der deutliche Abstand der Plattenposition zum Dorsalrand (vergleiche dazu Fallserie 11); die Fraktur des Proc. muscularis wurde mit zwei miniaturisierten Platten versorgt.
f: Orthopantomogramm im Verlauf mit guter knöcherner Konsolidierung der ehemaligen Frakturspalten.

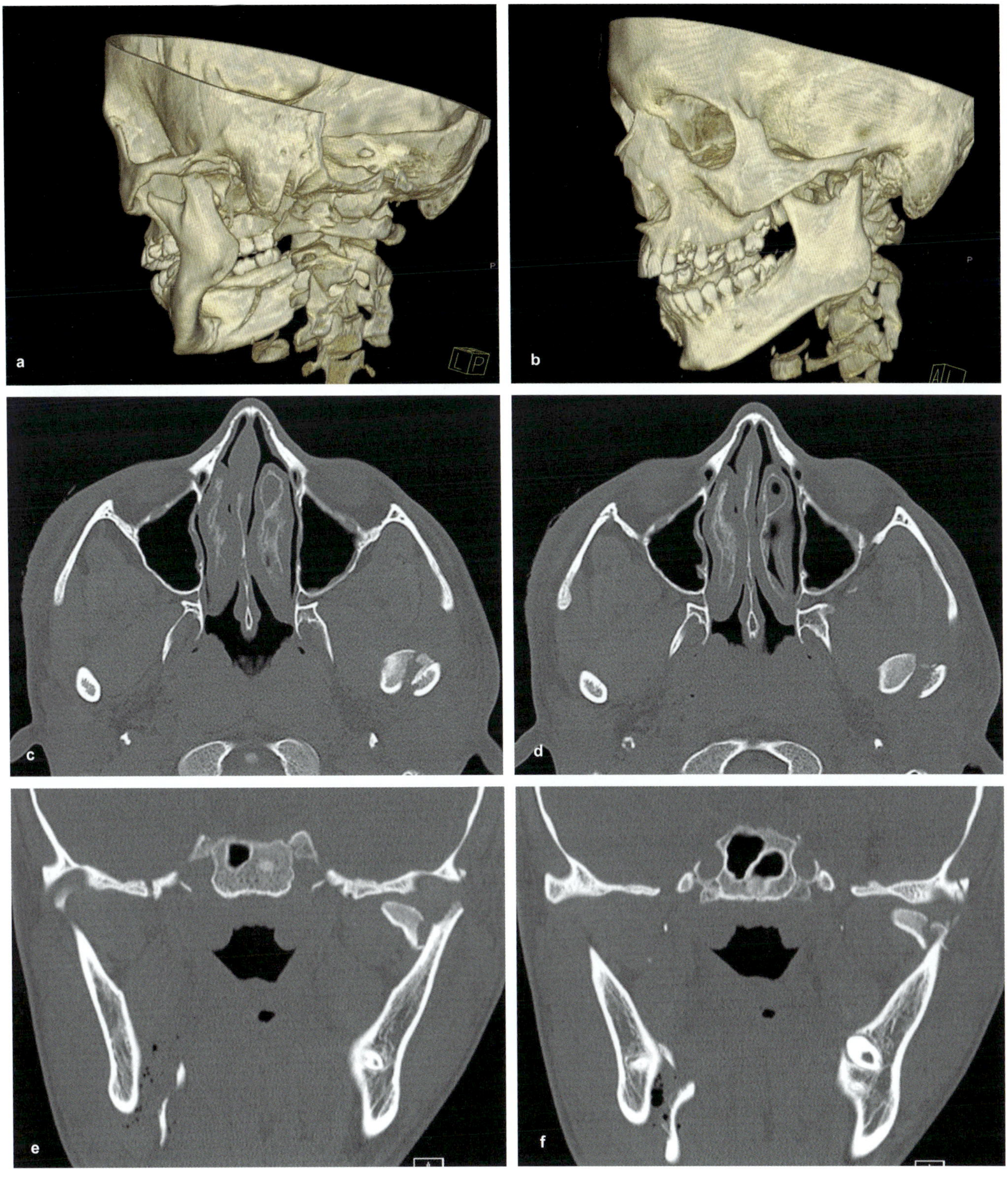

Abb. 17.14 Linksseitige Gelenkkopffraktur mit Höhenminderung (Typ p, Subtyp C) mit lateralem Polfragment. [P661]
a: Im präoperativen 3D-CT in der Ansicht von schräg-posterior.
b: Von lateral links; nebenbefundlich zeigt sich eine Korpusfraktur (Infraktur der lingualen Kortikalis) mit Verlauf in der vorderen Transitionszone rechtsseitig.
c – f: Präoperative planare Computertomografien: (c) und (d) axial; (e) und (f) koronar.

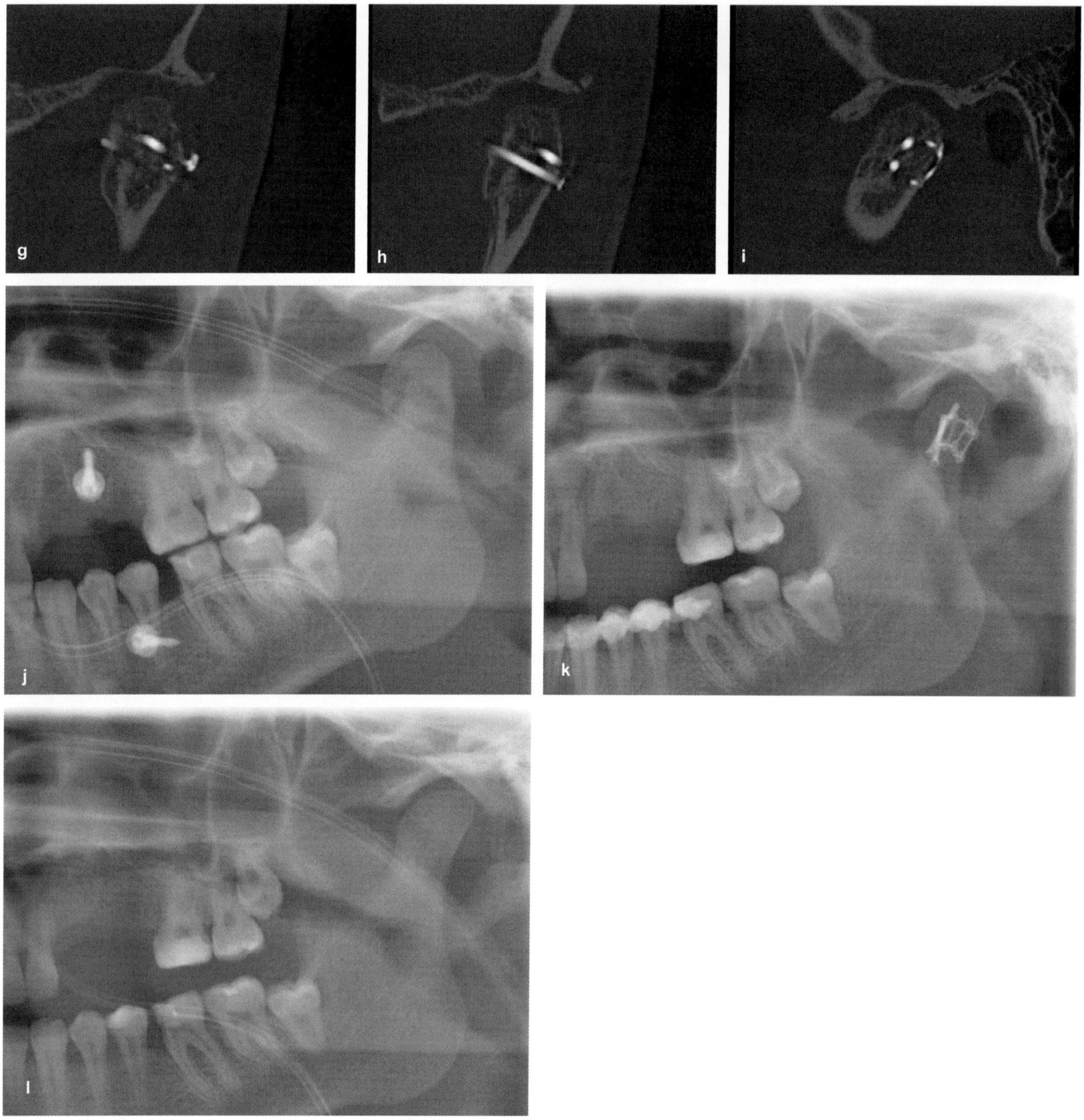

Abb. 17.14 Gelenkkopffraktur Typ p aus Bildserie 14 A.
g und h: DVT koronar zur Lagekontrolle der Stellschrauben (Kriterium: keine Perforation in den Gelenkspalt).
i: Das DVT sagittal zeigt die beiden Stellschrauben im lateralen Polbereich und die im dorsalen Recessus liegenden Mikroplatten.
j: Dislozierte Gelenkkopffraktur vor Versorgung im Orthopantomogramm (Ausschnitt).
k: Postoperative Kontrolle (Ausschnitt) nach Osteosynthese mit zwei Stellschrauben und zwei Mikroplatten (2-Loch und 4-Loch).
l: OPG (Ausschnitt) nach Materialentfernung zeigt einen regelrecht konsolidierten und konfigurierten Gelenkkopf.

Literatur

Abboud W, Yahalom R, Leiba M, Greenberg G, Yarom N: Temporomandibular joint involvement in patients with multiple myeloma – a retrospective study. Int J Oral Maxillofac Surg 45(12): 1545–1550, 2016

Abdel-Galil K, Loukota R: Fixation of comminuted diacapitular fractures of the mandibular condyle with ultrasound-activated resorbable pins. Br J Oral Maxillofac Surg 46(6): 482–484, 2008

Agerberg G, Helkimo M: Symptomatology of patients referred for mandibular dysfunction: evaluation with the aid of a questionnaire. Cranio 5(2): 157–163, 1987

Aguilo-Seara G, Runyan CM: Ganglion cyst of the temporomandibular joint mimicking auriculotemporal neuralgia. J Craniofac Surg 29(7): e680–e682, 2018

Aksoy S, Orhan K, Kursun, S, Kolsuz ME, Celikten B: Metastasis of prostate carcinoma in the mandible manifesting as numb chin syndrome. World J Surg Oncol 12: 401, 2014

Almansoori AA, Kim HY, Kim B, Kim SM, Lee JH: Chondrosarcoma of the jaw: a retrospective series. Oral Surg Oral Med Oral Pathol Oral Radiol 128(2): 106–111, 2019

Al-Moraissi EA, Alradom J, Aladashi O, Goddard G, Christidis N: Needling therapies in the management of myofascial pain of the masticatory muscles: A network meta-analysis of randomised clinical trials. J Oral Rehabil 2020

Al-Moraissi EA, Ellis E, Neff A: Does encountering the facial nerve during surgical management of mandibular condylar process fractures increase the risk of facial nerve weakness? A systematic review and meta-regression analysis. J Craniomaxillofac Surg 46(8): 1223–1231, 2018

Al-Moraissi EA, Louvrier A, Colletti G, Wolford LM, Biglioli F, Ragaey M, Meyer C, Ellis E 3rd: Does the surgical approach for treating mandibular condylar fractures affect the rate of seventh cranial nerve injuries? A systematic review and meta-analysis based on a new classification for surgical approaches. J Craniomaxillofac Surg 46(3): 398–412, 2018

Arabshahi B, Cron RQ: Temporomandibular joint arthritis in juvenile idiopathic arthritis: the forgotten joint. Curr Opin Rheumatol 18(5): 490–495, 2006

Araz B, Nitzan DW, Brin I: Condylar hyperplasia: remodeling of facial structures following condylectomy. Report of two cases. Int J Adult Ortodont Orthognath Surg 6(1): 47–55, 1991

Arnett GW, Milam SB, Gottesman L (a): Progressive mandibular retrusion – idiopathic condylar resorption. Part I. Am J Orthod Dentofacial Orthop, 110(1): 8–15, 1996

Arnett GW, Milam SB, Gottesman L (b): Progressive mandibular retrusion – idiopathic condylar resorption. Part II. Am J Orthod Dentofacial Orthop, 110(2): 117–127, 1996

Arnold BH: Die frühe Form der chronischen Arthritis des Kiefergelenks – aktuelle diagnostische und therapeutische Konzepte unter Berücksichtigung der Synovektomie und Interposition – eine retrospektive Studie. Inaugural-Diss. Univ. Bonn, 2018

Augenreich P: Die kondyläre Hyperplasie des Unterkiefers – eine Typisierung anhand morphologischer Merkmale. Inaugural-Diss. Med. Hochschule Hannover, 1993

Awal DH, Jaffer M, Charan G, Ball RE, Kennedy G, Thomas S, Farook SA, Mills C, Ayliffe P: Costochondral grafting for pediatric temporomandibular joint reconstruction: 10-year outcomes in 55 cases. Int J Oral Maxillofac Surg 47(11): 1433–1438, 2018

AWMF(a): S3 Leitlinie Totaler alloplastischer Kiefergelenkersatz, www.awmf.org/leitlinien/detail/ll/007-106.html, 2020

AWMF(b): S1 Leitlinie Okklusale Dysästhesie – Diagnostik und Management, www.awmf.org/leitlinien/detail/ll/083-037.html, 2020

AWMF(c): S3 Leitlinie Diagnostik und Behandlung des Bruxismus, www.awmf.org/leitlinien/detail/ll/083-027.html, 2020

AWMF(d): S3 Leitlinie Inflammatorische Erkrankungen des Kiefergelenks: Juvenile idiopathische Arthritis (JIA) und Rheumatoide Arthritis (RA) des Kiefergelenks, www.awmf.org/leitlinien/detail/anmeldung/1/ll/007-061.html, angemeldet 30.09.2021

Baj A, Beltramini G, Moneghini L, Marelli S, Segna E, Gianni A: Pigmented villonodular synovitis of temporomandibular joint: pathological aspects and surgical treatment. Minerva Stomatol 64(4): 213–218, 2015

Baker AW, McMahon J, Moos KF: Current consensus on the management of fractures of the mandibular condyle. A method by questionnaire. Int J Oral Maxillofac Surg 27(4): 258–266, 1998

Barthélémy I, Karanas I, Sannajust JP, Emering C, Mondié JM: Gout of the temporomandibular joint: pitfals in diagnosis. J Cranio Maxillofac Surg 29(5): 307–310, 2001

Beckers HL: Masseteric muscle hypertrophy and its intraoral surgical correction. J Maxillofac Surg 5: 28–35, 1977

Benslama L, Schouman T, Tore S, Chardain J, Goudot P: Synovial chondromatosis of the temporomandibular joint: Report and analysis of 12 cases. J Stomatol Oral Maxillofac Surg 120(5): 476–479, 2019

Biyani P: Chondroid tenosynovial cell tumour: a rarity in the temporomandibular joint. Br J Oral Maxillofac Surg 57(3): 282–284, 2019

Bodine TP, Wolford LM, Araujo E, Oliver DR, Buschang PH: Surgical treatment of adolescent internal condylar resorption (AICR) with articular disc repositioning and orthognathic surgery in the growing patient – a pilot study. Progress Orthodont 17(1): 2, 2016

Borumandi F, Bürger H, Gaggl A: Combined second metatarsal joint and extended dorsalis pedis flap for reconstruction of temporomandibular joint. Br J Oral Maxillofac Surg 51(4): e54–6, 2013

Bos RR, Ward Booth RP, de Bont LG: Mandibular condyle fractures: a consensus. Br J Oral Maxillofac Surg 37(2): 87–89, 1999

Bottini GB, Steiner C, Melchardt T, Gaggl A: Multiple myeloma of the mandibular condyle: a rare presentation. Br J Oral Maxillofac Surg 55(10): 1046–1047, 2017

Brandt MT, Haug RH: Open versus closed reduction of adult mandibular condyle fractures: a review of the literature regarding the evolution of current thoughts on management. J Oral Maxillofac Surg 61(11): 1324–1332, 2003

Buckley C, Beecher S, Sleeman D, O'Shaughnessy M: Bilateral synovial cysts of the temporomandibular joint. BMJ Case Rep 12(7): e230081, 2019

Büttner M., Gutartige Tumoren des Gesichtsschädels, Schweiz Z Onkolog 1: 24–27, 2010

Canzana F, Di Lella F, Manguerra R, Vincenti V: Osteonecrosis of the external auditory Canal associated with oral Sorafenib therapy: Sorafenib and temporal osteonecrosis, Otol Neurotol 40(8): e8812-e815, 2019

Chao JW, Rohde CH, Chang MM, Kutler DI, Friedman J, Spector JA: Oral rehabilitation outcomes after free fibula reconstruction of the mandible without condylar restoration. J Craniofac Surg 25(2): 415–417, 2014

Chrcanovic BR: Open versus closed reduction: diacapitular fractures of the mandibular condyle. Oral Maxillofac Surg 16(3): 257–265, 2012

Cinza A, Monje JJ, De Mera F: A myxoma in the temporomandibular joint: case report and review of the literature. Oral Oncol 88: 16–17, 2019

Da Costa ED, Roque-Torres GD, Peyneau PD, Godolfim LR, Almeida SM: Simple bone cyst: rare incidental finding in the mandibular condyle by cone beam computed tomography. General dentistry, 66(1): 54–56, 2018

Dashti SR, Nakaji P, Hu YC, Frei DF, Abla AA, Yao T, Fiorella D: Styloidogenic jugular compression syndrome: diagnosis and treatment: case report. Neurosurg 3: E795–E799, 2012

De Leeuw RA: 30-year follow-up study of non-surgically treated temporomandibular joint osteoarthrosis and internal derangement. Proefschrift Rijksuniversiteit Groningen, 1994

Depeyre A, Constant M, Bauer C, Barthélémy I: Unilateral condylar hyperplasia: is reactivation after a long latency period of inactivity plausible? J Craniofac Surg, 30(8): e707–e710, 2019

Desai MA, Peterson JJ, Garner HW, Kransdorf MJ: Clinical utility of dual-energy CT for evaluation of tophaceous gout. Radiographics 31(5): 1365–1375, 2011

De Souza NT, Cavalcante RCL, De Albuquerque Cavalcante MA, Hespanhol W, De Oliveira MR, De Carvalho Ferreira D, De Carvalho Coutinho TM, Gonçalves, LS: An unusual osteoma in the mandibular condyle and the successful replacement of the temporomandibular joint with a custom-made prosthesis: a case report. BMC Research Notes, 10(1): 727, 2017

Diaz Reverand S, Munoz Guerra M, Rodriguez Campo J, Escorial V, Cordero J: Correlation between joint effusion and clinical symptoms, magnetic resonance imaging and arthroscopic findings in patients with temporomandibular joint disease. J Craniomaxillofac Surg 48 (12): 1146–1151, 2020

Dimitroulis G: The interpositional dermis-fat graft in the management of temporomandibular joint ankylosis. Int J Oral Maxillofac Surg 33(8): 755–760, 2004

Dingman RO, Natvig P: Surgery of Facial Fractures. WB Saunders, Philadelphia London, 1964

Dhashti SR, Nakaji P, Hu YC, Frei DF, Abla AA, Yao T, Fiorella D: Styloidogenic jugular venous compression syndrome: diagnosis and treatment: case report. Neurosurg 70 (3): e795–9, 2012

Eckelt U: Gelenkfortsatzfrakturen. Mund Kiefer Gesichtschir 4 Suppl 1:S110–117, 2000

ElAssar de la Fuente S, Angenete O, Jellestad S, Tzaribachev N, Koos B, Rosendahl K: Juvenile idiopathic arthritis and the temporomandibular joint: a comprehensive review. J Craniomaxillofac Surg 44: 597–607, 2016

Elbaz J, Wiss A, Raoul G, Leroy X, Hossein-Foucher C, Ferri J: Condylar hyperplasia: correlation between clinical, radiological, scintigraphic, and histologic features. J Craniofac Surg 25: 1085–1090, 2014

Emanuelsson J, Allen CM, Rydin K, Sjoström M: Osteoblastoma of the temporal articular tubercle misdiagnosed as a temporomandibular joint disorder. Int J Oral Maxillofac Surg 46 (5): 610–613, 2016

Fain ET, Atkinson GP, Weiser P, Beukelman T, Cron RQ: Temporomandibular joint arthritis in pediatric Sjögren Disease and Sarcoidosis. J Rheumatol 38(10): 2272–2273, 2011

Fariña R, Olate S, Raposo A, Araya I, Alister JP, Uribe F: High condylectomy versus proportional condylectomy: is secondary orthognathic surgery necessary? Int J Oral Maxillofac Surg 45: 72–77, 2016

Fariña R, Pintor F, Perez J, Pantoja R, Berner D: Low condylectomy as the sole treatment for active condylar hyperplasia: facial, occlusal and skeletal changes. An observational study. Int J Oral Maxillofac Surg 44: 217–225, 2015

García-Guerrero I, Ramírez JM, Gómez de Diego R, Martínez-González JM, Poblador MS, Lancho JL: Complications in the treatment of mandibular condylar fractures: Surgical versus conservative treatment. Ann Anat 216: 60–68, 2018

Gassner R, Tuli T, Hächl O, Moreira R, Ulmer H: Craniomaxillofacial trauma in children: a review of 3,385 cases with 6,060 injuries in 10 years. J Oral Maxillofac Surg. 62(4): 399–407, 2004

Gilhuus-Moe O: Fractures of Mandibular Condyle in the Growth Period. Universitetförlaget, Oslo Norway, 1969

Gnädinger L, Gagesch M, Schimmel M: Bruxismus im Zusammenhang mit neurokognitiven Störungen, Swiss Dent J SSO 127(12): 1079–1085, 2017

Gross BD, Williams RB, DiCosimo J, Williams SV: Gout and pseudogout of the temporomandibular joint. Oral Surg Oral Med Oral Pathol 63(5): 551–554, 1987

Guarda-Nardini L, Stecco A, Stecco C, Masiero S, Manfredini D: Myofascial pain of the jaw muscles: comparison of short-term effectiveness of botulinum toxin injections and fascial manipulation technique. Cranio 30(2): 95–102, 2012

Guarda-Nardini L, Stellini E, Di Fiore A, Manfredini D: A rare case of misdiagnosed silent lung cancer with solitary metastasis to the temporomandibular joint condyle. J Oral Facial Pain Headache 31 (2): 180–185, 2017

Gunson MJ, Arnett GW, Formby B, Falzone C, Mathur R, Alexander C: Oral contraceptive pill use and abnormal menstrual cycles in women with severe condylar resorption: a case for low serum 17β-estradiol as a major factor in progressive condylar resorption. Am J Orthodont Dentofac Orthoped 136(6): 772–779, 2009

Härle F: Chirurgische Behandlung der Kiefergelenkankylose mit Interposition von schmalen Knorpelscheiben. Eine Langzeitstudie. In: Schuchardt K, Schilli W (Hrsg): Fortschritte der Kiefer- und Gesichtschirurgie 23: 139–140, Thieme, Stuttgart, 1978

Hall HD: The condylotomy procedure. Atlas Oral Maxillofacial Surg Clin 4(2): 93–106, 1996

He D, Cai Y, Yang C: Analysis of temporomandibular joint ankylosis caused by condylar fracture in adults. J Oral Maxillofac Surg 72(4): 763.e1–9, 2014

He D, Yang C, Chen M, Jiang B, Wang B: Intracapsular condylar fracture of the mandible: our classification and open treatment experience. J Oral Maxillofac Surg 67(8):1672–9, 2009

Helenius LMJ, Hallikainen, Helenius I, Meurman JH, Könönen M, Leirisalo-Reo M, Lindqvist C: Clinical and radiographic findings of the temporomandibular joint in patients with various rheumatic diseases. A case-control study. Oral Surg Oral Med Oral Pathol Endodontol 99(4): 455–463, 2005

Hernandez-Alfaro F, Mendez-Manjon I, Valls-Ontanon A, Guijarro-Martínez R: Minimally invasive intraoral condylectomy: proof of concept report. Int J Oral Maxillofac Surg 45: 1108–1114, 2016

Herrmann M: Die Luxation im Kiefergelenk unter Berücksichtigung einer neuen Behandlungsmethode der habituellen Luxation. Zahnärztl Welt 56: 67, 1955

Hirjak D, Galis B, Beno M, Machon V, Mercuri LG, Neff A. Intraoperative arthroscopy of the TMJ during surgical management of condylar head fractures: A preliminary report. J Craniomaxillofac Surg 46(12):1989–1995, 2018

Hirjak D, Vavro M, Dvoranova B, Galis B, Simko K, Malicek L, Machon V, Neff A: Periangular transmasseteric infraparotid approach in the treatment of condylar-base and low condylar-neck fractures. Bratisl Med J 122 (3) 184–189, 2021

Hlawitschka M, Eckelt U: Assessment of patients treated for intracapsular fractures of the mandibular condyle by closed techniques. J Oral Maxillofac Surg 60(7): 784–791, 2002

Hlawitschka M, Loukota R, Eckelt U: Functional and radiological results of open and closed treatment of intracapsular (diacapitular) condylar fractures of the mandible. Int J Oral Maxillofac Surg 34(6): 597–604, 2005

Holmlund AB, Eriksson L, Reinholt FP: Synovial chondromatosis of the temporomandibular joint. Int J Oral Maxillofac Surg 32(2): 143–147, 2003

Hossameldin R, McCain JP: MRI correlation with arthroscopic findings in temporomandibular joint (TMJ) diseases. Int J Oral Maxillofac Surg 44: e81, 2015

Ireland VE: The problem of the „clicking jaw". Proc Roy Soc Med 44: 363, 1951

Ito K, Yamazaki F, Takahashi K, Nogami S, Kondoh T, Goss A: Relationship Between Intracapsular Fracture Patterns and Arthroscopic Findings. J Oral Maxillofac Surg 76(7): 1510.e1–1510.e12, 2018

Jiao Z, Abdelrehem A, Zhang SY, Yang C: Ossifying fibroma in the temporomandibular joint: report of an unusual case and treatment perspectives. Int J Oral Maxillofac Surg 44 (11): 1364–1367, 2015

Johner JP, Essig H, Neff A, Wagner MEH, Blumer M, Gander T. Volumetric Evaluated Bone Resorption After Open Reduction and Internal Fixation of Condylar Head Fractures of the Mandible. J Oral Maxillofac Surg 23: S0278-2391(21)00404-3, 2021

Jonsson R, Lindvall AM, Nyberg G: Temporomandibular joint involvement in systemic lupus erythematosus. Arthritis Rheum 26(12): 1506–1510, 1983

Joos U, Kleinheinz J: Therapy of condylar neck fractures. Int J Oral Maxillofac Surg 27(4): 247–254, 1998

Kaban LB, Bouchard C, Troulis MJ (a): A protocol for management of temporomandibular joint ankylosis in children. J Oral Maxillofac Surg 67(9): 1966–1978, 2009

Kaban LB, Seldin EB, Kikinis R, Yeshwant K, Pawda BL, Troulis MJ (b): Clinical application of curvilinear distraction osteogenesis for correction of mandibular deformities. J Oral Maxillofac Surg 67: 996–1008, 2009

Kanno T, Sukegawa S, Fujioka M, Takabatake K, Furuki Y. Transoral open reduction with rigid internal fixation for subcondylar fractures of the mandible using a small angulated screwdriver system: is endoscopic assistance necessary? J Oral Maxillofac Surg. 69(11): e372–84, 2011

Kermer Ch, Undt G, Rasse M: Surgical reduction and fixation of intracapsular condylar fractures. A follow up study. Int J Oral Maxillofac Surg 27(3): 191–194, 1998

Köhler A: Diagnostik und Therapie der Kieferfrakturen. Hüthig, Heidelberg, 1951

Köle H: Dermiszügelplastik zur Behandlung der „fixierten Reluxation" des Kiefergelenks. In: Schuchardt K, Schwenzer N (Hrsg.): Fortschritte der Kiefer- und Gesichtschirurgie Bd. 25: 37–40, Thieme, Stuttgart 1980

Kopp S, Carlsson GE, Haraldson T, Wenneberg B: Long-term effect of intra-articular injections of sodium hyaluronate and corticosteroid on temporomandibular joint arthritis. Oral Maxillofac Surg 45(11): 929–935, 1987

Kozakiewicz M: Classification proposal for fractures of the processus condylaris mandibulae. Clin Oral Investig 23(1): 485–491, 2019

Kunz C, Leiggener C, Hammer B: Pigmentierte villonoduläre Synovitis des Kiefergelenks. Schweiz Monatsschr Zahnheilk 113(10): 1095–1099, 2003

Kurita H, Ohtsuka A, Kurashina K, Kopp S: A study of factors for successful splint capture of anteriorly displaced temporomandibular joint disc with disc repositioning appliance. J Oral Rehab, 28(7): 651–657, 2001

Lacout A, Marsot-Dupuch K, Smoker WRK, Lasjaunias P: Foramen tympanicum, or Foramen of Huschke: pathologic cases and anatomic CT study. Am J Neuroradiol 26: 1317–1323, 2005

Larheim TA, Bjørnland T, Smith HJ, Aspestrand F, Kolbenstvedt A: Imaging temporomandibular joint abnormalities in patients with rheumatic disease: Comparison with surgical observations. Oral Surg Oral Med Oral Pathol 73(4), 494–501, 1992

Laskin DM: Role of the meniscus in the etiology of posttraumatic temporomandibular joint ankylosis. Int J Oral Surg 7(4): 340–345, 1978

Laskin DM: Surgery of the temporomandibular joint. In: Solberg WK, Clark G (eds.): Temporomandibular joint problems. Biologic diagnosis and treatment: 111–127, Quintessence, Chicago 1980

Le Clerc G, Girard G: Un nuveau procedé de butée dans le traitement chirurgial de la luxation recidivante de la machoire inferieure. Mem Acad Chir 69: 451, 1943
Leonhardt H, Franke A, McLeod NMH, Lauer G, Nowak A: Fixation of fractures of the condylar head of the mandible with a new magnesium-alloy biodegradable cannulated headless bone screw. Br J Oral Maxillofac Surg 55(6): 623–625, 2017
Lindahl L: Condylar fractures of the mandible. I. Classification and relation to age, occlusion, and concomitant injuries of teeth and teeth-supporting structures, and fractures of the mandibular body. Int J Oral Surg 6(1): 12–21, 1977.
Lopez BDF, Corral SCM: Comparison of planar bone scintigraphy and single photon emission computed tomography for diagnosis of active condylar hyperplasia. J Cranio Maxillofac Surg 44(1): 70–74, 2015
Loukota, RA, Neff A, Rasse M. Nomenclature/classification of fractures of the mandibular condylar head. Br J Oral Maxillofac Surg. 48(6):477–478, 2010
Lund K: Mandibular growth and remodelling process after condylar fracture. A longitudinal roentgencephalometric study. Acta Odontol Scand 32: Suppl 64, 1974
Machon V, Abramovicz S, Paska J, Dolwick MF: Autologous blood injection for the treatment of chronic recurrent temporomandibular joint dislocation. J Oral Maxillofac Surg 67(1): 114–119, 2009
MacLennan W: Consideration of 180 cases of typical fractures of the mandibular condylar process. Br J Plast Surg 5(2): 122–128, 1952
McCain JP, Hossameldin R, Sroji S, Maher A: Arthroscopic discopexy is effective in managing temporomandibular joint internal derangement in patients with Wilkes stage II and III. J Oral Maxillofac Surg 73 (3): 391–401, 2014
McLeod NM, Keenan M. Towards a consensus for classification of mandibular condyle fractures. J Craniomaxillofac Surg 49(4): 251–255, 2021
McLeod NM, Saeed NR: Treatment of fractures of the mandibular condylar head with ultrasound-activated resorbable pins: early clinical experience. J Oral Maxillofac Surg 54(8): 872–877, 2016
Mehra P, Arya V, Henry C (a): Temporomandibular joint condylar osteochondroma: complete condylectomy and joint preservation versus low condylectomy and joint preservation. J Oral Maxillofac Surg 74(5): 911–925, 2016
Mehra P, Nadershah M, Chigurupati R (b): Is alloplastic temporomandibular joint reconstruction a viable option in the surgical management of adult patients with idiopathic condylar resorption? J Oral Maxillofac Surg 74(10): 2044–2054, 2016
Mehra P, Wolford LM: The Mitek Mini Anchor for TMJ Disc Repositioning: Surgical Technique and Results. Int J Oral Maxillofac Surg 30: 497–503, 2001
Meng FW, Liu YP, Hu KJ, Kong L: Use of a temporary screw for alignment and fixation of sagittal mandibular condylar fractures with lateral screws. Int J Oral Maxillofac Surg 39(6): 548–553, 2010
Mercuri LG: Patient fitted („custom") alloplastic temporomandibular joint replacement technique. Atlas Oral Maxillofac Surg Clin N Am 19(2): 233–242, 2011
Mercuri LG: A rationale for total alloplastic temporomandibular joint reconstruction in the management of idiopathic/progressive condylar resorption. J Oral Maxillofac Surg 65(8): 1600–1609, 2007
Mercuri LG, Saltzman BM: Acquired heterotopic ossification of the temporomandibular joint. Int J Oral Maxillofac Surg 46(12): 1562–1568, 2017
Mercuri LG, Swift JQ: Considerations for the use of alloplastic temporomandibular joint replacement in the growing patient. Oral Maxillofac Surg 67(9): 1979–1990, 2009
Mischkowski RA, Siessegger M, Lazar F, Zöller JE: Die Chemodenervation mit Botulinumtoxin bei Masseterhypertrophie. Ergebnisse einer Behandlungsserie. Mund Kiefer Gesichtschir 9: 101–108, 2005
Monje F, Mercuri L, Villanueva-Alcojol L, de Mera JJ. Synovial metaplasia found in tissue encapsulating a silicone spacer during 2-staged temporomandibular joint replacement for ankylosis. J Oral Maxillofac Surg 70: 2290–2298, 2012
Monje Gil, F, Diagnóstico y Traitamiento de la Patología de la Articulatión Temporomandibular: 550-555. Ripano Madrid, 2009
Mouallem G, Vernex-Boukerma Z, Longis L, Berrin JP, Delaire J, Mercier JM, Corre P: Efficacy of proportional condylectomy in a treatment protocol for unilateral condylar hyperplasia: a review of 73 cases. J Cranio Maxillofac Surg 45(7): 1083–1093, 2017
Murakami KI, Yokoe Y, Yasuda S, Tsuboi Y, Iizuka T: Prolonged mandibular hypomobility patient with a „square mandible" configuration with coronoid process and angle hyperplasia. J Craniomand Practice 18(2): 113–119, 2000
Myrhaug H: A new method of operation for habitual dislocation of the mandible. Review of former methods of treatment. Acta Odontol Scand 9: 246–261, 1951
Naugle KM, Fillingim RB, Riley JL 3rd: A meta-analytic review of the hypoalgesic effects of exercise. J Pain 13(12):1139–1150, 2012
Neff A: Open reduction and internal fixation in temporomandibular joint traumatology: current concepts and future perspectives. Stomatological Dis Sci 3:2. http://dx.doi.org/10.20517/2573-0002.2018.27, 2019
Neff A, Jung J: Pseudarthrosen im Mund-Kiefer-Gesichts-Bereich; OP-JOURNAL 35: 1–13, 2019
Neff A., Chossegros C, Blanc JL, Champsaur P, Cheynet F, Devauchelle B, Eckelt U, Ferri J, Gabrielli MF, Guyot L, Koppel DA, Meyer C, Müller B, Peltomäki T, Spallaccia F, Varoquaux A, Wilk A, Pitak-Arnnop P: International Bone Research Association. Position paper from the IBRA Symposium on Surgery of the Head – the 2nd International Symposium for Condylar Fracture Osteosynthesis, Marseille, France 2012. J Craniomaxillofac Surg 42(7): 1234–1249, 2014a
Neff A, Cornelius CP, Rasse M, Dalla Torre D, Audigé L: The Comprehensive AOCMF Classification System: Condylar Process Fractures – Level 3 Tutorial; Craniomaxillofac Trauma Reconstruction 7(Suppl 1): S44–S58, 2014b
Neff A, Kolk A, Deppe H, Horch HH: Neue Aspekte zur Indikation der operativen Versorgung intraartikulärer und hoher Kiefergelenkluxationsfrakturen. Mund Kiefer Gesichtschir 3(1): 24–29, 1999
Neff A, Kolk A, Meschke F, Deppe H, Horch HH: Kleinfragmentschrauben vs. Plattenosteosynthese bei Gelenkwalzenfrakturen. Vergleich funktioneller Ergebnisse mit MRT und Achsiographie. Mund Kiefer Gesichtschir 9(2): 80–88, 2005
Neff A, Mühlberger G, Karoglan M, Kolk A, Mittelmeier W, Scheruhn D, Horch HH, Koch S, Schieferstein H: Stabilität der Osteosynthese bei Gelenkwalzenfrakturen in Klinik und biomechanischer Simulation. Mund Kiefer Gesichtschir 8(2): 63–74, 2004
Neff A, Pautke Ch, Horch HH: Traumatologie des Gesichtsschädels. In: Horch HH (Hrsg.): Mund-, Kiefer-, Gesichtschirurgie, 4. vollständig überarbeitete Aufl. Urban & Fischer, München-Jena, S. 57–181, 2007
Nitzan DW, Dolwick MF: An alternative explanation for the genesis of closed-lock symptoms in internal derangement process. J Oral Maxillofac Surg 48: 810–815, 1991
Nitzan DW, Dolwick MF, Martinez GA: Temporomandibular joint arthrocentesis. J Oral Maxillofac Surg 49: 1163–1167, 1991
Nitzan DW, Katsnelson A, Bermanis I, Brin I, Casap N: The clinical characteristics of condylar hyperplasia: experience with 61 patients. J Oral Maxillofac Surg 66(2): 312–318, 2008
Nolte JW, Schreurs R, Krassemakers LHE, Tuinzing DB, Becking AG: Demographic features in unilateral condylar Hyperplasia: an overview of 309 asymmetric cases and presentation of an algorithm. J Craniomaxillofac Surg 46: 1484–1492, 2018
Oliveira-Campelo NM, Rubens-Rebelatto J, MartÍn-Vallejo FJ, Alburquerque-SendÍn F, Fernández-de-las-Peñas C: The immediate effects of atlanto-occipital joint manipulation and suboccipital muscle inhibition technique on active mouth opening and pressure pain sensitivity over latent myofascial trigger points in the masticatory muscles. J Orthop Sports Phys Ther 40(5): 310–317, 2010
Obwegeser HL, Makek MS: Hemimandibular hyperplasia – Hemimandibular elongation. J Maxillofac Surg 14: 183–208, 1986
Oushy S, Wald JT, Janus J, Fulgham JR, Lanzino G: Dynamic internal jugular vein compression by hypertrophic hyoid bon: management and outcomes. Cureus 12(3): e7445, 2020
Parkins GE, Boamah MO: Congenital maxillomandibular syngnathia: case report. J Craniomaxillofac Surg 37(5): 276–278, 2009
Pilling E, Schneider M, Mai R, Loukota RA, Eckelt U: Minimally invasive fracture treatment with cannulated lag screws in intracapsular fractures of the condyle. J Oral Maxillofac Surg 64(5): 868–872, 2006
Platz H, Müller-Schelken HP: Ergebnisse der konservativen Behandlung von Frakturen des Processus articularis mandibulae: In: Pape K (Hrsg.) Acta Chirurgiae Maxillo-Facialis. Barth Leipzig, S.68, 1979
Pons M, Lutz JC, Sigaux N, Tavernier L, Graillon N, Louvrier A: Surgical reconstruction of the foramen tympanicum: What is known and how we do it. J Stomalol Oral Maxillofac Surg 121 (5): 545–549, 2020
Rasse M: Neuere Entwicklungen der Therapie der Gelenkfortsatzbrüche der Mandibula. Mund Kiefer Gesichtschir 4: 69–87, 2000
Rasse M: Chirurgische Therapie der Kiefergelenkankylose. Inf Orthod Kieferorthop 41: 231–236, 2009
Rehrmann A: Beseitigung der Unterkieferluxation durch osteoplastische Verriegelung. Fortschr Kieferorthop 17: 31, 1956
Reich RH: Costen-Syndrom – Fact or Fiction. Nervenheilk 11(7): 311–315, 1992

Reich RH: Funktionelle Kiefergelenkchirurgie. In: Horch HH, Hupfauf L, Ketterl W, Schmuth G (Hrsg): Praxis der Zahnheilkunde. Urban und Schwarzenberg, 1990

Reich RH, Teschke M: Kiefergelenkchirurgie. In: Hausamen JE, Machtens E, Reuther J, Eufinger H, Kübler A, Schliephake H (Hrsg.): Mund-, Kiefer- und Gesichtschirurgie, 4. Aufl.: 189–215, Springer Berlin, Heidelberg, New York, 2012

Reißmann DR: Therapie von kraniomandibulären Dysfunktionen. Zahnmedizin up2date 11 (02): 179–202, Thieme Stuttgart, New York 2017

Ribeiro RF, Tallents RH, Katzberg RW, Murphy WC, Moss ME, Magalhaes AC, Tavano O: The prevalence of disc displacement in symptomatic and asymptomatic volunteers aged 6 to 25 years. J Orofac Pain 11(1): 37–47, 1997

Ringold S, Cron RQ: The temporomandibular joint in juvenile idiopathic arthritis: frequently used and frequently arthritic. Pediat Rheumatol 7(11): 1–9, 2009

Sadakah AA, Elgazzar RF, Abdelhady AI: Intraoral distraction osteogenesis for the correction of facial deformities following temporomandibular joint ankylosis: a modified technique. Int J Oral Maxillofac Surg 35(5): 399–406, 2006

Saeed NR, Kent JN: A retrospective study of the costochondral graft in TMJ reconstruction. J Oral Maxillofac Surg 32: 606–609, 2003

Schlund M, Roland-Billecard T, Aubert S, Nicot R: Tumors affecting the temporomandibular joint – a literature review. Bull Cancer 107(11): 1186–1198, 2020

Schneider M, Seinige C, Pilling E, Rasse M, Loukota R, Stadlinger B, Mai R, Eckelt U: Ultrasound-aided resorbable osteosynthesis of fractures of the mandibular condylar base: an experimental study in sheep. Br J Oral Maxillofac Surg 50(6): 528–532, 2012

Segami N, Nojima T: Ganglion cyst in the temporomandibular joint: a case report and discussion of surgical approaches. Cranio 37(6): 400–404, 2019

Shapiro MC, Osborn T: Temporoparietal fascia flap and total temporomandibular joint replacement for the management of patent foramen of Huschke. Int J Oral Maxillofac Surg 45(8): 1032–1026, 2016

Sidebottom AJ: Guidelines for the replacement of temporomandibular joints in the United Kingdom. Br J Oral Maxillofac Surg 46(2): 146–147, 2008

Sidebottom AJ. Management of recurrent ankylosis in arthrogryposis: new solutions to a rare problem. Br J Oral Maxillofac Surg 51(3): 256–258, 2013

Sidebottom AJ: Management of recurrent ankylosis in arthrogryposis: new solutions to a rare problem. British Journal of Oral and Maxillofacial Surgery, 51(3), 256–258, 2013

Skroch L, Fischer I, Meisgeier A, Kozolka F, Apitzsch J, Neff A: Condylar remodeling after osteosynthesis of fractures of the condylar head or close to the temporomandibular joint. J Craniomaxillofac Surg 48(4): 413–420, 2020

Smolka W, Cornelius CP, Lechler C: Resorption behaviour of the articular surface dome and functional outcome after open reduction and internal fixation of mandibular condylar head fractures using small-fragment positional screws. J Craniomaxillofac Surg 46(11): 1953–1959, 2018

Spiessl B, Schroll K: Gesichtsschädel. In: Nigst H (Hrsg.), Spezielle Frakturen- und Luxationslehre. Gesichtsschädel, Thieme, Stuttgart, S.317, 1972

Steinhardt G: Zur Pathologie des Kiefergelenkes. Paradentium 4: 111, 1932

Stoll ML, Sharpe T, Beukelman T, Good J, Young D, Cron RQ: Risk factors for temporomandibular joint arthritis in children with juvenile idiopathic arthritis. J Rheumatol 39(9): 1880–1887, 2012

Stoll ML, Amin D, Powell KK, Poholek CH, Strait RH, Aban I, Beukelman T, Young DW, Cron RQ, Waite PD: Risk factors for intraarticular heterotopic bone formation in the temporomandibular joint in juvenile idiopathic arthritis. J Rheumatol 45(9): 1301–1307, 2018

Stoustrup P, Kristensen KD, Verna C, Kuseler A, Pedersen TK, Herlin T: Intra-articular steroid injection for temporomandibular joint arthritis in juvenile idiopathic arthritis: a systematic review on efficacy and safety. Semin Arthritis Rheum 43(1): 63–70, 2013

Stoustrup P, Pedersen TK, Nørholt SE, Resnick CM, Abramowicz S: Interdisciplinary management of dentofacial deformity in juvenile idiopathic arthritis. Oral Maxillofac Surg Clin 32(1): 117–134, 2020

Teschke M, Christensen A, Far F, Reich RH, Naujokat H: Diditally designed, personalized bone cement spacer for staged TMJ and mandibular reconstruction – Introduction of a new technique. J Craniomaxillofac Surg in press, 2021

Thorén H, Lizuka T, Hallikainen D, Lindqvist C: Radiologic changes of the temporomandibular joint after condylar fractures in childhood. Oral Surg Oral Med Oral Pathol Oral Radiol Endod 86(6): 738–745, 1998

Trieger N, Hoffman CD, Rodriguez E: The effect of arthrocentesis of the temporomandibular joint in patients with rheumatoid arthritis: J Oral Maxillofac Surg 57(5): 537–540, 1999

Tscherne H, Trentz O: Allgemeine Frakturenlehre. In: Heberer G, Köle W, Tscherne H (Hrsg.): Chirurgie, Springer, Berlin-Heidelberg-New York, S.551, 1980

Umstadt HE, Busch B: Freie Gelenkkörper im Kiefergelenk – Diagnostische Kriterien und Wege zur Therapieplanung. Mund Kiefer Gesichtschir 7: 330–334, 2003

Umstadt HE, Ellers M, Müller HH, Austermann KH: Functional reconstruction of the TM joint in cases of severely displaced fractures and fracture dislocation. J Craniomaxillofac Surg 28(2): 97–105, 2000

Uotila E: The temporomandibular joint in adult rheumatoid arthritis. A clinical and roentgenologic study. Acta Odontol Scand 22, Suppl 39: 1–91, 1964

Umstadt HE, Busch B: Freie Gelenkkörper im Kiefergelenk – Diagnostische Kriterien und Wege zur Therapieplanung. Mund Kiefer Gesichtschir 7: 330–334, 2003

Van der Meer WL, van Tilburg M, Mitea C, Postma AA: A Persistent Foramen of Huschke: A Small Road to Misery in Necrotizing External Otitis. Am J Neuroradiol 40(9): 1552–1556, 2019

Wassmund M: Frakturen und Luxationen des Gesichtsschädels unter Berücksichtigung der Komplikationen des Hirnschädels. Meusser, Berlin, 1927

Wassmund M: Über Luxationsfrakturen des Kiefergelenkes. Dtsch Kieferchir 1: 27–54, 1934

Walker RV: Condylar hyperplasia. In: Bell WH, Proffitt WR, White RP (eds.): Surgical correction of dentofacial deformities: 969–1063, Saunders, Philadelphia 1980

Wilkes CH: Internal derangements of the temporomandibular joint. Pathological variations. Arch Otolaryngol Head Neck Surg 115: 469–477, 1989

Wolford LM: Idiopathic condylar resorption of the temporomandibular joint in teenage girls (cheerleader's syndrome). In Baylor Univ Med Center Proc 14(3): 246–252, Taylor a. Francis, London 2001

Wolford LM: Clinical indications for simultaneous TMJ and orthognathic surgery. Cranio 25: 273–282, 2007

Wolford LM, Cottrell DA, Henry C: Sternoclavicular grafts for temporomandibular joint reconstruction. J Oral Maxillofac Surg 52(2): 119–128, 1994

Wolford LM, Mercuri LG, Schneiderman ED, Movahed R, Allen: Twenty-year follow-up study on a patient-fitted temporomandibular joint prosthesis: the Techmedica/TMJ Concepts device. Yjoms 73(5): 952–960, 2015

Wolford LM, Mohaved R, Dhameja A, Allen WR: Low condylectomy and orthognathic surgery to treat mandibular condylar osteochondroma: a retrospective review of 37 cases. J Oral Maxillofac Surg 72(9): 1704–1728, 2014

Wolford LM, Morales-Ryan CA, Cassano PG, Cassano DS: Autologous fat grafts placed around temporomandibular joint total joint prostheses to prevent heterotopic bone formation. Bayl Univ Med Cent 21: 248–254, 2008

Wolford LM: Understanding TMJ reactive arthritis. Cranio 35(5): 274–275, 2017

Xia S, Chen X, Hu Y, Zhang J: Biphasic synovial sarcoma with extensive calcification in the temporomandibular joint region: a rare case report and literature review. J Stomatol Oral Maxillofac Surg 121(5): 592–598, 2020

Ying BB, Zhang QQ, Zhu SS, Li YF: Outcomes of treatment for intracapsular fractures of the mandibular condyle: recommendation for a new classification. Br J Oral Maxillofac Surg 56(2): 139–43, 2018

Yoda T, Ogi N, Yoshitake H, Kawakami T, Takagi R, Murakami K, Yuasa H, Kondoh T, Tei K, Kurita K: Clinical guidelines for total joint replacement. Japan Dent Sci Rev 56: 77–83, 2020

Zhang X, Li K, Han C, Li H, Liu L: Prognosis of diacapitular condylar fractures: a multivariate analysis. Br J Oral Maxillofac Surg 57(10): 1019–1024, 2019

Ziegeler C, Beikler T, Gosau M, May A: Idiopathische Schmerzsyndrome – Übersicht und klinische Implikationen. Dt Ärztebl 118: 81–87, 2021

Zide MF: Discussion. J Oral Maxillofac Surg 59(4): 375–376, 2001

Zide MF, Kent JN: Indications for open reduction of mandibular condyle fractures. J Oral Maxillofac Surg 41(2): 89–98, 1983

Zrounba H, Lutz JC, Zink S, Wilk A: Epidemiology and treatment outcome of surgically treated mandibular condyle fractures. A five years retrospective study. J Craniomaxillofac Surg 42(6): 879–884, 2014.

Register